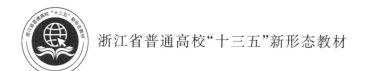

浙江省普通高校"十三五"新形态教材

U0186058

建筑工程安全技术与绿色施工

主　编　沈万岳　王顺喜

副主编　刘学应　江晨晖　沈兵辉

ZHEJIANG UNIVERSITY PRESS
浙江大学出版社

图书在版编目（CIP）数据

建筑工程安全技术与绿色施工 / 沈万岳，王顺喜
主编. —杭州：浙江大学出版社，2021.8
ISBN 978-7-308-19975-9

Ⅰ. ①建… Ⅱ. ①沈… ②王… Ⅲ. ①建筑工程—工
程施工—安全技术②建筑施工—无污染技术 Ⅳ.
①TU714②TU74

中国版本图书馆 CIP 数据核字（2021）第 129546 号

建筑工程安全技术与绿色施工

主　　编　沈万岳　王顺喜
副主编　刘学应　江晨晖　沈兵辉

责任编辑　王元新
责任校对　阮海潮
封面设计　周　灵
出版发行　浙江大学出版社
　　　　　（杭州市天目山路 148 号　邮政编码 310007）
　　　　　（网址：http://www.zjupress.com）
排　　版　杭州好友排版工作室
印　　刷　杭州高腾印务有限公司
开　　本　787mm×1092mm　1/16
印　　张　22.5
字　　数　555 千
版 印 次　2021 年 8 月第 1 版　2021 年 8 月第 1 次印刷
书　　号　ISBN 978-7-308-19975-9
定　　价　59.00 元

浙江大学出版社市场运营中心联系方式：(0571) 88925591；http://zjdxcbs.tmall.com

前　言

　　安全生产既是人们生命健康的保证,也是企业生存与发展的基础,更是社会稳定和经济发展的前提与条件。随着社会的发展,新材料、新技术、新工艺、新设备的大量使用,安全生产工作遇到前所未有的问题和挑战,给社会、企业和家庭带来了巨大的灾难和无法挽回的损失。特别是建筑行业,它仅次于交通、采矿业,成为第三大危险性行业。目前,工程建设施工现场安全生产管理中,施工现场的安全隐患还是屡见不鲜,讲安全只停留在口头上,"说起来重要,干起来次要,忙起来不要",安全投入严重不足,导致安全事故层出不穷,不仅给人们带来惨痛的伤亡和财产损失,还给社会带来不稳定的因素。

　　为提高工程建设工程管理人员的安全管理水平,我们编写了《建筑工程安全技术与绿色施工》教材,本教材贯彻精干、实用、可操作性强的方针,以符合工程建设相关施工企业的实际需要。通过学习本教材,施工现场专业岗位人员能在管理知识、专业技能、技术理论、法制观念等各方面均有新的提升,从而顺应工程建设快速发展、技术创新日新月异、市场竞争健康有序的需要。

　　本教材以《建筑与市政工程施工现场专业人员职业标准》(JGJ/T 250—2011)为参考标准,围绕安全员考核评价大纲和安全员职业岗位能力,注重对安全生产管理与预控能力、施工安全技术措施与控制能力、施工机械与安全用电管理能力、绿色施工与消防安全技术和管理能力、施工安全事故应急救援能力和收录施工安全管理资料能力等六大能力的提高。本教材依据我国安全生产方面现行的法律法规和技术标准,涵盖建设工程安全生产的技术与管理的具体要求,力求达到内容全面、体系完整、知识新颖、着眼发展的原则。

　　本教材的编写思路是注意理论与实际的结合,突出以下特点:教材内容贴近岗位工作实际,通过教材的学习能直接满足工作岗位的能力要求;激发学员自主学习的动力,引导学员进一步探索。

　　本教材共分九章,主要介绍施工现场安全管理知识、安全管理相关的管理规定和标准、绿色施工的基本知识、施工现场安全事故防范、安全教育、安全检查、安全技术交底、建筑工程安全技术、建设工程施工现场安全资料管理等知识。为方便教学和复习,每章正文前有本章学习目标、本章重点,每章后有思考题。本教材由浙江建设职业技术学院沈万岳副教授和浙江华临建设集团有限公司王顺喜高级工程师担任主编,并编写第九章;由浙江水利水电学院刘学应教授任副主编,并编写第一、二、三章;由浙江建设职业技术学院江晨晖副教授任副主编,并编写第四、八章;由温岭市宏晟建设有限公司沈兵辉任副主编,并编写第五、六、七章;同时本教材也得到了德邻联合工程有限公司、浙江天成项目管理有限公司、浙江耀信工程咨询有限公司和杭州天恒投资建设管理有限公司领导及相关行业专家的大力支持和无私帮助。谨在此对他们表示衷心的感谢!

本教材在编写过程中参考和摘录了大量的现行建设工程安全法律法规(部分见附件目录)并进行整理,方便读者学习,也参阅了建设工程安全生产技术和管理方面的一些书籍和资料;本教材二维码内容参考并采用了浙江太学科技集团有限公司、上海维启信息技术有限公司、海星谷(大连)科技有限公司和浙江东太科技有限公司等有关资料,在此对这些参考资料的作者表示感谢。由于编者经验和水平有限,时间仓促,教材中难免存在许多疏漏和不足之处,恳请使用本教材的师生和读者不吝指正。

本教材可作为高等院校相关专业学生学习施工现场安全知识的教材,也可供施工单位、监理单位、建设(开发)单位及建设管理部门的工程管理人员使用。

编者

2021 年 2 月

目　　录

第一章　施工现场安全管理知识……………………………………………… 1

　　第一节　施工现场安全管理基本知识 ……………………………………… 1

　　第二节　建筑施工现场安全生产的基本要求 ……………………………… 11

　　第三节　建筑施工企业安全生产管理规范 ………………………………… 15

　　第四节　安全警示标志 ……………………………………………………… 20

　　第五节　安全管理检查评定 ………………………………………………… 23

　　思考题 ………………………………………………………………………… 26

第二章　安全管理相关的管理规定和标准 ………………………………… 28

　　第一节　施工安全生产责任制的管理规定 ………………………………… 28

　　第二节　施工安全生产组织保障和安全许可的管理规定 ………………… 38

　　第三节　施工现场安全生产的管理规定 …………………………………… 43

　　第四节　施工安全标准知识 ………………………………………………… 56

　　思考题 ………………………………………………………………………… 70

第三章　绿色施工的基本知识 ……………………………………………… 72

　　第一节　职业健康安全与文明施工 ………………………………………… 72

　　第二节　施工现场环境保护 ………………………………………………… 79

　　第三节　施工企业劳动防护用品的相关规定 ……………………………… 82

　　第四节　绿色施工导则 ……………………………………………………… 85

　　第五节　建筑工程绿色施工评价标准 ……………………………………… 89

　　第六节　建筑工程绿色施工规范 …………………………………………… 91

　　思考题 ………………………………………………………………………… 96

第四章　施工现场安全事故防范 …………………………………………… 98

　　第一节　施工现场安全防范基本知识 ……………………………………… 98

　　第二节　施工现场安全事故的主要类型……………………………………… 101

　　第三节　施工现场安全事故的主要防范措施………………………………… 112

　　第四节　施工安全生产隐患排查和事故报告的管理规定 ………………… 118

　　第五节　安全事故的处理程序及要求 ……………………………………… 123

　　第六节　安全事故救援处理知识和规定……………………………………… 125

第七节　有关保险的规定 ……………………………………………………… 137
思考题 ……………………………………………………………………………… 138

第五章　安全教育 ……………………………………………………………… 140
第一节　有关安全生产教育培训的管理规定 ……………………………… 140
第二节　安全教育的特点与目的 …………………………………………… 141
第三节　安全教育的类别 …………………………………………………… 143
第四节　安全教育的形式 …………………………………………………… 148
第五节　安全教育的表格 …………………………………………………… 148
思考题 ……………………………………………………………………………… 151

第六章　安全检查 ……………………………………………………………… 152
第一节　安全检查的类型 …………………………………………………… 152
第二节　安全检查的主要形式 ……………………………………………… 153
第三节　安全检查的注意事项 ……………………………………………… 153
第四节　安全检查的主要内容 ……………………………………………… 154
第五节　安全检查的方法 …………………………………………………… 154
第六节　安全检查评分方法 ………………………………………………… 155
第七节　安全检查评定等级 ………………………………………………… 156
第八节　安全检查的其他规定 ……………………………………………… 157
第九节　安全检查与验收 …………………………………………………… 158
思考题 ……………………………………………………………………………… 159

第七章　安全技术交底 ………………………………………………………… 161
第一节　安全技术交底的基本要求 ………………………………………… 161
第二节　安全技术交底的主要内容 ………………………………………… 161
第三节　安全技术交底记录相关表格 ……………………………………… 162
思考题 ……………………………………………………………………………… 170

第八章　建设工程施工现场安全资料管理 ………………………………… 171
第一节　建设工程施工现场安全资料管理规程 …………………………… 171
第二节　《建筑施工组织设计规范》的相关术语和规定 ………………… 172
第三节　建设工程施工现场安全管理台账 ………………………………… 174
思考题 ……………………………………………………………………………… 182

第九章　建筑工程安全技术 ………………………………………………… 183
第一节　基坑支护和土方作业安全技术 …………………………………… 183
第二节　脚手架工程安全技术 ……………………………………………… 188
第三节　模板支架安全技术 ………………………………………………… 226

第四节　高处作业安全技术……………………………………………… 232

第五节　起重机械…………………………………………………………… 256

第六节　机械设备…………………………………………………………… 292

第七节　施工用电安全……………………………………………………… 314

第八节　施工消防安全……………………………………………………… 325

第九节　施工现场防爆安全………………………………………………… 335

第十节　施工现场防毒安全………………………………………………… 337

思考题………………………………………………………………………… 340

参考文献……………………………………………………………………… 343

附录　本教材参考及相关的安全法律法规………………………………… 344

第一章　施工现场安全管理知识

 **本章学习目标**

了解安全管理的相关概念,安全管理基本原则,安全管理范围和安全控制程序等;熟悉建筑施工企业安全生产管理规范和安全管理检查评定方法;掌握施工现场安全生产的基本要求、我国的安全生产方针、安全警示标志等内容。

本章重点

1.《建筑施工企业安全生产管理规范》(GB 50656—2011);

2.《建筑工程安全检查标准》(JGJ 59—2011)中安全管理检查评定;

3. 施工现场安全生产的基本要求;

4. 如何在施工现场布置安全警示标志。

第一节　施工现场安全管理基本知识

一、安全管理的相关概念

安全,是指免除了不可接受损害风险的一种状态,即消除能导致人员伤害,发生疾病、死亡,或造成设备财产破坏、损失,以及危害环境的条件。安全是相对危险而言的,在现实条件下,实现绝对的安全是不可能的,我们所说的安全是指相对安全。安全工作就是力求减少事故的发生和减少事故的损失。

安全生产,是指使生产过程处于避免人身伤害、设备损坏及其他不可接受的损害风险(危险)的状态。

不可接受的损害风险(危险),通常是指超出了法律、法规和规章的要求,超出了方针、目标和企业规定的其他要求,超出了人们普遍接受(通常是隐含的)的要求。

安全控制,是通过对生产过程中涉及的计划、组织、监控、调节和改进等一系列致力于满足生产安全所进行的管理活动。

安全员,是在建筑工程施工现场,协助项目经理,从事施工安全管理、检查、监督和施工安全问题处理等工作的专业人员。

危险,是指造成事故的一种现实或潜在的条件。

危险度,是指一项活动或一种情况下,各种危险的可能性及其后果的量度,是对失败的相对可能性的主观估计。

危险源,是施工生产过程中可能导致职业伤害或疾病、财产损失、工作环境破坏或环境污染的根源或状态。危险源可分为危险因素和有害因素。危险因素强调突发性和瞬间作用的因素,有害因素强调在一定时期内的慢性损害和累积作用。危险源是安全控制的主要对象,所以,有人把安全控制也称为危险控制或安全风险控制。

在实际生活和生产过程中,危险源是以多种多样的形式存在的,危险源导致事故可归结为能量的意外释放或有害物质的泄漏。根据危险源在事故发生发展中的影响,把危险源分为两大类:第一类危险源和第二类危险源。

可能发生意外释放的能量的载体或危险物质称作第一类危险源(如"炸药"是能够产生能量的物质;"压力容器"是拥有能量的载体)。能量或危险物质的意外释放是事故发生的物理本质。通常把产生能量的能量源或拥有能量的能量载体作为第一类危险源来处理。

造成约束、限制能量措施失效或破坏的各种不安全因素称作第二类危险源(如"电缆绝缘层"、"脚手架"、"起重机钢绳"等)。在生产、生活中,为了利用能源,人们制造了各种机器设备,让能量按照人们的意图在系统中流动、转换和做功,从而为人类服务,而这些设备设施又可看成是限制约束能量的工具。正常情况下,生产过程的能量或危险物质受到约束或限制,不会发生意外释放,即不会发生事故。但是,一旦这些约束或限制能量或危险物质的措施受到破坏或失效(故障),则将发生事故。第二类危险源包括人的不安全行为、物的不安全状态和不良环境条件三个方面。

事故的发生是两类危险源共同作用的结果,第一类危险源是事故发生的前提,第二类危险源的出现是第一类危险源导致事故的必要条件。在事故的发生和发展过程中,两类危险源相互依存,相辅相成。第一类危险源是事故的主体,决定事故的严重程度;第二类危险源出现的难易,决定事故发生的可能性大小。

二、我国的安全生产方针

安全生产方针是对安全生产工作的总要求,它是安全生产工作的方向。我国的安全生产方针是"安全第一、预防为主、综合治理"。在社会主义建设中必须遵循这一方针,这是因为保护劳动者的安全健康是国家的一项基本政策。

(一)安全第一的含义

(1)"安全第一"是把人身的安全放在首位,安全为了生产,生产必须保证人身安全,充分体现了"以人为本"的理念。离开生产活动,安全就失去了意义,没有安全保障,生产就不能顺利进行。因此,必须将安全生产放在第一位,必须把保护劳动者在生产劳动中的生命安全和健康放在首要位置。

(2)抓生产首先抓安全。组织和指挥生产时,首先要认真全面地分析生产过程中存在的和可能产生的危险有害因素的种类、数量、性质、来源、危害程度、危害途径及后果,可能产生危险有害作用的过程、设备、场所、物料和环境,为制定预防措施提供依据。搞安全、防事故,首先要知道存在哪些有害危险,然后有针对性地采取预防措施,危险预知是第一位的。

(3)当生产任务和安全工作发生矛盾时,应按"生产服从安全"的原则处理,把安全作为保障生产顺利进行的前提条件,确保安全才进行生产。

(4)在评价生产工作时,安全有"一票否决权",不抓好安全生产的领导是不称职的领导。

（5）各岗位上的生产人员，必须首先接受安全教育，并经考核合格才能上岗。

（二）预防为主的含义

所谓"预防为主"，就是要把预防生产安全事故的发生放在安全生产工作的首位。"预防为主"是实现"安全第一"的最重要手段，采取正确的措施和方法进行安全控制，从而减少甚至消除事故隐患，尽量把事故消灭在萌芽状态，这是安全控制最重要的思想。对安全生产的管理，主要不是在发生事故后去组织抢救，进行事故调查，找原因、追责任、堵漏洞，而要谋事在先，尊重科学，探索规律，采取有效的事前控制措施，千方百计预防事故的发生，做到防患于未然，将事故消灭在萌芽状态。虽然人类在生产活动中还不可能完全杜绝安全事故的发生，但只要思想重视，预防措施得当，事故特别是重大恶性事故是可以大大减少的。预防为主，就要坚持培训教育为主。在提高生产经营单位主要负责人、安全管理干部和从业人员的安全素质上下功夫，最大限度地减少"三违"（即违章指挥、违章作业、违反劳动纪律）现象，努力做到"五不伤害"（即"不伤害自己，不伤害他人，不被他人伤害，保护他人不受伤害，不让他人伤害他自己"）。

（三）综合治理的含义

现阶段我国的安全生产工作出现严峻形势，原因是多方面的，既有安全监管体制和制度方面的原因，也有法律制度不健全的原因，还有科技发展落后的原因，并与整个民族安全文化素质有密切的关系等，所以要搞好安全生产工作就要在完善安全生产管理的体制机制、加强安全生产法制建设、推动安全科学技术创新、弘扬安全文化等方面进行综合治理，这样才能真正搞好安全生产工作。

三、安全管理基本原则

安全管理是企业生产管理的重要组成部分，是一门综合性的系统科学。安全管理的对象是生产中一切人、物、环境的状态管理与控制，安全管理是一种动态管理。施工现场的安全管理，主要是组织实施企业安全管理规划、指导、检查和决策，同时，又是保证生产处于最佳安全状态的根本环节。施工现场安全管理的内容，大体可归纳为安全组织管理、场地与设施管理、行为控制和安全技术管理四个方面，分别对生产中的人、物、环境的行为与状态进行具体的管理与控制。为有效地将生产因素的状态控制好，在实施安全管理过程中，必须正确处理五种关系，坚持安全基本管理原则。

（一）正确处理五种关系

1. 安全与危险并存

安全与危险在同一事物的运动中是相互对立、相互依存的。因为有危险，才要进行安全管理，以防止危险。安全与危险并非是等量并存、平静相处。随着事物的运动变化，安全与危险每时每刻都在变化着，进行着此消彼长的斗争。事物的状态将向斗争的胜方倾斜。可见，在事物的运动中，都不会存在绝对的安全或危险。保持生产的安全状态，必须采取多种措施，以预防为主，危险因素是完全可以控制的。危险因素是客观的存在于事物运动之中的，自然是可知的，也是可控的。

2. 安全与生产的统一

生产是人类社会存在和发展的基础。如果生产中人、物、环境都处于危险状态，则生产无法顺利进行。因此,安全是生产的客观要求,自然,当生产完全停止,安全也就失去了意义。就生产的目的来说,组织好安全生产就是对国家、人民和社会最大的负责。生产有了安全保障,才能持续、稳定发展。如果在生产活动中事故层出不穷,那么生产势必陷于混乱甚至瘫痪状态。当生产与安全发生矛盾、危及职工生命或国家财产时,生产活动应该停下来整治,在消除危险因素以后,生产形势会变得更好。

3. 安全与质量的包涵

从广义上看,质量包涵安全工作质量,安全概念也内含着质量,相互作用,互为因果。安全第一,质量第一,两个第一并不矛盾。安全第一是从保护生产因素的角度提出的,而质量第一则是从关心产品成果的角度强调的。安全为质量服务,质量需要安全保证。生产过程丢掉哪一头,都要陷于失控状态。

4. 安全与速度互保

生产中的蛮干、乱干,在侥幸中求快,缺乏真实与可靠,一旦酿成不幸,非但无速度可言,反而会延误时间。速度应以安全做保障,安全就是速度。我们应追求安全加速度,竭力避免安全减速度。安全与速度成正比例关系。一味强调速度,置安全于不顾的做法,是极其有害的。当速度与安全发生矛盾时,暂时减缓速度,保证安全才是正确的做法。

5. 安全与效益的兼顾

安全技术措施的实施,定会改善劳动条件,调动职工的积极性,焕发劳动热情,带来经济效益,足以使原来的投入得以补偿。从这个意义上说,安全与效益完全是一致的,安全促进了效益的增长。在安全管理中,投入要适度、适当,精打细算,统筹安排。既要保证安全生产,又要经济合理,还要考虑力所能及。单纯为了省钱而忽视安全生产,或单纯追求不惜资金的盲目高标准,都是不可取的。

(二)安全管理基本原则

1. 管生产必须管安全,体现齐抓共管

安全寓于生产之中,并对生产发挥促进与保证作用。因此,安全与生产虽有时会出现矛盾,但在安全、生产管理的目标与目的上,表现出高度的一致和完全的统一。安全管理是生产管理的重要组成部分,安全与生产在实施过程中,两者存在着密切的联系,存在着进行共同管理的基础。管生产必须管安全,不仅是为各级领导人员明确了安全管理责任,同时,也是给一切与生产有关的机构、人员,明确了业务范围内的安全管理责任。由此可见,一切与生产有关的机构、人员,都必须参与安全管理并在管理中承担责任。认为安全管理只是安全部门的事,是一种片面的、错误的认识。各级人员安全生产责任制度的建立,管理责任的落实,体现了管生产必须管安全。此外,管行业必须管安全,体现党政同责;管业务必须管安全,体现一岗双责。

2. 坚持安全管理的目的性

安全管理的内容是对生产中的人、物、环境因素状态的管理,有效地控制人的不安全行为和物的不安全状态,消除或避免事故,达到保护劳动者的安全与健康的目的。没有明确目的的安全管理就是一种盲目行为。盲目的安全管理,充其量只能算作花架子,劳民伤财,危险因素依然存在。在一定意义上,盲目的安全管理,只能纵容、威胁人的安全与健康的状态,向更为严重的方向发展或转化。

3. 必须贯彻预防为主的方针

安全第一是从保护生产力的角度和高度，表明在生产范围内，安全与生产的关系，肯定安全在生产活动中的位置和重要性。进行安全管理不是处理事故，而是在生产活动中，针对生产的特点，对生产因素采取管理措施，有效地控制不安全因素的发展与扩大，把可能发生的事故，消灭在萌芽状态，以保证生产活动中人的安全与健康。贯彻预防为主，首先要加深对生产中不安全因素的认识，端正消除不安全因素的态度，选准消除不安全因素的时机。在安排与布置生产内容的时候，针对施工生产中可能出现的危险因素，采取措施予以消除是最佳选择。在生产活动过程中，经常检查、及时发现不安全因素，采取措施，明确责任，尽快地、坚决地予以消除，是安全管理应有的鲜明态度。

4. 坚持"四全"动态管理

安全管理不是少数人和安全机构的事，而是一切与生产有关的人共同的事。缺乏全员的参与，安全管理不会有生气、不会出现好的管理效果。当然，这并非否定安全管理第一责任人和安全机构的作用。生产组织者在安全管理中的作用固然重要，但全员性参与也十分重要。安全管理涉及生产活动的方方面面，涉及从开工到竣工交付的全部生产过程，涉及全部的生产时间，涉及一切变化着的生产因素。因此，生产活动中必须坚持全员、全过程、全方位、全天候的动态安全管理。只抓住一时一事、一点一滴，简单草率、一阵风式的安全管理，是走过场、形式主义，不是我们提倡的安全管理作风。

5. 安全管理重在控制

进行安全管理的目的是预防、消灭事故，防止或消除事故伤害，保护劳动者的安全与健康。安全管理的四项主要内容，虽然都是为了达到安全管理的目的，但是对生产因素状态的控制，与安全管理目的的关系更直接，显得更为突出。因此，对生产中人的不安全行为和物的不安全状态的控制，必须看作是动态的安全管理的重点。事故的发生，是由于人的不安全行为运动轨迹与物的不安全状态运动轨迹的交叉引起的。从事故发生的原理，也说明了对生产因素状态的控制，应该当作安全管理重点，而不能把约束当作安全管理的重点，是因为约束缺乏带有强制性的手段。

6. 在管理中发展、提高

既然安全管理是在变化着的生产活动中的管理，是动态的。其管理就意味着是不断发展的、不断变化的，这样才能适应变化的生产活动，消除新的危险因素。然而更为需要的是不间断地摸索新的规律，总结管理、控制的办法与经验，指导新的变化后的管理，从而使安全管理不断地上升到新的高度。

7. "三同时"原则

"三同时"原则是指生产经营单位在对新建、改建、扩建工程和技术改造工程项目中，劳动安全卫生设施与主体工程同时设计、同时施工、同时投入和使用。这一原则要求生产建设工程项目在投产使用时，必须要有符合国家规定标准的劳动安全卫生设施与之配套使用，使劳动条件符合安全卫生要求。

8. "三级安全教育"原则

"三级安全教育"原则是指对于新入厂的员工按照国家的有关规定经过公司级、部门级和班组级安全教育并经考核合格后才能上岗作业，未经三级安全教育不得上岗作业。建筑工地三级安全教育是指公司、项目经理部、施工班组三个层次的安全教育。三级安全教育是安全工作的一项基本制度。

此外,还有"3E"原则,即安全技术(Engineering)、安全教育(Education)、安全管理(Enforcement)原则等。

四、安全管理的范围

安全管理的中心问题,是保护生产活动中人的安全与健康,保证生产顺利进行。宏观的安全管理包括劳动保护、安全技术和工业卫生,这是相互联系又相互独立的三个方面。

(1)劳动保护侧重于以政策、规程、条例、制度等形式规范操作或管理行为,从而使劳动者的劳动安全与身体健康得到应有的法律保障。

(2)安全技术侧重对"劳动手段和劳动对象"的管理。包括预防伤亡事故的工程技术和安全技术规范、技术规定、标准、条例等,以规范物的状态,减轻或消除对人的威胁。

(3)工业卫生着重工业生产中高温、粉尘、振动、噪声、毒物的管理。通过防护、医疗、保健等措施,防止劳动者的安全与健康受到有害因素的危害。

从生产管理的角度,安全管理应概括为:在进行生产管理的同时,通过采用计划、组织、技术等手段,依据并适应生产中人、物、环境因素的运动规律,使其积极方面充分发挥,而又利于控制事故不致发生的一切管理活动。如在生产管理过程中实行作业标准化,组织安全点检,安全、合理地进行作业现场布置,推行安全操作资格确认制度,建立与完善安全生产管理制度等。

针对生产中人、物或环境因素的状态,有侧重地采取控制人的具体不安全行为或物和环境的具体不安全状态的措施,往往会收到较好的效果。这种具体的安全控制措施,是实现安全管理的有力保障。

五、施工安全控制

(一)施工安全控制的特点

1. 控制面广

由于建设工程规模较大,生产工艺复杂、工序多,在建造过程中流动作业多,高处作业多,作业位置多变,遇到的不确定因素多,安全控制工作涉及范围大,控制面广。

2. 控制的动态性

(1)由于建设工程项目的单件性,使得每项工程所处的条件不同,所面临的危险因素和防范措施也会有所改变。员工在转移工地后,熟悉一个新的工作环境需要一定的时间,有些工作制度和安全技术措施也会有所调整,员工同样有个熟悉的过程。

(2)建设工程项目施工的分散性。因为现场施工是分散于施工现场的各个部位,尽管有各种规章制度和安全技术交底的环节,但是面对具体的生产环境时,仍然需要自己的判断和处理,有经验的人员也必须适应不断变化的情况。

3. 控制系统交叉性

建设工程项目是开放系统,受自然环境和社会环境影响很大,安全控制需要把工程系统和环境系统及社会系统结合。

4．控制的严谨性

安全状态具有触发性,其控制措施必须严谨,一旦失控,就会造成损失和伤害。

(二)施工安全控制的目标

施工安全控制的目标是减少和消除生产过程中的事故,保证人员健康安全和财产免受损失。具体可包括:

(1)减少或消除人的不安全行为的目标。

(2)减少或消除设备、材料的不安全状态的目标。

(3)改善生产环境和保护自然环境的目标。

(4)安全管理的目标。安全管理的目标又包括生产安全事故控制指标、安全生产隐患治理目标,以及安全生产、文明施工管理目标等,安全管理目标应予量化。

(三)施工安全控制的程序

施工安全控制的程序如图 1-1 所示。

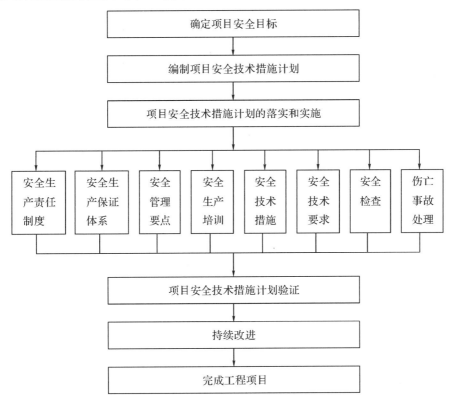

图 1-1　施工安全控制的程序

(1)确定项目的安全目标。按"目标管理"方法在以项目经理为首的项目管理系统内进行分解,从而确定每个岗位的安全目标,实现全员安全控制。

(2)编制项目安全技术措施计划。对生产过程中的不安全因素,用技术手段加以消除和控制,并用文件化的方式表示,这是落实"预防为主"方针的具体体现,是进行工程项目安全控制的指导性文件。

(3)项目安全技术措施计划的落实和实施。包括建立健全安全生产责任制、设置安全生产设施、进行安全教育和培训、沟通和交流信息、通过安全控制使生产作业的安全状况处于受控状态。

(4)项目安全技术措施计划的验证。包括安全检查、纠正不符合情况,并做好检查记录工作;根据实际情况补充和修改安全技术措施。

(5)持续改进,直至完成建设工程项目的所有工作。

(四)施工安全控制的基本要求

(1)各类人员必须具备相应的执业资格才能上岗。

(2)所有新员工必须经过三级安全教育,即公司级、项目级和班组级的安全教育。

(3)特殊工种作业人员必须持有特种作业操作证,并严格按规定定期进行复查。

(4)对查出的安全隐患要做到"五定",即"定整改责任人、定整改措施、定整改完成时间、定整改完成人、定整改验收人"。

(5)必须把好安全生产"六关",即"措施关、交底关、教育关、防护关、检查关、改进关。"

(6)施工现场安全设施齐全,并符合国家及地方有关规定。

(7)施工机械(特别是现场安设的起重设备等)必须经安全检查合格后方可使用。

(五)施工安全控制的方法

1. 危险源辨识与风险评价

(1)危险源辨识的方法

①专家调查法。专家调查法是通过向有经验的专家咨询、调查、辨识、分析和评价危险源的一类方法,其优点是简便、易行,缺点是受专家的知识、经验和占有资料的限制,可能出现遗漏。常用的有头脑风暴法(Brainstorming)和德尔菲(Delphi)法。

头脑风暴法是通过专家创造性的思考,从而产生大量的观点、问题和议题的方法。其特点是多人讨论,集思广益,可以弥补个人判断的不足,常采取专家会议的方式来相互启发、交换意见,使危险、危害因素的辨识更加细致、具体。常用于目标比较单纯的议题,如果涉及面较广,包含因素多,可以分解目标,再对单一目标或简单目标使用本方法。

德尔菲法是采用背对背的方式对专家进行调查,其特点是避免了集体讨论中的从众性倾向,更代表专家的真实意见。要求对调查的各种意见进行汇总统计处理,再反馈给专家反复征求意见。

②安全检查表法。安全检查表(Safety Check List,SCL)实际上就是实施安全检查和诊断项目的明细表,即运用已编制好的安全检查表,进行系统的安全检查,辨识工程项目存在的危险源。检查表的内容一般包括分类项目、检查内容及要求、检查以后处理意见等。可以用"是"、"否"作回答或"√"、"×"符号作标记,同时注明检查日期,并由检查人员和被检单位同时签字。

安全检查表法的优点是简单易懂、容易掌握,可以事先组织专家编制检查项目,使安全检查做到系统化、完整化;缺点是一般只能做出定性评价。

(2)风险评价法

风险评价法是评估危险源所带来的风险大小及确定风险是否可容许的全过程。根据评价结果对风险进行分级,按风险的不同级别有针对性地采取风险控制措施。以下介绍两种常用的风险评价方法。

①方法1:将安全风险的大小用事故发生的可能性(p)与发生事故后果的严重程度(f)

的乘积来衡量,即:

$$R=p \cdot f$$

式中:R——风险大小;

　　p——事故发生的概率(频率);

　　f——事故后果的严重程度。

根据上述的估算结果,可按表1-1对风险的大小进行分级。

表1-1　风险分级

风险级别(大小) 可能性(p)	后果(f)		
	轻度损失 (轻微伤害)	中度损失 (伤害)	重大损失 (严重伤害)
风险很大	Ⅲ	Ⅳ	Ⅴ
级别中等	Ⅱ	Ⅲ	Ⅳ
极小	Ⅰ	Ⅱ	Ⅲ

表中:Ⅰ:可忽略风险;Ⅱ:可容许风险;Ⅲ:中度风险;Ⅳ:重大风险;Ⅴ:不容许风险。

②方法2:将可能造成安全风险的大小用事故发生的可能性(L)、人员暴露于危险环境中的频繁程度(E)和事故后果的严重程度(C)三个自变量的乘积衡量,即:

$$S=L \cdot E \cdot C$$

式中:S——风险性分值;

　　L——事故发生的可能性,按表1-2所给的定义取值;

　　E——人员暴露于危险环境中的频繁程度,按表1-3所给的定义取值;

　　C——事故后果的严重程度,按表1-4所给的定义取值。

此方法因为引用了L、E、C三个自变量,故也称为LEC方法。

表1-2　事故发生的可能性(L)

分数值	事故发生的可能性	分数值	事故发生的可能性
10	必然发生	0.5	很不可能,可以设想
6	相当可能	0.2	极不可能
3	可能,但不经常	0.1	实际不可能
1	可能性极小,完全意外		

表1-3　暴露于危险环境中的频繁程度(E)

分数值	人员暴露于危险环境中的频繁程度	分数值	人员暴露于危险环境中的频繁程度
10	连续暴露	2	每月一次暴露
6	每天工作时间暴露	1	每年几次暴露
3	每周一次暴露	0.5	非常罕见的暴露

根据经验,危险性分值(S)在20以下为可忽略风险,危险性分值在20～70为可容许风险,危险性分值在70～160为中度风险,危险性分值在160～320为重大风险,当危险性分值大于320时为不容许风险,如表1-5所示。

表 1-4 事故的严重程度后果(C)

分数值	事故后果的严重程度	分数值	事故后果的严重程度
100	大灾难,许多人死亡	7	严重,重伤
40	灾难,多人死亡	3	较严重,受伤较重
15	非常严重,一人死亡	1	引人关注,轻伤

表 1-5 危险性等级划分

危险性分值(S)	危险程度	危险性分值(S)	危险程度
≥320	不容许风险,不能继续作业	20~70	可容许风险,需要注意
160~320	重大风险,需要立即整改	≤20	可忽略风险,可以接受
70~160	中度风险,需要整改		

2. 危险源的控制方法

(1)第一类危险源的控制方法

①防止事故发生的方法:消除危险源、限制能量或危险物质、隔离。

②避免或减少事故损失的方法:隔离、个体防护、设置薄弱环节、使能量或危险物质按人们的意图释放、避难与援救措施。

(2)第二类危险源的控制方法

①减少故障:增加安全系数、提高可靠性、设置安全监控系统。

②故障——安全设计:包括故障——消极方案(即故障发生后,设备、系统处于最低能量状态,直到采取校正措施之前不能运转);故障——积极方案(即故障发生后,在没有采取校正措施之前使系统、设备处于安全的能量状态之下);故障——正常方案(即保证在采取校正行动之前,设备、系统正常发挥功能)。

3. 危险源控制的策划原则

(1)尽可能完全消除有不可接受风险的危险源,如用安全品取代危险品。

(2)如果是不可能消除有重大风险的危险源,应努力采取降低风险的措施,如使用低压电器等。

(3)在条件允许时,应使工作适合于人,如考虑降低人的精神压力和体能消耗。

(4)应尽可能利用技术进步来改善安全控制措施。

(5)应考虑保护每个工作人员的措施。

(6)将技术管理与程序控制结合起来。

(7)应考虑引入诸如机械安全防护装置的维护计划的要求。

(8)在各种措施还不能绝对保证安全的情况下作为最终手段还应考虑使用个人防护用品。

(9)应有可行、有效的应急方案。

(10)预防性测定指标是否符合监视控制措施计划的要求。

不同的组织可根据不同的风险量选择适合的控制策略。表 1-6 为简单的风险控制策划。

表 1-6　风险控制策划

风　　险	措　　施
可忽略的	不采取措施且不必保留文件记录
可容许的	不需要另外的控制措施,应考虑投资效果更佳的解决方案或不增加额外成本的改进措施,需要监视来确保控制措施得以维持
中度的	应努力降低风险,但应仔细测定并限定预防成本,并在规定的时间期限内实现降低风险的措施。在中度风险与严重伤害后果相关的场合,必须进一步地评价,以更准确地确定伤害的可能性,以确定是否需要改进控制措施
重大的	直至风险降低后才能开始工作。为降低风险有时必须配给大量的资源。当风险涉及正在进行中的工作时,就应采取应急措施
不容许的	只有当风险已经降低时,才能开始或继续工作。如果无限的资源投入也不能降低风险,就必须禁止工作

第二节　建筑施工现场安全生产的基本要求

经过多年工程实践经验的总结,我国制定了一系列行之有效的安全生产基本规章制度,主要的有:

一、安全生产六大纪律

(1)进入现场必须戴好安全帽,扣好帽带,并正确使用个人劳动防护用品;

(2)2m 以上的高处、悬空作业无安全设施的,必须戴好安全带、扣好保险钩;

(3)高处作业时,不准往下或向上乱抛材料和物品;

(4)各种电动机械设备必须有可靠有效的安全接零(地)和防雷装置,方可使用;

(5)不懂电气和机械的人员,严禁使用和玩弄机电设备;

(6)吊装区域非操作人员严禁入内,吊装机械必须完好,吊臂垂直下方严禁站人。

二、施工现场"五要"

(1)施工要围挡;

(2)围挡要美化;

(3)防护要齐全;

(4)排水要有序;

(5)图牌要规范。

三、施工现场"十不准"

(1)不准从正在起吊、运吊中的物件下通过;

(2)不准从高处往下跳或奔跑作业;

(3)不准在没有防护的外墙和外壁板等建筑物上行走;

(4)不准站在小推车等不稳定的物体上操作;

(5)不得攀登起重臂、绳索、脚手架、井字架、龙门架和随同运料的吊盘及吊装物上下;

(6)不准进入挂有"禁止入内"或设有危险警示标志的区域、场所;

(7)不准在重要的运输通道或上下行走通道上逗留;

(8)未经允许不准私自进入非本单位作业区域或管理区域,尤其是存有易燃易爆物品的场所;

(9)不准在无照明设施、无足够采光条件的区域和场所内行走、逗留和作业;

(10)不准无关人员进入施工现场。

四、安全生产十大禁令

(1)严禁穿木屐、拖鞋、高跟鞋及不戴安全帽的人员进入施工现场作业;

(2)严禁一切人员在提升架、提升机的吊篮或吊物下作业、站立、行走;

(3)严禁非专业人员私自开动任何施工机械及驳接、拆除电线与电器;

(4)严禁在操作现场(包括车间、工地)玩耍、吵闹和从高处抛掷材料、工具、砖石等一切物件;

(5)严禁土方工程的掏空取土及不按规定放坡或不加支撑的深基坑开挖施工;

(6)严禁在不设栏杆或无其他安全措施的高处作业;

(7)严禁在未设安全措施的同一部位上同时进行上下交叉作业;

(8)严禁带小孩进入施工现场(包括车间、工地)作业;

(9)严禁在靠近高压电源的危险区域进行冒进作业及不穿绝缘鞋进行水磨石等作业,严禁用手直接提拿灯头;

(10)严禁在有危险品、易燃易爆品的场所和木工棚、仓库内吸烟与生火。

五、十项安全技术措施

(1)按规定使用"三宝";

(2)机械、设备安全防护装置一定要齐全、有效;

(3)塔吊等起重设备必须有符合要求的安全保险装置,严禁带病运转、超载作业和使用中维护保养;

(4)架设用电线路必须符合相关规定,电器设备必须要有安全保护装置(接地、接零和防雷等);

(5)电动机械和手动工具必须设置漏电保护装置;

(6)脚手架的材料及搭设必须符合相关技术规程的要求;

(7)各种揽风绳及其设施必须符合相关技术规程的要求;

(8)在建工程的桩孔口、楼梯口、电梯口、通道口、预留孔洞口等必须设置安全防护设施;

(9)严禁赤脚、穿拖鞋或高跟鞋进入施工现场,高处作业不准穿硬底、带钉和易滑的鞋;

(10)施工现场的危险区域应设安全警示标志,夜间要设红灯警示。

六、防止违章操作和事故发生的十项操作规定

(1)新工人未经三级安全教育,复工换岗人员和进入新工地人员未经安全教育,不得上

岗操作；

（2）特殊工种人员和机械操作工等未经专门的安全培训，无有效的安全操作证书，严禁施工操作；

（3）施工环境和专业对象情况不清，施工前无安全措施和安全技术交底，严禁操作；

（4）新技术、新工艺、新设备、新材料、新岗位无安全措施，未进行安全培训教育和交底，严禁操作；

（5）安全帽、安全带等作业所必需的个人防护用品不落实，不盲目操作；

（6）脚手架、吊篮、塔吊、井字架、龙门架、外用电梯、起重机械、电焊机、钢筋机械、木工机械、搅拌机、打桩机等设施设备和现浇混凝土模板支撑，搭设安装后，未经相关人员验收合格并签字认可，严禁操作；

（7）作业场所安全防护措施不落实，安全隐患不排除，威胁人身和财产安全时，严禁操作；

（8）凡上级或管理干部违章指挥，有冒险作业情况时，不盲目操作；

（9）高处作业、带电作业、禁火区作业、易燃易爆作业、爆破性作业、有中毒或窒息危险的作业和科研实验等其他危险作业的，均应由上级指派，并经安全交底，未经指派批准、未经安全交底和无安全防护措施，不盲目操作；

（10）隐患未排除，有伤害自己、伤害他人或被他人伤害的不安全因素存在时，不盲目操作。

七、防止触电伤害的十项基本安全操作要求

（1）非电工严禁私拆乱接电气线路、插头、插座、电气设备、电灯等；

（2）使用电气设备前必须检查线路、插头、插座、漏电保护装置是否完好；

（3）电气线路或机具发生故障时，应由电工处理，非电工不得自行修理或排除故障，对配电箱、开关箱进行检查、维修时，必须将其前一级相应的电源开关分闸断电，并悬挂停电标志牌，严禁带电作业；

（4）使用振捣器等手持电动机械和其他电动机械从事潮湿作业时，要由电工接好电源，安装漏电保护器，电压应符合要求，安全操作者必须穿戴好绝缘鞋、绝缘手套后再进行作业；

（5）搬迁或移动电气设备必须先切断电源；

（6）搬运钢筋、钢管及其他金属物时，严禁触碰到电线；

（7）禁止在电线上挂晒物料；

（8）禁止使用照明器取暖、烘烤，禁止擅自使用电炉等大功率电器和其他加热器；

（9）在架空输电线路附近施工时，应停止输电，不能停电时，应有隔离措施，并保持安全距离，防止触碰；

（10）电线不得在地面、施工楼面随意拖拉，若必须经过地面、楼面时，应有过路保护，人、车及物料不准踏、碾、磨电线。

八、起重吊装"十不吊"规定

（1）指挥信号不明或违章指挥不吊；

（2）超载或吊物重量不明不吊；

（3）吊物捆扎不牢或零星物件不用盛器堆放稳妥、叠放不齐，不吊；

（4）吊物上有人或起重臂吊起的重物下面有人停留或行走，不吊；

（5）安全装置不灵不吊；

（6）埋在地下的物件不吊；

（7）光线阴暗、视线不清不吊；

（8）棱角物件无防护措施不吊；

（9）歪拉斜挂物件不吊；

（10）六级以上强风作业不吊。

九、防止机械伤害的"一禁、二必须、三定、四不准"

（1）严禁不懂电器和机械的人员使用和摆弄机电设备；

（2）机电设备应完好，必须有可靠有效的安全防护装置；

（3）机电设备停电、停工休息时，必须拉闸关机，开关箱按要求上锁；

（4）机电设备应做到定人操作、定人保养、定人检查；

（5）机电设备应做到定机管理、定期保养；

（6）机电设备应做到定岗位和岗位职责；

（7）机电设备不准带病运转；

（8）机电设备不准超负荷运转；

（9）机电设备不准在运转时维修保养；

（10）机电设备运行时，不准操作人员将手、头、身体伸入运转的机械行程范围内。

十、气割、气焊的"十不烧"

（1）焊工必须持证上岗，无金属焊接、切割特种作业证书的人员，不准进行气割、气焊作业；

（2）凡属一、二、三级动火范围的气割、气焊，未经办理动火审批手续，不准进行气割、气焊；

（3）焊工不了解气割、气焊现场周围的情况，不准进行气割、气焊；

（4）焊工不了解焊件内部是否安全时，不准进行气割、气焊；

（5）各种装过可燃性气体、易燃易爆液体和有毒物质的容器，未经彻底清洗或采取有效的安全防护措施之前，不准进行气割、气焊；

（6）用可燃材料作保温层、冷却层、隔热层的部位，或火星能溅到的地方，在未采取切实可靠的安全措施之前，不准气割、气焊；

（7）气割、气焊部位附近有易燃易爆物品，在未作清理或采取有效的安全措施之前，不准气割、气焊；

（8）有压力或封闭的管道、容器，不准气割、气焊；

（9）附近有与明火作业相抵触的工种作业时，不准气割、气焊；

（10）与外单位相连的部位，在没有弄清险情，或明知存在危险而未采取有效的安全防范措施时，不准气割、气焊。

十一、防止车辆伤害的十项基本安全操作规定

（1）未经劳动、公安部门培训合格并持证上岗或不熟悉车辆性能的人员，严禁驾驶车辆；

（2）应坚持做好车辆的日常保养工作，车辆制动器、喇叭、转向系统、灯光等影响安全的部件如运作不良，不准出车；

（3）严禁翻斗车、自卸车车厢乘人，严禁人货混装，车辆载货应不超载、超高、超宽，捆扎应牢固可靠，应防止车内物体失稳跌落伤人；

（4）乘坐车辆应坐在安全处，头、手、身不得露出车厢外，要避免车辆启动、制动时跌倒；

（5）车辆进出施工现场，在场内掉头、倒车，在狭窄场地行驶时应有专人指挥；

（6）车辆进入施工现场要减速，并做到"四慢"，即：道路情况不明要慢，线路不良要慢，起步、会车、停车要慢，在狭路、桥梁、弯路、坡路、岔道、行人拥挤地点及出入大门时要慢；

（7）在临近机动车道的作业区和脚手架等设施，以及在道路中的路障应加设安全色标、安全标志和防护措施，并要确保夜间有充足的照明；

（8）装卸车作业时，若车辆停在坡道上，应在车轮两侧用楔形木块加以固定；

（9）人员在场内机动车道应避免右侧行走，并做到不平排结队而行，避让车辆时，禁止避让于两车交会之中，不站于旁有堆物无法退让的死角；

（10）机动车辆不得牵引无制动装置的车辆，牵引物体时物体上不得有人，人不得进入正在牵引的物与车之间，坡道上牵引时，车和被牵引物下方不得有人停留和作业。

第三节　建筑施工企业安全生产管理规范

2012年4月1日起实施的《建筑施工企业安全生产管理规范》（GB 50656—2011），共分16章，主要内容是建筑施工企业安全管理要求，包括总则、术语、基本规定、安全目标、安全生产管理组织和责任体系、安全生产管理制度、安全生产教育培训、安全生产资金管理、施工设施、设备和临时建（构）筑物的安全管理、安全技术管理、分包安全生产管理、施工现场安全管理、事故应急救援、事故统计报告、安全检查和改进、安全考核和奖惩等。条款摘要如下：

1.0.3　建筑施工企业安全生产管理应贯彻"安全第一，预防为主，综合治理"的方针，并根据施工生产的规模、性质、特点予以实施。

2.0.1　建筑施工企业（construction company）

指从事土木工程、建筑工程、线路管道和设备安装工程及装修工程的新建、扩建、改建和拆除等有关活动的企业。

2.0.2　建筑施工企业主要负责人（principal of construction company）

指对建筑施工企业日常生产经营活动和安全生产工作全面负责、具有生产经营决策权的人员，包括建筑施工企业法定代表人、经理、建筑施工企业分管安全生产的副经理等。

2.0.4　工作环境（working condition）

施工作业场所内人员、作业、设施和设备安全生产的场地、道路、工况、水文、地质、气候等客观条件。

2.0.6　隐患（hidden peril）

未被事先识别或未采取必要的风险控制措施,可能直接或间接导致事故的根源。

2.0.7 风险(risk)

某种特定危险情况和环境污染现象发生的可能性和后果的结合。

2.0.8 危险性较大的分部分项工程(graveness hazard)

在施工过程中存在的、可能导致作业人员群死群伤或造成重大不良社会影响的分部分项工程。

3 基本规定

3.0.1 建筑施工企业必须依法取得安全生产许可证,在资质等级许可的范围内承揽工程。

3.0.2 建筑施工企业主要负责人依法对本单位的安全生产工作全面负责,企业法定代表人为企业安全生产第一责任人。

3.0.3 建筑施工企业应根据施工生产特点和规模,实施安全生产体系管理。

3.0.4 建筑施工企业应按照有关规定设立独立的安全生产管理机构,足额配备专职安全生产管理人员。

3.0.5 建筑施工企业应依法确保安全生产条件所需资金的投入并有效使用。

3.0.6 建筑施工企业各管理层应适时开展针对性的安全生产教育培训,对从业人员进行安全培训。

3.0.7 建筑施工企业必须建立健全符合国家现行安全生产法律法规、标准规范要求、满足安全生产需要的各类规章制度和操作规程。

3.0.8 建筑施工企业应依法为从业人员提供合格劳动保护用品,办理相关保险。

3.0.9 建筑施工企业严禁使用国家明令淘汰的安全技术、工艺、设备、设施和材料。

3.0.10 建筑施工企业应对照本规范要求,定期对安全生产管理状况组织分析评估,实施改进活动。

4 安全管理目标

4.0.1 建筑施工企业应依据企业的总体发展目标,制定企业安全生产年度及中长期管理目标。

4.0.2 安全管理目标应包括生产安全事故控制指标、安全生产隐患治理目标,以及安全生产、文明施工管理目标等,安全管理目标应予量化。

4.0.3 安全管理目标应分解到各管理层及相关职能部门,并定期进行考核。企业各管理层和相关职能部门应根据企业安全管理目标的要求制定自身管理目标和措施,共同保证目标实现。

5 安全生产管理组织和责任体系

5.0.1 建筑施工企业必须建立和健全安全生产组织体系,明确各管理层、职能部门、岗位的安全生产责任。

5.0.2 建筑施工企业安全生产管理组织体系包括各管理层的主要负责人,专职安全生产管理机构及各相关职能部门,专职安全管理及相关岗位人员。

5.0.3 建筑施工企业安全生产责任体系应符合下列要求:

1. 建筑施工企业应设立由企业主要负责人及各部门负责人组成的安全生产决策机构,负责领导企业安全管理工作,组织制定企业安全生产中长期管理目标,审议、决策重大安全事项。

2. 各管理层主要负责人中应明确安全生产的第一责任人,对本管理层的安全生产工作全面负责。

3. 各管理层主要负责人应明确并组织落实本管理层各职能部门和岗位的安全生产职责,实现本管理层的安全管理目标。

4. 各管理层的职能部门及岗位负责落实职能范围内与安全生产相关的职责,实现相关安全管理目标。

5. 各管理层专职安全生产管理机构承担的安全职责应包括以下内容:

(1)宣传和贯彻国家安全生产法律法规和标准规范;

(2)编制并适时更新安全生产管理制度并监督实施;

(2)组织或参与企业生产安全相关活动;

(4)协调配备工程项目专职安全生产管理人员;

(5)制订企业安全生产考核计划,查处安全生产问题,建立管理档案;

5.0.4　建筑施工企业各管理层、职能部门、岗位的安全生产责任应形成责任书,并经责任部门或责任人确认。责任书的内容应包括安全生产职责、目标、考核奖惩规定等。

6　安全生产管理制度

6.0.1　建筑施工企业应以安全生产责任制为核心,建立健全安全生产管理制度。

6.0.2　建筑施工企业应建立安全生产教育培训、安全生产资金保障、安全生产技术管理、施工设施、设备及临时建(构)筑物的安全管理、分包(供)安全生产管理、施工现场安全管理、事故应急救援、生产安全事故管理、安全检查和改进、安全考核和奖惩等制度。

6.0.3　建筑施工企业的各项安全管理制度应明确规定以下内容:

1. 工作内容;

2. 责任人(部门)的职责与权限;

3. 基本工作程序及标准。

6.0.4　建筑施工企业安全生产管理制度在企业生产经营状况、管理体制、有关法律法规发生变化时,应适时更新、修订完善。

9　施工设施、设备和劳动防护用品安全管理

9.0.1　建筑施工企业施工设施、设备和劳动防护用品的安全管理应包括购置、租赁、装拆、验收、检测、使用、保养、维修、改造和报废等内容。

9.0.2　建筑施工企业应根据生产经营特点和规模,配备符合安全要求的施工设施、设备、劳动防护用品及相关的安全检测器具。

9.0.3　建筑施工企业各管理层应配备机械设备安全管理专业的专职管理人员。

9.0.4　建筑施工企业应建立并保存施工设施、设备、劳动防护用品及相关的安全检测器具安全管理档案,并记录以下内容:

1. 来源、类型、数量、技术性能、使用年限等静态管理信息,以及目前使用地点、使用状态、使用责任人、检测、日常维修保养等动态管理信息;

2. 采购、租赁、改造、报废计划及实施情况。

9.0.5　建筑施工企业应依据企业安全技术管理制度,对施工设施、设备、劳动防护用品及相关的安全检测器具实施技术管理,定期分析安全状态,确定指导、检查的重点,采取必要的改进措施。

9.0.6　安全防护设施应标准化、定型化、工具化。

10　安全技术管理

10.0.1　建筑施工企业安全技术管理应包括危险源识别,安全技术措施和专项方案的编制、审核、交底、过程监督、验收、检查、改进等工作内容。

10.0.2　建筑施工企业各管理层的技术负责人应对管理范围的安全技术工作负责。

10.0.3　建筑施工企业应当在施工组织设计中编制安全技术措施和施工现场临时用电方案;对危险性较大分部分项工程,编制专项安全施工方案;对其中超过一定规模的应按规定组织专家论证。

10.0.4　企业应明确各管理层施工组织设计、专项施工方案、安全技术方案(措施)方案编制、修改、审核和审批的权限、程序及时限。

10.0.5　根据权限,按方案涉及内容,由企业的技术负责人组织相关职能部门审核,技术负责人审批。审核、审批应有明确意见并签名盖章。编制、审批应在施工前完成。

10.0.6　建筑施工企业应明确安全技术交底分级的原则、内容、方法及确认手续。

10.0.7　建筑施工企业应根据施工组织设计和专项安全施工方案(措施)编制和审批权限的设置,组织相关编制人员参与安全技术交底、验收和检查,并明确其他参与交底、验收和检查的人员。

10.0.8　建筑施工企业可结合实际制定内部安全技术标准和图集,定期进行技术分析和改造,完善安全生产作业条件,改善作业环境。

11　分包(供)安全生产管理

11.0.1　分包(供)安全生产管理应包括分包(供)单位选择、施工过程管理、评价等工作内容。

11.0.2　建筑施工企业应依据安全生产管理责任和目标,明确对分包(供)单位和人员的选择和清退标准、合同条款约定和履约过程控制的管理要求。

11.0.3　企业对分包单位的安全管理应符合下列要求:

1. 选择合法的分包(供)单位;

2. 与分包(供)单位签订安全协议;

3. 对分包(供)单位施工过程的安全生产实施检查和考核;

4. 及时清退不符合安全生产要求的分包(供)单位;

5. 分包工程竣工后对分包(供)单位安全生产能力进行评价。

11.0.4　建筑施工企业对分包(供)单位检查和考核的内容应包括:

1. 分包(供)单位人员配置及履职情况;

2. 分包(供)单位违约、违章记录;

3. 分包(供)单位安全生产绩效。

11.0.5　建筑施工企业应建立合格分包(供)方名录,并定期审核,更新。

12　施工现场安全管理

12.0.1　建筑施工企业各管理层级职能部门和岗位,按职责分工,对工程项目实施安全管理。

12.0.2　企业的工程项目部应根据企业安全管理制度,实施施工现场安全生产管理,内容应包括:

1. 制定项目安全管理目标,建立安全生产责任体系,实施责任考核;

2. 配置满足要求的安全生产、文明施工措施,以及资金、从业人员和劳动防护用品;

3. 选用符合要求的安全技术措施、应急预案、设施与设备;

4. 有效落实施工过程的安全生产,隐患整改;

5. 组织施工现场场容场貌、作业环境和生活设施安全文明达标;

6. 组织事故应急救援抢险;

7. 对施工安全生产管理活动进行必要的记录,保存应有的资料和记录。

12.0.3　施工现场安全生产责任体系应符合以下要求:

1. 项目经理是工程项目施工现场安全生产第一责任人,负责组织落实安全生产责任,实施考核,实现项目安全管理目标;

2. 工程项目施工实行总承包的,应成立由总承包单位、专业承包和劳务分包单位项目经理、技术负责人和专职安全生产管理人员组成的安全管理领导小组;

3. 按规定配备项目专职安全生产管理人员,负责施工现场安全生产日常监督管理;

4. 工程项目部其他管理人员应承担本岗位管理范围内与安全生产相关的职责;

5. 分包单位应服从总包单位管理,落实总包企业的安全生产要求;

6. 施工作业班组应在作业过程中实施安全生产要求;

7. 作业人员应严格遵守安全操作规程,做到不伤害自己、不伤害他人和不被他人所伤害。

12.0.4　项目专职安全生产管理人员应由企业委派,并承担以下主要的安全生产职责:

1. 监督项目安全生产管理要求的实施,建立项目安全生产管理档案;

2. 对危险性较大分部分项工程实施现场监护并做好记录;

3. 阻止和处理违章指挥、违章作业和违反劳动纪律等现象;

4. 定期向企业安全生产管理机构报告项目安全生产管理情况。

12.0.5　工程项目开工前,工程项目部应根据施工特征,组织编制项目安全技术措施和专项施工方案,包括应急预案,并按规定审批,论证,交底、验收,检查;

方案内容应包括工程概况、编制依据、施工计划、施工工艺、施工安全技术措施、检查验收内容及标准、计算书及附图等。

12.0.6　工程项目部应接受企业上级各管理层、建设行政主管部门及其他相关部门的业务指导与监督检查,对发现的问题按要求组织整改。

12.0.7　建筑施工企业应与工程项目及时交流与沟通安全生产信息,治理安全隐患和回应相关方诉求。

16　安全考核和奖惩

16.0.1　企业安全考核和奖惩管理应包括确定考核和奖惩的对象、制订考核内容及奖罚的标准、定期组织实施考核、落实奖罚等内容。

16.0.2　安全考核的对象应包括各管理层的主要负责人、相关职能部门及岗位和工程项目的管理人员。

16.0.3　建筑施工企业各管理层、职能部门、岗位的安全生产责任应形成责任书,并经责任部门或责任人确认。责任书的内容应包括安全生产职责、目标、考核奖惩标准等。

16.0.4　企业各管理层的主要负责人应组织对本管理层各职能部门、下级管理层的安全生产责任进行考核和奖惩。

16.0.5　安全考核的内容应包括：

1．安全目标实现程度；

2．安全职责落实情况；

3．安全行为；

4．安全业绩。

16.0.6　建筑施工企业应针对生产经营规模和管理状况，明确安全考核的周期，并严格实施。

16.0.7　建筑施工企业奖励或惩罚的标准应与考核内容对应，并根据考核结果，及时进行奖励或惩罚处理，并实行安全生产一票否决制。

第四节　安全警示标志

安全警示标志包括安全色和安全标志。

一、安全色和对比色

（一）安全色

安全色是特定的表达安全信息含义的颜色和标志。它以形象而醒目的信息语言向人们提供表达禁止、警告、指令、提示等安全信息，包括红色、蓝色、黄色和绿色。

红色：很醒目，使人们在心理上会产生兴奋和刺激性，红色光光波较长，不易被尘雾所散射，在较远的地方也容易辨认，即红色的注目性非常高，视认性也很好，所以用其表示危险、禁止和紧急停止的信号。

蓝色：注目性和视认性虽然都不太好，但与白色相配合使用效果不错，特别是太阳光直射的情况下较明显，因而被选用为指令标志的颜色，是人们必须遵守的规定。

黄色：对人眼能产生比红色更高的明度，黄色与黑色组成的条纹是视认性最高的色彩，特别能引起人们的注意，所以被选用为警告色。凡是警告人们注意的器件、设备及环境应以黄色表示。

绿色：视认性和注目性虽然不高，但绿色是新鲜、年轻、青春的象征，具有和平、永远、生长、安全等心理效应，所以用绿色表示给人们提供允许、安全的信息。

（二）对比色

对比色是使安全色更加醒目的反衬色，包括黑、白两种颜色。

红色与白色相间条纹：表示禁止人们进入危险的环境。

黄色与黑色相间条纹：表示提示人们特别注意的意思。

蓝色与白色相间条纹：表示必须遵守规定的条纹。

绿色与白色相间条纹：与提示标志牌同时使用，更为醒目地提示人们。

二、安全标志

（一）安全标志的分类

安全标志分禁止标志、警告标志、指令标志和提示标志四类。

　　禁止标志是禁止人们不安全行为的图形标志,其基本形状是带斜杠的圆边框(见图 1-2),圆环和斜杠为红色,图形符号为黑色,衬底为白色。

禁止停留　　禁止堆放　　禁止乘人　　禁止攀登

禁止吸烟　　禁止跨越　　禁止抛物　　禁止合闸

禁止放易燃物　　禁止通行　　禁止烟火

图 1-2　禁止标志

　　警告标志的基本含义是提醒人们对周围环境引起注意,以避免可能发生危险的图形标志。警告标志的基本形式是正三角形边框(见图 1-3)。正三角形边框及图形为黑色,衬底为黄色。

当心拌倒　　当心塌方　　当心掉物　　当心滑跌

当心坑洞　　当心坠落　　当心落物　　当心触电

当心电缆　　当心扎脚　　当心火灾

图 1-3　警告标志

　　指令标志是强调人们必须做出某种动作或采取防范措施的图形标志。指令标志的基本形式是圆形边框(见图 1-4)。图形符号为白色,衬底为蓝色。

　　提示标志的含义是向人们提供某种信息(如表明安全设施或场所)的图形标志。提示标志的基本形式是正方形边框(见图 1-5)。图形符号为白色,衬底为绿色。

　　(二)使用安全标志的相关规定

　　安全标志在安全技术管理中的作用非常重要。在设置安全标志方面,相关法律法规已有很多规定。如《中华人民共和国安全生产法》第三十二条规定,生产经营单位应当在有较大危险因素的生产经营场所和有关设施、设备上,设置明显的安全警示标志。《建设工程安

必须系安全带　　　必须戴安全帽　　　必须戴防尘口罩

图 1-4　指令标志

紧急出口　　　　　可动火区

图 1-5　提示标志

全生产管理条例》第二十八条规定,施工单位应当在施工现场入口处、施工起重机械、临时用电设施、脚手架、出入通道口、楼梯口、电梯井口、空洞口、桥梁口、隧道口、基坑边缘、爆破物及有害危险气体和液体存放处等危险部位,设置明显安全标志。安全标志必须符合国家有关标准。

（三）施工现场安全标志设置具体要求

施工现场醒目处设置注意安全、禁止吸烟、必须系好安全带、必须戴好安全帽、必须穿防护服等标志。

施工现场及道路坑、沟、洞处设置当心坑洞标志。

施工现场较宽的沟、坑及高空分离处设置禁止跨越标志。

未固定设备、未经验收合格的脚手架及未安装牢固的构件设置禁止攀登、禁止架梯等标志;吊装作业区域设置警戒标识线并设置禁止通行、禁止入内、禁止停留、当心吊物、当心落物、当心坠落等标志。

高处作业、多层作业下方设置禁止通行、禁放易燃物、禁止停留等标志。

高处通道及地面安全通道设置安全通道标志。

高处作业位置设置必须系好安全带、禁止抛物、当心坠落、当心落物等标志;梯子入口及高空梯子通道设立注意安全、当心滑跌、当心坠落等标志。

电源及配电箱设置当心触电等标志。

电器设备试、检验或接线操作,设置有人操作、禁止合闸等标志。

临时电缆(地面或架空)设置当心电缆标志。

氧气瓶、乙炔瓶存放点设置禁止烟火、当心火灾等标志。

仓库及临时存放易燃易爆物品地点设置禁止吸烟、禁止火种等标志。

射线作业按规定设置安全警戒标识线,并设置当心电离辐射标志。

滚、剪板等机械设备设立当心设备伤人、注意安全等标志。

施工道路设立当心车辆及其他限速、限载等标志。

施工现场及办公室设置火灾报警电话标志。

施工现场“四口”作业处应设置防护栏杆并设置当心滑跌、当心坠落等标志。

第五节　安全管理检查评定

安全管理检查评定应符合《建设工程安全生产管理条例》(国务院第 393 号令)的规定。根据《建筑施工安全检查标准》(JGJ 59—2011)检查评定,保证项目包括安全生产责任制、施工组织设计、安全技术交底、安全检查、安全教育、应急预案,一般项目包括分包单位安全管理、特种作业持证上岗、生产安全事故处理、安全标志。

一、保证项目的检查评定

保证项目的检查评定应符合下列规定:

(一)安全生产责任制

(1)工程项目部应建立以项目经理为第一责任人的各级管理人员安全生产责任制。

(2)安全生产责任制应经责任人员签字确认。

(3)工程项目部应制定各工种安全技术操作规程。

(4)工程项目部应按《建筑施工企业安全生产管理机构设置及专职安全生产管理人员配备办法》(建设部建质〔2008〕91 号)的规定,配备专职安全员。

(5)实行工程项目经济承包的,承包合同中应有安全生产考核指标。

(6)工程项目部应制定安全生产资金保障制度。

(7)按照安全生产资金保障制度,编制安全资金使用计划并按计划实施。

(8)工程项目部应制定以伤亡事故控制、现场安全达标、文明施工为主要内容的安全生产管理目标。

(9)按照安全生产管理目标和项目管理人员的安全生产责任制,进行安全生产责任目标分解。

(10)应建立安全生产责任制、责任目标考核制度。

(11)按照考核制度,对项目管理人员定期进行考核。

(二)施工组织设计

(1)工程项目部在施工前应编制施工组织设计。施工组织设计应针对工程特点、施工工艺制定安全技术措施。

(2)危险性较大的分部分项工程应按照《危险性较大的分部分项工程安全管理规定》(住建部建办质〔2018〕31 号)的规定,编制安全专项施工方案。

(3)超过一定规模危险性较大的分部分项工程,施工单位应组织专家对专项方案进行论证。

(4)施工组织设计、安全专项施工方案,应由有关部门或专业技术人员审核,施工单位技术负责人、监理单位项目总监批准。

(5)工程项目部应按施工组织设计、安全专项施工方案组织实施。

(三)安全技术交底

(1)施工负责人在分派生产任务时,应对施工作业人员(相关管理人员)进行书面安全技术交底。

(2)安全技术交底应按施工工序、施工部位、施工栋号分部分项进行。

(3)安全技术交底应结合施工作业特点、危险因素、施工方案和规范标准、操作规程等内容制定。

(4)安全技术交底应由交底人、被交底人、安全员进行签字确认。

（四）安全检查

(1)工程项目部应建立安全检查(定期、季节性)制度。

(2)安全检查应由项目负责人组织,相关专业人员及安全员参加,定期进行并填写检查记录。

(3)雨季、冬季应组织专项检查。

(4)对检查中发现的事故隐患,应明确责任,定人、定时间、定措施限期整改完成。重大事故隐患应填写隐患整改通知单,按期整改落实。工地或相关部门应组织复查验证。

（五）安全教育

(1)施工单位应建立安全培训、教育制度。

(2)施工人员入场,工程项目部应组织进行以国家安全法律法规、企业安全制度、施工现场安全管理规定及各工种安全技术操作规程为主要内容的三级安全培训、教育和考核。

(3)施工作业人员变换工种,应进行变换后工种的安全操作规程教育和考核。

(4)施工管理人员、专职安全员每年度应进行安全培训和考核。

（六）应急救援预案

(1)工程项目部应针对工程特点,进行重大危险源的辨识;制定防触电、防坍塌、防高空坠落、防物体打击、防火灾、防起重及机械伤害等为主要内容的应急救援预案。

(2)施工现场应成立应急救援组织,培训、配备应急救援人员。

(3)按照应急救援预案要求,备齐应急救援器材。

(4)组织员工进行应急救援演练。

二、一般项目的检查评定

一般项目的检查评定应符合下列规定:

（一）分包单位安全管理

(1)总包单位应对承揽分包工程的分包单位进行资质、安全资格的审查评价。

(2)总包单位与分包单位签订分包合同时,应签订安全生产协议书,明确双方的安全责任。

(3)分包单位应按规定建立安全组织,配备安全员。

（二）特种作业持证上岗

(1)建筑施工特种作业人员须经行业主管部门培训考核合格,取得特种作业人员操作资格证书,方可上岗从事相应作业。

(2)特种作业人员应按规定进行延期审核。

(3)特种作业人员在进行施工作业时应持证上岗。

（三）生产安全事故处理

(1)施工现场发生生产安全事故应按规定及时报告。

(2)生产安全事故应按规定进行调查、分析、处理,制定防范措施。

（3）应为施工作业人员办理工伤保险。

（四）安全标志

（1）施工现场主要施工区域、危险部位、加工区、材料区、生活区、办公区,应按不同区域设置相应的安全警示标志牌。

（2）施工现场应绘制安全标志布置的总平面图。

（3）应根据工程部位和现场设施的改变,调整安全标志牌设置。

安全管理检查评分表如表 1-7 所示。

表 1-7 安全管理检查评分表

序号	检查项目		扣 分 标 准	应得分数	扣减分数	实得分数
1	保证项目	安全生产责任制	未建立安全生产责任制,扣 10 分 安全生产责任制未经责任人签字确认,扣 3 分 未制定各工种安全技术操作规程,扣 10 分 未按规定配备专职安全员,扣 10 分 工程项目部承包合同中未明确安全生产考核指标,扣 8 分 未制定安全资金保障制度,扣 5 分 未编制安全资金使用计划及实施,扣 2～5 分 未制定安全生产管理目标(伤亡控制、安全达标、文明施工),扣 5 分 未进行安全责任目标分解,扣 5 分 未建立安全生产责任制、责任目标考核制度,扣 5 分 未按考核制度对管理人员定期考核,扣 2～5 分	10		
2		施工组织设计	施工组织设计中未制定安全措施,扣 10 分 危险性较大的分部分项工程未编制安全专项施工方案,扣 3～8 分 未按规定对专项方案进行专家论证,扣 10 分 施工组织设计、专项方案未经审批,扣 10 分 安全措施、专项方案无针对性或缺少设计计算,扣 6～8 分 未按方案组织实施,扣 5～10 分	10		
3		安全技术交底	未采取书面安全技术交底,扣 10 分 交底未做到分部分项,扣 5 分 交底内容针对性不强,扣 3～5 分 交底内容不全面,扣 4 分 交底未履行签字手续,扣 2～4 分	10		
4		安全检查	未建立安全检查(定期、季节性)制度,扣 5 分 未留有定期、季节性安全检查记录,扣 5 分 事故隐患的整改未做到定人、定时间、定措施,扣 2～6 分 对重大事故隐患整改通知书所列项目未按期整改和复查,扣 8 分	10		

续表

序号	检查项目		扣 分 标 准	应得分数	扣减分数	实得分数
5		安全教育	未建立安全培训、教育制度,扣 10 分 新入场工人未进行三级安全教育和考核,扣 10 分 未明确具体安全教育内容,扣 6~8 分 变换工种时未进行安全教育,扣 10 分 施工管理人员、专职安全员未按规定进行年度培训考核,扣 5 分	10		
6	保证项目	应急预案	未制定安全生产应急预案,扣 10 分 未建立应急救援组织、配备救援人员,扣 3~6 分 未配置应急救援器材,扣 5 分 未进行应急救援演练,扣 5 分	10		
		小 计		60		
7		分包单位安全管理	分包单位资质、资格、分包手续不全或失效,扣 10 分 未签订安全生产协议书,扣 5 分 分包合同、安全协议书,签字盖章手续不全,扣 2~6 分 分包单位未按规定建立安全组织、配备安全员,扣 3 分			
8	一般项目	特种作业持证上岗	未经培训从事特种作业,扣 4 分 特种作业人员资格证书未延期复核,扣 4 分 未持操作证上岗,扣 2 分			
9		生产安全事故处理	生产安全事故未按规定报告,扣 3~5 分 生产安全事故未按规定进行调查分析处理、制定防范措施,扣 10 分 未办理工伤保险,扣 5 分			
10		安全标志	主要施工区域、危险部位、设施未按规定悬挂安全标志,扣 5 分 未绘制现场安全标志布置总平面图,扣 5 分 未按部位和现场设施的改变调整安全标志设置,扣 5 分			
		小计		40		
		检查项目合计		100		

思考题

1. 请谈谈你对安全的理解。

2. 安全员的定义是什么?

3. 危险源的定义是什么?

4. 我国的安全生产方针是什么?谈谈你对方针的理解。

5. 安全管理有哪些基本原则?

6. 建筑工地三级安全教育是指哪三级？

7. 宏观的安全管理包括哪三个方面？

8. 施工安全控制的特点有哪些？

9. 施工安全控制的目标是什么？

10. 安全管理的目标包括哪些？

11. 请说说施工安全控制的程序。

12. 安全生产六大纪律指什么？

13. 施工现场"十不准"指什么？

14. 什么是十项安全技术措施？

15. 请说说起重吊装"十不吊"规定。

16. 《建筑施工企业安全生产管理规范》(GB 50656—2011)的主要内容是什么？

17. 安全色的定义是什么？

18. 安全标志分哪四类？

19. 《建筑施工安全检查标准》(JGJ 59—2011)安全管理检查评定保证项目包括哪些内容？

20. 《建筑施工安全检查标准》(JGJ 59—2011)安全管理检查评定一般项目包括哪些内容？

第二章　安全管理相关的管理规定和标准

📖 本章学习目标

熟悉安全管理相关的管理规定和标准,包括施工安全生产责任制的管理规定、施工安全生产组织保障和安全许可的管理规定、施工现场安全生产的管理规定和施工安全技术标准知识。

🔨 本章重点

1. 施工单位、项目经理部、总分包单位安全生产责任制规定
2. 施工现场领导带班制度的规定
3. 施工企业安全生产管理机构、专职安全生产管理人员配备及其职责的规定
4. 施工安全生产许可证管理的规定
5. 施工企业主要负责人、项目负责人、专职安全生产管理人员安全生产考核的规定
6. 建筑施工特种作业人员管理的规定
7. 安全技术措施、专项施工方案和安全技术交底的规定
8. 危险性较大的分部分项工程安全管理的规定
9. 建筑起重机械安全监督管理的规定和特种设备安全监察管理的规定
10. 高大模板支撑系统施工安全监督管理的规定
11. 施工安全技术标准的法定分类和施工安全标准化工作
12. 企业安全生产标准化基本规范
13. 施工企业安全生产评价标准的要求

第一节　施工安全生产责任制的管理规定

一、施工单位、项目经理部、总分包单位安全生产责任制规定

安全管理是为施工项目实现安全生产开展的管理活动。施工现场的安全管理,重点是进行人的不安全行为与物的不安全状态的控制,落实安全管理决策与目标,以消除一切事故,避免事故伤害,减少事故损失为管理目的。安全控制是对某种具体的因素的约束与限制,是管理范围内的重要部分。安全管理措施是安全管理的方法与手段,管理的重点是对生产各因素状态的约束与控制。根据施工生产的特点,安全管理措施带有鲜明的行业特色。

完善安全生产管理体制,建立健全安全管理制度、安全管理机构和安全生产责任制是安全管理的重要内容,也是实现安全生产目标管理的组织保证。

为适应社会主义市场经济的需要,1993年国务院将原来的"国家监察、行政管理、群众监督"的安全生产管理体制,发展和完善成为"企业负责、行业管理、国家监察、群众监督"。同时,又考虑到许多事故的发生原因,是由于劳动者不遵守安全生产规章制度、违章违纪而造成的,所以增加了"劳动者遵章守纪"这一条内容。国务院2004年1月9日颁发的《国务院关于进一步加强安全生产工作的决定》(国发〔2004〕2号)中又指出:要构建全社会齐抓共管的安全生产工作格局,努力构建"政府统一领导、部门依法监管、企业全面负责、群众参与监督、全社会广泛支持"的安全生产工作格局。这样就建立起了更加符合社会主义市场经济条件下的安全生产管理体制。2021年新的《中华人民共和国安全生产法》第三条规定,安全生产工作坚持中国共产党的领导。安全生产工作应当以人为本,坚持人民至上、生命至上,把保护人民生命安全摆在首位,树牢安全发展理念,坚持安全第一、预防为主、综合治理的方针,从源头上防范化解重大安全风险。安全生产工作实行管行业必须管安全、管业务必须管安全、管生产经营必须管安全,强化和落实生产经营单位主体责任与政府监管责任,建立生产经营单位负责、职工参与、政府监管、行业自律和社会监督的机制。

(一)安全生产责任制的概念

安全生产责任制是各项安全管理制度的核心,是企业岗位责任制的一个重要组成部分,是企业安全管理中最基本的制度,是保障安全生产的重要组织措施。

安全生产责任制是根据"管生产必须管安全","安全生产,人人有责"等原则,明确规定各级领导、各职能部门、各岗位、各工种人员在生产活动中应负的安全职责的管理制度。

(二)建立和实施安全生产责任制的目的

建立和实施安全生产责任制,可以把安全与生产从组织领导上统一起来,把管生产必须管安全的原则从制度上固定下来,从而增强各级人员的安全责任,使安全管理纵向到底,横向到边,专管成线,群管成网,责任明确,协调配合,共同努力,真正把安全生产工作落到实处。

(三)安全生产责任制的制定和实施原则及要求

制定和实施安全生产责任制应贯彻"安全第一,预防为主,综合治理"的安全生产方针,遵循"各级领导人员在管理生产的同时必须负责管理安全"原则。在计划、布置、检查、总结、评比生产的同时,计划、布置、检查、总结、评比安全。按照国家颁发的《劳动法》《建筑法》等法规和国家、地方、安全主管部门下发的有关安全生产责任制的规定要求做到安全生产的职责、责任合法明确,覆盖全员、全方位。

根据《建筑施工安全检查标准》(JGJ 59—2011),要求如下:

工程项目部应建立以项目经理为第一责任人的各级管理人员安全生产责任制;安全生产责任制应经责任人签字确认;应按安全生产管理目标和项目管理人员的安全生产责任制,进行安全生产责任目标分解;应建立对安全生产责任制和责任目标的考核制度;应按考核制度,对项目管理人员定期进行考核。

(1)建立、完善以项目经理为首的安全生产领导组织,有组织、有领导地开展安全管理活动,承担组织、领导安全生产的责任。项目经理是施工项目安全管理第一责任人。

(2)建立各级人员安全生产责任制度,明确各级人员的安全责任。抓制度落实、抓责任落实,定期检查安全责任落实情况。各级职能部门、人员,在各自业务范围内,对实现安全生产的要求负责。全员承担安全生产责任,建立安全生产责任制,在从经理到工人的生产系统中做到纵向到底,一环不漏。各职能部门、人员的安全生产责任做到横向到边,人人负责。

(3)施工单位要有安全生产许可证。特种作业人员坚持"持证上岗"。

(4)施工项目经理负责施工生产中物的状态审验与认可,承担物的状态漏验、失控的管理责任,接受由此产生的经济损失。

(四)建筑施工企业各职能部门的安全生产责任

1. 安全管理部门

(1)积极宣传和贯彻国家、行业和地方颁布实施的各项安全生产的法律法规,并督促本企业严格执行。

(2)严格执行本企业的各项安全规章制度,并监督检查公司范围内安全生产责任制的执行情况,制订定期安全工作计划和方针目标,并负责贯彻实施。

(3)协助有关领导组织施工活动中的定期和不定期安全检查,及时制止各种违章指挥和冒险作业,保障建筑施工的安全进行。

(4)组织制定或修改安全生产的各项管理制度,负责审查企业内部的各项安全操作规程,并对其执行情况进行监督检查。

(5)组织全员职工进行安全教育,特别是组织特种作业人员的培训、考核等管理工作。

(6)组织开展危险源的辨识与防范措施的落实,督促企业各分公司和项目部逐级建立安全生产管理机构和配备安全管理人员。

(7)参与新建、改建、扩建工程项目的施工组织设计、会审、审查和竣工验收等工作;参与安全技术措施、文明施工措施、施工方案等会审工作;参与安全生产例会,及时收集信息,预测事故发生的可能性。

(8)参加暂设电气工程的施工组织设计和安装验收,提出具体意见,并监督执行;参加自制的中小型机具设备及各种设施和设备维修后在投入使用前的验收,合格后批准使用。

(9)参与一般及大、中、异型特殊脚手架的安装验收,及时发现问题,监督有关部门或人员解决落实。

(10)深入基层调查研究不安全动态,提出整改意见,制止违章作业,有权下达停工令和依据相关规定进行处罚。

(11)协助有关领导监督安全保证体系的正常运转,对削弱安全管理工作的部门,要及时汇报领导,督促解决。

(12)做好专控劳动保护用品的监督和管理工作,并监督其使用。

(13)对所有进入施工现场的单位或个人进行安全条件的审查和监督,发现不符合施工现场安全技术与管理规定的,有权责令其改正或撤离。

(14)督促项目部按规定及时领取和发放劳动保护用品,并指导员工正确使用。

(15)主持因工伤亡事故的内部调查,进行伤亡事故统计、分析,并按规定及时上报,对伤亡事故和重大未遂事故的责任者提出处理意见。

(16)配合事故调查组,参与伤亡事故的调查、分析及处理等具体工作。

(17)采纳安全生产的合理化建议,不断改进施工现场的安全技术和管理水平。

(18)落实本企业安全技术资料的收集、整理和归档等管理工作。

2．技术部门

(1)认真学习、贯彻执行国家和上级有关安全技术及安全操作规程的规定,组织施工生产中的安全技术措施的制定与实施。

(2)在编制施工组织设计和专业性方案时,要在每个环节中贯彻安全技术措施,对确定后的方案,若有变更,应及时组织修订和审查。

(3)检查施工组织设计和施工方案中安全措施的实施情况,对施工中涉及安全方面的技术性问题,提出解决办法。

(4)对新技术、新材料、新工艺,必须制定相应的安全技术措施和安全操作规程。

(5)对改善劳动条件、减轻笨重体力劳动、消除噪声等方面的治理进行调查研究,提出解决的技术和组织方案。

(6)参与伤亡事故和重大已、未遂事故中技术性问题的调查,分析事故原因,从技术上提出防范措施。

3．计划部门

(1)在编制年、季、月、旬生产计划时,必须首先树立"安全第一"的思想,均衡组织生产,保障安全工作与生产任务协调一致,并将安全生产计划纳入生产计划优先安排。

(2)坚持按照安全、合理的要求安排施工程序和施工组织,并充分考虑职工的劳逸结合,认真编制各项施工作业计划。

(3)在检查生产计划实施情况的同时,要检查项目安全措施的执行情况,对施工中重要安全防护设施、设备的实施工作(如支拆脚手架、安全网等)要纳入计划,列为正式工序,并给予作业时间和资源的保证。

(4)在生产任务与安全保障发生矛盾时,必须优先解决安全保障的实施。

4．劳动人事部门

(1)认真落实国家和省、市有关劳动保护的法规,严格执行有关人员的劳动保护待遇,并监督实施情况。

(2)严格执行国家和省、市特种作业人员持证上岗作业的有关规定,适时组织特种作业人员的培训工作,并向主管领导通报情况。

(3)对职工(含分包单位员工)进行定期的教育考核,将安全技术知识列为员工培训、考核、评级的内容之一。对新招收的工人(含分包单位员工)要组织入场教育和资格审查,保证参与施工的人员具备相应的安全技能。

(4)参与因工伤亡事故的调查,从用工方面分析事故原因,提出防范措施,并认真执行对事故责任者的处理意见和决定。

(5)根据国家和省、市有关安全生产的方针、政策及企业实际情况,足额配备具有一定文化程度、技术和实践经验的安全管理人员,保证安全管理人员的素质。

(6)组织对新调入、新入场和转岗的施工和管理人员的安全培训和教育工作。

(7)按照国家和省、市有关规定,负责审查安全管理人员和其他人员的职业资格,有权向主管领导建议调整和补充安全管理人员或其他人员。

5．教育培训部门

(1)组织与施工生产有关的学习班时,要安排安全生产技术与管理的教育内容。

(2)各专业主办的各类学习班,要设置职业健康和劳动保护课程。

(3)将安全教育纳入职工培训教育计划,负责组织并落实职工的安全技术培训和教育工作,并严格考核制度。

(4)建立受训人员的培训档案,严格培训管理制度。

6. 工会

(1)向全体员工宣传国家、行业或地方的安全生产方针、政策、法律、法规和相关标准,以及企业的安全生产规章制度,对员工进行遵规守章的安全意识和职业健康安全教育。

(2)监督企业的安全生产情况,参与安全生产的检查和评判。

(3)发现违章指挥,强令工人冒险作业,或发现事故隐患和职业危害,有权代表职工向企业主要负责人或现场负责人提出解决意见,如无效,应支持和组织职工停止施工,并向有关行政主管部门报告。

(4)把本单位安全生产和职业健康的议题,纳入职工代表大会的议程,并作出具体的决议。

(5)组织职工开展安全生产评选和竞赛活动,充分发挥全体职工的积极性,为安全生产献计献策,不断提高安全生产的技术和管理水平。

(6)鼓励职工举报安全隐患,并对职工的举报进行核实和及时上报。

(7)督促和协助企业负责人严格执行国家有关劳动保护的规定,不断改善职工的劳动条件。

(8)参加安全事故和职业病的调查工作,协助查清事故原因,总结经验教训,做到"四不放过"。

(9)有权代表职工和家属对事故责任人提出控告,追究其相应的责任,以维护职工的合法权益。

7. 项目经理部

(1)项目经理部是安全生产工作的载体,具体组织和实施项目安全生产、文明施工、环境保护工作,对本项目工程的安全生产负全面责任。

(2)贯彻落实各项安全生产的法律、法规、规章、制度,组织实施各项安全管理工作,完成各项考核指标。

(3)建立并完善项目部安全生产责任制和安全考核评价体系,积极开展各项安全活动,监督、控制分包单位严格执行安全生产的规章制度,履行安全职责。

(4)发生伤亡事故及时上报有关部门,并做好事故现场保护,积极抢救伤员,认真配合事故调查组开展伤亡事故的调查和分析,按照"四不放过"的原则,落实整改防范措施,对责任人员进行处理。

8. 总承包单位

总承包单位除应承担本企业相应的安全生产责任外,对分包单位还应承担以下责任:

(1)审查分包单位的安全生产保证体系,对不具备安全生产条件的,不予发包。

(2)必须签订分包合同,并且在分包合同中明确各自的安全责任。

(3)施工前,应对分包单位进行详细的安全技术交底,并经双方签字确认。

(4)加强施工过程中的监督管理,发现违章操作和冒险作业,应立即勒令其停止作业,进行整改,必要时解除其分包资格。

(5)凡总承包单位的产值中包括分包单位完成的产值的,总承包单位要统计上报分包单位的安全事故情况,并按分包合同的规定,确定相应的责任。

9. 分包单位

(1)服从总承包单位的管理,接受总承包单位的安全检查,严格执行总承包单位的有关安全生产的规章制度。

(2)认真执行安全生产的各项法规、规章制度及安全操作规程,合理安排班组人员工作,对本单位人员在生产中的安全和健康负责。

(3)严格履行各项劳务用工手续,做好本单位人员的岗位安全培训,经常组织学习安全操作规程,监督本单位人员遵守劳动、安全纪律,做到不违章指挥,制止违章作业。

(4)根据总承包单位的交底向本单位各工种进行详细的书面安全交底,针对当天任务、作业环境等情况,做好班前安全例会,监督其执行情况,发现问题,及时纠正、解决。

(5)必须保持本单位人员的相对稳定,人员变更须事先经总承包单位的认可,新来人员应按规定办理各种手续,并经三级安全教育后方准上岗。

(6)参加总承包单位组织的安全生产和文明施工检查,并及时检查本单位人员作业现场安全生产状况,发现问题,及时纠正,发生重大隐患应立即上报有关部门和领导。

(7)发生因工伤亡及未遂事故,保护好现场,做好伤者抢救工作,并立即上报总承包单位有关领导。

(8)特殊工种必须经相关部门培训合格,持证上岗。

(五)建筑施工企业主要人员的安全生产责任

1. 企业法人代表

企业是安全生产的责任主体,实行法人代表负责制。企业法人代表的安全生产责任包括:

(1)建立健全本单位安全生产责任制。

(2)组织制定本单位安全生产规章制度和操作规程。

(3)保证本单位安全生产投入的有效实施。

(4)督促、检查本单位的安全生产工作,及时消除生产安全事故隐患。

(5)组织制定并实施本单位的生产安全事故应急预案,组织开展应急预案培训、演练和宣传教育。

(6)及时、如实报告生产安全事故。

2. 企业主要负责人

企业经理和主管生产的副经理对本企业的劳动保护和安全生产负全面领导责任,其主要责任如下:

(1)认真贯彻执行劳动保护和安全生产的政策、法规和规章制度。

(2)定期分析研究、解决安全生产中的问题,定期向企业职工代表大会报告企业安全生产情况和措施。

(3)制定安全生产工作规划和企业的安全责任制等制度,建立健全安全生产保证体系。

(4)保证安全生产的投入及有效实施。

（5）组织审批安全技术措施计划并贯彻实施。

（6）定期组织安全检查和开展安全竞赛等活动,及时消除安全隐患。

（7）落实对职工进行安全和遵章守纪及劳动保护法制教育。

（8）督促各级管理人员和各职能部门的职工做好本职范围内的安全工作。

（9）总结与推广安全生产先进经验。

（10）及时、如实地报告生产安全事故,主持伤亡事故的调查分析,提出处理意见和改进措施,并督促实施。

（11）组织制定企业的安全事故救援预案,组织演练和实施。

3.企业技术负责人(企业总工程师)

（1）企业技术负责人对本企业劳动保护和安全生产的技术工作负领导责任。

（2）组织编制和审批施工组织设计,以及专项安全施工方案。

（3）负责提出改善劳动条件的技术和组织措施,并付诸实施。

（4）负责对职工进行安全技术教育。

（5）编制审查企业的安全操作技术规程,及时解决施工中的安全技术问题。

（6）参加重大伤亡事故的调查分析,提出技术鉴定意见和改进措施。

（7）组织并落实安全技术交底工作,并履行签字认可手续。

（8）负责安全技术资料的编制和审查等管理工作。

4.项目经理

（1）对承包项目工程生产经营过程中的安全生产负全面领导责任。

（2）贯彻落实安全生产方针、政策、法规和各项规章制度,结合项目工程特点及施工全过程的情况,制定本项目部各项安全生产管理制度,或提出要求并监督其实施。

（3）在组织项目工程承包,聘用管理人员时,必须本着"安全第一"的原则,根据工程特点确定安全工作的管理体制和人员分工,并明确各部门和人员的安全责任和考核指标,支持、指导安全管理人员的工作。

（4）健全和完善用工管理手续,录用分包单位必须及时向有关部门申报,严格用工制度与管理,适时组织上岗安全教育,要对分包单位的健康与安全负责,加强劳动保护工作。

（5）组织落实施工组织设计中安全技术措施,监督项目工程施工中安全技术交底制度和设备、设施验收制度的实施。

（6）领导、组织施工现场定期的安全生产检查,发现施工生产中的不安全因素,应组织制定措施,及时解决。对上级提出的安全生产技术与管理方面的问题,要定时、定人、定措施予以解决。

（7）发生事故,要做好现场保护与抢救工作,及时上报;组织、配合事故的调查,认真落实既定的防范措施,吸取事故教训。

（8）对分包单位加强文明安全管理,并对其进行检查和评定。

5.项目技术负责人

（1）对工程项目生产经营中的安全生产负技术责任。

（2）贯彻、落实安全生产方针、政策,严格执行安全技术规范、标准和规程。结合项目工程特点,主持项目工程的安全技术交底和开工前的全面安全技术交底。

（3）参加或组织编制项目施工组织设计，编制、审查施工方案时，要制定、审查安全技术措施，保证其具有可行性与针对性，并及时检查、监督、落实。

（4）主持制定技术措施计划和季节性施工方案的同时，制定相应的安全技术措施并监督执行，及时解决执行中出现的问题。

（5）工程项目应用新材料、新技术、新工艺，要及时上报，经批准后方可实施，同时要组织上岗人员的安全技术培训、教育，认真执行相应的安全技术措施与安全操作工艺、要求，预防施工中因易燃易爆物品引起的火灾、中毒或在新工艺实施中可能造成的事故。

（6）主持安全防护设施和设备的验收，发现设备、设施使用中的不正确情况应及时采取措施。严格控制不合标准要求的防护设备、设施投入使用。

（7）参加企业和项目部组织的安全生产检查，对施工中存在的不安全因素，从技术方面提出整改意见和办法予以消除。

（8）对职工进行安全技术教育，及时解决安全达标和文明施工中的安全技术问题。

（9）参与并配合因工伤亡及重大未遂事故的调查，从技术上分析事故原因，提出防范措施、意见。

（10）加强分包单位的安全评定及文明施工的检查评定。

6. 安全员

安全员是在建筑工程施工现场，协助项目经理，从事施工安全管理、检查、监督和施工安全问题处理等工作的专业人员。

(1)在企业安全管理部门的领导下，负责施工现场的安全管理工作。

(2)做好安全生产的宣传教育工作，组织好安全生产、文明施工达标活动，经常性地开展安全检查。

(3)掌握施工进度及生产情况，及时发现施工中的安全隐患，遇有危及人身安全或财产损失险情时，上报有关部门和人员，督促整改，必要时发出停工通知。

(4)按照施工组织设计方案中的安全技术措施，督促、检查有关人员的贯彻执行。

(5)协助有关部门做好新工人、特种作业人员、变换工种人员的安全技术、安全法规及安全知识的培训与考核工作。

(6)制止违章指挥、违章作业的现象，并立即向有关人员报告。

(7)组织或参与进入施工现场的劳保用品、防护设施、器具、机械设备的检验、检测及验收工作。

(8)参与本工程发生的伤亡事故的调查、分析、整改方案（或措施）的制定及事故登记和报告工作。

7. 施工员

(1)认真执行上级有关安全生产规定，对所管辖班组（特别是分包单位）的安全生产负直接领导责任。

(2)认真执行安全技术措施及安全操作规程，针对生产任务特点，向班组（包括分包单位）进行书面安全技术交底，履行签字手续，并对规程、措施、交底要求执行情况经常检查，随时纠正违章作业行为。

(3)经常检查所管辖班组作业环境及各种设备、设施的安全状况，发现问题及时纠正解决。对重点、特殊部位施工，必须检查作业人员及安全设备、设施技术状况是否符合安全要求,严格执行安全技术交底,落实安全技术措施,并监督其执行,做到不违章指挥。

(4)每周或不定期组织一次所管辖班组学习安全操作规程,开展安全教育活动,接受安全部门或人员的安全监督检查,及时处理安全隐患,保证安全施工。

(5)对分管工程项目应用的符合审批手续的新材料、新工艺、新技术要组织作业工人进行安全技术培训;若在施工中发现问题,立即停止使用,并上报有关部门或领导。

(6)参加所管工程施工现场的脚手架、物料提升机、塔吊、外用电梯、模板支架、临时用电设备线路的检查验收,合格后方准使用。

(7)发现因工伤亡或未遂事故要保护好现场,立即上报。

8.质量员

(1)贯彻执行相关安全生产法规、规范、标准和规程,正确认识安全与质量的关系。

(2)督促班组人员遵守安全生产技术措施和有关安全技术操作规程,有责任制止违章指挥和违章作业。

(3)发现事故隐患,首先责令施工人员进行整改,或者停止作业,并及时汇报给项目技术负责人和安全员进行处理,并跟踪整改落实情况。

(4)发生事故后,要立即上报,并保护现场,参与调查与分析。

9.材料员

(1)贯彻执行有关安全生产的法规、规范、标准和规程,树立良好的工作作风,做好本职工作。

(2)熟悉建筑施工安全防护用品、设施、器具的有关标准、性能、技术参数、检验检测方法、质量鉴别。

(3)对采购的安全防护用品、设施、器具、材料、配件的质量负有直接的安全责任,禁止采购影响安全的不合格材料和用品。

(4)做好安全防护用品、施工机具等入库的保养、保管、发放、检查等管理工作,对不合格的产品有权拒绝进入施工现场。

(5)查验采购产品的生产许可证、质量合格证、安监证或复检报告。

(6)配合安监部门做好安全防护用品的抽检工作,发现质量问题及时向有关人员反映,确保安全防护产品的安全、可靠。

10.班组长

(1)班组长要带头遵守安全生产的规章制度,对本班组的安全生产负领导责任。

(2)认真遵守安全操作规程和有关安全生产制度。根据本班组人员的技能、体能和思想等实际情况,合理安排工作,认真执行安全技术交底制度,有权拒绝违章作业。

(3)组织做好日常安全生产管理,开好班前、班后安全会,支持班组安全员的工作,对新进工人进行现场第三级安全教育,并在未熟悉工作环境前,指定专人帮助其做好本身的安全工作。

(4)组织本班组人员学习安全规程和制度,服从指挥,不违章蛮干,不擅自动用机械、电气、脚手架等设备。

(5)班前对所使用的机具、设备、防护用具及作业环境进行安全检查,发现问题立即采取措施,及时消除事故隐患。对不能解决的问题要采取临时控制措施,并及时上报。

(6)发生工伤事故立即组织抢救和上报,并保护好事故现场,事后要组织全体人员认真分析,总结教训,提出防范措施。

(7)听从专职安全员的指导,接受改进意见,教育全班组人员坚守岗位,严格执行安全规程和制度。

(8)充分调动全班组人员的积极性,提出促进安全生产和改善劳动条件的合理化建议。

11. 操作工人

(1)认真学习,严格执行安全技术操作规程,模范遵守安全生产规章制度。

(2)自觉接受安全教育培训,认真学习和掌握本工种的安全操作规程及相关安全知识,努力提高安全知识和技能。

(3)积极参加安全活动,认真执行安全交底,不违章作业,服从安全人员的指导。

(4)发扬团结友爱精神,在安全生产方面做到互相帮助、互相监督,对新工人要积极传授安全生产知识,维护一切安全设施和防护用具,做到正确使用,不准拆改。

(5)对不安全作业要积极提出意见,并有权拒绝违章指令。

(6)正确使用防护用品和安全设施、工具,爱护安全标志,进入施工现场要戴好安全帽,高空作业系好安全带。

(7)随时检查工作岗位的环境和使用的工具、材料、电气、机械设备,做好文明施工和所负责机具的维护保养工作,发现隐患及时处理或上报。

(8)发生伤亡和未遂事故,保护现场并立即上报。

通过以上叙述,应当比较容易地看出:安全生产管理绝对不是某一个部门或某几个部门的任务,更不是某一个人(如安全员)或某几个人的事情,而是建筑施工企业各部门以及全员参与的一项管理任务,这也是"综合治理"在建筑施工企业内的具体反映。

二、施工现场领导带班制度的规定

为贯彻落实《国务院关于进一步加强企业安全生产工作的通知》(国发〔2010〕23号),切实加强建筑施工企业及施工现场质量安全管理工作,中华人民共和国住房和城乡建设部制定了《建筑施工企业负责人及项目负责人施工现场带班暂行办法》(建质〔2011〕111号)于2011年7月22日起施行。

本办法所称的建筑施工企业负责人,是指企业的法定代表人、总经理、主管质量安全和生产工作的副总经理、总工程师和副总工程师。本办法所称的项目负责人,是指工程项目的项目经理。本办法所称的施工现场,是指进行房屋建筑和市政工程施工作业活动的场所。

建筑施工企业应当建立企业负责人及项目负责人施工现场带班制度,并严格考核。施工现场带班制度应明确其工作内容、职责权限和考核奖惩等要求。施工现场带班包括企业负责人带班检查和项目负责人带班生产。企业负责人带班检查是指由建筑施工企业负责人带队实施对工程项目质量安全生产状况及项目负责人带班生产情况的检查。项目负责人带班生产是指项目负责人在施工现场组织协调工程项目的质量安全生产活动。

建筑施工企业法定代表人是落实企业负责人及项目负责人施工现场带班制度的第一责任人,对落实带班制度全面负责。建筑施工企业负责人要定期带班检查,每月检查时间不少于其工作日的25%。建筑施工企业负责人带班检查时,应认真做好检查记录,并分别在企业和工程项目存档备查。

工程项目进行超过一定规模的危险性较大的分部分项工程施工时,建筑施工企业负责人应到施工现场进行带班检查。对于有分公司(非独立法人)的企业集团,集团负责人因故不能到现场的,可书面委托工程所在地的分公司负责人对施工现场进行带班检查。工程项目出现险情或发现重大隐患时,建筑施工企业负责人应到施工现场带班检查,督促工程项目进行整改,及时消除险情和隐患。

项目负责人是工程项目质量安全管理的第一责任人,应对工程项目落实带班制度负责。项目负责人在同一时期只能承担一个工程项目的管理工作。项目负责人带班生产时,要全面掌握工程项目质量安全生产状况,加强对重点部位、关键环节的控制,及时消除隐患。要认真做好带班生产记录并签字存档备查。项目负责人每月带班生产时间不得少于本月施工时间的80%。因其他事务需离开施工现场时,应向工程项目的建设单位请假,经批准后方可离开。离开期间应委托项目相关负责人负责其外出时的日常工作。

第二节　施工安全生产组织保障和安全许可的管理规定

一、施工企业安全生产管理机构、专职安全生产管理人员配备及其职责的规定

为进一步规范建筑施工企业安全生产管理机构设置及专职安全生产管理人员配备,全面落实建筑施工企业安全生产主体责任,中华人民共和国住房和城乡建设部组织修订了《建筑施工企业安全生产管理机构设置及专职安全生产管理人员配备办法》(建质〔2008〕91号)于2008年5月13日起施行。

(一)施工企业安全生产管理机构

施工企业安全生产管理机构是指建筑施工企业设置的负责安全生产管理工作的独立职能部门。建筑施工企业应当依法设置安全生产管理机构,在企业主要负责人的领导下开展本企业的安全生产管理工作。建筑施工企业安全生产管理机构具有以下职责:

(1)宣传和贯彻国家有关安全生产法律法规和标准;

(2)编制并适时更新安全生产管理制度并监督实施;

(3)组织或参与企业生产安全事故应急救援预案的编制及演练;

(4)组织开展安全教育培训与交流;

(5)协调配备项目专职安全生产管理人员;

(6)制订企业安全生产检查计划并组织实施;

(7)监督在建项目安全生产费用的使用;

(8)参与危险性较大工程安全专项施工方案专家论证会;

(9)通报在建项目违规违章查处情况;

(10)组织开展安全生产评优评先表彰工作;

(11)建立企业在建项目安全生产管理档案;

(12)考核评价分包企业安全生产业绩及项目安全生产管理情况;

(13)参加生产安全事故的调查和处理工作;

(14)企业明确的其他安全生产管理职责。

（二）专职安全生产管理人员

专职安全生产管理人员是指经建设主管部门或者其他有关部门安全生产考核合格，取得安全生产考核合格证书，并在建筑施工企业及其项目从事安全生产管理工作的专职人员。

（1）建筑施工企业安全生产管理机构专职安全生产管理人员在施工现场检查过程中具有以下职责：

①查阅在建项目安全生产有关资料、核实有关情况；

②检查危险性较大工程安全专项施工方案落实情况；

③监督项目专职安全生产管理人员履责情况；

④监督作业人员安全防护用品的配备及使用情况；

⑤对发现的安全生产违章违规行为或安全隐患，有权当场予以纠正或做出处理决定；

⑥对不符合安全生产条件的设施、设备、器材，有权当场做出查封的处理决定；

⑦对施工现场存在的重大安全隐患有权越级报告或直接向建设主管部门报告。

⑧企业明确的其他安全生产管理职责。

（2）建筑施工企业安全生产管理机构专职安全生产管理人员的配备应满足下列要求，并应根据企业经营规模、设备管理和生产需要予以增加：

①建筑施工总承包资质序列企业：特级资质不少于6人；一级资质不少于4人；二级和二级以下资质企业不少于3人。

②建筑施工专业承包资质序列企业：一级资质不少于3人；二级和二级以下资质企业不少于2人。

③建筑施工劳务分包资质序列企业：不少于2人。

④建筑施工企业的分公司、区域公司等较大的分支机构（以下简称分支机构）应依据实际生产情况配备不少于2人的专职安全生产管理人员。

（3）建筑施工企业应当实行建设工程项目专职安全生产管理人员委派制度。建设工程项目的专职安全生产管理人员应当定期将项目安全生产管理情况报告企业安全生产管理机构。建筑施工企业应当在建设工程项目组建安全生产领导小组。建设工程实行施工总承包的，安全生产领导小组由总承包企业、专业承包企业和劳务分包企业项目经理、技术负责人和专职安全生产管理人员组成。安全生产领导小组的主要职责：

①贯彻落实国家有关安全生产法律法规和标准；

②组织制定项目安全生产管理制度并监督实施；

③编制项目生产安全事故应急救援预案并组织演练；

④保证项目安全生产费用的有效使用；

⑤组织编制危险性较大工程安全专项施工方案；

⑥开展项目安全教育培训；

⑦组织实施项目安全检查和隐患排查；

⑧建立项目安全生产管理档案；

⑨及时、如实报告安全生产事故。

（4）项目专职安全生产管理人员具有以下主要职责：

①负责施工现场安全生产日常检查并做好检查记录；

②现场监督危险性较大工程安全专项施工方案实施情况；

③对作业人员违规违章行为有权予以纠正或查处；

④对施工现场存在的安全隐患有权责令立即整改；

⑤对于发现的重大安全隐患，有权向企业安全生产管理机构报告；

⑥依法报告生产安全事故情况。

（5）总承包单位配备项目专职安全生产管理人员应当满足下列要求：

①建筑工程、装修工程按照建筑面积配备：1万平方米以下的工程不少于1人；1万～5万平方米的工程不少于2人；5万平方米及以上的工程不少于3人，且按专业配备专职安全生产管理人员。

②土木工程、线路管道、设备安装工程按照工程合同价配备：5000万元以下的工程不少于1人；5000万～1亿元的工程不少于2人；1亿元及以上的工程不少于3人，且按专业配备专职安全生产管理人员。

（6）分包单位配备项目专职安全生产管理人员应当满足下列要求：

①专业承包单位应当配置至少1人，并根据所承担的分部分项工程的工程量和施工危险程度增加。

②劳务分包单位施工人员在50人以下的，应当配备1名专职安全生产管理人员；50～200人的，应当配备2名专职安全生产管理人员；200人及以上的，应当配备3名及以上专职安全生产管理人员，并根据所承担的分部分项工程施工危险实际情况增加，不得少于工程施工人员总人数的5‰。

（7）施工作业班组可以设置兼职安全巡查员，对本班组的作业场所进行安全监督检查。建筑施工企业应当定期对兼职安全巡查员进行安全教育培训。

二、施工安全生产许可证管理的规定

为严格规范建筑施工企业安全生产许可条件，切实加强建设工程安全生产监督管理，防止和减少建设工程生产安全事故，根据国务院《安全生产许可证条例》、最新版的建筑施工企业安全生产许可证管理规定，2004年7月5日建设部第128号令发布，根据2015年1月22日中华人民共和国住房和城乡建设部第23号令《住房和城乡建设部关于修改〈市政公用设施抗灾设防管理规定〉等部门规章的决定》修正。

国家对建筑施工企业实行安全生产许可制度。建筑施工企业未取得安全生产许可证的，不得从事建筑施工活动。建筑施工企业取得安全生产许可证，应当具备下列安全生产条件：

（1）建立、健全安全生产责任制，制定完备的安全生产规章制度和操作规程；

（2）保证本单位安全生产条件所需资金的投入；

（3）设置安全生产管理机构，按照国家有关规定配备专职安全生产管理人员；

（4）主要负责人、项目负责人、专职安全生产管理人员经住房和城乡建设主管部门或者其他有关部门考核合格；

（5）特种作业人员经有关业务主管部门考核合格，取得特种作业操作资格证书；

（6）管理人员和作业人员每年至少进行一次安全生产教育培训并考核合格；

（7）依法参加工伤保险，依法为施工现场从事危险作业的人员办理意外伤害保险，为从业人员交纳保险费；

（8）施工现场的办公、生活区及作业场所和安全防护用具、机械设备、施工机具及配件符合有关安全生产法律、法规、标准和规程的要求；

（9）有职业危害防治措施，并为作业人员配备符合国家标准或者行业标准的安全防护用具和安全防护服装；

（10）有对危险性较大的分部分项工程及施工现场易发生重大事故的部位、环节的预防、监控措施和应急预案；

（11）有生产安全事故应急救援预案、应急救援组织或者应急救援人员，配备必要的应急救援器材、设备；

（12）法律、法规规定的其他条件。

建筑施工企业从事建筑施工活动前，应当依照本规定向企业注册所在地省、自治区、直辖市政府住房和城乡建设主管部门申请领取安全生产许可证。

安全生产许可证的有效期为 3 年。安全生产许可证有效期满需要延期的，企业应当于期满前 3 个月向原安全生产许可证颁发管理机关申请办理延期手续。

企业在安全生产许可证有效期内，严格遵守有关安全生产的法律法规，未发生死亡事故的，安全生产许可证有效期届满时，经原安全生产许可证颁发管理机关同意，不再审查，安全生产许可证有效期延期 3 年。

三、施工企业主要负责人、项目负责人、专职安全生产管理人员安全生产考核的规定

为了加强房屋建筑和市政基础设施工程施工安全监督管理，提高建筑施工企业主要负责人、项目负责人和专职安全生产管理人员（以下合称"安管人员"）的安全生产管理能力，根据《中华人民共和国安全生产法》《建设工程安全生产管理条例》等法律法规，制定《建筑施工企业主要负责人、项目负责人和专职安全生产管理人员安全生产管理规定》，自 2014 年 9 月 1 日起施行。

企业主要负责人，是指对本企业生产经营活动和安全生产工作具有决策权的领导人员。企业主要负责人包括法定代表人、总经理（总裁）、分管安全生产的副总经理（副总裁）、分管生产经营的副总经理（副总裁）、技术负责人、安全总监等。

项目负责人，是指取得相应注册执业资格，由企业法定代表人授权，负责具体工程项目管理的人员。

专职安全生产管理人员，是指在企业专职从事安全生产管理工作的人员，包括企业安全生产管理机构的人员和工程项目专职从事安全生产管理工作的人员。

"安管人员"应当通过其受聘企业，向企业工商注册地的省、自治区、直辖市人民政府住房和城乡建设主管部门（以下简称考核机关）申请安全生产考核，并取得安全生产考核合格证书。安全生产考核不得收费。

申请参加安全生产考核的"安管人员"，应当具备相应文化程度、专业技术职称和一定安全生产工作经历，与企业确立劳动关系，并经企业年度安全生产教育培训合格。

安全生产考核包括安全生产知识考核和管理能力考核。

安全生产知识考核内容包括建筑施工安全的法律法规、规章制度、标准规范，建筑施工安全管理基本理论等。

安全生产管理能力考核内容包括建立和落实安全生产管理制度、辨识和监控危险性较

大的分部分项工程、发现和消除安全事故隐患、报告和处置生产安全事故等方面的能力。

对安全生产考核合格的,考核机关核发安全生产考核合格证书,安全生产考核合格证书有效期为 3 年,证书在全国范围内有效。

安全生产考核合格证书有效期届满需要延续的,"安管人员"应当在有效期届满前 3 个月内,由本人通过受聘企业向原考核机关申请证书延续。准予证书延续的,证书有效期延续 3 年。

主要负责人对本企业安全生产工作全面负责,应当建立健全企业安全生产管理体系,设置安全生产管理机构,配备专职安全生产管理人员,保证安全生产投入,督促检查本企业安全生产工作,及时消除安全事故隐患,落实安全生产责任。

主要负责人应当与项目负责人签订安全生产责任书,确定项目安全生产考核目标、奖惩措施,以及企业为项目提供的安全管理和技术保障措施。

工程项目实行总承包的,总承包企业应当与分包企业签订安全生产协议,明确双方安全生产责任。

主要负责人应当按规定检查企业所承担的工程项目,考核项目负责人安全生产管理能力。发现项目负责人履职不到位的,应当责令其改正;必要时,调整项目负责人。检查情况应当记入企业和项目安全管理档案。

项目负责人对本项目安全生产管理全面负责,应当建立项目安全生产管理体系,明确项目管理人员安全职责,落实安全生产管理制度,确保项目安全生产费用有效使用。

项目负责人应当按规定实施项目安全生产管理,监控危险性较大分部分项工程,及时排查处理施工现场安全事故隐患,隐患排查处理情况应当记入项目安全管理档案;发生事故时,应当按规定及时报告并开展现场救援。

工程项目实行总承包的,总承包企业项目负责人应当定期考核分包企业安全生产管理情况。

企业安全生产管理机构专职安全生产管理人员应当检查在建项目安全生产管理情况,重点检查项目负责人、项目专职安全生产管理人员履责情况,处理在建项目违规违章行为,并记入企业安全管理档案。

项目专职安全生产管理人员应当每天在施工现场开展安全检查,现场监督危险性较大的分部分项工程安全专项施工方案实施。对检查中发现的安全事故隐患,应当立即处理;不能处理的,应当及时报告项目负责人和企业安全生产管理机构。项目负责人应当及时处理。检查及处理情况应当记入项目安全管理档案。

建筑施工企业应当建立安全生产教育培训制度,制订年度培训计划,每年对"安管人员"进行培训和考核,考核不合格的,不得上岗。培训情况应当记入企业安全生产教育培训档案。

建筑施工企业安全生产管理机构和工程项目应当按规定配备相应数量和相关专业的专职安全生产管理人员。危险性较大的分部分项工程施工时,应当安排专职安全生产管理人员现场监督。

四、建筑施工特种作业人员管理的规定

为加强对建筑施工特种作业人员的管理,防止和减少生产安全事故,根据《安全生产许可证条例》《建筑起重机械安全监督管理规定》等法规规章,制定《建筑施工特种作业人员管理规定》。自 2008 年 6 月 1 日起施行。

　　本规定所称建筑施工特种作业人员是指在房屋建筑和市政工程施工活动中,从事可能对本人、他人及周围设备设施的安全造成重大危害作业的人员。

　　建筑施工特种作业包括:

　　(1)建筑电工;

　　(2)建筑架子工;

　　(3)建筑起重信号司索工;

　　(4)建筑起重机械司机;

　　(5)建筑起重机械安装拆卸工;

　　(6)高处作业吊篮安装拆卸工;

　　(7)经省级以上人民政府建设主管部门认定的其他特种作业。

　　建筑施工特种作业人员必须经建设主管部门考核合格,取得建筑施工特种作业人员操作资格证书(以下简称"资格证书"),方可上岗从事相应作业。

　　申请从事建筑施工特种作业的人员,应当具备下列基本条件:

　　(1)年满18周岁且符合相关工种规定的年龄要求;

　　(2)经医院体检合格且无妨碍从事相应特种作业的疾病和生理缺陷;

　　(3)初中及以上学历;

　　(4)符合相应特种作业需要的其他条件。

　　建筑施工特种作业人员的考核内容应当包括安全技术理论和实际操作。

　　持有资格证书的人员,应当受聘于建筑施工企业或者建筑起重机械出租单位(以下简称用人单位),方可从事相应的特种作业。

　　用人单位对于首次取得资格证书的人员,应当在其正式上岗前安排不少于3个月的实习操作。

　　建筑施工特种作业人员应当严格按照安全技术标准、规范和规程进行作业,正确佩戴和使用安全防护用品,并按规定对作业工具和设备进行维护保养。

　　建筑施工特种作业人员应当参加年度安全教育培训或者继续教育,每年不得少于24小时。

　　在施工中发生危及人身安全的紧急情况时,建筑施工特种作业人员有权立即停止作业或者撤离危险区域,并向施工现场专职安全生产管理人员和项目负责人报告。

　　资格证书有效期为2年。有效期满需要延期的,建筑施工特种作业人员应当于期满前3个月内向原考核发证机关申请办理延期复核手续。延期复核合格的,资格证书有效期延长2年。

第三节　施工现场安全生产的管理规定

一、建设工程安全生产管理条例规定

(一)《建设工程安全生产管理条例》主要遵循的五大基本原则

1.安全第一、预防为主、综合治理原则

本《条例》肯定了安全生产在建筑活动中的首要位置和重要性,体现了控制和防范。第三条:建设工程安全生产管理,坚持安全第一、预防为主、综合治理的方针。第四条:建设单位、勘察单位、设计单位、施工单位、工程监理单位及其他与建设工程安全生产有关的单位,必须遵守安全生产法律、法规的规定,保证建设工程安全生产,依法承担建设工程安全生产责任。

2. 以人为本,维护作业人员合法权益原则

对施工单位在提供安全教育培训、安全防护设施、为施工人员办理意外伤害保险、作业与生活环境标准等方面做了明确规定,具体条款如下:

第二十五条:垂直运输机械作业人员、安装拆卸工、爆破作业人员、起重信号工、登高架设作业人员等特种作业人员,必须按照国家有关规定经过专门的安全作业培训,并取得特种作业操作资格证书后,方可上岗作业。

第二十九条:施工单位应当将施工现场的办公、生活区与作业区分开设置,并保持安全距离;办公、生活区的选址应当符合安全性要求。职工的膳食、饮水、休息场所等应当符合卫生标准。施工单位不得在尚未竣工的建筑物内设置员工集体宿舍。施工现场临时搭建的建筑物应当符合安全使用要求。施工现场使用的装配式活动房屋应当具有产品合格证。

第三十八条:施工单位应当为施工现场从事危险作业的人员办理意外伤害保险。意外伤害保险费由施工单位支付。实行施工总承包的,由总承包单位支付意外伤害保险费。意外伤害保险期限自建设工程开工之日起至竣工验收合格止。

3. 实事求是原则

在坚持法律制度统一性的前提下,对重要安全施工方案专家审查制度、专职安全人员配备等做了原则性的规定,具体条款如下:

第二十三条:施工单位应当设立安全生产管理机构,配备专职安全生产管理人员。专职安全生产管理人员负责对安全生产进行现场监督检查。发现安全事故隐患,应当及时向项目负责人和安全生产管理机构报告;对违章指挥、违章操作的,应当立即制止。

4. 现实性和前瞻性相结合原则

本《条例》注重保持法规、政策的连续性和稳定性,充分考虑了建设工程安全管理的现状,有效结合现代安全管理思想和成果,符合建设工程安全管理的发展趋势。

5. 权责一致原则

本《条例》明确了国家有关部门和建设行政主管部门对建设工程安全生产监督管理的主要职能、权限,规定了相应的法律责任;明确了对工作人员不依法履行监督管理职责给予的行政处分及追究刑事责任的范围。第五十三条:违反本条例的规定,县级以上人民政府建设行政主管部门或者其他有关行政管理部门的工作人员,有下列行为之一的,给予降级或者撤职的行政处分;构成犯罪的,依照刑法有关规定追究刑事责任:(一)对不具备安全生产条件的施工单位颁发资质证书的;(二)对没有安全施工措施的建设工程颁发施工许可证的;(三)发现违法行为不予查处的;(四)不依法履行监督管理职责的其他行为。

(二)安全生产资质保证

1. 施工单位资质

本《条例》第二十条规定:施工单位从事建设工程的新建、扩建、改建和拆除等活动,应当具备国家规定的注册资本、专业技术人员、技术装备和安全生产条件,依法取得相应等级的

资质证书,并在其资质等级许可的范围内承揽工程。

2. 单位负责人、项目负责人资格

本《条例》第三十六条规定:施工单位的主要负责人、项目负责人、专职安全生产管理人员应当经建设行政主管部门或者有关部门考核合格后方可任职。

3. 特殊工种上岗资格

本《条例》第二十五条规定:垂直运输机械作业人员、安装拆卸工、爆破作业人员、起重信号工、登高架设作业人员等特种作业人员,必须按照国家有关规定经过专门的安全作业培训,并取得特种作业操作资格证书后,方可上岗操作。

(三)安全生产技术保证体系

本《条例》第二十六条规定:施工单位应当在施工组织设计中编制安全技术措施和施工现场临时用电方案,对达到一定规模的危险性较大的分部分项工程编制专项施工方案,并附具安全验算结果,施工单位还应当组织专家进行论证、审查。

(四)施工单位内部监管保证

1. 安全生产管理机构配备

本《条例》第二十三条规定:施工单位应当设立安全生产管理机构,配备专职安全生产管理人员。

2. 专职安全生产管理人员职责

(1)负责对安全生产进行现场监督检查。

(2)发现安全事故隐患,应当及时向项目负责人和安全生产管理机构报告。

(3)对现场监督检查中发现问题、事故隐患的处理结果和情况应记录在案。

(4)对违章指挥、违章操作的,应当立即制止。

(5)专职安全生产管理人员的配备办法由国务院建设行政主管部门会同国务院其他有关部门制定。

(五)意外伤害赔偿保证

(1)本《条例》第三十八条规定:施工单位应当为施工现场从事危险作业的人员办理意外伤害保险。

(2)意外伤害保险费由施工单位支付。

(3)实行施工总承包的,由总承包单位支付意外伤害保险费。

(4)意外伤害保险期限自建设工程开工之日起至竣工验收合格止。

(六)现场安全管理

1. 安全标志

本《条例》第二十八条规定:施工单位应当在施工现场设置明显的安全警示标志。安全警示标志必须符合国家标准。

2. 生产生活临建安全要求

施工单位的生产生活临建应符合以下要求:

(1)施工现场的办公、生活区与作业区应分开设置,并保持安全距离。

(2)办公、生活区的选址应当符合安全性要求。

(3)施工现场临时搭建的建筑物应当符合安全使用要求。

（4）职工的膳食、饮水、休息场所等应当符合卫生标准。

（5）施工现场使用的装配式活动房屋应当具有产品合格证，满足防风基本要求，并符合所在地建设主管部门对活动房安装、验收和使用规定。

（6）施工单位不得在尚未竣工的建筑物内设置员工集体宿舍。

3. 毗邻建筑及地下管线防护

施工单位对因建设工程施工可能造成损害的毗邻建筑物、构筑物和地下管线等，应当采取专项防护措施，必要时，应征得管辖部门或有关单位同意。

4. 安全设施费用

本《条例》第二十二条规定：施工单位对列入建设工程概算的安全作业环境及安全施工措施所需费用，应当用于施工安全防护用具及设施的采购和更新、安全施工措施的落实、安全生产条件的改善，不得挪作他用。

由于安全效益的滞后性和间接性，在分包工程或清工形式承包的施工项目，作业人员的安全用品和现场的安全设施，往往得不到有效保障，因此，对这类工程应明确承发包双方的安全责任，落实经费来源，为作业人员提供符合要求的安全防护用品，现场布置完善有效的安全设施。

（七）施工机械设备管理

（1）进场查验：施工单位采购、租赁的安全防护用具、机械设备、施工机具及配件，应当具有生产（制造）许可证、产品合格证，并在进入施工现场前进行查验。

（2）专人管理：施工现场的安全防护用具、机械设备、施工机具及配件必须由专人管理。

（3）定期检查、维修和保养制度。

（4）建立相应的资料档案。

（5）建立按国家有关规定报废的制度。

（6）起重机械、整体提升脚手架、模板等自升式设施验收制度：

①在架设上述设施前，应当组织有关单位进行验收，也可以委托具有相应资质的检验检测机构进行验收。

②使用承租的机械设备和施工机具及配件的，由施工总承包单位、分包单位、出租单位和安装单位共同进行验收。

③验收合格的方可使用。

（7）《特种设备安全监察条例》规定的施工起重机械，在验收前应当经有相应资质的检验检测机构监督检验合格。（该机构资质由建设行政主管部门认定）

（8）施工单位应当自施工起重机械和整体提升脚手架、模板等自升式架设设施验收合格之日起 30 日内，向建设行政主管部门或者其他有关部门登记。登记标志应当置于或者附着于该设备的显著位置。

（八）季节性施工安全措施

施工单位应当根据不同施工阶段和周围环境及季、气候的变化，在施工现场采取相应的安全施工措施。施工现场暂时停止施工的，施工单位应当做好现场防护，所需费用由责任方承担，或者按照合同约定执行。

二、危险性较大的分部分项工程安全管理规定

为加强对房屋建筑和市政基础设施工程中危险性较大的分部分项工程安全管理,有效防范生产安全事故,依据《中华人民共和国建筑法》《中华人民共和国安全生产法》《建设工程安全生产管理条例》等法律法规,制定《危险性较大的分部分项工程安全管理规定》。自2018年6月1日起施行。

本规定所称危险性较大的分部分项工程(以下简称"危大工程"),是指房屋建筑和市政基础设施工程在施工过程中,容易导致人员群死群伤或者造成重大经济损失的分部分项工程。

施工单位应当在危大工程施工前组织工程技术人员编制专项施工方案。实行施工总承包的,专项施工方案应当由施工总承包单位组织编制。危大工程实行分包的,专项施工方案可以由相关专业分包单位组织编制。专项施工方案应当由施工单位技术负责人审核签字、加盖单位公章,并由总监理工程师审查签字、加盖执业印章后方可实施。危大工程实行分包并由分包单位编制专项施工方案的,专项施工方案应当由总承包单位技术负责人及分包单位技术负责人共同审核签字并加盖单位公章。对于超过一定规模的危大工程,施工单位应当组织召开专家论证会对专项施工方案进行论证。实行施工总承包的,由施工总承包单位组织召开专家论证会。专家论证前专项施工方案应当通过施工单位审核和总监理工程师审查。专家应当从地方人民政府住房和城乡建设主管部门建立的专家库中选取,符合专业要求且人数不得少于5名。与本工程有利害关系的人员不得以专家身份参加专家论证会。专家论证会后,应当形成论证报告,对专项施工方案提出通过、修改后通过或者不通过的一致意见。专家对论证报告负责并签字确认。专项施工方案经论证需修改后通过的,施工单位应当根据论证报告修改完善后,重新履行规定程序。专项施工方案经论证不通过的,施工单位修改后应当按照本规定的要求重新组织专家论证。

施工单位应当在施工现场显著位置公告危大工程名称、施工时间和具体责任人员,并在危险区域设置安全警示标志。专项施工方案实施前,编制人员或者项目技术负责人应当向施工现场管理人员进行方案交底。施工现场管理人员应当向作业人员进行安全技术交底,并由双方和项目专职安全生产管理人员共同签字确认。施工单位应当严格按照专项施工方案组织施工,不得擅自修改专项施工方案。因规划调整、设计变更等原因确需调整的,修改后的专项施工方案应当按照本规定重新审核和论证。涉及资金或者工期调整的,建设单位应当按照约定予以调整。

施工单位应当对危大工程施工作业人员进行登记,项目负责人应当在施工现场履职。

项目专职安全生产管理人员应当对专项施工方案实施情况进行现场监督,对未按照专项施工方案施工的,应当要求立即整改,并及时报告项目负责人,项目负责人应当及时组织限期整改。

施工单位应当按照规定对危大工程进行施工监测和安全巡视,发现危及人身安全的紧急情况,应当立即组织作业人员撤离危险区域。

监理单位应当结合危大工程专项施工方案编制监理实施细则,并对危大工程施工实施专项巡视检查。监理单位发现施工单位未按照专项施工方案施工的,应当要求其进行整改;情节严重的,应当要求其暂停施工,并及时报告建设单位。施工单位拒不整改或者不停止施

工的,监理单位应当及时报告建设单位和工程所在地住房和城乡建设主管部门。

对于按照规定需要进行第三方监测的危大工程,建设单位应当委托具有相应勘察资质的单位进行监测。监测单位应当编制监测方案。监测方案由监测单位技术负责人审核签字并加盖单位公章,报送监理单位后方可实施。监测单位应当按照监测方案开展监测,及时向建设单位报送监测成果,并对监测成果负责;发现异常时,及时向建设、设计、施工、监理单位报告,建设单位应当立即组织相关单位采取处置措施。

对于按照规定需要验收的危大工程,施工单位、监理单位应当组织相关人员进行验收。验收合格的,经施工单位项目技术负责人及总监理工程师签字确认后,方可进入下一道工序。危大工程验收合格后,施工单位应当在施工现场明显位置设置验收标识牌,公示验收时间及责任人员。

危大工程发生险情或者事故时,施工单位应当立即采取应急处置措施,并报告工程所在地住房和城乡建设主管部门。建设、勘察、设计、监理等单位应当配合施工单位开展应急抢险工作。危大工程应急抢险结束后,建设单位应当组织勘察、设计、施工、监理等单位制定工程恢复方案,并对应急抢险工作进行后评估。

施工、监理单位应当建立危大工程安全管理档案。施工单位应当将专项施工方案及审核、专家论证、交底、现场检查、验收及整改等相关资料纳入档案管理。监理单位应当将监理实施细则、专项施工方案审查、专项巡视检查、验收及整改等相关资料纳入档案管理。

为贯彻实施《危险性较大的分部分项工程安全管理规定》(住房和城乡建设部令第37号),进一步加强和规范房屋建筑和市政基础设施工程中危险性较大的分部分项工程(以下简称危大工程)安全管理,住建部明确了以下内容:

一、关于危大工程范围

危大工程范围详见附件1。超过一定规模的危大工程范围详见附件2。

二、关于专项施工方案内容

危大工程专项施工方案的主要内容应当包括:

(1)工程概况:危大工程概况和特点、施工平面布置、施工要求和技术保证条件;

(2)编制依据:相关法律、法规、规范性文件、标准、规范及施工图设计文件、施工组织设计等;

(3)施工计划:包括施工进度计划、材料与设备计划;

(4)施工工艺技术:技术参数、工艺流程、施工方法、操作要求、检查要求等;

(5)施工安全保证措施:组织保障措施、技术措施、监测监控措施等;

(6)施工管理及作业人员配备和分工:施工管理人员、专职安全生产管理人员、特种作业人员、其他作业人员等;

(7)验收要求:验收标准、验收程序、验收内容、验收人员等;

(8)应急处置措施;

(9)计算书及相关施工图纸。

三、关于专家论证会参会人员

超过一定规模的危大工程专项施工方案专家论证会的参会人员应当包括:

(1)专家;

(2)建设单位项目负责人；

(3)有关勘察、设计单位项目技术负责人及相关人员；

(4)总承包单位和分包单位技术负责人或授权委派的专业技术人员、项目负责人、项目技术负责人、专项施工方案编制人员、项目专职安全生产管理人员及相关人员；

(5)监理单位项目总监理工程师及专业监理工程师。

四、关于专家论证内容

对于超过一定规模的危大工程专项施工方案，专家论证的主要内容应当包括：

(1)专项施工方案内容是否完整、可行；

(2)专项施工方案计算书和验算依据、施工图是否符合有关标准规范；

(3)专项施工方案是否满足现场实际情况，并能够确保施工安全。

五、关于专项施工方案修改

超过一定规模的危大工程专项施工方案经专家论证后结论为"通过"的，施工单位可参考专家意见自行修改完善；结论为"修改后通过"的，专家意见要明确具体修改内容，施工单位应当按照专家意见进行修改，并履行有关审核和审查手续后方可实施，修改情况应及时告知专家。

六、关于监测方案内容

进行第三方监测的危大工程监测方案的主要内容应当包括工程概况、监测依据、监测内容、监测方法、人员及设备、测点布置与保护、监测频次、预警标准及监测成果报送等。

七、关于验收人员

危大工程验收人员应当包括：

(1)总承包单位和分包单位技术负责人或授权委派的专业技术人员、项目负责人、项目技术负责人、专项施工方案编制人员、项目专职安全生产管理人员及相关人员；

(2)监理单位项目总监理工程师及专业监理工程师；

(3)有关勘察、设计和监测单位项目技术负责人。

附件1

危险性较大的分部分项工程范围

一、基坑工程

(一)开挖深度超过3m(含3m)的基坑(槽)的土方开挖、支护、降水工程。

(二)开挖深度虽未超过3m，但地质条件、周围环境和地下管线复杂，或影响毗邻建、构筑物安全的基坑(槽)的土方开挖、支护、降水工程。

二、模板工程及支撑体系

(一)各类工具式模板工程：包括滑模、爬模、飞模、隧道模等工程。

(二)混凝土模板支撑工程：搭设高度5m及以上，或搭设跨度10m及以上，或施工总荷载(荷载效应基本组合的设计值，以下简称设计值)$10kN/m^2$及以上，或集中线荷载(设计值)15kN/m及以上,或高度大于支撑水平投影宽度且相对独立无联系构件的混凝土模板支撑工程。

(三)承重支撑体系:用于钢结构安装等满堂支撑体系。

三、起重吊装及起重机械安装拆卸工程

(一)采用非常规起重设备、方法,且单件起吊重量在10kN及以上的起重吊装工程。

(二)采用起重机械进行安装的工程。

(三)起重机械安装和拆卸工程。

四、脚手架工程

(一)搭设高度24m及以上的落地式钢管脚手架工程(包括采光井、电梯井脚手架)。

(二)附着式升降脚手架工程。

(三)悬挑式脚手架工程。

(四)高处作业吊篮。

(五)卸料平台、操作平台工程。

(六)异型脚手架工程。

五、拆除工程

可能影响行人、交通、电力设施、通信设施或其他建、构筑物安全的拆除工程。

六、暗挖工程

采用矿山法、盾构法、顶管法施工的隧道、洞室工程。

七、其他

(一)建筑幕墙安装工程。

(二)钢结构、网架和索膜结构安装工程。

(三)人工挖孔桩工程。

(四)水下作业工程。

(五)装配式建筑混凝土预制构件安装工程。

(六)采用新技术、新工艺、新材料、新设备可能影响工程施工安全,尚无国家、行业及地方技术标准的分部分项工程。

附件2

超过一定规模的危险性较大的分部分项工程范围

一、深基坑工程

开挖深度超过5m(含5m)的基坑(槽)的土方开挖、支护、降水工程。

二、模板工程及支撑体系

(一)各类工具式模板工程:包括滑模、爬模、飞模、隧道模等工程。

(二)混凝土模板支撑工程:搭设高度8m及以上,或搭设跨度18m及以上,或施工总荷载(设计值)15kN/m² 及以上,或集中线荷载(设计值)20kN/m及以上。

(三)承重支撑体系:用于钢结构安装等满堂支撑体系,承受单点集中荷载

7kN 及以上。

三、起重吊装及起重机械安装拆卸工程

（一）采用非常规起重设备、方法，且单件起吊重量在 100kN 及以上的起重吊装工程。

（二）起重量 300kN 及以上，或搭设总高度 200m 及以上，或搭设基础标高在 200m 及以上的起重机械安装和拆卸工程。

四、脚手架工程

（一）搭设高度 50m 及以上的落地式钢管脚手架工程。

（二）提升高度在 150m 及以上的附着式升降脚手架工程或附着式升降操作平台工程。

（三）分段架体搭设高度 20m 及以上的悬挑式脚手架工程。

五、拆除工程

（一）码头、桥梁、高架、烟囱、水塔或拆除中容易引起有毒有害气（液）体或粉尘扩散、易燃易爆事故发生的特殊建、构筑物的拆除工程。

（二）文物保护建筑、优秀历史建筑或历史文化风貌区影响范围内的拆除工程。

六、暗挖工程

采用矿山法、盾构法、顶管法施工的隧道、洞室工程。

七、其他

（一）施工高度 50m 及以上的建筑幕墙安装工程。

（二）跨度 36m 及以上的钢结构安装工程，或跨度 60m 及以上的网架和索膜结构安装工程。

（三）开挖深度 16m 及以上的人工挖孔桩工程。

（四）水下作业工程。

（五）重量 1000kN 及以上的大型结构整体顶升、平移、转体等施工工艺。

（六）采用新技术、新工艺、新材料、新设备可能影响工程施工安全，尚无国家、行业及地方技术标准的分部分项工程。

三、建筑起重机械安全监督管理的规定

为了加强建筑起重机械的安全监督管理，防止和减少生产安全事故，保障人民群众生命和财产安全，依据《建设工程安全生产管理条例》《特种设备安全监察条例》《安全生产许可证条例》，制定了《建筑起重机械安全监督管理规定》并于 2008 年 6 月 1 日起施行。

第 1～3 条　总则

第 4～9 条　出租单位安全责任

第 10～15 条　安装单位安全责任

第 16～20 条　使用单位安全责任

第 21 条　施工总承包单位安全任

第 22 条　监理单位安全责任

第 23 条　建设单位安全责任

第24条　特种作业人员权利和义务

第25~27条　建设主管部门监管责任

第28~34条　法律责任

第35条　附则

第十六条　建筑起重机械安装完毕后,使用单位应当组织出租、安装、监理等有关单位进行验收,或者委托具有相应资质的检验检测机构进行验收。建筑起重机械经验收合格后方可投入使用,未经验收或者验收不合格的不得使用。

实行施工总承包的,由施工总承包单位组织验收。

建筑起重机械在验收前应当经有相应资质的检验检测机构监督检验合格。

检验检测机构和检验检测人员对检验检测结果、鉴定结论依法承担法律责任。

第十七条　使用单位应当自建筑起重机械安装验收合格之日起30日内,将建筑起重机械安装验收资料、建筑起重机械安全管理制度、特种作业人员名单等,向工程所在地县级以上地方人民政府建设主管部门办理建筑起重机械使用登记。登记标志置于或者附着于该设备的显著位置。

第十八条　使用单位应当履行下列安全职责:

(一)根据不同施工阶段、周围环境以及季节、气候的变化,对建筑起重机械采取相应的安全防护措施;

(二)制定建筑起重机械生产安全事故应急救援预案;

(三)在建筑起重机械活动范围内设置明显的安全警示标志,对集中作业区做好安全防护;

(四)设置相应的设备管理机构或者配备专职的设备管理人员;

(五)指定专职设备管理人员、专职安全生产管理人员进行现场监督检查;

(六)建筑起重机械出现故障或者发生异常情况的,立即停止使用,消除故障和事故隐患后,方可重新投入使用。

第十九条　使用单位应当对在用的建筑起重机械及其安全保护装置、吊具、索具等进行经常性和定期的检查、维护和保养,并做好记录。

使用单位在建筑起重机械租期结束后,应当将定期检查、维护和保养记录移交出租单位。

建筑起重机械租赁合同对建筑起重机械的检查、维护、保养另有约定的,从其约定。

第二十条　建筑起重机械在使用过程中需要附着的,使用单位应当委托原安装单位或者具有相应资质的安装单位按照专项施工方案实施,并按照本规定第十六条规定组织验收。验收合格后方可投入使用。

建筑起重机械在使用过程中需要顶升的,使用单位委托原安装单位或者具有相应资质的安装单位按照专项施工方案实施后,即可投入使用。

禁止擅自在建筑起重机械上安装非原制造厂制造的标准节和附着装置。

四、高大模板支撑系统施工安全监督管理的规定

为预防建设工程高大模板支撑系统(以下简称高大模板支撑系统)坍塌事故,保证施工安全,依据《建设工程安全生产管理条例》及相关安全生产法律法规、标准规范,住房和城乡

建设部制定了《建设工程高大模板支撑系统施工安全监督管理导则》（建质〔2009〕254号），于2009年10月26日起施行。

本导则所称高大模板支撑系统是指建设工程施工现场混凝土构件模板支撑高度超过8m，或搭设跨度超过18m，或施工总荷载大于$15kN/m^2$，或集中线荷载大于$20kN/m$的模板支撑系统。高大模板支撑系统施工应严格遵循安全技术规范和专项方案规定，严密组织，责任落实，确保施工过程的安全。

（一）方案编制

施工单位应依据国家现行相关标准规范，由项目技术负责人组织相关专业技术人员，结合工程实际，编制高大模板支撑系统的专项施工方案。

（1）专项施工方案应当包括以下内容：

编制说明及依据：相关法律、法规、规范性文件、标准、规范及图纸（国标图集）、施工组织设计等。

工程概况：高大模板工程特点、施工平面及立面布置、施工要求和技术保证条件，具体明确支模区域、支模标高、高度、支模范围内的梁截面尺寸、跨度、板厚、支撑的地基情况等。

施工计划：施工进度计划、材料与设备计划等。

施工工艺技术：高大模板支撑系统的基础处理、主要搭设方法、工艺要求、材料的力学性能指标、构造设置以及检查、验收要求等。

施工安全保证措施：模板支撑体系搭设及混凝土浇筑区域管理人员组织机构、施工技术措施、模板安装和拆除的安全技术措施、施工应急救援预案，模板支撑系统在搭设、钢筋安装、混凝土浇捣过程中及混凝土终凝前后模板支撑体系位移的监测监控措施等。

劳动力计划：包括专职安全生产管理人员、特种作业人员的配置等。

计算书及相关图纸：验算项目及计算内容包括模板、模板支撑系统的主要结构强度和截面特征及各项荷载设计值及荷载组合，梁、板模板支撑系统的强度和刚度计算，梁板下立杆稳定性计算，立杆基础承载力验算，支撑系统支撑层承载力验算，转换层下支撑层承载力验算等。每项计算列出计算简图和截面构造大样图，注明材料尺寸、规格、纵横支撑间距。

（2）附图包括支模区域立杆、纵横水平杆平面布置图，支撑系统立面图、剖面图，水平剪刀撑布置平面图及竖向剪刀撑布置投影图，梁板支模大样图，支撑体系监测平面布置图及连墙件布设位置及节点大样图等。

（二）审核论证

高大模板支撑系统专项施工方案，应先由施工单位技术部门组织本单位施工技术、安全、质量等部门的专业技术人员进行审核，经施工单位技术负责人签字后，再按照相关规定组织专家论证。

（1）下列人员应参加专家论证会：

专家组成员；

建设单位项目负责人或技术负责人；

监理单位项目总监理工程师及相关人员；

施工单位分管安全的负责人、技术负责人、项目负责人、项目技术负责人、专项方案编制人员、项目专职安全管理人员；

勘察、设计单位项目技术负责人及相关人员。

（2）专家组成员应当由5名及以上符合相关专业要求的专家组成。本项目参建各方的人员不得以专家身份参加专家论证会。

（3）专家论证的主要内容包括：

方案是否依据施工现场的实际施工条件编制，方案、构造、计算是否完整、可行；

方案计算书、验算依据是否符合有关标准规范；

安全施工的基本条件是否符合现场实际情况。

（4）施工单位根据专家组的论证报告，对专项施工方案进行修改完善，并经施工单位技术负责人、项目总监理工程师、建设单位项目负责人批准签字后，方可组织实施。

（三）验收管理

高大模板支撑系统搭设前，应由项目技术负责人组织对需要处理或加固的地基、基础进行验收，并留存记录。高大模板支撑系统的结构材料应按以下要求进行验收、抽检和检测，并留存记录、资料：

施工单位应对进场的承重杆件、连接件等材料的产品合格证、生产许可证、检测报告进行复核，并对其表面观感、重量等物理指标进行抽检。

对承重杆件的外观抽检数量不得低于搭设用量的30%，发现质量不符合标准、情况严重的，要进行100%的检验，并随机抽取外观检验不合格的材料（由监理见证取样）送法定专业检测机构进行检测。

采用钢管扣件搭设高大模板支撑系统时，还应对扣件螺栓的紧固力矩进行抽查，抽查数量应符合《建筑施工扣件式钢管脚手架安全技术规范》（JGJ 130—2011）的规定，对梁底扣件应进行100%检查。

高大模板支撑系统应在搭设完成后，由项目负责人组织验收，验收人员应包括施工单位和项目两级技术人员，项目安全、质量、施工人员，监理单位的总监和专业监理工程师。验收合格，经施工单位项目技术负责人及项目总监理工程师签字后，方可进入后续工序的施工。

（四）施工管理

1. 一般规定

高大模板支撑系统应优先选用技术成熟的定型化、工具式支撑体系。搭设高大模板支撑架体的作业人员必须经过培训，取得建筑施工脚手架特种作业操作资格证书后方可上岗。其他相关施工人员应掌握相应的专业知识和技能。高大模板支撑系统搭设前，项目工程技术负责人或方案编制人员应当根据专项施工方案和有关规范、标准的要求，对现场管理人员、操作班组、作业人员进行安全技术交底，并履行签字手续。安全技术交底的内容应包括模板支撑工程工艺、工序、作业要点和搭设安全技术要求等内容，并保留记录。作业人员应严格按规范、专项施工方案和安全技术交底书的要求进行操作，并正确佩戴相应的劳动防护用品。

2. 搭设管理

高大模板支撑系统的地基承载力、沉降等应能满足方案设计要求。如遇松软土、回填土，应根据设计要求进行平整、夯实，并采取防水、排水措施，按规定在模板支撑立柱底部采用具有足够强度和刚度的垫板。对于高大模板支撑体系，其高度与宽度相比大于两倍的独立支撑系统，应加设保证整体稳定的构造措施。高大模板工程搭设的构造要求应当符合相关技术规范要求，支撑系统立柱接长严禁搭接；应设置扫地杆、纵横向支撑及水平垂直剪刀撑,并与主体结构的墙、柱牢固拉接。搭设高度2m以上的支撑架体应设置作业人员登高措施。作业面应按有关规定设置安全防护设施。模板支撑系统应为独立的系统,禁止与物料提升机、施工升降机、塔吊等起重设备钢结构架体机身及其附着设施相连接;禁止与施工脚手架、物料周转料平台等架体相连接。

3．使用与检查

模板、钢筋及其他材料等施工荷载应均匀堆置,放平放稳。施工总荷载不得超过模板支撑系统设计荷载要求。模板支撑系统在使用过程中,立柱底部不得松动悬空,不得任意拆除任何杆件,不得松动扣件,也不得用作缆风绳的拉接。

施工过程中检查项目应符合下列要求:

(1)立柱底部基础应回填夯实;

(2)垫木应满足设计要求;

(3)底座位置应正确,顶托螺杆伸出长度应符合规定;

(4)立柱的规格尺寸和垂直度应符合要求,不得出现偏心荷载;

(5)扫地杆、水平拉杆、剪刀撑等设置应符合规定,固定可靠;

(6)安全网和各种安全防护设施符合要求。

4．混凝土浇筑

混凝土浇筑前,施工单位项目技术负责人、项目总监确认具备混凝土浇筑的安全生产条件后,签署混凝土浇筑令,方可浇筑混凝土。框架结构中,柱和梁板的混凝土浇筑顺序,应按先浇筑柱混凝土,后浇筑梁板混凝土的顺序进行。浇筑过程应符合专项施工方案要求,并确保支撑系统受力均匀,避免引起高大模板支撑系统的失稳倾斜。浇筑过程应有专人对高大模板支撑系统进行观测,发现有松动、变形等情况,必须立即停止浇筑,撤离作业人员,并采取相应的加固措施。

5．拆除管理

高大模板支撑系统拆除前,项目技术负责人、项目总监应核查混凝土同条件试块强度报告,浇筑混凝土达到拆模强度后方可拆除,并履行拆模审批签字手续。高大模板支撑系统的拆除作业必须自上而下逐层进行,严禁上下层同时拆除作业,分段拆除的高度不应大于两层。设有附墙连接的模板支撑系统,附墙连接必须随支撑架体逐层拆除,严禁先将附墙连接全部或数层拆除后再拆支撑架体。高大模板支撑系统拆除时,严禁将拆卸的杆件向地面抛掷,应有专人传递至地面,并按规格分类均匀堆放。高大模板支撑系统搭设和拆除过程中,地面应设置围栏和警戒标志,并派专人看守,严禁非操作人员进入作业范围。

(五)监督管理

施工单位应严格按照专项施工方案组织施工。高大模板支撑系统搭设、拆除及混凝土浇筑过程中,应有专业技术人员进行现场指导,设专人负责安全检查,发现险情,立即停止施工并采取应急措施,排除险情后,方可继续施工。

第四节　施工安全标准知识

一、施工安全技术标准的法定分类

标准包括国家标准、行业标准、地方标准和团体标准、企业标准。国家标准分为强制性标准、推荐性标准,行业标准、地方标准是推荐性标准。强制性标准必须执行。国家鼓励采用推荐性标准。

对保障人身健康和生命财产安全、国家安全、生态环境安全以及满足经济社会管理基本需要的技术要求,应当制定强制性国家标准。强制性国家标准由国务院批准发布或者授权批准发布。

对满足基础通用、与强制性国家标准配套、对各有关行业起引领作用等的技术要求,可以制定推荐性国家标准。推荐性国家标准由国务院标准化行政主管部门制定。

对没有推荐性国家标准、需要在全国某个行业范围内统一的技术要求,可以制定行业标准。

行业标准由国务院有关行政主管部门制定,报国务院标准化行政主管部门备案。

为满足地方自然条件、风俗习惯等特殊技术要求,可以制定地方标准。地方标准由省、自治区、直辖市人民政府标准化行政主管部门制定;设区的市级人民政府标准化行政主管部门根据本行政区域的特殊需要,经所在地省、自治区、直辖市人民政府标准化行政主管部门批准,可以制定本行政区域的地方标准。地方标准由省、自治区、直辖市人民政府标准化行政主管部门报国务院标准化行政主管部门备案,由国务院标准化行政主管部门通报国务院有关行政主管部门。

强制性标准文本应当免费向社会公开。国家推动免费向社会公开推荐性标准文本。

国家鼓励学会、协会、商会、联合会、产业技术联盟等社会团体协调相关市场主体共同制定满足市场和创新需要的团体标准,由本团体成员约定采用或者按照本团体的规定供社会自愿采用。制定团体标准,应当遵循开放、透明、公平的原则,保证各参与主体获取相关信息,反映各参与主体的共同需求,并应当组织对标准相关事项进行调查分析、实验、论证。国务院标准化行政主管部门会同国务院有关行政主管部门对团体标准的制定进行规范、引导和监督。

企业可以根据需要自行制定企业标准,或者与其他企业联合制定企业标准。国家支持在重要行业、战略性新兴产业、关键共性技术等领域利用自主创新技术制定团体标准、企业标准。

推荐性国家标准、行业标准、地方标准、团体标准、企业标准的技术要求不得低于强制性国家标准的相关技术要求。

国家鼓励社会团体、企业制定高于推荐性标准相关技术要求的团体标准、企业标准。

二、企业安全生产标准化基本规范

《企业安全生产标准化基本规范》(GBT 33000—2016)规定了企业安全生产标准化管理体系建立、保持与评定的原则和一般要求,以及目标职责、制度化管理、教育培训、现场管理、安全风险管控及隐患排查治理、应急管理、事故管理和持续改进 8 个体系的核心技术要求。

企业安全生产标准化是指企业通过落实企业安全生产主体责任,通过全员全过程参与,建立并保持安全生产管理体系,全面管控生产经营活动各环节的安全生产与职业卫生工作,实现安全健康管理系统化、岗位操作行为规范化、设备设施本质安全化、作业环境器具定置化,并持续改进。

企业开展安全生产标准化工作,应遵循"安全第一、预防为主、综合治理"原则,落实企业主体责任。以安全风险管理、隐患排查治理、职业病危害防治为基础,以安全生产责任制为核心,建立安全生产标准化管理体系,实现全员参与,全面提升安全生产管理水平,持续改进安全生产工作,不断提升安全生产绩效,预防和减少事故的发生,保障人身安全健康,保证生产经营活动的有序进行。企业应采用"策划、实施、检查、改进"的"PDCA"动态循环模式,持续提升安全生产绩效。企业安全生产标准化管理体系的运行情况,采用企业自评和评审单位评审的方式进行评估。

企业应根据自身安全生产实际,制定文件化的总体和年度安全生产与职业卫生目标,并纳入企业总体生产经营目标。

企业应落实安全生产组织领导机构,成立安全生产委员会,并应按照有关规定设置安全生产和职业卫生管理机构,或配备相应的专职或兼职安全生产和职业卫生管理人员,按照有关规定配备注册安全工程师,建立健全从管理机构到基层班组的管理网络。

企业主要负责人全面负责安全生产和职业卫生工作,并履行相应责任和义务。

企业应建立健全安全生产和职业卫生责任制,明确各级部门和从业人员的安全生产和职业卫生职责,并对职责的适宜性、履职情况进行定期评估和监督考核。

企业应为全员参与安全生产和职业卫生工作创造必要的条件。

企业应建立安全生产投入保障制度,按照有关规定提取和使用安全生产费用,并建立使用台账。

企业应开展安全文化建设,确立本企业的安全生产和职业病危害防治理念及行为准则,并教育、引导全体从业人员贯彻执行。

企业应根据自身实际情况,利用信息化手段加强安全生产管理工作,开展安全生产电子台账管理、重大危险源监控、职业病危害防治、应急管理、安全风险管控和隐患自查自报、安全生产预测预警等信息系统的建设。

企业应建立安全生产和职业卫生法律法规、标准规范的管理制度,应将适用的安全生产和职业卫生法律法规、标准规范的相关要求及时转化为本单位的规章制度、操作规程,并及时传达给相关从业人员,确保相关要求落实到位。

企业应建立健全安全生产和职业卫生规章制度,并征求工会及从业人员意见和建议,规范安全生产和职业卫生管理工作。企业应确保从业人员及时获取制度文本。

企业应按照有关规定,结合本企业生产工艺、作业任务特点以及岗位作业安全风险与职业病防护要求,编制齐全适用的岗位安全生产和职业卫生操作规程,发放到相关岗位员工,并严格执行。

企业应确保从业人员参与岗位安全生产和职业卫生操作规程的编制和修订工作。

企业应建立文件和记录管理制度,明确安全生产和职业卫生规章制度、操作规程的编制、评审、发布、使用、修订、作废以及文件和记录管理的职责、程序和要求。

企业应每年至少评估一次安全生产和职业卫生法律法规、标准规范、规章制度、操作规程的适宜性、有效性和执行情况。

企业应建立健全安全教育培训制度,按照有关规定进行培训。培训大纲、内容、时间应满足有关标准的规定。企业安全教育培训应包括安全生产和职业卫生的内容。未经安全教育培训合格的从业人员,不应上岗作业。

建设项目的安全设施和职业病防护设施应与建设项目主体工程同时设计、同时施工、同时投入生产和使用。

企业应事先分析和控制生产过程及工艺、物料、设备设施、器材、通道、作业环境等存在的安全风险。生产现场应实行定置管理,保持作业环境整洁。企业应依法合理进行生产作业组织和管理,加强对从业人员作业行为的安全管理,对设备设施、工艺技术以及从业人员作业行为等进行安全风险辨识,采取相应的措施,控制作业行为安全风险。企业应建立班组安全活动管理制度,开展岗位达标活动,明确岗位达标的内容和要求。

企业应为从业人员提供符合职业卫生要求的工作环境和条件,为接触职业病危害的从业人员提供个人使用的职业病防护用品,建立、健全职业卫生档案和健康监护档案。企业与从业人员订立劳动合同时,应将工作过程中可能产生的职业病危害及其后果和防护措施如实告知从业人员,并在劳动合同中写明。企业应按照有关规定,在醒目位置设置公告栏,公布有关职业病防治的规章制度、操作规程、职业病危害事故应急救援措施和工作场所职业病危害因素检测结果。

企业应按照有关规定建立应急管理组织机构或指定专人负责应急管理工作,建立与本企业安全生产特点相适应的专(兼)职应急救援队伍。企业应在开展安全风险评估和应急资源调查的基础上,建立生产安全事故应急预案体系,制定符合 GB/T 29639 规定的生产安全事故应急预案,针对安全风险较大的重点场所(设施)制定现场处置方案,并编制重点岗位、人员应急处置卡。企业应根据可能发生的事故种类特点,按照有关规定设置应急设施,配备应急装备,储备应急物资,建立管理台账,安排专人管理,并定期检查、维护、保养,确保其完好、可靠。企业应按照 AQ/T 9007 的规定定期组织公司(厂、矿)、车间(工段、区、队)、班组开展生产安全事故应急演练,做到一线从业人员参与应急演练全覆盖,并按照 AQ/T 9009 的规定对演练进行总结和评估,根据评估结论和演练发现的问题,修订、完善应急预案,改进应急准备工作。

三、施工企业安全生产评价标准的要求

根据《施工企业安全生产评价标准》(JGJ/T 77—2010)的内容,施工企业安全生产条件应按安全生产管理、安全技术管理、设备和设施管理、企业市场行为和施工现场安全管理等 5 项内容进行考核评价。

(一)安全生产管理评价

安全生产管理评价应是对企业安全管理制度建立和落实情况的考核,其内容应包括安全生产责任制度、安全文明资金保障制度、安全教育培训制度、安全检查及隐患排查制度、生产安全事故报告处理制度、安全生产应急救援制度等 6 个评定项目,如表 2-1 所示。

表 2-1 安全生产管理评分表

序号	评定项目	评分标准	评分方法	应得分	扣减分	实得分
1	安全生产责任制度	企业未建立安全生产责任制度,扣20分,各部门、各级(岗位)安全生产责任制度不健全,扣10~15分; 企业未建立安全生产责任制考核制度,扣10分,各部门、各级对各自安全生产责任制未执行,每起扣2分; 企业未按考核制度组织检查并考核的,扣10分,考核不全面扣5~10分; 企业未建立、完善安全生产管理目标,扣10分,未对管理目标实施考核的,扣5~10分; 企业未建立安全生产考核、奖惩制度扣10分,未实施考核和奖惩的,扣5~10分	查企业有关制度文本;抽查企业各部门、所属单位有关责任人对安全生产责任制的知晓情况,查确认记录,查企业考核记录。 查企业文件,查企业对下属单位各级管理目标设置及考核情况记录;查企业安全生产奖惩制度文本和考核、奖惩记录	20		
2	安全文明资金保障制度	企业未建立安全生产、文明施工资金保障制度扣20分; 制度无针对性和具体措施的,扣10~15分; 未按规定对安全生产、文明施工措施费的落实情况进行考核,扣10~15分	查企业制度文本、财务资金预算及使用记录	20		
3	安全教育培训制度	企业未按规定建立安全培训教育制度,扣15分; 制度未明确企业主要负责人,项目经理,安全专职人员及其他管理人员,特种作业人员,待岗、转岗、换岗职工,新进单位从业人员安全培训教育要求的,扣5~10分; 企业未编制年度安全培训教育计划,扣5~10分,企业未按年度计划实施的,扣5~10分	查企业制度文本、企业培训计划文本和教育的实施记录、企业年度培训教育记录和管理人员的相关证书	15		

续表

序号	评定项目	评分标准	评分方法	应得分	扣减分	实得分
4	安全检查及隐患排查制度	企业未建立安全检查及隐患排查制度,扣15分,制度不全面、不完善的,扣5～10分; 未按规定组织检查的,扣15分,检查不全面、不及时的扣5～10分; 对检查出的隐患未采取定人、定时、定措施进行整改的,每起扣3分,无整改复查记录的,每起扣3分; 对多发或重大隐患未排查或未采取有效治理措施的,扣3～15分	查企业制度文本、企业检查记录、企业对隐患整改消项、处置情况记录、隐患排查统计表	15		
5	生产安全事故报告处理制度	企业未建立生产安全事故报告处理制度,扣15分; 未按规定及时上报事故的,每起扣15分; 未建立事故档案扣5分; 未按规定实施对事故的处理及落实"四不放过"原则的,扣10～15分	查企业制度文本; 查企业事故上报及结案情况记录	15		
6	安全生产应急救援制度	未制定事故应急救援预案制度的,扣15分,事故应急救援预案无针对性的,扣5～10分;.未按规定制定演练制度并实施的,扣5分; 未按预案建立应急救援组织或落实救援人员和救援物资的,扣5分	查企业应急预案的编制、应急队伍建立情况以相关演练记录、物资配备情况	15		
分项评分				100		

评分员：　　　　　　　　　　　　　　　　　　　　　　　年　　月　　日

(1)施工企业安全生产责任制度的考核评价应符合下列要求:

①未建立以企业法人为核心分级负责的各部门及各类人员的安全生产责任制,则该评定项目不应得分;

②未建立各部门、各级人员安全生产责任落实情况考核的制度及未对落实情况进行检查的,则该评定项目不应得分;

③未实行安全生产的目标管理、制订年度安全生产目标计划、落实责任和责任人及未落实考核的,则该评定项目不应得分;

④对责任制和目标管理等的内容和实施,应根据具体情况评定折减分数。

(2)施工企业安全文明资金保障制度的考核评价应符合下列要求:

①制度未建立且每年未对与本企业施工规模相适应的资金进行预算和决算,未专款专用,则该评定项目不应得分;

②未明确安全生产、文明施工资金使用、监督及考核的责任部门或责任人,应根据具体情况评定折减分数。

(3)施工企业安全教育培训制度的考核评价应符合下列要求:

①未建立制度且每年未组织对企业主要负责人、项目经理、安全专职人员及其他管理人员的继续教育的,则该评定项目不应得分;

②企业年度安全教育计划的编制,职工培训教育的档案管理,各类人员的安全教育,应根据具体情况评定折减分数。

(4)施工企业安全检查及隐患排查制度的考核评价应符合下列要求:

①未建立制度且未对所属的施工现场、后方场站、基地等组织定期和不定期安全检查的,则该评定项目不应得分;

②隐患的整改、排查及治理,应根据具体情况评定折减分数。

(5)施工企业生产安全事故报告处理制度的考核评价应符合下列要求:

①未建立制度且未及时、如实上报施工生产中发生伤亡事故的,则该评定项目不应得分;

②对已发生的和未遂事故,未按照"四不放过"原则进行处理的,则该评定项目不应得分;

③未建立生产安全事故发生及处理情况事故档案的,则该评定项目不应得分。

(6)施工企业安全生产应急救援制度的考核评价应符合下列要求:

①未建立制度且未按照本企业经营范围,并结合本企业的施工特点,制定易发、多发事故部位、工序、分部、分项工程的应急救援预案,未对各项应急预案组织实施演练的,则该评定项目不应得分;

②应急救援预案的组织、机构、人员和物资的落实,应根据具体情况评定折减分数。

(二)安全技术管理评价

1. 安全技术管理

建筑施工企业安全技术管理应包括危险源识别,安全技术措施和专项方案的编制、审核、交底、过程监督、验收、检查、改进等工作内容。

建筑施工企业各管理层的技术负责人应对管理范围的安全技术工作负责。

建筑施工企业应当在施工组织设计中编制安全技术措施和施工现场临时用电方案;对危险性较大分部分项工程,编制专项安全施工方案;对其中超过一定规模的应按规定组织专家论证。

企业应明确各管理层施工组织设计、专项施工方案、安全技术方案(措施)方案编制、修改、审核和审批的权限、程序及时限。

根据权限,按方案涉及内容,由企业的技术负责人组织相关职能部门审核,技术负责人审批。审核、审批应有明确意见并签名盖章。编制、审批应在施工前完成。

建筑施工企业应根据施工组织设计和专项安全施工方案(措施)编制和审批权限的设置,组织相关编制人员参与安全技术交底、验收和检查,并明确其他参与交底、验收和检查的人员。

建筑施工企业可结合实际制定内部安全技术标准和图集,定期进行技术分析和改造,完善安全生产作业条件,改善作业环境。

经过批准的安全技术措施具有技术法规的作用,必须认真贯彻执行。遇到因条件变化或考虑不周必须变更安全技术措施内容时,应经由原编制、审批人员办理变更手续,否则不能擅自变更。建筑施工企业应明确安全技术交底分级的原则、内容、方法及确认手续。工程开工前,总工程师或技术负责人,要将工程概况、施工方法和安全技术措施,向参加施工的工地负责人、工长和职工进行安全技术交底。每个单项工程开始前,应重复进行交代单项工程的安全技术措施。对安全技术措施中的具体内容和施工要求,应向工地负责人、工长进行详细交底和讨论,使执行者了解其道理,为安全技术措施的落实打下基础,安全交底应有书面材料,有双方的签字和交底日期。

安全技术措施中的各种安全设施、防护设置的实施应列入施工任务单,责任落实到班组或个人,并实行验收制度。

加强安全技术措施实施情况的检查,技术负责人、编制者和安全技术人员,要经常深入工地检查安全技术措施的实施情况,及时纠正违反安全技术措施的行为、问题,要对其及时补充和修改,使之更加完善、有效。各级安全部门要以施工安全技术措施为依据,以安全法规和各项安全规章制度为准则,经常性地对各工地实施情况进行检查,并监督各项安全措施的落实。

对安全技术措施的执行情况,除认真监督检查外,还应建立必要的与经济挂钩的奖罚制度。

建设工程施工安全技术措施计划:

(1)建设工程施工安全技术措施计划的主要内容包括:工程概况,控制目标,控制程序,组织机构,职责权限,规章制度,资源配置,安全措施,检查评价,奖惩制度等。

(2)编制施工安全技术措施计划时,对于某些特殊情况应考虑:

①对结构复杂、施工难度大、专业性较强的工程项目,除制定项目总体安全保证计划外,还必须制定单位工程或分部分项工程的安全技术措施;

②对高处作业、井下作业等专业性强的作业,电器、压力容器等特殊工种作业,应制定单项安全技术规程,并应对管理人员和操作人员的安全作业资格和身体状况进行合格检查。

(3)制定和完善施工安全操作规程,编制各施工工种,特别是危险性较大工种的安全施工操作要求,作为规范和检查考核员工安全生产行为的依据。

(4)施工安全技术措施:包括安全防护设施的设置和安全预防措施,主要有17方面的内容,如防火、防毒、防爆、防洪、防尘、防雷击、防触电、防坍塌、防物体打击、防机械伤害、防起重设备滑落、防高空坠落、防交通事故、防寒、防暑、防疫、防环境污染等方面措施。

2. 安全技术管理评价

安全技术管理评价应为对企业安全技术管理工作的考核,其内容应包括法规、标准和操作规程配置,施工组织设计,专项施工方案(措施),安全技术交底,危险源控制等5个评定项目(见表2-2)。

表 2-2　安全技术管理评分表

序号	评定项目	评分标准	评分方法	应得分	扣减分	实得分
1	法规标准和操作规程配置	企业未配备与生产经营内容相适应的现行有关安全生产方面的法律、法规、标准、规范和规程的,扣 10 分,配备不齐全,扣 3～10分; 企业未配备各工种安全技术操作规程,扣 10 分,配备不齐全的,缺一个工种扣 1 分; 企业未组织学习和贯彻实施安全生产方面的法律、法规、标准、规范和规程,扣 3～5 分	查企业现有的法律、法规、标准、操作规程的文本及贯彻实施记录	10		
2	施工组织设计	企业无施工组织设计编制、审核、批准制度的,扣 15 分; 施工组织设计中未明确安全技术措施的扣 10 分; 未按程序进行审核、批准的,每起扣 3 分	查企业技术管理制度,抽查企业备份的施工组织设计	15		
3	专项施工方案(措施)	未建立对危险性较大的分部、分项工程编写、审核、批准专项施工方案制度的,扣 25 分; 未实施或按程序审核、批准的,每起扣 3 分; 未按规定明确本单位需进行专家论证的危险性较大的分部、分项工程名录(清单)的,每起扣 3 分	查企业相关规定、实施记录和专项施工方案备份资料	25		
4	安全技术交底	企业未制定安全技术交底规定的,扣 25 分; 未有效落实各级安全技术交底,扣 5～10分; 交底无书面记录,未履行签字手续,每起扣 1～3 分	查企业相关规定、企业实施记录	25		
5	危险源控制	企业未建立危险源监管制度,扣 25 分; 制度不齐全、不完善的,扣 5～10 分; 未根据生产经营特点明确危险源的,扣 5～10 分; 未针对识别评价出的重大危险源制定管理方案或相应措施,扣 5～10 分; 企业未建立危险源公示、告知制度的,扣 8～10 分	查企业规定及相关记录	25		
分项评分				100		

评分员:　　　　　　　　　　　　　　　　　　　　　　　　　年　　月　　日

(1)施工企业法规、标准和操作规程配置及实施情况的考核评价应符合下列要求：

①未配置与企业生产经营内容相适应的、现行的有关安全生产方面的法规、标准，以及各工种安全技术操作规程，并未及时组织学习和贯彻的，则该评定项目不应得分；

②配置不齐全，应根据具体情况评定折减分数。

(2)施工企业施工组织设计编制和实施情况的考核评价应符合下列要求：

①未建立施工组织设计编制、审核、批准制度的，则该评定项目不应得分；

②安全技术措施的针对性及审核、审批程序的实施情况等，应根据具体情况评定折减分数。

(3)施工企业专项施工方案(措施)编制和实施情况的考核评价应符合下列要求：

①未建立对危险性较大的分部、分项工程专项施工方案编制、审核、批准制度的，则该评定项目不应得分；

②制度的执行，应根据具体情况评定折减分数。

(4)施工企业安全技术交底制定和实施情况的考核评价应符合下列要求：

①未制定安全技术交底规定的，则该评定项目不应得分；

②安全技术交底资料的内容、编制方法及交底程序的执行，应根据具体情况评定折减分数。

(5)施工企业危险源控制制度的建立和实施情况的考核评价应符合下列要求：

①未根据本企业的施工特点，建立危险源监管制度的，则该评定项目不应得分；

②危险源公示、告知及相应的应急预案编制和实施，应根据具体情况评定折减分数。

(三)设备和设施管理评价

1. 施工设施、设备和劳动防护用品安全管理

建筑施工企业施工设施、设备和劳动防护用品的安全管理应包括购置、租赁、装拆、验收、检测、使用、保养、维修、改造和报废等内容。

建筑施工企业应根据生产经营特点和规模，配备符合安全要求的施工设施、设备、劳动防护用品及相关的安全检测器具。

建筑施工企业各管理层应配备机械设备安全管理专业的专职管理人员。

建筑施工企业应建立并保存施工设施、设备、劳动防护用品及相关的安全检测器具安全管理档案，并记录以下内容：

(1)来源、类型、数量、技术性能、使用年限等静态管理信息，以及目前使用地点、使用状态、使用责任人、检测、日常维修保养等动态管理信息；

(2)采购、租赁、改造、报废计划及实施情况。

建筑施工企业应依据企业安全技术管理制度，对施工设施、设备、劳动防护用品及相关的安全检测器具实施技术管理，定期分析安全状态，确定指导、检查的重点，采取必要的改进措施。

安全防护设施应标准化、定型化、工具化。

2. 设备和设施管理评价

设备和设施管理评价应是对企业设备和设施安全管理工作的考核，其内容应包括设备安全管理、设施和防护用品、安全标志、安全检查测试工具4个评定项目(见表2-3)。

表 2-3　设备和设施管理评分表

序号	评定项目	评分标准	评分方法	应得分	扣减分	实得分
1	设备安全管理	未制定设备(包括应急救援器材)采购、租赁、安装(拆除)、验收、检测、使用、检查、保养、维修、改造和报废制度,扣 30 分; 制度不齐全、不完善的,扣 10~15 分; 设备的相关证书不齐全或未建立台账的,扣 3~5 分; 未按规定建立技术档案或档案资料不齐全的,每起扣 2 分; 未配备设备管理的专(兼)职人员的,扣 10 分	查企业设备安全管理制度,查企业设备清单和管理档案	30		
2	设施和防护用品	未制定安全物资供应单位及施工人员个人安全防护用品管理制度的,扣 30 分; 未按制度执行的,每起扣 2 分; 未建立施工现场临时设施(包括临时建、构筑物、活动板房)的采购、租赁、搭设与拆除、验收、检查、使用的相关管理规定的,扣 30 分; 未按管理规定实施或实施有缺陷的,每项扣 2 分	查企业相关规定及实施记录	30		
3	安全标志	未制定施工现场安全警示、警告标识、标志使用管理规定的,扣 20 分; 未定期检查实施情况的,每项扣 5 分	查企业相关规定及实施记录	20		
4	安全检查测试工具	企业未制定施工场所安全检查、检验仪器、工具配备制度的,扣 20 分; 企业未建立安全检查、检验仪器、工具配备清单的,扣 5~15 分	查企业相关记录	20		
分项评分				100		

评分员:　　　　　　　　　　　　　　　　　　　　　　　年　　　月　　　日

(1)施工企业设备安全管理制度的建立和实施情况的考核评价应符合下列要求:

①未建立机械、设备(包括应急救援器材)采购、租赁、安装、拆除、验收、检测、使用、检查、保养、维修、改造和报废制度的,则该评定项目不应得分;

②设备的管理台账、技术档案、人员配备及制度落实,应根据具体情况评定折减分数。

(2)施工企业设施和防护用品制度的建立及实施情况的考核评价应符合下列要求:

①未建立安全设施及个人劳保用品的发放、使用管理制度的,则该评定项目不应得分;

②安全设施及个人劳保用品管理的实施及监管,应根据具体情况评定折减分数。

（3）施工企业安全标志管理规定的制定和实施情况的考核评价应符合下列要求：

①未制定施工现场安全警示、警告标识、标志使用管理规定的，则该评定项目不应得分；

②管理规定的实施、监督和指导，应根据具体情况评定折减分数。

（4）施工企业安全检查测试工具配备制度的建立和实施情况的考核评价应符合下列要求：

①未建立安全检查检验仪器、仪表及工具配备制度的，则该评定项目不应得分；

②配备及使用，应根据具体情况评定折减分数。

（四）企业市场行为评价

企业市场行是评价应是对企业安全管理市场行为的考核，其内容包括安全生产许可证、安全生产文明施工、安全质量标准化达标、资质机构与人员管理制度 4 个评定项目（见表 2-4）。

表 2-4　企业市场行为评分表

序号	评定项目	评分标准	评分方法	应得分	扣减分	实得分
1	安全生产许可证	企业未取得安全生产许可证而承接施工任务的，扣 20 分； 企业在安全生产许可证暂扣期间继续承接施工任务的，扣 20 分； 企业资质与承发包生产经营行为不相符，扣 20 分； 企业主要负责人、项目负责人、专职安全管理人员持有的安全生产合格证书不符合规定要求的，每起扣 10 分	查安全生产许可证及各类人员相关证书	20		
2	安全生产文明施工	企业资质受到降级处罚，扣 30 分； 企业受到暂扣安全生产许可证的处罚，每起扣 5～30 分； 企业受当地建设行政主管部门通报处分，每起扣 5 分； 企业受当地建设行政主管部门经济处罚，每起扣 5～10 分； 企业受到省级及以上通报批评，每次扣 10 分；受到地市级通报批评，每次扣 5 分	查各级行政主管部门管理信息资料，各类有效证明材料	30		
3	安全质量标准化达标	安全质量标准化达标优良率低于规定的，每 5％扣 10 分； 安全质量标准化年度达标合格率低于规定要求的，扣 20 分	查企业相应管理资料	20		

续表

序号	评定项目	评分标准	评分方法	应得分	扣减分	实得分
4	资质、机构与人员管理	企业未建立安全生产管理组织体系(包括机构和人员等)、人员资格管理制度的,扣30分; 企业未按规定设置专职安全管理机构的,扣30分,未按规定配足安全生产专管人员的,扣30分; 实行总、分包的企业未制定对分包单位资质和人员资格管理制度的,扣30分,未按制度执行的,扣30分	查企业制度文本和机构、人员配备证明文件,查人员资格管理记录及相关证件,查总、分包单位的管理资料	30		
		分项评分		100		

评分员: 年 月 日

(1)施工企业安全生产许可证许可状况的考核评价应符合下列要求:

①未取得安全生产许可证而承接施工任务的、在安全生产许可证暂扣期间承接工程的、企业承发包工程项目的规模和施工范围与本企业资质不相符的,则该评定项目不应得分;

②企业主要负责人、项目负责人和专职安全管理人员的配备和考核具体情况评定折减分数。

(2)施工企业安全生产文明施工动态管理行为的考核评价应符合下列要求:

①企业资质因安全生产、文明施工受到降级处罚的,则该评定项目不应得分;

②其他不良行为,应视其影响程度、处理结果等具体情况评定折减分数。

(3)施工企业安全质量标准化达标情况的考核评价应符合下列要求:

①本企业所属的施工现场安全质量标准化年度达标合格率低于国家或地方规定的,则该评定项目不应得分;

②安全质量标准化年度达标优良率低于国家或地方规定的,应根据具体情况评定折减分数。

(4)施工企业资质、机构与人员管理制度的建立和人员配备情况的考核评价应符合下列要求:

①未建立安全生产管理组织体系、未制定人员资格管理制度、未按规定设置专职安全管理机构、未配备足够的安全生产专管人员的,则该评定项目不应得分;

②实行分包的,总承包单位未制定对分包单位资质和人员资格管理制度并监督落实的,则该评定项目不应得分。

(五)施工现场安全管理评价

1. 施工现场安全管理

建筑施工企业各管理层级职能部门和岗位,按职责分工,对工程项目实施安全管理。

企业的工程项目部应根据企业安全管理制度,实施施工现场安全生产管理,内容应包括:

(1)制定项目安全管理目标,建立安全生产责任体系,实施责任考核;

（2）配置满足要求的安全生产、文明施工措施资金、从业人员和劳动防护用品；

（3）选用符合要求的安全技术措施、应急预案、设施与设备；

（4）有效落实施工过程的安全生产，隐患整改；

（5）组织施工现场场容场貌、作业环境和生活设施安全文明达标；

（6）组织事故应急救援抢险；

（7）对施工安全生产管理活动进行必要的记录，保存应有的资料和记录。

施工现场安全生产责任体系应符合以下要求：

（1）项目经理是工程项目施工现场安全生产第一责任人，负责组织落实安全生产责任，实施考核，实现项目安全管理目标；

（2）工程项目施工实行总承包的，应成立由总承包单位、专业承包和劳务分包单位项目经理、技术负责人和专职安全生产管理人员组成的安全管理领导小组；

（3）按规定配备项目专职安全生产管理人员，负责施工现场安全生产日常监督管理；

（4）工程项目部其他管理人员应承担本岗位管理范围内与安全生产相关的职责；

（5）分包单位应服从总包单位管理，落实总包企业的安全生产要求；

（6）施工作业班组应在作业过程中实施安全生产要求；

（7）作业人员应严格遵守安全操作规程，做到不伤害自己、不伤害他人和不被他人所伤害。

项目专职安全生产管理人员应由企业委派，并承担以下主要的安全生产职责：

（1）监督项目安全生产管理要求的实施，建立项目安全生产管理档案；

（2）对危险性较大分部分项工程实施现场监护并做好记录；

（3）阻止和处理违章指挥、违章作业和违反劳动纪律等现象；

（4）定期向企业安全生产管理机构报告项目安全生产管理情况。

工程项目开工前，工程项目部应根据施工特征，组织编制项目安全技术措施和专项施工方案，包括应急预案，并按规定审批、论证、交底、验收、检查；方案内容应包括工程概况、编制依据、施工计划、施工工艺施工安全技术措施、检查验收内容及标准、计算书及附图等。

工程项目部应接受企业上级各管理层、建设行政主管部门及其他相关部门的业务指导与监督检查，对发现的问题按要求组织整改。

建筑施工企业应与工程项目及时交流与沟通安全生产信息，治理安全隐患和回应相关方诉求。

2. 施工现场安全管理评价

施工现场安全管理评价应为对企业所属施工现场安全状况的考核，其内容应包括施工现场安全达标、安全文明资金保障、资质和资格管理、生产安全事故控制、设备设施工艺选用、保险等 6 个评定项目（见表 2-5）。

（1）施工现场安全达标考核，企业应对所属的施工现场按现行规范标准进行检查，有一个工地未达到合格标准的，则该评定项目不应得分。

（2）施工现场安全文明资金保障，应对企业按规定落实其所属施工现场安全生产、文明施工资金的情况进行考核，有一个施工现场未将施工现场安全生产、文明施工所需资金编制计划并实施、未做到专款专用的，则该评定项目不应得分。

表 2-5　施工现场安全管理评分表

序号	评定项目	评分标准	评分方法	应得分	扣减分	实得分
1	施工现场安全达标	按《建筑施工安全检查标准》(JGJ 59)及相关现行标准规范进行检查不合格的,每 1 个工地扣 30 分	查现场及相关记录	30		
2	安全文明资金保障	未按规定落实安全防护、文明施工措施费,发现一个工地扣 15 分	查现场及相关记录	15		
3	资质和资格管理	未制定对分包单位安全生产许可证、资质、资格管理及施工现场控制的要求和规定,扣 15 分,管理记录不全扣 5～15 分; 合同未明确参建各方安全责任,扣 15 分; 分包单位承接的项目不符合相应的安全资质管理要求,或作业人员不符合相应的安全资格管理要求,扣 15 分; 未按规定配备项目经理、专职或兼职安全生产管理人员(包括分包单位),扣 15 分	查对管理记录、证书,抽查合同及相应管理资料	15		
4	生产安全事故控制	对多发或重大隐患未排查或未采取有效措施的,扣 3～15 分; 未制定事故应急救援预案的,扣 15 分,事故应急救援预案无针对性的,扣 5～10 分; 未按规定实施演练的,扣 5 分; 未按预案建立应急救援组织或落实救援人员和救援物资的,扣 5～15 分	查检查记录及隐患排查统计表,应急预案的编制及应急队伍建立情况以及相关演练记录、物资配备情况	15		
5	设备设施工艺选用	现场使用国家明令淘汰的设备或工艺的,扣 15 分; 现场使用不符合标准的且存在严重安全隐患的设施,扣 15 分; 现场使用的机械、设备、设施、工艺超过使用年限或存在严重隐患的,扣 15 分; 现场使用不合格的钢管、扣件的,每起扣 1～2 分; 现场安全警示、警告标志使用不符合标准的,扣 5～10 分; 现场职业危害防治措施没有针对性,扣 1～5 分	查现场及相关记录	15		

续表

序号	评定项目	评分标准	评分方法	应得分	扣减分	实得分
6	保险	未按规定办理意外伤害保险的,扣10分;意外伤害保险办理率不足100%,每低2%扣1分	查现场及相关记录	10		
分项评分				100		

评分员: 年   月   日

(3)施工现场分包资质和资格管理规定的制定以及施工现场控制情况的考核评价应符合下列要求:

①未制定对分包单位安全生产许可证、资质、资格管理及施工现场控制的要求和规定,且在总包与分包合同中未明确参建各方的安全生产责任,分包单位承接的施工任务不符合其所具有的安全资质,作业人员不符合相应的安全资格,未按规定配备项目经理、专职或兼职安全生产管理人员的,则该评定项目不应得分;

②对分包单位的监督管理,应根据具体情况评定折减分数。

(4)施工现场生产安全事故控制的隐患防治、应急预案的编制和实施情况的考核评价应符合下列要求:

①未针对施工现场实际情况制定事故应急救援预案的,则该评定项目不应得分;

②对现场常见、多发或重大隐患的排查及防治措施的实施,应急救援组织和救援物资的落实,应根据具体情况评定折减分数。

(5)施工现场设备、设施、工艺管理的考核评价应符合下列要求:

①使用国家明令淘汰的设备或工艺,则该评定项目不应得分;

②使用不符合国家现行标准的且存在严重安全隐患的设施,则该评定项目不应得分;

③使用超过使用年限或存在严重隐患的机械、设备、设施、工艺的,则该评定项目不应得分;

④对其余机械、设备、设施以及安全标识的使用情况,应根据具体情况评定折减分数;

⑤对职业病的防治,应根据具体情况评定折减分数。

(6)施工现场保险办理情况的考核评价应符合下列要求:

①未按规定办理意外伤害保险的,则该评定项目不应得分;

②意外伤害保险的办理实施,应根据具体情况评定折减分数。

思考题

1. 简述我国社会主义市场经济条件下安全生产管理体制。

2. 你对安全生产责任制的概念的理解。

3. 建立和实施安全生产责任制的目的是什么?

4. 说说建筑施工企业各职能部门的安全生产责任。

5. 说出建筑施工企业主要人员的安全生产责任。

6. 建筑施工企业负责人是指哪些人？

7. 项目负责人是指谁？

8. 项目负责人每月带班生产时间如何规定的？

9. 什么是施工企业安全生产管理机构？

10. 专职安全生产管理人员指哪些人员？

11. 项目专职安全生产管理人员具有哪些职责？

12. 总承包单位配备项目专职安全生产管理人员有哪些要求？

13. 建筑施工企业取得安全生产许可证,应当具备哪些安全生产条件？

14. 安全生产许可证有效期为几年？

15. 发生一般事故的,暂扣安全生产许可证多久？

16. 什么是"三类人员"？

17. 三类人员安全生产考核合格证书有效期为几年？

18. 什么特种作业人员？建筑施工特种作业人员包括哪些人员？

19. 申请特种作业人员安全操作技能考核的人员,应当具备哪些基本条件？

20.《安全生产法》明确规定了从业人员的权利包括哪些？从业人员的义务有哪三种？

21. 哪些是危险性较大的分部分项工程？

22. 什么样的分部分项工程专项方案应当由施工单位组织召开专家论证会？由哪个单位组织召开专家论证会？哪些人员应当参加专家论证会？

23. 建筑起重机械安装完毕后,使用单位应当如何验收？

24. 建筑起重机械使用单位应当履行哪些安全职责？

25. 什么是高大模板支撑系统？

26. 根据《中华人民共和国标准化法》规定按照标准的级别不同,把标准分为哪些级别？

27. 什么是强制性标准？什么叫安全生产标准化？

28. 施工企业安全生产条件应按哪5项内容进行考核评价？

第三章　绿色施工的基本知识

本章学习目标

了解建筑工程职业健康安全与环境管理的特点、绿色施工导则和建筑工程绿色施工评价标准;熟悉项目环境管理的规定;掌握施工现场环境保护、施工企业劳动防护用品的相关规定。确定"文明施工"和"绿色施工"的管理范围,进行施工现场文明施工和绿色施工的检查评价。

本章重点

掌握施工现场环境保护的有关规定,文明施工的检查,大气污染的防治,施工噪声污染的防治,水污染的防治,固体废弃物污染的防治,照明污染的防治,《企业劳动防护用品管理标准化规范》的规定,《建筑施工人员个人劳动保护用品使用管理暂行规定》的规定,《建筑施工作业劳动防护用品配备及使用标准》的基本规定。

第一节　职业健康安全与文明施工

一、建筑工程职业健康安全与环境管理的特点

施工现场是施工生产因素的集中点,其动态特点是多工种立体作业,生产设施的临时性,作业环境多变性,人机的流动性。施工现场中直接从事生产作业的人密集,机、料集中,存在着多种危险因素。因此,施工现场属于事故多发的作业现场。下面介绍建筑工程职业健康安全与环境管理的特点。

(一)职业健康安全与环境管理的复杂性

建筑产品的固定性和生产的流动性及受外部环境影响因素多,决定了职业健康安全与环境管理的复杂性。

(1)建筑产品生产过程中生产人员、工具与设备的流动性,主要表现为:

①同一工地不同建筑之间的流动;

②同一建筑不同建筑部位上的流动;

③一个建筑工程项目完成后,又要向另一个新项目动迁的流动。

(2)建筑产品受不同外部环境影响的因素多,主要表现为:

①露天作业多;

②气候条件变化的影响;

③工程地质和水文条件的变化；

④地理条件和地域资源的影响。

由于生产人员、工具和设备的交叉和流动作业,受不同外部环境的影响因素多,使健康安全与环境管理很复杂,稍有考虑不周就会出现问题。

(二)产品的多样性和生产的单件性决定了职业健康安全与环境管理的多样性

建筑产品的多样性决定了生产的单件性。每一个建筑产品都要根据其特定要求进行施工,主要表现为：

(1)不能按同一图纸、同一施工工艺、同一生产设备进行批量重复生产；

(2)施工生产组织及机构变动频繁,生产经营的"一次性"特征特别突出；

(3)生产过程中试验性研究课题多,所碰到的新技术、新工艺、新设备、新材料给职业健康安全与环境管理带来不少难题。

因此,对于每个建设工程项目都要根据实际情况,制订健康安全与环境管理计划,不可相互套用。

(三)产品生产过程的连续性和分工性决定了职业健康安全与环境管理的协调性

建筑产品不能像其他许多工业产品一样可以分解为若干部分同时生产,而必须在同一固定场地按严格程序连续生产,上一道程序不完成,下一道程序不能进行(如基础—主体—屋顶),上一道工序生产的结果往往会被下一道工序所掩盖,而且每一道程序由不同的人员和单位来完成。因此,在职业健康安全与环境管理中要求各单位和各专业人员横向配合与协调,共同注意产品生产过程接口部分的健康安全和环境管理的协调性。

(四)产品的委托性决定了职业健康安全与环境管理的不符合性

建筑产品在建造前就确定了买主,按建设单位特定的要求委托进行生产建造。而建设工程市场在供大于求的情况下,业主经常会压低标价,造成产品的生产单位对健康安全与环境管理的费用投入的减少,不符合健康安全与环境管理有关规定的现象时有发生。这就要建设单位和生产组织都必须重视对健康安全和环保费用的投入,符合健康安全与环境管理的要求。

(五)产品生产的阶段性决定职业健康安全与环境管理的持续性

一个建设工程项目从立项到投产使用要经历五个阶段,即设计前的准备阶段(包括项目的可行性研究和立项)、设计阶段、施工阶段、使用前的准备阶段(包括竣工验收和试运行)、保修阶段。这五个阶段都要十分重视项目的安全和环境问题,持续不断地对项目各个阶段可能出现的安全和环境问题实施管理。否则,一旦在某个阶段出现安全问题和环境问题就会造成投资的巨大浪费,甚至造成工程项目建设的夭折。

(六)产品的时代性和社会性决定环境管理的多样性和经济性

(1)时代性：建设工程产品是时代政治、经济、文化、风俗的历史记录,表现了不同时代的艺术风格和科学文化水平,反映一定社会的、道德的、文化的、美学的艺术效果,成为可供人们观赏和旅游的景观。

(2)社会性：建设工程产品是否适应可持续发展的要求,工程的规划、设计、施工质量的好坏,受益和受害的不仅仅是使用者,而是整个社会,影响社会持续发展的环境。

(3)多样性：除了考虑各类建设工程(民用住宅、工业厂房、道路、桥梁、水库、管线、航道、码头、港口、医院、剧院、博物馆、园林、绿化等)使用功能与环境相协调外,还应考虑各类工程产品的时代性和社会性要求,其涉及的环境因素多种多样,应逐一加以评价和分析。

(4)经济性:建设工程不仅应考虑建造成本的消耗,还应考虑其寿命期内的使用成本消耗。环境管理注重包括工程使用期内的成本,如能耗、水耗、维护、保养、改建更新的费用。并通过比较分析,判定工程是否符合经济要求,一般采用生命周期法可作为对其进行管理的参考。另外,环境管理要求节约资源,以减少资源消耗来降低环境污染,两者是完全一致的。

二、文明施工与环境保护的概念

(一)文明施工

文明施工是保持施工现场良好的作业环境、卫生环境和工作秩序。

文明施工主要包括以下几个方面的工作:

(1)规范施工现场的场容,保持作业环境的整洁卫生。

(2)科学组织施工,使生产有序进行。

(3)减少施工对周围居民和环境的影响。

(4)保证职工的安全和身体健康。

(二)环境保护

环境保护是按照法律法规、各级主管部门和企业的要求,保护和改善作业现场的环境,控制现场的各种粉尘、废水、废气、固体废弃物、噪声、振动等对环境的污染和危害。环境保护也是文明施工的重要内容之一。

(三)文明施工的意义

(1)文明施工能促进企业综合管理水平的提高。保持良好的作业环境和秩序,对促进安全生产、加快施工进度、保证工程质量、降低工程成本、提高经济和社会效益有较大作用。文明施工涉及人、财、物各个方面,贯穿于施工全过程之中,体现了企业在工程项目施工现场的综合管理水平。

(2)文明施工是适应现代化施工的客观要求。现代化施工更需要采用先进的技术、工艺、材料、设备和科学的施工方案,需要严密组织、严格要求、标准化管理和较好的职工素质等。文明施工能适应现代化施工的要求,是实现优质、高效、低耗、安全、清洁、卫生的有效手段。

(3)文明施工代表企业的形象。良好的施工环境与施工秩序,可以得到社会的支持和信赖,提高企业的知名度和市场竞争力。

(4)文明施工有利于员工的身心健康,有利于培养和提高施工队伍的整体素质。文明施工可以提高职工队伍的文化、技术和思想素质,培养尊重科学、遵守纪律、团结协作的大生产意识,促进企业精神文明建设,并且可以促进施工队伍整体素质的提高。

(四)现场环境保护的意义

(1)保护和改善施工环境是保证人们身体健康和社会文明的需要。采取专项措施防止粉尘、噪声和水源污染,保护好作业现场及其周围的环境,是保证职工和相关人员身体健康、体现社会总体文明的一项利国利民的重要工作。

(2)保护和改善施工现场环境是消除对外部干扰、保证施工顺利进行的需要。随着人们的法制观念和自我保护意识的增强,尤其在城市中,施工扰民问题反映突出,应及时采取防治措施,减少对环境的污染和对市民的干扰,也是施工生产顺利进行的基本条件。

(3)保护和改善施工环境是现代化大生产的客观要求。现代化施工广泛应用新设备、新技术、新的生产工艺,对环境质量要求很高,如果粉尘、振动超标就可能损坏设备、影响功能发挥,使设备难以发挥作用。

(4)节约能源、保护人类生存环境、保证社会和企业可持续发展的需要。人类社会即将面临环境污染和能源危机的挑战。为了保护子孙后代赖以生存的环境条件,每个公民和企业都有责任和义务来保护环境。良好的环境和生存条件,也是企业发展的基础和动力。

三、文明施工检查

根据《建筑施工安全检查标准》关于文明施工检查评定的要求如下:

3.2.1 文明施工检查评定应符合现行行业标准《建筑施工现场环境与卫生标准》(JGJ 146)的规定。

3.2.2 检查评定保证项目包括:现场围挡、封闭管理、施工场地、现场材料、现场住宿、现场防火。一般项目包括:治安综合治理、施工现场标牌、生活设施、保健急救、社区服务。如表3-1所示。

3.2.3 保证项目的检查评定应符合下列规定:

1. 现场围挡

(1)市区主要路段的工地周围应设置高度不得小于2.5m的封闭围挡;

(2)一般路段的工地周围必须设置高度不得小于1.8m的封闭围挡;

(3)围挡材料应坚固、稳定、整洁、美观;

(4)围挡应沿工地四周连续设置。

2. 封闭管理

(1)施工现场出入口应设置大门;

(2)大门口应有门卫室;

(3)应有门卫和门卫制度;

(4)进入施工现场应佩戴工作卡;

(5)施工现场出入口应标有企业名称或标识,并应设置车辆冲洗设施。

3. 施工场地

(1)现场的主要道路及材料加工区必须进行硬化处理;

(2)现场道路应畅通,路面应平整坚实;

(3)现场作业、运输、存放材料等采取的防尘措施应齐全、合理;

(4)排水设施应齐全、排水通畅,且现场无积水;

(5)应有防止泥浆、污水、废水外流或堵塞下水道和排水河道的措施;

(6)应设置吸烟处,禁止随意吸烟;

(7)温暖季节应有绿化布置。

4. 现场材料

(1)建筑材料、构件、料具应按总平面布局进行码放;

(2)材料布局应合理、堆放整齐,并标明名称、规格等;

(3)建筑物内施工垃圾的清运,必须采用相应器具或管道运输,严禁随意凌空抛掷;

(4)应做到工完场地清;

(5)易燃易爆物品必须采取防火、防暴晒等措施,并进行分类存放。

5．现场住宿

(1)在建工程、伙房、库房内,严禁住人;

(2)施工作业区、材料存放区与办公区、生活区应划分清晰,并采取相应的隔离措施;

(3)宿舍必须设置可开启式窗户;

(4)宿舍内必须设置床铺且不得超过 2 层,严禁使用通铺,室内通道宽度不得小于0.9m,每间居住人员不得超过 16 人;

(5)宿舍内应有保暖和防煤气中毒措施;

(6)宿舍内应有消暑和防蚊蝇措施;

(7)生活用品摆放整齐,环境卫生应良好。

6．现场防火

(1)必须有消防措施、制度及灭火器材;

(2)现场临时设施的材质和选址必须符合环保、消防要求;

(3)易燃材料不得随意码放,灭火器材布局、配置应合理且不能失效;

(4)必须有消防水源(高层建筑),且能满足消防要求;

(5)必须履行动火审批手续,且有动火监护人员。

3.2.4　一般项目的检查评定应符合下列规定:

1．治安综合治理

(1)生活区应给作业人员设置学习和娱乐的场所;

(2)必须建立治安保卫制度,责任分解落实到人;

(3)治安防范措施必须到位,防止发生失盗事件。

2．施工现场标牌

(1)大门口处应设置"五牌一图";

(2)标牌应规范、整齐、统一;

(3)现场应有安全标语;

(4)应有宣传栏、读报栏、黑板报。

3．生活设施

(1)食堂应设置在远离厕所、垃圾站、有毒有害场所等污染源的地方;

(2)食堂必须有卫生许可证,炊事人员必须持身体健康证上岗;

(3)食堂使用的燃气罐应单独设置存放间,存放间应通风良好并严禁存放其他物品;

(4)食堂的卫生环境应良好,且配备必要的排风、冷藏、隔油池、防鼠等设施;

(5)厕所的数量或布局应满足现场人员需求;

(6)厕所必须符合卫生要求;

(7)必须保证现场人员卫生饮水;

(8)应有淋浴室,且能满足现场人员需求;

(9)应有卫生责任制度,生活垃圾应装入密闭式容器内,并及时清理。

4．保健急救

(1)现场必须制定相应的应急预案,且有实际操作性;

(2)应有经培训的急救人员及急救器材;

（3）应开展卫生防病宣传教育工作，并提供必备的防护用品；

（4）应有保健医药箱及药品。

5．社区服务

（1）夜间施工前，必须经批准后方可进行施工；

（2）施工现场严禁焚烧各类废弃物；

（3）施工现场应有防粉尘、防噪声、防光污染措施；

（4）应建立施工不扰民措施。

文明施工检查评分表如表 3-1 所示。

表 3-1　文明施工检查评分表

序号	检查项目		扣 分 标 准	应得分数	扣减分数	实得分数
1	保证项目	现场围挡	在市区主要路段的工地周围未设置高于 2.5m 的封闭围挡，扣 10 分 一般路段的工地周围未设置高于 1.8m 的封闭围挡，扣 10 分 围挡材料不坚固、不稳定、不整洁、不美观，扣 5～7 分 围挡没有沿工地四周连续设置，扣 3～5 分	10		
2		封闭管理	施工现场出入口未设置大门，扣 3 分 未设置门卫室，扣 2 分 未设门卫或未建立门卫制度，扣 3 分 进入施工现场不佩戴工作卡，扣 3 分 施工现场出入口未标有企业名称或标识，且未设置车辆冲洗设施，扣 3 分	10		
3		施工场地	现场主要道路未进行硬化处理，扣 5 分 现场道路不畅通、路面不平整坚实，扣 5 分 现场作业、运输、存放材料等采取的防尘措施不齐全、不合理，扣 5 分 排水设施不齐全或排水不通畅、有积水，扣 4 分 未采取防止泥浆、污水、废水外流或堵塞下水道和排水河道措施，扣 3 分 未设置吸烟处、随意吸烟，扣 2 分 温暖季节未进行绿化布置，扣 3 分	10		
4		现场材料	建筑材料、构件、料具不按总平面布局码放，扣 4 分 材料布局不合理、堆放不整齐、未标明名称、规格，扣 2 分 建筑物内施工垃圾的清运，未采用合理器具或随意凌空抛掷，扣 5 分 未做到工完场地清，扣 3 分 易燃易爆物品未采取防护措施或未进行分类存放，扣 4 分	10		

续表

序号	检查项目		扣 分 标 准	应得分数	扣减分数	实得分数
5	保证项目	现场住宿	在建工程、伙房、库房兼做住宿,扣8分 施工作业区、材料存放区与办公区、生活区不能明显划分,扣6分 宿舍未设置可开启式窗户,扣4分 未设置床铺、床铺超过2层、使用通铺、未设置通道或人员超编,扣6分 宿舍未采取保暖和防煤气中毒措施,扣5分 宿舍未采取消暑和防蚊蝇措施,扣5分 生活用品摆放混乱、环境不卫生,扣3分	10		
6		现场防火	未制定消防措施、制度或未配备灭火器材,扣10分 现场临时设施的材质和选址不符合环保、消防要求,扣8分 易燃材料随意码放、灭火器材布局、配置不合理或灭火器材失效,扣5分 未设置消防水源(高层建筑)或不能满足消防要求,扣8分 未办理动火审批手续或无动火监护人员,扣5分	10		
			小计	60		
7	一般项目	治安综合治理	生活区未给作业人员设置学习和娱乐场所,扣4分 未建立治安保卫制度、责任未分解到人,扣3~5分 治安防范措施不利,常发生失盗事件,扣3~5分	8		
8		施工现场标牌	大门口处设置的"五牌一图"内容不全、缺一项,扣2分 标牌不规范、不整齐,扣3分 未张挂安全标语,扣5分 未设置宣传栏、读报栏、黑板报,扣4分	8		
9		生活设施	食堂与厕所、垃圾站、有毒有害场所距离较近,扣6分 食堂未办理卫生许可证或未办理炊事人员健康证,扣5分 食堂使用的燃气罐未单独设置存放间或存放间通风条件不好,扣4分 食堂的卫生环境差、未配备排风、冷藏、隔油池、防鼠等设施,扣4分 厕所的数量或布局不满足现场人员需求,扣6分 厕所不符合卫生要求,扣4分 不能保证现场人员卫生饮水,扣8分 未设置淋浴室或淋浴室不能满足现场人员需求,扣4分 未建立卫生责任制度、生活垃圾未装容器或未及时清理,扣3~5分	8		

续表

序号	检查项目		扣 分 标 准	应得分数	扣减分数	实得分数
10	一般项目	保健急救	现场未制定相应的应急预案,或预案实际操作性差,扣6分 未设置经培训的急救人员或未设置急救器材,扣4分 未开展卫生防病宣传教育或未提供必备防护用品,扣4分 未设置保健医药箱,扣5分	8		
11		社区服务	夜间未经许可施工,扣8分 施工现场焚烧各类废弃物,扣8分 未采取防粉尘、防噪声、防光污染措施,扣5分 未建立施工不扰民措施,扣5分	8		
			小计	40		
			检查项目合计	100		

第二节 施工现场环境保护

为加强建设工程施工现场管理,保障建设工程施工顺利进行,施工单位应当遵守国家有关环境保护的法律规定,采取措施控制施工现场的各种粉尘、废气、废水、固体废弃物以及噪声、振动对环境的污染和危害。

一、大气污染的防治

(1)施工现场的主要道路必须进行硬化处理,土方应集中堆放。裸露的场地和集中堆放的土方应采取覆盖、固化或绿化等措施。

(2)拆除建筑物、构筑物时,应采用隔离、洒水等措施,并应在规定期限内将废弃物清理完毕。

(3)施工现场土方作业应采取防止扬尘措施。

(4)从事土方、渣土和施工垃圾运输应采用密闭式运输车辆或采取覆盖措施;施工现场出入口处应采取保证车辆清洁的措施。

(5)施工现场的材料和大模板等存放场地必须平整坚实。水泥和其他易飞扬的细颗粒建筑材料应密闭存放或采取覆盖等措施。

(6)施工现场混凝土搅拌场所应采取封闭、降尘措施。

（7）建筑物内施工垃圾的清运，必须采用相应容器或管道运输，严禁凌空抛掷。

（8）施工现场应设置密闭式垃圾站，施工垃圾、生活垃圾应分类存放，并应及时清运出场。

（9）城区、旅游景点、疗养区、重点文物保护地及人口密集区的施工现场应使用清洁能源。

（10）施工现场的机械设备、车辆的尾气排放应符合国家环保排放标准的要求。

（11）施工现场严禁焚烧各类废弃物。

二、施工噪声污染的防治

（一）引起噪声污染的施工环节

（1）施工现场人员大声的喧哗；

（2）各种施工机具的运行和使用；

（3）安装及拆卸脚手架、钢筋、模板等；

（4）爆破作业；

（5）运输车辆的往返及装卸。

（二）防治噪声污染的措施

施工现场噪声的控制技术可从声源、传播途径、接收者防护等方面考虑。

1. 声源控制

从声源上降低噪声，这是防止噪声污染的根本措施。具体要求是：

（1）尽量采用低噪声设备和工艺替代高噪声设备和工艺，如低噪声振动器、电动空压机、电锯等；

（2）在声源处安装消声器消声，如在通风机、鼓风机、压缩机以及各类排气装置等进出风管的适当位置安装消声器。

2. 传播途径控制

在传播途径上控制噪声的方法主要有：

（1）吸声。利用吸声材料或吸声结构形成的共振结构吸收声能，降低噪声。

（2）隔声。应用隔声结构，阻止噪声向空间传播，将接收者与噪声声源分隔。隔声结构包括隔声室、隔声罩、隔声屏障、隔声墙等。

（3）消声。利用消声器阻止传播，如对空气压缩机、内燃机等。

（4）减振降噪。对来自振动引起的噪声，通过降低机械振动减少噪声，如将阻尼材料涂在制动源上，或改变振动源与其他刚性结构的连接方式等。

3. 接收者防护

让处于噪声环境下的人员使用耳塞、耳罩等防护用品，减少相关人员在噪声环境中的暴露时间，以减轻噪声对人体的危害。

4. 严格控制人为噪声

进入施工现场不得高声叫喊、无故打砸模板、乱吹口哨，限制高音喇叭的使用，最大限度地减少噪声扰民。

5．控制强噪声作业时间

凡在人口稠密区进行强噪声作业时，必须严格控制作用时间，一般在 22 时至次日 6 时期间停止强噪声作业。确系特殊情况必须昼夜施工时，建设单位和施工单位应于 15 日前，到环境保护和建设行政主管等部门提出申请，经批准后方可进行夜间施工，并会同居民小区居委会或村委会，公告附近居民，并做好周围群众的安抚工作。

（三）施工现场噪声的限值

根据国家标准《建筑施工场界环境噪声排放标准》（GB 12523—2011）的要求（见表 3-2），在工程施工中，要特别注意不得超过国家标准的限值，夜间噪声最大声级超过限值的幅度不得高于 15dB(A)。

表 3-2　建筑施工场界环境噪声限值表

昼间/dB(A)	夜间/dB(A)
70	55

三、水污染的防治

（一）引起水污染的施工环节

(1)桩基础施工、基坑护壁施工过程的泥浆；

(2)混凝土(砂浆)搅拌机械、模板、工具的清洗产生的泥浆污水；

(3)现场制作水磨石施工的泥浆；

(4)油料、化学溶剂泄漏；

(5)生活污水；

(6)将有毒废弃物掩埋于土中等。

（二）防治水污染的主要措施

(1)施工现场应设置排水沟及沉淀池，施工污水经沉淀后方可排入市政污水管网或河流。

(2)施工现场存放的油料和化学溶剂等易燃物品应设有专门的库房，地面应做防渗漏处理。废弃的油料和化学溶剂应集中处理，不得随意倾倒。

(3)食堂应设置隔油池，并应及时清理。

(4)厕所的化粪池应做抗渗处理。

(5)食堂、盥洗室、淋浴间的下水管线应设置过滤网，并应与市政污水管线连接，保证排水通畅。

四、固体废弃物污染的防治

固体废弃物是指生产、建设、日常生活和其他活动中产生的固态、半固态废弃物质。固体废弃物是一个极其复杂的废物体系。按其化学组成可分为有机废弃物和无机废弃物；按其对环境和人类的危害程度可分为一般废弃物和危险废弃物。固体废弃物对环境的危害是全方位的，主要会侵占土地、污染土壤、污染水体、污染大气、影响环境卫生等。

（一）建筑施工现场常见的固体废弃物

（1）建筑渣土：包括砖瓦、碎石、混凝土碎块、废钢铁、废屑、废弃装饰材料等；

（2）废弃材料：包括废弃的水泥、石灰等；

（3）生活垃圾：包括炊厨废物、丢弃食品、废纸、废弃生活用品等；

（4）设备、材料等的废弃包装材料等。

（二）固体废弃物的处置

固体废弃物处理的基本原则是采取资源化、减量化和无害化处理，对固体废弃物产生的全过程进行控制。固体废弃物的主要处理方法有：

（1）回收利用。回收利用是对固体废弃物进行资源化、减量化的重要手段之一。对建筑渣土可视具体情况加以利用；废钢铁可按需要做金属原材料；对废电池等废弃物应分散回收，集中处理。

（2）减量化处理。减量化处理是对已经产生的固体废弃物进行分选、破碎、压实浓缩、脱水等处理以减少其最终处置量，降低处理成本，减少对环境的污染。在减量化处理的过程中，也包括和其他处理技术相关的工艺方法，如焚烧、解热、堆肥等。

（3）焚烧技术。焚烧用于不适合再利用且不宜直接予以填埋处置的固体废弃物，尤其是对受到病菌、病毒污染的物品，可以用焚烧进行无害化处理。焚烧处理应使用符合环境要求的处理装置，注意避免对大气的二次污染。

（4）稳定和固化技术。稳定和固化技术是指利用水泥、沥青等胶结材料，将松散的固体废弃物包裹起来，减小废弃物的毒性和可迁移性，使得污染减少的技术。

（5）填埋。填埋是固体废弃物处理的最终补救措施，经过无害化、减量化处理的固体废弃物残渣集中到填埋场进行处置。填埋场应利用天然或人工屏障，尽量使需处理的废物与周围的生态环境隔离，并注意废物的稳定性和长期安全性。

五、照明污染的防治

夜间施工应当严格按照建设行政主管部门和有关部门的规定，对施工照明器具的种类、灯光亮度加以严格控制，特别是在城市市区、居民居住区内，必须采取有效的措施，减少施工照明对附近城市居民的危害。

第三节　施工企业劳动防护用品的相关规定

一、劳动防护用品的规定

根据《企业劳动防护用品管理标准化规范》（GB 11651）规定：劳动防护用品是指企业为从业人员配备的，使其在劳动过程中免遭或者减轻事故伤害及职业危害的个人防护装备。劳动防护用品分为特种劳动防护用品和一般劳动防护用品。特种劳动防护用品目录（附后）由国家安全生产监督管理总局确定，未列入目录的劳动防护用品为一般劳动防护用品。

企业应有相应的管理机构和人员负责劳动防护用品各项管理工作。企业应明确劳动防护用品管理机构和管理人员的工作职责。企业应当建立健全劳动防护用品的采购、验收、保管、发放、使用、报废等管理制度,并发放到相关工作岗位,规范劳动防护用品管理行为。企业安全生产教育和培训、职业危害防治、安全生产监督检查等制度,应当包括劳动防护用品使用、维护、保管等方面的内容。企业应当安排用于配备劳动防护用品的专项经费,建立经费保障和使用管理制度。

企业应在取得安全生产监督管理部门颁发的《劳动防护用品备案证书》的生产经营单位采购劳动防护用品。

企业应当按照《劳动防护用品选用规则》(GB 11651—2008)和国家颁发的劳动防护用品配备标准以及有关规定,制定本企业劳动防护用品配备标准,不得以货币或者其他物品替代应当按规定配备的劳动防护用品。企业应当建立劳动防护用品管理台账,加强对劳动防护用品配发情况的监督检查,为从业人员提供的劳动防护用品必须符合国家标准或者行业标准。企业不得采购和使用无安全标志的特种劳动防护用品,购买的特种劳动防护用品须经本单位的安全生产技术部门或者管理人员检查验收。

吸护具类劳动防护用品应定点存放在安全、便于取用的地点,并有专人负责保管、检查、定期校验和维护,每次校验后应记录、铅封。

附件:特种劳动防护用品目录

头部护具类:安全帽;

呼吸护具类:防尘口罩、过滤式防毒面具、自给式空气呼吸器、长管面具;

眼(面)护具类:焊接眼面防护具、防冲击眼护具;

防护服类:阻燃防护服、防酸工作服、防静电工作服;

防护鞋类:保护足趾安全鞋、防静电鞋、导电鞋、防刺穿鞋、胶面防砸安全靴、电绝缘鞋、耐酸碱皮鞋、耐酸碱胶靴、耐酸碱塑料模压靴;

防坠落护具类:安全带、安全网、密目式安全立网。

二、《建筑施工作业劳动防护用品配备及使用标准》的基本规定

《建筑施工作业劳动防护用品配备及使用标准》(JGJ 184—2009)基本规定如下:

2.0.2 从事施工作业人员必须配备符合国家现行有关标准的劳动防护用品并应按规定正确使用。

2.0.3 劳动防护用品的配备应按照"谁用工谁负责"的原则由用人单位为作业人员按作业工种配备。

2.0.4 进入施工现场人员必须佩戴安全帽。作业人员必须戴安全帽、穿工作鞋和工作服,应按作业要求正确使用劳动防护用品。在2m及以上的无可靠安全防护设施的高处悬崖和陡坡作业时必须系挂安全带。

2.0.5 从事机械作业的女士及长发者应配备工作帽等个人防护用品。

2.0.6 从事登高架设作业起重吊装作业的施工人员应配备防止滑落的劳动防护用品,应为从事自然强光环境下作业的施工人员配备防止强光伤害的劳动防护用品。

2.0.7 从事施工现场临时用电工程作业的施工人员应配备防止触电的劳动防护用品。

2.0.8 从事焊接作业的施工人员应配备防止触电灼伤强光伤害的劳动防护用品。

2.0.9 从事锅炉压力容器管道安装作业的施工人员应配备防止触电强光伤害的劳动

防护用品。

2.0.10 从事防水防腐和油漆作业的施工人员应配备防止触电中毒灼伤的劳动防护用品。

2.0.11 从事基础施工、主体结构、屋面施工、装饰装修作业人员应配备防止身体、手足、眼部等受到伤害的劳动防护用品。

2.0.12 冬期施工期间或作业环境温度较低的,应为作业人员配备防寒类防护用品。

2.0.13 雨期施工期间应为室外作业人员配备雨衣、雨鞋等个人防护用品。对环境潮湿及水中作业的人员应配备相应的劳动防护用品。

三、用人单位劳动防护用品管理规范

第三条 本规范所称的劳动防护用品,是指由用人单位为劳动者配备的,使其在劳动过程中免遭或者减轻事故伤害及职业病危害的个体防护装备。

第四条 劳动防护用品是由用人单位提供的,保障劳动者安全与健康的辅助性、预防性措施,不得以劳动防护用品替代工程防护设施和其他技术、管理措施。

第五条 用人单位应当健全管理制度,加强劳动防护用品配备、发放、使用等管理工作。

第六条 用人单位应当安排专项经费用于配备劳动防护用品,不得以货币或者其他物品替代。该项经费计入生产成本,据实列支。

第七条 用人单位应当为劳动者提供符合国家标准或者行业标准的劳动防护用品。使用进口的劳动防护用品,其防护性能不得低于我国相关标准。

第八条 劳动者在作业过程中,应当按照规章制度和劳动防护用品使用规则,正确佩戴和使用劳动防护用品。

第九条 用人单位使用的劳务派遣工、接纳的实习学生应当纳入本单位人员统一管理,并配备相应的劳动防护用品。对处于作业地点的其他外来人员,必须按照与进行作业的劳动者相同的标准,正确佩戴和使用劳动防护用品。

第十条 劳动防护用品分为以下十大类:

(一)防御物理、化学和生物危险、有害因素对头部伤害的头部防护用品。

(二)防御缺氧空气和空气污染物进入呼吸道的呼吸防护用品。

(三)防御物理和化学危险、有害因素对眼面部伤害的眼面部防护用品。

(四)防噪声危害及防水、防寒等的耳部防护用品。

(五)防御物理、化学和生物危险、有害因素对手部伤害的手部防护用品。

(六)防御物理和化学危险、有害因素对足部伤害的足部防护用品。

(七)防御物理、化学和生物危险、有害因素对躯干伤害的躯干防护用品。

(八)防御物理、化学和生物危险、有害因素损伤皮肤或引起皮肤疾病的护肤用品。

(九)防止高处作业劳动者坠落或者高处落物伤害的坠落防护用品。

(十)其他防御危险、有害因素的劳动防护用品。

第十一条 用人单位应按照识别、评价、选择的程序(见图3-1),结合劳动者作业方式和工作条件,并考虑其个人特点及劳动强度,选择防护功能和效果适用的劳动防护用品。

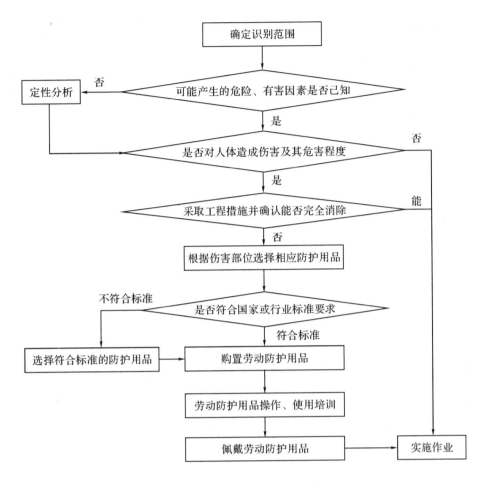

图 3-1　劳动防护用品选择程序

第四节　绿色施工导则

在建筑施工、使用过程中,一方面消耗大量的能源,产生大量的粉尘和有害气体,污染大气和环境,另一方面使用中会挥发出有害气体,会对使用者的健康产生影响。建筑节能、环境保护与安全生产是密不可分的,建设部于 2007 年 9 月 10 日发布了《绿色施工导则》(建质〔2007〕223 号)(以下简称《导则》),其主要目的是用于指导建筑工程的绿色施工,使建筑施工的整个过程始终贯彻绿色施工的新理念。《导则》的出台,填补了建筑施工环节推进绿色建筑的空白,是推进绿色建筑的关键性举措,也是深入贯彻安全生产的必然要求。

绿色施工是指工程建设中,在保证质量、安全等基本要求的前提下,通过科学管理和技术进步,最大限度地节约资源与减少对环境负面影响的施工活动,实现"四节一环保"(节能、节地、节水、节材和环境保护)。

一、绿色施工原则

绿色施工是建筑全寿命周期中的一个重要阶段。实施绿色施工,应进行总体方案优化。在规划、设计阶段,应充分考虑绿色施工的总体要求,为绿色施工提供基础条件。

实施绿色施工,应对施工策划、材料采购、现场施工、工程验收等各阶段进行控制,加强对整个施工过程的管理和监督。

绿色施工总体框架由施工管理、环境保护、节材与材料资源利用、节水与水资源利用、节能与能源利用、节地与施工用地保护六个方面组成(见图 3-2)。这六个方面涵盖了绿色施工的基本指标,同时包含了施工策划、材料采购、现场施工、工程验收等各阶段的指标的子集。

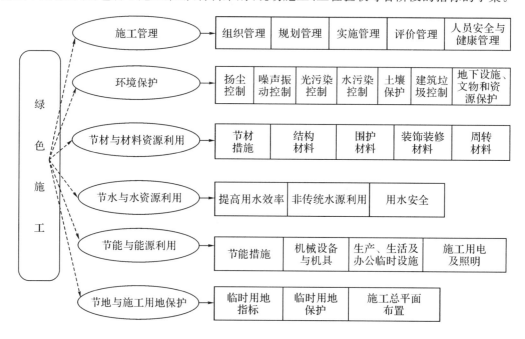

图 3-2　绿色施工总体框架

二、绿色施工要点

绿色施工管理主要包括组织管理、规划管理、实施管理、评价管理和人员安全与健康管理五个方面。

(一)组织管理

(1)建立绿色施工管理体系,并制定相应的管理制度与目标。

(2)项目经理为绿色施工第一责任人,负责绿色施工的组织实施及目标实现,并指定绿色施工管理人员和监督人员。

(二)规划管理

(1)编制绿色施工方案。该方案应在施工组织设计中独立成章,并按有关规定进行审批。

（2）绿色施工方案应包括以下内容：

①环境保护措施，制订环境管理计划及应急救援预案，采取有效措施，降低环境负荷，保护地下设施和文物等资源。

②节材措施，在保证工程安全与质量的前提下，制定节材措施。如进行施工方案的节材优化，建筑垃圾减量化，尽量利用可循环材料等。

③节水措施，根据工程所在地的水资源状况，制定节水措施。

④节能措施，进行施工节能策划，确定目标，制定节能措施。

⑤节地与施工用地保护措施，制定临时用地指标、施工总平面布置规划及临时用地节地措施等。

（三）实施管理

（1）绿色施工应对整个施工过程实施动态管理，加强对施工策划、施工准备、材料采购、现场施工、工程验收等各阶段的管理和监督。

（2）应结合工程项目的特点，有针对性地对绿色施工作相应的宣传，通过宣传营造绿色施工的氛围。

（3）定期对职工进行绿色施工知识培训，增强职工绿色施工意识。

（四）评价管理

（1）对照本《导则》的指标体系，结合工程特点，对绿色施工的效果及采用的新技术、新设备、新材料与新工艺，进行自评估。

（2）成立专家评估小组，对绿色施工方案、实施过程至项目竣工，进行综合评估。

（五）人员安全与健康管理

（1）制订施工防尘、防毒、防辐射等职业危害的措施，保障施工人员的长期职业健康。

（2）合理布置施工场地，保护生活及办公区不受施工活动的有害影响。施工现场建立卫生急救、保健防疫制度，在安全事故和疾病疫情出现时提供及时救助。

（3）提供卫生、健康的工作与生活环境，加强对施工人员的住宿、膳食、饮用水等生活与环境卫生等管理，明显改善施工人员的生活条件。

三、环境保护技术要点

（一）扬尘控制

（1）运送土方、垃圾、设备及建筑材料等，不污损场外道路。运输容易散落、飞扬、流漏的物料的车辆，必须采取措施封闭严密，保证车辆清洁。施工现场出口应设置洗车槽。

（2）土方作业阶段，采取洒水、覆盖等措施，达到作业区目测扬尘高度小于1.5m，不扩散到场区外。

（3）结构施工、安装装饰装修阶段，作业区目测扬尘高度小于0.5m。对易产生扬尘的堆放材料应采取覆盖措施；对粉末状材料应封闭存放；场区内可能引起扬尘的材料及建筑垃圾搬运应有降尘措施，如覆盖、洒水等；浇筑混凝土前清理灰尘和垃圾时尽量使用吸尘器，避免使用吹风器等易产生扬尘的设备；机械剔凿作业时可用局部遮挡、掩盖、水淋等防护措施；高层或多层建筑清理垃圾应搭设封闭性临时专用道或采用容器吊运。

（4）施工现场非作业区达到目测无扬尘的要求。对现场易飞扬物质采取有效措施，如洒水、地面硬化、围挡、密网覆盖、封闭等，防止扬尘产生。

(5)构筑物机械拆除前,做好扬尘控制计划。可采取清理积尘、拆除体洒水、设置隔挡等措施。

(6)构筑物爆破拆除前,做好扬尘控制计划。可采用清理积尘、淋湿地面、预湿墙体、屋面敷水袋、楼面蓄水、建筑外设高压喷雾状水系统、搭设防尘排栅和直升机投水弹等综合降尘。选择风力小的天气进行爆破作业。

(7)在场界四周隔挡高度位置测得的大气总悬浮颗粒物(TSP)月平均浓度与城市背景值的差值不大于 $0.08 \mathrm{mg/m^3}$。

(二)噪声与振动控制

(1)现场噪声排放不得超过国家标准《建筑施工场界噪声限值》(GB 12523—2011)的规定。

(2)在施工场界对噪声进行实时监测与控制。监测方法执行国家标准《建筑施工场界噪声测量方法》(GB 12524)。

(3)使用低噪声、低振动的机具,采取隔音与隔振措施,避免或减少施工噪声和振动。

(三)光污染控制

(1)尽量避免或减少施工过程中的光污染。夜间室外照明灯加设灯罩,透光方向集中在施工范围。

(2)电焊作业采取遮挡措施,避免电焊弧光外泄。

(四)水污染控制

(1)施工现场污水排放应达到国家标准《污水综合排放标准》(GB 8978—1996)的要求。

(2)在施工现场应针对不同的污水,设置相应的处理设施,如沉淀池、隔油池、化粪池等。

(3)污水排放应委托有资质的单位进行废水水质检测,提供相应的污水检测报告。

(4)保护地下水环境。采用隔水性能好的边坡支护技术。在缺水地区或地下水位持续下降的地区,基坑降水尽可能少地抽取地下水;当基坑开挖抽水量大于 50 万 m³ 时,应进行地下水回灌,并避免地下水被污染。

(5)对于化学品等有毒材料、油料的储存地,应有严格的隔水层设计,做好渗漏液收集和处理。

(五)土壤保护

(1)保护地表环境,防止土壤侵蚀、流失。因施工造成的裸土,及时覆盖砂石或种植速生草种,以减少土壤侵蚀;因施工造成容易发生地表径流土壤流失的情况,应采取设置地表排水系统、稳定斜坡、植被覆盖等措施,减少土壤流失。

(2)沉淀池、隔油池、化粪池等不发生堵塞、渗漏、溢出等现象。及时清掏各类池内沉淀物,并委托有资质的单位清运。

(3)对于有毒有害废弃物,如电池、墨盒、油漆、涂料等应回收后交有资质的单位处理,不能作为建筑垃圾外运,避免污染土壤和地下水。

(4)施工后应恢复施工活动破坏的植被(一般指临时占地内)。与当地园林、环保部门或当地植物研究机构进行合作,在先前开发地区种植当地或其他合适的植物,以恢复剩余空地地貌或科学绿化,补救施工活动中人为破坏植被和地貌造成的土壤侵蚀。

(六)建筑垃圾控制

(1)制订建筑垃圾减量化计划,如住宅建筑,每万平方米的建筑垃圾不宜超过 400 吨。

（2）加强建筑垃圾的回收再利用,力争建筑垃圾的再利用和回收率达到30%,建筑物拆除产生的废弃物的再利用和回收率大于40%。对于碎石类、土石方类建筑垃圾,可采用地基填埋、铺路等方式提高再利用率,力争再利用率大于50%。

（3）施工现场生活区设置封闭式垃圾容器,施工场地生活垃圾实行袋装化,及时清运。对建筑垃圾进行分类,并收集到现场封闭式垃圾站,集中运出。

（七）地下设施、文物和资源保护

（1）施工前应调查清楚地下各种设施,做好保护计划,保证施工场地周边的各类管道、管线、建筑物、构筑物的安全运行。

（2）施工过程中一旦发现文物,立即停止施工,保护现场并通报文物部门,并协助做好工作。

（3）避让、保护施工场区及周边的古树名木。

（4）逐步开展统计分析施工项目的CO_2排放量,以及各种不同植被和树种的CO_2固定量的工作。

我国绿色施工尚处于起步阶段,应通过试点和示范工程,总结经验,引导绿色施工的健康发展。各地应根据具体情况,制订有针对性的考核指标和统计制度,制订引导施工企业实施绿色施工的激励政策,促进绿色施工的发展。

第五节 建筑工程绿色施工评价标准

2011年10月1日实施的《建筑工程绿色施工评价标准》（GB/T 50640—2010）于2021年进行了修订。绿色施工,在保证质量、安全等基本要求前提下,以人为本,因地制宜,通过科学管理和技术进步,最大限度地节约资源,减少对环境负面影响施工及生产活动。

一、基本规定

（一）施工单位应对绿色施工项目实施管控。

（二）绿色施工项目应符合以下规定:

1. 应建立健全绿色施工管理体系和制度。

2. 现场应设立清晰醒目的绿色施工宣传标识。

3. 应具有齐全的绿色施工策划文件。

4. 签订分包或劳务合同时,应包含绿色施工措标要求。

5. 应推广应用建筑业十项新技术,重视四新技术应用。

6. 应建立专业培训和岗位培训相结合的绿色施工培训制度,并有实施记录。

7. 应开展绿色施工批次和阶段评价,并记录完整,评价频次符合要求。

8. 应保存齐全的批次和阶段评价中持续改进的资料。

9. 在实施过程中,应注重采集和保存绿色施工典型图片或影像资料,覆盖面满足要求。

二、评价框架体系

1. 评价阶段宜按地基与基础工程、结构工程、装饰装修与机电安装工程进行。

2. 建筑工程绿色施工应根据环境保护、节材与材料资源利用、节水与水资源利用、节能与能源利用、节地与土地资源保护、人力资源节约与保护六个要素进行评价。

3. 评价要素应由控制项、一般项、优选项三类评价指标组成。

4. 评价等级应分为不合格、合格和优良。

5. 绿色施工评价框架体系应由单位工程评价、阶段评价、要素评价、指标评价、等级评价等构成。

三、环境保护评价指标

1 控制项

1.1 绿色施工策划文件中应包括环境保护内容。

1.2 施工现场应在醒目位置设环境保护标识。

1.3 施工现场应对文物古迹、古树名木采取有效保护措施。

1.4 施工现场不应焚烧废弃物。

2 一般项

2.1 扬尘控制应符合下列规定：

1. 现场应建立洒水清扫制度，配备洒水设备，并应有专人负责。

2. 对裸露地面、集中堆放的土方应采取抑尘措施。

3. 运送土方、渣土等易产生扬尘的车辆应采取封闭或遮盖措施。

4. 现场进出口应设冲洗池和吸湿垫，进出现场车辆应保持清洁。

5. 易飞扬和细颗粒建筑材料应封闭存放，余料及时回收。

6. 易产生扬尘的施工作业应采取遮挡、抑尘等措施。

7. 拆除爆破作业应有降尘措施。

8. 高空垃圾清运应采用密封式管道或垂直运输机械完成。

9. 现场使用散装水泥要有密闭防尘措施。

2.2 废气控制应符合下列规定：

1. 进出场车辆及机械设备废气排放应符合国家现行相关标准的规定。

2. 现场厨房烟气应净化后排放。

3. 在敏感区域内的施工现场，进行喷漆作业时，应设有防挥发物扩散措施。

2.3 建筑垃圾处理应符合下列规定：

1. 建筑垃圾应分类收集，集中堆放。

2. 废电池、废墨盒等有毒有害的废弃物应封闭回收，不应混放。

3. 有毒有害废物分类率应达到100%。

4. 建筑垃圾产生量不应大于300t/(万·m²)。

5. 建筑垃圾回收利用率应达到30%。

6. 碎石和土石方类等应用作地基和路基填埋材料。

2.4 污水排放应符合下列规定：

1. 现场道路和材料堆放场周边应设排水沟。

2. 工程污水和试验室养护用水应经处理达标后排入市政污水管道，检测频率不应少于1次/月

3. 现场厕所应设置化粪池,化粪池应定期清理。

4. 工地厨房应设隔油池,应定期清理。

2.5 光污染应符合下列规定:

1. 焊接作业时,应采取挡光措施。

2. 施工区照明应有防止强光线外泄的措施。

2.6 噪声控制宜符合下列规定:

1. 应采用低噪声设备进行施工。

2. 产生噪声较大的机械设备,应尽量远离施工现场办公区、生活区和周边住宅区。

3. 混凝土输送泵、电锯房等应设有吸音降噪屏或其他降噪措施。

4. 封闭及半封闭环境内噪声不应大于 85dB。

5. 吊装作业指挥应使用对讲机传达指令。

2.7 施工现场应设置连续、密闭、能有效隔绝各类污染的围挡。

2.8 施工中,开挖土方应合理回填利用。

3 优选项

3.1 现场宜采用自动喷雾(淋)降尘系统。

3.2 现场应设置可移动环保厕所,并应定期清运、消毒。

3.3 现场应设噪声监测点,并应实施动态监测。

3.4 场界宜设置扬尘自动监测议。

3.5 现场宜采用雨水就地渗透措施。

3.6 宜采用装配式方法施工。

3.7 土方施工宜采用湿作业方法。

3.8 现场生活宜采用清洁燃料。

第六节 建筑工程绿色施工规范

为规范建筑工程绿色施工,做到节约资源、保护环境以及保障施工
人员的安全与健康,制定《建筑工程绿色施工规范》。绿色施工是指在保证质量、安全等基本
要求的前提下,通过科学管理和技术进步,最大限度地节约资源,减少对环境的负面影响,实
现"四节一环保"(节能、节材、节水、节地和环境保护)的建筑工程施工活动。施工单位是建
筑工程绿色施工的实施主体,应组织绿色施工的全面实施。施工单位应建立以工程经理为
第一责任人的绿色施工管理体系,制定绿色施工管理制度,负责绿色施工的组织实施,进行
绿色施工教育培训,定期开展自检、联检和评价工作。

绿色施工组织设计、绿色施工方案或绿色施工专项方案编制前,应进行绿色施工影响因
素分析,并据此制定实施对策和绿色施工评价方案。参建各方应积极推进建筑工业化和信
息化施工。建筑工业化宜重点推进结构构件预制化和建筑配件整体装配化。

施工现场应建立机械设备保养、限额领料、建筑垃圾再利用的台账和清单。工程材料和
机械设备的存放、运输应制定保护措施。施工单位应强化技术管理,绿色施工过程技术资料
应收集和归档。

　　施工单位应根据绿色施工要求,对传统施工工艺进行改进。施工单位应建立不符合绿色施工要求的施工工艺、设备和材料的限制、淘汰等制度。

　　应按现行国家标准《建筑工程绿色施工评价标准》(GB/T 50640—2010)的规定对施工现场绿色施工实施情况进行评价,并根据绿色施工评价情况,采取改进措施。

一、资源节约

　　(一)节材及材料利用应符合的规定

　　(1)应根据施工进度、材料使用时点、库存情况等制订材料的采购和使用计划。

　　(2)现场材料应堆放有序,并满足材料储存及质量保持的要求。

　　(3)工程施工使用的材料宜选用距施工现场 500km 以内生产的建筑材料。

　　(二)节水及水资源利用应符合的规定

　　(1)现场应结合给、排水点位置进行管线线路和阀门预设位置的设计,并采取管网和用水器具防渗漏的措施。

　　(2)施工现场办公区、生活区的生活用水应采用节水器具。

　　(3)施工现场宜建立雨水、中水或其他可利用水资源的收集利用系统。

　　(4)应按照生活用水与工程用水的定额指标进行控制。

　　(5)施工现场喷洒路面、绿化浇灌不宜使用自来水。

　　(三)节能及能源利用应符合的规定

　　(1)应合理安排施工顺序及施工区域,减少作业区机械设备数量。

　　(2)应选择功率与负荷相匹配的施工机械设备,机械设备不宜低负荷运行,不宜采用自备电源。

　　(3)应制定施工能耗指标,明确节能措施。

　　(4)应建立施工机械设备档案和管理制度,机械设备应定期保养维修。

　　(5)生产、生活、办公区域及主要机械设备宜分别进行耗能、耗水及排污计量,并做好相应记录。

　　(6)应合理布置临时用电线路,选用节能器具,采用声控、光控和节能灯具;照明照度宜按最低照度设计。

　　(7)宜利用太阳能、地热能、风能等可再生能源。

　　(8)施工现场宜错峰用电。

　　(四)节地及土地资源保护应符合的规定

　　(1)应根据工程规模及施工要求布置施工临时设施。

　　(2)施工临时设施不宜占用绿地、耕地以及规划红线以外场地。

　　(3)施工现场应避让、保护场区及周边的古树名木。

二、环境保护

　　(一)施工现场扬尘控制应符合的规定

　　(1)施工现场宜搭设封闭式垃圾站。

（2）细散颗粒材料、易扬尘材料应封闭堆放、存储和运输。

（3）施工现场出口应设冲洗池，施工场地、道路应采取定期洒水抑尘措施。

（4）土石方作业区内扬尘目测高度应小于1.5m，结构施工、安装、装饰装修阶段目测扬尘高度应小于0.5m，不得扩散到工作区域外。

（5）施工现场使用的热水锅炉等宜使用清洁燃料。不得在施工现场融化沥青或焚烧油毡、油漆以及其他产生有毒、有害烟尘和恶臭气体的物质。

（二）噪声控制应符合的规定

（1）施工现场应对噪声进行实时监测，施工场界环境噪声排放昼间不应超过70dB(A)，夜间不应超过55dB(A)。噪声测量方法应符合现行国家标准《建筑施工场界环境噪声排放标准》(GB 12523—2011)的规定。

（2）施工过程宜使用低噪声、低振动的施工机械设备，对噪声控制要求较高的区域应采取隔声措施。

（3）施工车辆进出现场，不宜鸣笛。

（三）光污染控制应符合的规定

（1）应根据现场和周边环境采取限时施工、遮光和全封闭等避免或减少施工过程中光污染的措施。

（2）夜间室外照明灯应加设灯罩，光照方向应集中在施工区范围。

（3）在光线作用敏感区域施工时，电焊作业和大型照明灯具应采取防光外泄措施。

（四）水污染控制应符合的规定

（1）污水排放应符合现行行业标准《污水排入城镇下水道水质标准》(CJ 343—2010)的有关要求。

（2）使用非传统水源和现场循环水时，宜根据实际情况对水质进行检测。

（3）施工现场存放的油料和化学溶剂等物品应设专门库房，地面应做防渗漏处理。废弃的油料和化学溶剂应集中处理，不得随意倾倒。

（4）易挥发、易污染的液态材料，应使用密闭容器存放。

（5）施工机械设备使用和检修时，应控制油料污染；清洗机具的废水和废油不得直接排放。

（6）食堂、盥洗室、淋浴间的下水管线应设置过滤网；食堂应另设隔油池。

（7）施工现场宜采用移动式厕所，并委托环卫单位定期清理。固定厕所应设化粪池。

（8）隔油池和化粪池应做防渗处理，并及时清运、消毒。

（五）施工现场垃圾处理应符合的规定

（1）垃圾应分类存放、按时处理。

（2）应制定建筑垃圾减排计划，建筑垃圾的回收利用应符合现行国家标准《工程施工废弃物再生利用技术规范》(GB/T 50743—2012)。

（3）有毒有害废弃物的分类率应达到100%；对有可能造成二次污染的废弃物应单独贮存，并设置醒目标识。

（4）现场清理时，应采用封闭式运输，不得将施工垃圾从窗口、洞口、阳台等处抛撒。

（六）施工使用的乙炔、氧气、油漆、防腐剂等危险品、化学品的运输、贮存、使用应采取隔离措施，污物排放应达到国家现行有关排放标准的要求

三、地基与基础工程

(一)地基与基础工程施工应符合的规定

(1)现场土、料存放应采取加盖或植被覆盖措施。

(2)土方、渣土装卸车和运输车应有防止遗撒和扬尘的措施。

(3)对施工过程中产生的泥浆应设置专门的泥浆池或泥浆罐车储存。

(二)混凝土灌注桩施工应符合的规定

(1)灌注桩采用泥浆护壁成孔时,应采取导流沟和泥浆池等排浆及储浆措施。

(2)施工现场应设置专用泥浆池,并及时清理沉淀的废渣。

(三)换填法施工应符合的规定

(1)回填土施工应采取防止扬尘的措施,4级风以上天气严禁回填土施工。施工间歇时应对回填土进行覆盖。

(2)当采用砂石料作为回填材料时,宜采用振动碾压。

(3)灰土过筛施工应采取避风措施。

(4)开挖原土的土质不适宜回填时,应采取土质改良措施后加以利用。

四、主体工程

预制装配式结构构件,宜采取工厂化加工;构件的存放和运输应采取防止变形和损坏的措施;构件的加工和进场顺序应与现场安装顺序一致;不宜二次倒运。

施工现场宜采用预拌混凝土和预拌砂浆。现场搅拌混凝土和砂浆时,应使用散装水泥;搅拌机棚应有封闭降噪和防尘措施。

钢筋工程宜采用专业化生产的成型钢筋。钢筋现场加工时,宜采取集中加工方式。

钢筋连接宜采用机械连接方式。

应选用周转率高的模板和支撑体系。模板宜选用可回收利用的塑料、铝合金等材料。宜使用大模板、定型模板、爬升模板和早拆模板等工业化模板体系。脚手架和模板支撑宜选用承插型、碗扣式、盘扣式等管件合一的脚手架材料搭设。高层建筑结构施工,应采用整体或分片提升的工具式脚手架和分段悬挑式脚手架。模板及脚手架施工应及时回收散落的铁钉、铁丝、扣件、螺栓等材料。短木方应叉接接长,木、竹胶合板的边角余料应拼接并合理利用。模板脱模剂应选用环保型产品,并设专人保管和涂刷,剩余部分应及时回收。模板拆除宜按支设的逆向顺序进行,不得硬撬或重砸。拆除平台楼层的底模,应采取临时支撑、支垫等防止模板坠落和损坏的措施,并应建立维护维修制度。

在混凝土配合比设计时,应减少水泥用量,增加工业废料、矿山废渣的掺量;当混凝土中添加粉煤灰时,宜利用其后期强度。混凝土宜采用泵送、布料机布料浇筑;地下大体积混凝土宜采用溜槽或串筒浇筑。

混凝土应采用低噪声振捣设备振捣,也可采取围挡降噪措施;在噪声敏感环境或钢筋密集时,宜采用自密实混凝土。混凝土宜采用塑料薄膜加保温材料覆盖保湿、保温养护;当采用洒水或喷雾养护时,养护用水宜使用回收的基坑降水或雨水;混凝土竖向构件宜采用养护剂进行养护。

砌体结构宜采用工业废料或废渣制作的砌块及其他节能环保的砌块。砌筑施工时,落地灰应及时清理、收集和再利用。砌块应按组砌图砌筑;非标准砌块应在工厂加工后按计划进场,现场切割时应集中加工,并采取防尘降噪措施。

钢结构深化设计时,应结合加工、运输、安装方案和焊接工艺要求,确定分段、分节数量和位置,优化节点构造,减少钢材用量。钢结构安装连接宜选用高强螺栓连接,钢结构宜采用金属涂层进行防腐处理。钢结构现场涂料应采用无污染、耐候性好的材料。防火涂料喷涂施工时,应采取防止涂料外泄的专项措施。

五、装饰装修工程

装饰用砂浆宜采用预拌砂浆,落地灰应回收使用。材料的包装物应全部分类回收。不得采用沥青类、煤焦油类材料作为室内防腐、防潮处理剂。

(一)地面工程应符合的规定

(1)基层粉尘清理应采用吸尘器;没有防潮要求的,可采用洒水降尘等措施。

(2)基层需要剔凿的,应采用噪声剔凿机具和剔凿方式。

(3)找平层、隔汽层、隔声层厚度应控制在允许偏差的负值范围内。

(4)干作业应有防尘措施。

(5)湿作业应采用喷洒方式保湿养护。

(6)施工现场切割地面块材时,应采取降噪措施;污水应集中收集处理。

(二)门窗及幕墙工程

外门窗安装应与外墙面装修同步进行,宜采取遮阳措施。门窗框周围的缝隙填充应采用憎水保温材料。硅胶使用应进行相容性和耐候性复试。

(三)吊顶工程

吊顶施工应减少板材、型材的切割。高大空间的整体顶棚施工,宜采用地面拼装、整体提升就位的方式。高大空间吊顶施工时,宜采用可移动式操作平台等节能节材设施。

(四)隔墙及内墙面工程

隔墙材料宜采用轻质砌块砌体或轻质墙板,严禁采用实心烧结黏土砖。预制板或轻质隔墙板间的填塞材料应采用弹性或微膨胀的材料。抹灰墙面应采用喷雾方法进行养护。使用容积型腻子找平或直接涂刷溶剂型涂料时,混凝土或抹灰基层含水率不得大于8%,使用乳液型腻子找平或直接涂刷乳液型涂料时,混凝土或抹灰基层含水率不得大于10%。木材基层含水率不得大于12%。涂料施工应采取遮挡、防止挥发和劳动保护等措施。

(五)保温和防水工程

保温施工宜选用结构自保温、保温与装饰一体化、保温板兼作模板、全现浇混凝土外墙与保温一体化和管道保温一体化等方案。

采用外保温材料的墙面和屋顶,不宜进行焊接、钻孔等施工作业。确需施工作业时,应采取防火保护措施,并应在施工完成后,及时对裸露的外保温材料进行防护处理。

应对外门窗安装,水暖及装饰工程需要的管卡、挂件,电气工程的暗管、接线盒及穿线等施工完成后,进行内保温施工。

卷材防水层施工应符合下列规定:

(1)宜采用自粘型防水卷材。

（2）采用热熔法施工时,应控制燃料泄漏,并控制易燃材料储存地点与作业点的间距。高温环境或封闭条件施工时,应采取措施加强通风。

（3）防水层不宜采用热粘法施工。

（4）采用的基层处理剂和胶粘剂应选用环保型材料,并封闭存放。

（5）防水卷材余料应及时回收。

涂膜防水层施工应符合下列规定：

（1）液态防水涂料和粉末状涂料应采用封闭容器存放,余料应及时回收。

（2）涂膜防水宜采用滚涂或涂刷工艺,当采用喷涂工艺时,应采取防止污染的措施。

（3）涂膜固化期内应采取保护措施。

六、拆除工程

建筑物拆除过程应控制废水、废弃物、粉尘的产生和排放。建筑拆除物处理应符合充分利用、就近消纳的原则。拆除物应根据材料性质进行分类,并加以利用;剩余的废弃物应做无害化处理。

拆除施工应依据实际情况,分别采用爆破拆除、机械拆除和人工拆除的方法。

拆除施工前,应制定防尘措施;采取水淋法降尘时,应有控制用水量和污水流淌的措施。

人工拆除前应制定安全防护和降尘措施。拆除管道及容器时,应查清残留物性质并采取相应安全措施,方可进行拆除施工。

机械拆除宜优先选用低能耗、低排放、低噪声机械;并应合理确定机械作业位置和拆除顺序,采取保护机械和人员安全的措施。

爆破拆除防尘和飞石控制应符合下列规定：

（1）钻机成孔时,应设置粉尘收集装置,或采取钻杆带水作业等降尘措施。

（2）爆破拆除时,可采用在爆点位置设置水袋的方法或多孔微量爆破方法。

（3）爆破完成后,宜用高压水枪进行水雾消尘。

（4）对于重点防护的范围,应在其附近架设防护排架,并挂金属网防护。

不得将建筑拆除物混入生活垃圾,不得将危险废弃物混入建筑拆除物。拆除的门窗、管材、电线、设备等材料应回收利用。拆除的钢筋和型材应经分拣后再生利用。

思考题

1. 请你谈谈建筑工程职业健康安全与环境管理的特点。

2. 项目职业健康安全技术措施计划应包括的内容有哪些？

3. 职业健康安全技术交底有哪些规定？

4. 文明施工的意义是什么？

5. 处理职业健康安全事故应遵循什么程序？

6. 现场环境保护的意义是什么？

7. 职业病防治工作方针是什么？

8. 项目的环境管理应遵循什么程序？

9. 文明施工应包括哪些工作?

10. 施工现场入口处的醒目位置,应公示哪些内容?

11. 环境管理计划应包括哪些内容?

12. 施工现场如何实行封闭管理?

13. 施工现场的"五牌一图"指什么?

14. 根据《建筑施工安全检查标准》,关于文明施工检查评定项目有哪些?

15. 劳动防护用品配备的原则是什么?

16. 简述劳动防护用品选择程序。

17. 简述绿色施工总体框架。

18. 如何采取措施控制施工现场的各种粉尘、废气、废水、固体废弃物以及噪声、振动对环境的污染和危害?

19. 个人劳动保护用品有哪些?

20. 什么是绿色施工?

21. 绿色施工管理主要包括哪五个方面?

第四章　施工现场安全事故防范

 **本章学习目标**

掌握施工现场安全事故的防范知识、施工安全生产隐患排查和事故报告的管理规定,能够参与进行安全事故的救援及处理,根据应急救援预案采取相应的应急措施,提供编写事故报告的基础资料,能够参与编制安全事故应急救援预案。

本章重点

了解重大隐患排查治理挂牌督办的规定,熟悉施工现场安全事故的主要类型,施工现场安全事故的主要防范措施,安全事故的主要救援方法、施工生产安全事故应急救援预案的规定,掌握施工现场安全生产重大隐患及多发性事故的查处,施工生产安全事故报告和应采取措施的规定,安全事故的处理程序及要求,编制安全事故应急救援预案有关应急响应程序,制订多发性安全事故应急救援措施。

第一节　施工现场安全防范基本知识

一、事故的概念

事故是一种违背意志、失去控制,不希望有的意外事件。事故是指个人或集体在为了实现某一意图而采取行动的过程中,突然发生了与人的意志相反的情况,迫使这种行动暂时或永久停止下来的事件。

事故隐患是未被事先识别或未采取必要的风险控制措施,可能直接或间接导致事故的根源。事故隐患是指作业场所、设备及设施的不安全状态,人的不安全行为和管理上的缺陷,是引发安全事故的直接原因。

二、事故的特征

(1)危险性:任何事故都会一定程度上给个人、集体和社会带来身体、经济和社会效益方面的损失和危害,威胁企业的生存和影响社会的安定。

(2)意外性:从主观愿望来说,人们都不愿意发生事故,而事故往往发生在人们意想不到的地点和时刻。

(3)紧急性:不少事故从发生到结束的速度很快,允许组织和个人做出反应的时间很短,这就要求人们平时要研究、了解预防对策和紧急对策,及时做出正确的决策,尽量降低事故的损失。

三、事故发展四阶段

（1）事故的孕育阶段：由事故基础原因所致，如社会历史原因、技术教育原因、设备在设计和制造过程中存在缺陷，使其先天潜伏着危险性，潜在危险不一定成为事故，它需要诱发因素。根据事故特点，这一阶段是消灭事故最好时机，可以将事故消灭在萌芽状态之中。

（2）事故的成长阶段：由于人的不安全行为或物的不安全状态，再加上管理的失误或缺陷，促使事故隐患的增长，系统危险性增大，是事故发生的前提条件，这一阶段事故危险性已有征兆，一旦被激发因素作用，将会发生事故。

（3）事故的爆发阶段：这一阶段必然会对人或物造成伤害或损失，事故发生已不可挽回，具有意外性和紧急性的特点，事故损失跟偶然因素有关。

（4）事故的持续阶段：事故造成后果仍然存在的阶段，持续时间越长，所造成的危害就越大，要消除后果，需要花费较大的力量。

四、事故构成要素分析

（1）人要素：人在生产过程中忽视和违反安全规程、误操作等不安全行为。

（2）物要素：设备、仪器、工具、原料、燃料等生产资料不安全状态。

（3）环境要素：自然环境、生产环境和社会环境对人的精神、情绪和生理状况的影响，从而导致人的不安全行为和物的不安全状态。

（4）管理要素：由于管理上的缺陷或失误，可导致技术设计缺陷、对操作者不良教育、劳动组织不合理、缺乏现场的合理指挥、没有严格有效执行安全标准和规范等。

五、事故 1∶29∶300 法则

美国安全工程师海因里希调查和分析了 55 万多起工业事故，发现其中：死亡和重伤事故 1666 起，轻伤事故 48334 起，无伤害事故 500000 起；即构成 1∶29∶300 的事故发生频率与伤害严重度的重要法则。也就是说，在同一个人身上发生了 330 起同种事故，有 1 起造成严重伤害，29 起造成轻微伤害，300 起不造成伤害。此法则表明了事故发生频率与伤害严重度之间的普遍规律，即严重伤害的情况是很少的，而轻微伤害及无伤害的情况是大量的，人在受到伤害以前，曾发生过多次同样危险但并不发生事故，事故仅是偶然事件，它有多次隐患为前提，事故发生后伤害的严重度是有随机性的，一旦发生事故，控制事故的结果和严重度是十分困难的。对于不同事故，其无伤害、轻伤、重伤比率并不相同。为了防止事故发生，必须防止不安全行为和不安全状态，并且必须对所有事故（包括未遂）予以收集和研究，采取相应安全措施进行防范。

六、事故致因理论

（一）海因里希事故因果连锁论

海因里希提出事故因果连锁论是用来阐明导致伤害事故各种因素及与伤害间关系，认为人的不安全行为和物的不安全状态是事故发生的直接原因，伤亡事故是由于五个因素即社会环境、人的过失、不安全行为或物的不安全状态、事故、伤亡，按顺序发展的结果，如多米

诺骨牌一样发生连锁反应。假如移去一颗骨牌(人的不安全行为),则伤害就不会发生。

事故的因果连锁理论认为:人员伤亡的发生是事故的结果;事故发生是由于人的不安全行为和物的不安全状态造成的;人的不安全行为或物的不安全状态是由于人的缺点造成的;人的缺点是由不良社会环境诱发,或者是由于先天的遗传因素造成的。构成事故五个因素包括:

(1)遗传及社会环境。遗传因素可能造成鲁莽、固执的性格;社会环境因素可能妨碍教育、助长性格上的缺点发展。

(2)人的缺点。人的缺点是指先天的缺点有鲁莽、固执、过激、神经质、轻率等;后天的缺点有缺乏安全生产知识和技能等。

(3)人的不安全行为或物的不安全状态。人的不安全行为或物的不安全状态是指那些曾经引起事故或可能引起事故的人的行为或机械设备、物料的状态。

(4)事故。事故是由于物体、物质、人或放射线的作用或反作用,使人员受到伤害或可能受到伤害的、出乎意外的、失去控制的事件。

(5)伤害。伤害是由于事故产生的人身伤害。

(二)事故因果连锁实际运用

海因里希认为,企业安全工作的中心就是防止人的不安全行为,消除建设机械等物的不安全状态,中断事故连锁的进程而避免事故的发生。

(三)现代事故因果连锁(博德 Frank Bird)

博德强调管理因素作为背后的原因。在事故中的重要作用,人的不安全行为或物的不安全状态是工程事故的直接原因,必须追究;但是它们只不过是其背后深层原因的征兆,是管理上缺陷的反映,只有找出深层的背后原因,改进企业安全管理,才能有效地防止事故。

1. 控制不足——管理

现代事故因果连锁中一个最重要的因素是安全管理。安全管理者应该懂得管理的基本理论和原则。控制是管理机制(计划、组织、指导、协调及控制)中的一种机能。安全管理中的控制是指损失控制,包括人的不安全行为、物的不安全状态的控制。它就是安全管理工作的核心。

2. 基本原因——起源论

为了从根本上预防事故,必须查明事故的基本原因,并针对查明的基本原因采取对策。基本原因包括个人原因和工作条件的原因。个人原因包括缺乏知识或技能,动机不正确,身体上或精力上的问题。工作条件的原因包括操作规程不合适;设备、材料不合格;施工环境差等因素。只有找出这些基本原因,才能有效地控制事故的发生。

3. 直接原因——征兆

不安全行为或不安全状态是事故的直接原因。但是,直接原因不过像基本原因那样,是深层原因的征兆的一种表面的现象。在实际工作中,如果只抓住了作为表面现象的直接原因而不追究其背后隐藏的深层原因,就永远不能从根本上杜绝事故的发生。

4. 事故——接触

从实用的目的出发,往往把事故定义为最终导致人员伤亡、财物的损失和不希望发生的事件。但是,越来越多的安全专业人员从能量的观点把事故看成是人的身体或构筑物,设备与超过其最大值的能量的接触;或人体与妨碍正常生理活动的物质接触。于是,防止事故就是防止接触。为了防止接触,可以通过改进装置、材料及设施防止能量释放;通过训练提高工人识别危险的能力、佩戴个人保护用品等来实现。

5．伤害、损坏、损失

伤害包括工伤、职业病以及对人员精神方面、神经方面全身心的不利影响。人员伤害及财产损坏统称为损失。在许多情况下,采取恰当的措施,使事故造成的损失最大限度地减少。如对受伤人员进行正确而迅速的抢救等。

（四）能量意外释放理论

大多数伤亡事故都是因为过剩的能量,或干扰人体与外界正常能量交换的危险物质的意外释放而引起的。这种过量的能量或危险物质的释放,都是由于人的不安全行为或物的不安全状态所造成的,即人的不安全行为或物的不安全状态使得能量或危险物质失去了控制,是能量或危险物质释放的导火线。各种形式的能量是构成伤害的直接原因。能量一般分为势能、动能、化学能、电能、原子能、辐射能、声能、生物能等。

为了防止事故的发生,可以通过技术改进来防止能量意外释放;通过教育、训练来提高职工识别危险的能力;通过佩戴个人防护用品来避免伤害。具体措施如下:用安全的能源代替不安全的能源;限制能量;防止能量积蓄（如建筑物的避雷装置等）;缓慢地释放能量（如减压装置等）;设置屏蔽措施（如设置安全围栏、安全网等）;在时间或空间上把能量与人隔离;信息形式屏蔽（如挂安全警告牌等）。

（五）轨迹交叉论

一起事故的发生,除了人的不安全行为之外,一定存在着某种物的不安全状态,只有两种因素同时出现,才能发生事故。轨迹交叉论认为,在事故发展进程中人的因素的运动轨迹与物的因素的运动轨迹的交点,就是事故发生的时间和空间。或者说,人的不安全行为和物的不安全状态发生于同一时间、同一空间,或者说两者相遇,则在此时间、空间发生事故。

人的因素运动轨迹由于遗传、社会环境或管理缺陷原因造成心理上、生理上的弱点,安全意识低下,缺乏知识和技能引发人的不安全行为。

物的因素运动轨迹由于设计、制造缺陷、使用、维护、保养过程中潜在的故障、毛病等引起物的不安全状态。

第二节　施工现场安全事故的主要类型

一、按照事故造成的人员伤亡或者直接经济损失分类

根据《生产安全事故报告和调查处理条例》规定,按照事故造成的人员伤亡或者直接经济损失分类,安全事故分为以下四个等级:

特别重大事故,是指造成30人以上死亡,或者100人以上重伤（包括急性工业中毒,下同）,或者1亿元以上直接经济损失的事故;

重大事故,是指造成10人以上30人以下死亡,或者50人以上100人以下重伤,或者

5000 万元以上 1 亿元以下直接经济损失的事故；

较大事故，是指造成 3 人以上 10 人以下死亡，或者 10 人以上 50 人以下重伤，或者 1000 万元以上 5000 万元以下直接经济损失的事故；

一般事故，是指造成 3 人以下死亡，或者 10 人以下重伤，或者 1000 万元以下直接经济损失的事故。

上述所称的"以上"包括本数，所称的"以下"不包括本数。

二、按照事故发生的原因分类

按照我国《企业职工伤亡事故分类标准》(GB 6441—1986) 标准规定，职业伤害事故分为 20 类，其中与建筑业有关的有以下 12 类：

(1)物体打击：指落物、滚石、锤击、碎裂、崩块、砸伤等造成的人身伤害，不包括因爆炸而引起的物体打击。

(2)车辆伤害：指被车辆挤、压、撞和车辆倾覆等造成的人身伤害。

(3)机械伤害：指被机械设备或工具绞、碾、碰、割、戳等造成的人身伤害，不包括车辆、起重设备引起的伤害。

(3)起重伤害：指从事各种起重作业时发生的机械伤害事故，不包括上下驾驶室时发生的坠落伤害，起重设备引起的触电及检修时制动失灵造成的伤害。

(4)触电：指由于电流经过人体导致的生理伤害，包括雷击伤害。

(5)灼烫：指火焰引起的烧伤、高温物体引起的烫伤、强酸或强碱引起的灼伤、放射线引起的皮肤损伤，不包括电烧伤及火灾事故引起的烧伤。

(6)火灾：指在火灾时造成的人体烧伤、窒息、中毒等。

(7)高处坠落：指由于危险势能差引起的伤害，包括从架子、屋架上坠落以及平地坠入坑内等。

(8)坍塌：指建筑物、堆置物倒塌以及土石塌方等引起的事故伤害。

(9)火药爆炸：指在火药的生产、运输、储藏过程中发生的爆炸事故。

(10)中毒和窒息：指煤气、油气、沥青、化学、一氧化碳中毒等。

(11)其他伤害：包括扭伤、跌伤、冻伤、野兽咬伤等。

在建筑施工中发生的安全事故类型很多，其中常见的事故汇于表 4-1 中。

表 4-1　常见建筑施工安全事故类型

序次	类型	部分常见形式
1	物体打击	空中落物、崩块和滚动物体的砸伤
2		触及固定或运动中的硬物、反弹物的碰伤、撞伤
3		器具、硬物的击伤
4		碎屑、破片的飞溅伤害

序次	类型	部分常见形式
5	高处坠落	从脚手架或垂直运输设施坠落
6		从洞口、楼梯口、电梯口、天井口和坑口坠落
7		从楼面、屋顶、高台边缘坠落
8		从施工安装中的工程结构上坠落
9		从机械设备上坠落
10		其他因滑跌、踩空、拖带、碰撞、翘翻、失衡等引起的坠落
11	机械伤害	机械转动部分的绞入、碾压和拖带伤害
12		机械工作部分的钻、刨、削、锯、击、撞、挤、砸、轧等的伤害
13		滑入、误入机械容器和运转部分的伤害
14		机械部件的飞出伤害
15		机械失稳和倾翻事故的伤害
16		其他因机械安全保护设施欠缺、失灵和违章操作所引起的伤害
17	起重伤害	起重机械设备的折臂、断绳、失稳、倾翻事故的伤害
18		吊物失衡、脱钩、倾翻、变形和折断事故的伤害
19		操作失控、违章操作和载人事故的伤害
20		加固、翻身、支承、临时固定等措施不当事故的伤害
21		其他起重作业中出现的砸、碰、撞、挤、压、拖作用伤害
22	触电	起重机械臂杆或其他导电物体搭碰高压线事故伤害
23		带电电线(缆)断头、破口的触电伤害
24		挖掘作业损坏埋地电缆的触电伤害
25		电动设备漏电伤害
26		雷击伤害
27		拖带电线机具电线绞断、破皮伤害
28		电闸箱、控制箱漏电和误触伤害
29		强力自然因素致断电线伤害
30	坍塌	沟壁、坑壁、边坡、洞室等的土石方坍塌
31		因基础掏空、沉降、滑移或地基不牢等引起其上墙体和建(构)筑物的坍塌
32		施工中的建(构)筑物的坍塌
33		施工临时设施的坍塌
34		堆置物的坍塌
35		脚手架、井架、支撑架的倾倒和坍塌
36		强力自然因素引起的坍塌
37		支承物不牢引起其上物体的坍塌

续表

序次	类型	部分常见形式
38	火灾	电器和电线着火引起的火灾
39		违章用火和乱扔烟头引起的火灾
40		电、气焊作业时引燃易燃物
41		爆炸引起的火灾
42		雷击引起的火灾
43		自然和其他因素引起的火灾
44	爆炸	工程爆破措施不当引起的爆破伤害
45		雷管、火药和其他易燃爆炸物资保管不当引起的爆炸事故
46		施工中电火花和其他明火引燃易燃物
47		瞎炮处理中的伤害事故
48		在生产中工厂施工中出现的爆炸事故
49		高压作业中的爆炸事故
50		乙炔罐回火爆炸伤害
51	中毒和窒息	一氧化碳中毒、窒息
52		亚硝酸钠中毒
53		沥青中毒
54		空气不流通场所施工中毒窒息
55		炎夏和高温场所作业中暑
56		其他化学品中毒
57	其他伤害	钉子扎脚和其他扎伤、刺伤
58		拉伤、扭伤、跌伤、碰伤
59		烫伤、灼伤、冻伤、干裂伤害
60		溺水和涉水作业伤害
61		高压(水、气)作业伤害
62		从事身体机能不适宜作业的伤害
63		在恶劣环境下从事不适宜作业的伤害
64		疲劳作业和其他自持力变弱情况下进行作业的伤害
65		其他意外事故伤害

从最近几年的事故统计来看,排在前三位的建筑工程施工现场职工伤亡事故类型有:高处坠落、坍塌事故和物体打击,值得引起高度重视。

三、与施工现场不安全状态有关的危险源

安全事故的发生有多方面的原因,主要是:物的不安全状态和人的不安全行为,只有两者交汇,事故才会发生。

（一）不安全状态的表现形式（见表 4-2）

表 4-2　不安全状态的表现形式

序次	施工场所和项目	不安全状态的表现形式
1	施工现场	场地严重不平,有较多施工障碍物
2		场地低洼,无有效排水措施
3		场内有仍在使用中的市政管线(电缆、上下水道、煤气管线等)
4		场内有仍在使用中的市政架空高压电线和其他线路
5		场内无符合要求的运输道路、机械作业场地和材料设备存放场地
6		场内存放有易燃、爆炸材料而无符合规定的保管条件
7		场内无符合要求的消防设施、水源、道路和场地
8		场内供电电源和临电线路的设置不符合规定的安全要求
9		施工吊运作业和高空落物影响范围内有居民住宅、施工生产场地和通道
10		施工工程临街、临路
11		施工现场四周无可靠的封闭围护、非施工人员可自由进出
12		施工现场各区功能安排混乱、交叉混用频繁无序,材料设备乱堆、乱放,施工垃圾堆积
13	土方和爆破工程施工	放坡开挖基坑的坑壁小于安全坡度
14		基坑上口边与建筑物、堆置物或停机处的距离小于安全距离
15		基坑开挖危及毗邻建筑基础的安全
16		在地下有流砂层、无有效降低地下水的情况下进行基坑开挖
17		在雨季进行基坑开挖且无有效排水和防塌方措施
18		在地质情况复杂且无可靠防塌方措施的情况下进行隧洞、坑道开挖作业
19		堆方的高度和边坡坡度超过安全规定
20		深基坑降水支护方案设计的安全可靠性不够,或实施中遇到意外情况出现
21		土石方爆破碎块溅落区内有建筑物和人员
22		土石方爆破中出现的"瞎炮"未予完全排除
23		运输爆破材料的车辆之间未保持规定的最小安全距离
24		爆炸材料仓库相距邻近建(构)筑物小于规定的安全距离。爆炸材料的贮存不符合规定
25	模板、钢筋、混凝土工程施工	模板支撑架的整体刚度,承载能力、整体稳定性不够或支承物的承受能力不够
26		混凝土浇筑不均衡,对模板和支撑造成过大的集中荷载、偏心荷载、冲击荷载或侧压力
27		在混凝土未达到规定的强度前,过早地拆除支撑和模板
28		模板、背楞、支撑杆件和连接件的材质和安装质量不合格
29		长钢筋、弯折钢筋在水平、垂直运输和装卸过程中存在拖地、扯拉、摆动、反弹、交织或散捆等情况
30		竖立起的未予拉结或支撑的大块模板
31		大片整体翘动拆除楼板底模板
32		模板立式存放的稳固和支撑措施不符合要求

续表

序次	施工场所和项目	不安全状态的表现形式
33	脚手架和垂直运输的设置与使用	脚手架构造尺寸过大、连墙点设置过少、未按要求设置剪刀撑与其他整体拉结杆件、连墙点以上自由高度过大、基地不实和承载力不够
34		脚手架立杆垂直、平杆水平度、节点构造和连接安装不符合规定
35		脚手架的作业层数、使用荷载超过规定或使用脚手架进行超重构件的人工安装作业
36		脚手架在使用中,拆除部分构架基本杆件和连墙件而未采取弥补措施或作业过后未及时恢复
37		脚手架挑支件、撑位件和挑支构造的制作或安装不符合设计要求
38		附着升降脚手架(爬架)和整体提升脚手架的提升构造和设备不符合设计要求
39	脚手架和垂直运输的设置与使用	在脚手架上设置模板支撑或缆风绳
40		井架的多层转运平台或栈架构架结构未予加强、超载以及与脚手架连成一体
41		井架、龙门架的料盘(或料笼)未作安全封闭,未设安全门(进出口)、限位、停层等安全保险装置;施工升降机的安全保险装置失灵
42		垂直运输设施超载使用或超过其结构承受能力、加设拔杆等多功能设施
43		材料容器(料斗、砖笼等)的结构和启闭装置不合格、吊绳不均衡、索具不牢靠
44		脚手板、斜道板上无防滑措施,在只铺一块脚手板、散铺脚手板以及有探头板的架面上作业
45		搭设脚手架未及时设置连墙件或临时拉结,拆除时过早拆掉连墙件,已松开连结的杆件未及时取下
46		脚手架的外侧面未按规定设置栏杆、安全网、半封闭或全封闭
47		地下工程材料的垂直运输采用高陡坡道、溜槽,倾倒或抛掷
48	超重吊装作业	履带式和汽车式起重机在停置不稳、支垫不好或停于斜坡上的情况下进行作业
49		附着式塔式起重机未按规定设置附着连接;轨道式塔机的轨道不符合要求,在大风来临前未作可靠固定
50		超载、超限速和超爬杆(倾斜度)吊装
51		用吊索斜拉方式竖立长、重吊件
52		吊件的临时加固、支撑和固定措施不当
53		吊具、索具不符合规定、绳控脱钩装置动作受阻
54		使用不合格的手动起重工具、手板葫芦的自锁夹钳装置不可靠
55		采用双机或多机抬吊时,选用的起重机的性能不相近、动作不协调
56		起重机作业范围内有架空高压电线
57		非作业人员进入起重吊装作业现场
58		在不符合安全规定要求的天气和照明条件下进行作业
59		桅杆起重机移动时,缆绳的收、放动作不协调
60		起重机作业完毕后,未按规定要求缩臂落放、制动和加锁
61		安装作业架、台的设置不符合要求,高处作业人员未按规定使用安全防护用品
62		升板施工时各提升机动作不协调,提升停歇后未及时插钢销固定
63		大型结构的整体吊装提升的同步性控制不好,缆锚设施松紧不一致
64		整体顶升时,各液压千斤顶的动作不一致
65		钢结构高空拼装时,因拴锚孔对中不好而强力对孔作业
66		在未达到规定的强度下进行混凝土构件的运输和吊装作业

续表

序次	施工场所和项目	不安全状态的表现形式
67	预应力作业	锚具的材质和加工不合格,用前的逐套查验不认真
68		张拉设备(拉伸机、高压泵和高压管)不符合施工要求
69		张拉时未设保护措施和禁入区
70		在张拉完毕的裸露预应力筋邻近处进行电焊或其他可能伤及预应力筋的作业
71		张拉完毕未及时浇筑混凝土,灌浆或封固锚头
72	电焊、气焊作业	电、气焊火星飞溅范围内易燃物未予清走或加以防火保护
73		焊机的外露带电部分的绝缘和安全防护不符合要求,焊接把线(电缆)绝缘不好或有破皮
74		氧气瓶阀和减压器泄漏,与高温、明火、其他热源和乙炔罐的距离小于安全距离
75		乙炔罐(瓶)与用火点的距离小于安全规定
76		乙炔罐无回火防止器或回火防止器的使用不当
77		电、气焊未按规定使用安全防护用品
78		在狭小空间、船舱、容器和管道内单人进行电、气焊作业,无人轮换和进行安全监护
79	高压作业特种作业施工	进入有害和可燃气体、缺氧的容器内和封闭空间,施工前无检测,作业时无防毒、防爆、供氧、通风和救护措施
80		进行高压容器和管道的压力试验时,无可靠的控压和防爆措施
81	高压作业特种作业和特种工程施工	锅炉的压力容器未按规定的期限或情况进行定期检查或及时检查,进入内部检查时未按规定使用低压防爆灯
82		锅炉的气压迅速上升;水位升至高限以上或低限以下;给水机械、水位表、安全阀失效;锅炉元件损失;燃烧设备损坏
83		沉箱工作室气压控制不好,升降过急
84		顶进施工时,顶铁两侧有人逗留
85		气压顶进施工时带气压打开封板
86		盾构顶进施工时,在掘削土坠落处站人或出土皮带运输机无防护罩
87		在气压作业段违反规定使用明火,闸门管理不严和作业人员的身体不合格
88	机械加工和机械作业	木工机械不按规定设置防护罩和安全装置
89		钢筋冷拉场地未设警戒区和防(围)护
90		工人进入搅拌机清理时未切断电源、加锁和设专人监护
91		采用桩机行走或回转来纠正桩的位置
92		桩机上坡时,桩机重心未移至坡道上方
93		拔桩力超过桩架的负荷能力
94		机动翻斗车斗内载人,向基坑卸料时未与坑边保持安全距离
95		运输车辆在坡道停车时,未将轮胎楔牢
96		使用夯土机械时,未设专人配合移动拖地电缆
97		2台以上压路机作业时,未保持安全距离或在坡道上纵队行驶
98		挖掘机装卸土时,汽车司机未离开驾驶室,或铲斗碰撞汽车
99		推土机下坡时脱挡滑行或未用低挡行驶
100		电动施工机具的金属外壳未保护接零(地)和加设漏电保护装置

续表

序次	施工场所和项目	不安全状态的表现形式
101	工地用电和防火	配电箱、开关箱的设置不符合规定,漏水、无门、无锁、箱内有杂物,开关箱设置分路开关,在潮湿和有腐蚀介质场所未采用防溅型漏电保护器
102		过载保护熔体使用代用品
103		配电屏(盘)、配电箱、开关箱周围堆放杂物或有易燃易爆物、附近有强烈振动、热源烘烤
104		工地配电线路未采用绝缘线;架空线路的架空高度、电线截面和排序不符合规定;埋地敷设深度不够、未加保护覆盖、穿越处未加防护套管;线路敷设采用地面明设
105		用电设备的保护接零、保护外壳、绝缘电阻等不符合规定
106		照明采用自耦变压器
107		工地配电禁入区、夜间施工危险区域未设红灯警示
108		工地的防雷电设施不符合要求
109		工地消火栓和消防器材未定期检查和保持完好
110		存放气瓶和危险品的仓库不符合防火防爆要求
111	季节施工	在大雨、大风、大雪之前未采取安全防范措施,之后未全面检查和消除其危害和影响
112		冬季采用火炉加热的作业暖棚,没有可靠的防火、防煤气中毒措施
113		冬季采用火烤解冻气瓶阀门、胶管等,夏季气瓶在烈日下暴晒
114		在雷雨和大风天气下进行爆破作业、露天电焊作业、起重作业和输电线路架设作业
115		电热法融化冻土施工区域未作安全围护,施管人员未穿绝缘靴进入检查
116		电热法加热混凝土施工中,导线与电极连接的接触不好,出现虚接(电流过大)或短路
117		冬季违反规定用电炉或自装电热丝取暖
118	拆除工程施工	拆除工程施工时,场内电线和市政管线未予切断或迁移,未设安全警戒区和派人监护
119		拆除工作中,在作业面上人员过度集中
120		采用掏挖根部推倒方式拆除工程时,掏挖过深,人员未退出至安全距离以外
121		在人口稠密和交通要道等地区采用火花起爆拆除建筑物

(二)伤害事故的起因物和致害物(见表 4-3)

表 4-3　部分常见伤害事故的起因物和致害物

序次	事故类型	起因物	致害物
1	物体打击	由各种原因引起的同一落物、崩块、冲击物、滚动体,上下或左右摆动的物体以及其他足以引发打击伤害的运动状态硬物	
2		引发其他物体状态突然变化物体,如撬棍(杠)、绳索、拉曳物和障碍物等	在受突发力作用时发生弹出、倾倒、掉落、滚动、扭转等态势变化的物体,如模板、支撑杆件、钢筋、块体材料、器具等,以及作业人员(自身受害并可能同时伤害别人)

续表

序次	事故类型	起因物	致害物
3	高处坠落	脚手架或作业区的外立面无护栏和架面未满铺脚手板	施工人员受自身的重力运动伤害
4		高空作业未佩挂安全带	
5		"四口"未加设的盖板或其他覆盖物	
6		失控坠落的梯笼和其他载人设备	
7		由于不当操作或其他原因造成失稳、倾倒、掉落并拖带施工人员发生高空坠落的手推车和其他器物	
8	机械和起重伤害	没有、拆去或质量与装设不符合要求的安全罩	机械的转动和工作部件
9		机械进行车、刨、钻、铣、锻、磨、镗、加工的工作部件	
10		加工件的不牢靠的夹持件	脱出的加工件
11		起重的吊物	失稳、倾翻的起重机
		软弱和不平衡的地基、支垫	
12		破断、松脱、失控的索具	倾翻、掉落、折断、前冲的吊物、重物
		变形或破坏的吊架	
13		失控或失效的限控(控速、控重、控角度、控行程、控停、控开闭等)、保险(断绳、超速、停靠、冒顶等)和操作装置	失控的臂杆、起重小车、索具吊钩、吊笼(盘)或机械的其他部件
14		滑脱、折断的撬棍(杠)	失控、倾翻、掉落的重物和安装物
		失稳、破坏的支架	
15		启闭失控的料笼、容器	散落的材料、物品
16		拴挂不平衡的吊索	严重摆动、不稳定回转和下落的吊物
		失控的回转和控速机构	
17	触电伤害	未加可靠保护、破皮损伤的电线、电缆	
18		架空高压裸线	误触高压线的起重机的臂杆和施工中的其他导电物体
19		未予设置或不合格的接零(地)、漏电保护设施	电动工具和漏(带)电设备
20		未设门或未上锁的电闸箱	易误触电的电器开关(特别是闸刀开关)

续表

序次	事故类型	起因物	致害物
21		流砂、涌水、水冲、滑坡引起的坍方	
22		停靠在坑、槽边的机械、车辆和过重的堆物	坑、槽坍方
23		没有或不符合要求的降水和支护措施	
24		受坑槽开挖伤害的建筑物的基础和地基	整体或局部倒塌的建(构)筑物
25		设计不安全或施工有问题的工程建筑和临时设施	
26	坍塌伤害	不均匀沉降的地基	整体或局部坍塌、破坏的工程建筑、临时设施及其杆部件和载存物品
27		附近有强烈的震动、冲击源	
28		强劲自然力(风、雨、雪、地震)	
29		拆除的部分结构杆件或首先出现破坏的局部杆件与结构	
30		承载后发生变形、失稳或破坏的支撑杆件或支承架	发生倾倒、坍塌的设于支撑架上的结构、设备和材料物品
31		堆置过高、过陡或基地不牢的堆置物	
32	火灾伤害	火源与靠近火源的易燃物	
33		雷击、导电物体和易燃物	
34		爆炸引起的飞石(块)和冲击波	
35		保管不当的雷管、火源其他起爆源	爆炸的雷管和炸药
36	爆炸、中毒和窒息伤害	"瞎炮"与引起其爆炸的引爆物	
37		溢(跑)漏的易燃物(气体、液体)和施工中的火源	
38		一氧化碳、瓦斯和其他有毒气体	
39		亚硝酸钠和其他有毒化学品	
40		密闭容器、洞室和其他高温、不通风施工作业场所	
41	其他	朝天的钉子、伸于面上的铁件、钢筋头、管头和其他硬物、伸于作业空间的硬物和障碍物等	

四、与施工现场人的行为不当有关的危险源

人的不安全行为对事故发生起着决定性的作用。这是因为在伤亡事故的发生和预防中,人的因素占有特殊的位置,人是事故的受害者,但往往又是事故的肇事者。人的不安全行为占有很大的比重,而且,当前发生的许多事故统计分析结果也表明,绝大多数事故发生的原因都与人的不安全行为有关。因此,只要有不安全的思想和行为,就会造成隐患,就可能演变成事故。安全生产、安全管理归根结底是人的管理。因此,研究安全问题必须从人的因素和人的管理入手。人的不安全行为分类为有意的不安全行为和无意的不安全行为。有意的不安全行为是指有目的、有企图、明知故犯的不安全行为,是故意的违章行为。无意的不安全行为是指无意识、非故意、不存在需要和目的的不安全行为。部分常见不安全行为的表现形式如表4-4所示。

表 4-4　部分常见不安全行为的表现形式

序次	类别	常见表现形式
1	违反上岗人员身体	患有不适合从事高空、井下和其他施工作业相应的疾病,如精神病、高血压、心脏病、癫痫病等
2		未经过严格的身体检查,不具备从事高空、井下、高温、高压、水下等相应施工作业规定的身体条件
3		妇女在经期、孕期、哺乳期间从事禁止和不适合的作业
4		未成年工从事禁止和不适合的作业
5		疲劳作业和带病作业
6	不按规定使用安全防护用品	进入施工现场不戴安全帽、不穿安全鞋
7		高空作业不佩挂安全带或挂置不可靠
8		雨天、潮湿环境进行高压电气作业不使用绝缘防护用品
9		进入有毒气环境作业不使用防毒用品
10		电气焊作业不使用电焊帽、电焊手套、防护镜
		进入有易燃气体环境作业不使用防爆灯
		其他不使用相应作业安全防护用品的情况
13	违反上岗规定	非定机、定岗人员擅自操作
14		无证人员进行取证岗位作业
15		单人在无人辅助、轮换和监护的情况下,进行高、深、重、险等不安全作业
16		在无人监管电闸情况下,从事检修、调试高压电气设备作业
17		单人操作带线电动工具设备,无人辅助拖线
18	违章指挥	在有关进行作业的条件还没有达到规范、设计与施工措施要求的情况下,组织指挥施工
19		在出现不能保证安全的天气变化和其他情况时,坚持继续进行施工作业
20		当已发现安全隐患或已出现不安全征兆,在未消除险情的情况下,指挥冒险施工
21		在安全设施不合格、工人未使用安全保护用品或其他安全措施不落实的情况下,强行组织和指挥施工
22		违反有关规范规定的指挥,包括修改、降低和取消某些规定,而没有得到上级主管部门的批准
23		违反施工技术措施的规定的指挥,包括修改、降低和取消某些规定、改变作业程序,插入其他作业,而没有取得措施编制人员和主管部门的同意、批准
24		在施工中出现意外情况时,做出了导致出现安全事故或扩大事故伤害程度的错误决定
25		在技术人员、工人和其他人员提出施工中的不安全问题的意见和建议时,未予重视、研究并作出相应的处置,以不负责任的态度继续指挥施工
26	违章作业	违反程序规定的作业
27		违反操作规定的作业
28		违反安全防护规定的作业
29		使用带病机械、工具和设备进行作业
30		违反爆炸、防毒、防触电和防火规定的作业
31		在不具备安全作业条件(无架子或架子不合格、无可靠防护设施等)下进行作业
32		在已发现有安全隐患或安全事故征兆的情况下,未经处理解决,继续进行作业

续表

序次	类别	常见表现形式
33	放松安全警惕性、不注意保护自己和保护别人的行为	在缺乏警惕性的情况下,发生的误扶不可靠物、误踏入"四口"、误碰致伤物、误触带电物、误食毒物、误闻有毒气体以及其他造成滑、跌、闪失和坠落的行为
34		在作业中出现的工具脱手、物品飞溅掉落、碰撞和拖拉别人等行为
35		在出现险情时,不及时通知别人(以便共同脱险)的行为
36		在前道工序中为后续工序留下安全隐患而未予解决或转告下道工序作业者注意的行为

人的不安全行为原因分析——性格,人的性格特征与安全生产有着极为密切的关系。具有较好性格特征的人,他们干起活来精力充沛。观察情况认真细致,思考问题全面周到,操作作业不莽撞、不蛮干,这种性格有利于作业的顺利进行,有益于安全生产。如果性格不好,头脑简单,马马虎虎、冒险蛮干,就会经常发生事故。据国外文献介绍,事故频发倾向者往往有如下的性格特征:①感情冲动,容易兴奋;②脾气暴躁;③厌倦工作,没有耐心;④慌慌张张,不沉着;⑤动作生硬而工作效率低;⑥喜怒无常,感情多变;⑦理解能力低,判断和思考能力差;⑧极度喜悦和悲伤;⑨缺乏自制力;⑩处理问题轻率、冒失;⑪运动神经迟钝,动作不灵活。

根据研究资料表明,容易诱发错误行为的因素有以下4个方面:

(1)环境条件的影响,如在噪声、振动、高温、粉尘多、照明不良的环境下工作容易误操作,原因是容易引起心烦意乱。

(2)人的生理节律变化的影响,如人在早晨5—6点意识状态最低,休息不好,睡眠不足,疲劳作业,酒后上岗,疾病后遗症。(情绪周期23天,身体体力周期28天)

(3)人的意识状态差别和情感变化的影响,如愤怒、激动、烦躁、神志不安、"分心"、"走神"或者"自动想法"等,这些影响容易造成人的手眼不协调,灵活性反映能力差,判断能力差。

(4)协同作业时两个人或两个人以上的场合,无人负责时,受他人在场的心理影响,往往有互不负责的倾向。

第三节　施工现场安全事故的主要防范措施

一、控制人的不安全行为

人的不安全行为包括现场管理者(工作负责人)的不安全行为和工作人员的不安全行为。工作负责人的不安全行为主要表现在:现场查活不细,对工作现场的电源和周围环境未查清;制定安全措施不完善,存在漏洞;现场管理混乱,分工不明确。工作人员的不安全行为主要表现在:习惯性违章,忽视安全,采取不正确的动作,使用安全防护用具不正确等。

人作为控制的对象,是避免产生失误;作为控制的动力,是充分调动人的积极性,发挥"人的因素第一"的主导作用。在工作中,无论是施工企业、监理单位还是政府的监管单位,都非常重视管理人员和作业人员的持证上岗问题。项目经理要有上岗证、现场管理人员要有上岗证、操作人员也要有上岗证，严禁无证上岗，这些人员的证书复印件都会要求放在施工现场备查，这样的做法对施工现场的安全生产是非常有益的。但在核查证件的同时，也需要加强对人，特别是现场作业人员的工作作风、生理缺陷、错误行为、违纪违章和心理行为方面的控制。

（一）人的工作作风

参与工程建设的所有人员需要有良好的工作作风，表现为细致、认真、负责、配合、敬业。认真做好每一项工作，细致想好每一个要点，要有对工程项目的安全高度负责的态度，注重与参与建设的其他人员进行配合，对每一个安全环节都不能放过，发现隐患及时处理。安全生产是一项系统工程，需要每一个参与人员都有良好的安全意识，安全生产不仅是安全员的事情，也是所有参与人员共同的事情。

（二）人的生理缺陷

根据工程施工的特点和环境，以及各专业工种之间的差距，应严格控制人的生理缺陷，如有高血压、心脏病的人，不能从事高空作业和水下作业；反应迟钝、应变能力差的人，不能操作快速运行、动作复杂的机械设备；视力、听力差的人，不宜参与信号联络、旗语指挥的作业等，否则容易引发安全事故。

（三）人的错误行为

人的错误行为，是指人在工作场地或工作中吸烟、打赌、错视、错听、误判断、误动作等，都会影响施工安全。所以，对具有危险源的现场作业，应严禁吸烟、嬉戏；当进入强光或暗环境作业，应有一定的适应时间；在不同的作业环境，应有不同的色彩、标志，以免产生误判断或误动作；对指挥信号，应有统一明确的规定，并保证畅通，避免噪声干扰；严禁作业时间饮酒；严禁将小孩带进施工现场。

（四）人的违纪违章

人的违纪违章，是指人粗心大意、漫不经心、注意力不集中、不懂装懂、无知而又不虚心、不履行安全措施、安全检查不认真、随意乱扔东西、任意使用规定以外的机械装置、不按规定使用防护用品、碰运气、图省事、玩忽职守、有意违章、只顾自己而不顾他人等。这些都必须严格教育，及时制止，减少事故发生的可能性。

（五）人的心理行为

一个人的能力和心理情感是不稳定的，它随着周围环境、时间、条件的变化而变化。比如，一个人在体脑俱疲的情况下，感觉技能变弱，听觉和视觉灵敏度降低，眼睛运动的正常状态被破坏，其心理技能就会改变。这说明，个人心理因素对安全生产有着巨大的影响，不正常、不健康的心理状态可以直接或间接导致事故的出现。所以，我们认为对安全工作的轻视心理、麻痹心理、侥幸心理和情绪心理等是事故边缘心理。

（1）轻视心理。安全与生产，人和物之间的关系，在一些管理者深层次的认识中，认识模糊，心中没有摆正位置，当两者发生冲突时，潜意识中价值观还是见物不见人，还没有形成以人为本的价值观。主要表现为三种现象："亡羊补牢"现象，对安全生产工作平时不重视，把安全工作停留在口头上、文件里，满足于表面化、形式化，事故隐患不及时排除，直至发生事故才悔之晚矣。"愚民政策"现象，为了满足某些人的虚荣心和小团体利益的需要，有的单位出了事故欺上瞒下，大事化小，小事化了，极尽内部"摆平"之能势，把"四不放过"的原则抛在脑后。外归因现象，出了事故不是从主观上找原因，而是怨天尤人，归因于外部，没有找出真正原因,就敷衍了事。

(2)麻痹心理。在多数情况下,习惯性作业简便易行,也没有出事故,从而"也不过如此"的思想慢慢成形,因此,这种习惯很容易被人接受或模仿。麻痹心理是安全生产的大敌,其危害性在于有了麻痹心理就会逐渐丧失自我保护意识、降低人的感知的兴奋程度,出现抑制或愚钝。"无知型"、"糊涂型"就是麻痹思想的外在表现。绝大部分人身事故的发生就是麻痹思想造成的。

(3)侥幸心理。有这种心理的人往往耍小聪明,明知不该去做的事,也要去做。还会自觉不自觉地出现走捷径,或者自己欺骗自己"下不为例"而屡屡再犯,"凭经验办事"这些行为可能有时会让我们在工作中更快捷,有时也会让我们在行与不行中犯下大错,所以说侥幸心理就是事故的毒苗。

(4)情绪心理。情绪是影响行为的重要因素,不良的情绪状态是引发事故的基本原因。情绪变化主要由应激事件对心理影响产生的,诸如家庭暴力、离婚、家庭成员患重病或死亡、子女就业困难、家庭不和睦、操心日常开支、本人患病、人际关系出现问题等。

人的心理活动对其在生产工作中的影响是极大的,从心理学的范畴来说,包括:感觉、知觉、记忆、情绪、情感、意志、注意力、需要、动机、兴趣、性格、气质、能力,这些属于人的心理活动,都是心理学研究的内容。可以看出,这几乎涵盖了人的所有情绪活动及思维活动。人的行为过失、不安全行为及不安全状态,都可直接导致事故的发生。而这些在大多数情况下都是由于人的思想、行为相对于安全规程及安全状态发生了偏差而造成的,这种偏差产生的原因,就是人的心理活动的结果。我们在事故原因分析中,总结出了容易发生事故的 11 种心理状态:疲劳:体力疲劳、心理疲劳、病态疲劳;情绪失控:喜、怒、哀、乐;下意识动作:由于长期的工作行为、工作动作习惯,导致在特殊情况下发生危险动作;侥幸心理;自信心理;能省心理:花最少的力气、时间,做最多的事,获取最大的回报;逆反心理:由于批评、教育、处罚方式不当、粗暴,产生对抗心理,正好是一种与正常行为相反的叛逆心理;配合不好:有心理原因的,也有管理、技术方面的原因;判断失误:导致小事变大事;心理素质不适合从事某项工作;注意力问题:不集中或过分集中都不好。

如果在生产活动中,出现了上述一种或数种心态,那就很危险,随之而来的很可能就是不安全行为及不安全状态。安全事故就有可能发生了。那么,针对这些极有可能引发安全事故的心态,有什么应对措施呢? 我们可以采取如下一些措施来杜绝或减少不利于安全的心理状态的产生:宣传、教育、基础培训;岗前培训:在上岗前针对工作实际情况再培训,并在实际生产过程中实行传、帮、带;优化工作环境;树警示牌、宣传牌、危险预知牌;落实 8 个字:人人、事事、时时、处处,都要讲安全,处于安全状态中;强化规章制度的约束力;注意劳逸结合;管理者注意工作方式方法。

总之,在生产活动中,最重要的因素是人。把人的工作做好了,才能从根本上为安全生产提供可靠保证。我们要从决策、管理、实施的各个层面和各个环节,加大对生产人员心理问题的重视及研究力度,只有这样,才能使各种安全规章制度、措施方法行之有效,持续长久。

二、重大/一般危险源及控制措施

重大/一般危险源及控制措施如表 4-5 所示。

表 4-5　重大/一般危险源及控制措施

序号	作业活动设施场所	常见危险源	重大	一般	可能导致的事故	控制措施	备注
1	土方开挖	施工机械有缺陷		√	机械伤害,倾覆等	d	
2		施工机械的作业位置不符合要求		√	倾覆,触电等	d	
3		挖土机司机无证或违章作业		√	机械伤害等	c、d	
4		其他人员违规进入挖土机作业区域		√	机械伤害等	b、d	
5	基坑支护	支护方案或设计缺乏或者不符合要求	√		坍塌等	a	
6		临边防护措施缺乏或者不符合要求		√	坍塌等	a、d	
7		未定期对支撑、边坡进行监控、测量		√	坍塌等	b、d	
8		坑壁支护不符合要求	√		坍塌等	b、d	
9		排水措施缺乏或者措施不当		√	坍塌等	d	
10		积土料具堆放或机械设备施工不合理造成坑边荷载超载	√		坍塌等	b、d	
11		人员上下通道缺乏或设置不合理		√	高处坠落等	b、d	
12		基坑作业环境不符合要求或缺乏垂直作业上下隔离防护措施		√	高处坠落,物体打击等	a	
13	脚手架工程	施工方案缺乏或不符合要求	√		高处坠落等	a	
14		脚手架材质不符合要求		√	架体倒坍,高处坠落等	d	
15		脚手架基础不能保证架体的荷载	√		架体倒坍,高处坠落等	b、c	
16		脚手架铺设或材质不符合要求		√	高处坠落等	d	
17		架体稳定性不符合要求		√	架体倒坍,高处坠落等	d、b	
18		脚手架荷载超载或堆放不均匀	√		架体倒坍,倾斜等	d	
19		架体防护不符合要求		√	高处坠落等	d	
20		无交底与验收		√	架体倾倒等	c、d	
21		人员与物料到达工作平台的方法不合理		√	高处坠落、物体打击等	b、c	
22		架体不按规定与建筑物拉结		√	架体倾倒等	d	
23		脚手架不按方案要求搭设		√	架体倾倒等	c、d	
24	模板工程	施工方案缺乏或不符合要求	√		倒坍、物体打击等	d	
25		无针对混凝土输送的安全措施	√		机械伤害等		
26		混凝土模板支撑系统不符合要求	√		模板塌,物体打击等	b、d	
27		支撑模板的立柱的稳定性不符合要求	√		模板坍塌等	d	
28		模板存放无防倾倒措施或存放不合要求		√	模板坍塌等	d	
29		悬空作业未系安全带或系挂不符合要求	√		高处坠落	c、d	
30		模板工程无验收与交底		√	倒坍、物体打击等	c、d	
31		模板作业2m以上无可靠立足点	√		高处坠落等	d	
32		模板拆除区末设置警戒线且无人监护		√	物体打击等	b、d	
3		模板拆除前未经拆模申请批准	√		坍塌、物体打击等	b、c	
34		模板上施工荷载超过规定或堆放不均匀	√		坍塌、物体打击等	d	

续表

序号	作业活动设施场所	常见危险源	重大	一般	可能导致的事故	控制措施	备注
35	高处作业	员工作业违章		√	高处坠落	c	
36		安全网防护或材质不符合要求		√	高处坠落、物体打击等	d	
37		临边与"四口"防护措施缺陷		√	高处坠落等	d	
38	施工用电作业	外电防护措施缺乏或不符合要求	√		触电等	d	
39		接地与接零保护系统不符合要求		√	触电等	d	
40		用电施工组织设计缺陷		√	触电等	c、d	
41		违反"一机、一闸、一漏、一箱"		√	触电等	c、d	
42		电线电缆老化、破皮未包扎		√	触电等	d	
43		非电工私拉乱接电线		√	触电等	c、d	
44		用其他金属丝代替熔丝		√	触电等	c、d	
45		电缆架设或埋设不符合要求		√	触电等	d	
46		灯具金属外壳未接地		√	触电等	d	
47		潮湿环境作业漏电保护器参数过大或不灵敏		√	触电等	b、d	
48		闸刀及插座插头损坏、闸具不符合要求		√	触电等	d	
49		不符合"三级配电二级保护"要求导致防护不足		√	触电等	d	
50		手持照明未用 36V 及以下电源供电		√	触电等	b、d	
51		带电作业无人监护		√	触电等	b、d	
52	起重吊装作业	起重吊装作业方案不符合要求	√		机械伤害等	a	
53		起重机械设备有缺陷		√	机械伤害等	d	
54		钢丝绳与索具不符合要求		√	物体打击等	d	
55		路面的耐力或铺垫措施不符合要求	√		设备倾翻等	b、d	
56		司机操作失误	√		机械伤害等	c	
57		违章指挥		√	机械伤害等	c	
58		起重吊装超载作业	√		设备倾翻等	b、d	
59		高处作业的安全防护措施不符合要求		√	高处坠落等	d	
60		高处作业人员违章作业		√	高处坠落等	c、d	
61		作业平台不符合要求		√	高处坠落等	d	
62		吊装时构件堆放不符合要求		√	构件倾倒、物体打击等	d	
63		警戒管理不符合要求		√	物体打击等	b、d	
64	木工机械	传动部位无防护罩		√	机械伤害等	d	
65		圆盘锯无防护罩及安全挡板		√	机械伤害等	b、d	
66		使用多功能木工机具		√	机械伤害等	b、d	
67		平刨无护手安全装置		√	机械伤害等	d	
68	手持电动要具作业	保护接零或电源线配备不符合要求		√	触电等	d	
69		作业人员个体防护不符合要求		√	触电等	c、d	
70		未做绝缘测试		√	触电等	b、d	
71	钢筋冷拉作业	钢筋机械的安装不符合要求		√	机械伤害等	b、d	
72		钢筋机械的保护装置缺陷		√	机械伤害等	d	
73		作业区防护措施不符合要求		√	机械伤害等	d	

续表

序号	作业活动设施场所	常见危险源	重大	一般	可能导致的事故	控制措施	备注
74	电气焊作业	做保护接零、无漏电保护器		√	触电等	b、d	
75		无二次空载降压保护器或无漏电保护器		√	触电等	d	
76		一次线长度超过规定或不穿管保护		√	触电等	d	
77		气瓶的使用与管理不符合要求		√	爆炸等	c、d	
78		焊接作业人员个体防护不符合要求		√	触电、灼烫等	c、d	
79		焊把线接头超过3处或绝缘老化		√	触电等	d	
80		气瓶违章存放		√	火灾、爆炸等	c、d	
81	拌和作业	搅拌机的安装不符合要求		√	机械伤害等	d	
82		操作手柄无保险装置		√	机械伤害等	d	
83		离合器、制动器、钢丝绳达不到要求		√	机械伤害等	b、d	
84		作业平台的设置不符合要求		√	高处坠落等	b、d	
85		作业工人粉尘与噪声的个体防护不符合要求		√	尘肺、听力损伤等	b、d	
86	打桩作业	打桩机的安装不符合要求		√	机械伤害等	b、d	
87		打桩作业违规操作		√	机械伤害等	c、d	
88		行走路面荷载不符合要求		√	设备倾翻等	b、d	
89		打桩机超高限位装置不符合要求		√	机械伤害等	b、d	
90	安全管理	对施工组织设计中安全措施的管理不符合要求		√	各类事故	a	
91		未按法规要求建立健全安全生产责任制		√	各类事故	a、d	
92		未对分部工程实施安全技术交底		√	各类事故	c、d	
93		安全检查制度的建立与实施不符合要求		√	各类事故	a、c	
94		安全标志的管理不符合要求		√	高处坠落、物体打击等	c、d	
95		防护用品的管理不符合要求		√	各类事故	d	
96	物料储存	易燃易爆及危险化学品的存放不符合要求		√	泄漏、火灾等	b、d	
97		料具违规堆放		√	料具倾倒等	d	
98	消防管理	无消防措施、制度或消除设施		√	火灾等	a	
99		灭火器材配置不合理		√	火灾等	b、d	
100		动火作业管理制度不符合要求		√	火灾等	a	
101	生活设施管理	食堂不符合卫生要求		√	食物中毒等	d	
102		厕所及洗浴设施不符合要求		√	摔倒、传染病等	d	
103		活动房无搭设方案及未验收		√	坍塌	b、d	
104		食堂采购不认真		√	食物中毒	d	

编制：　　审核：　　　　日期：　　　　　　　批准：　　　　日期：

日期：

控制措施包括：a.制定目标指标和管理方案；b.执行运行控制程序；c.教育与培训；d.监督检查；e.制定应急预案

第四节　施工安全生产隐患排查和事故报告的管理规定

一、《房屋市政工程生产安全和质量事故查处督办暂行办法》的管理规定

2011年5月11日,中华人民共和国住房和城乡建设部发出《房屋市政工程生产安全和质量事故查处督办暂行办法》(建质〔2011〕66号)的通知要求如下:

房屋市政工程生产安全和质量事故查处督办,是指上级住房和城乡建设行政主管部门督促下级住房和城乡建设行政主管部门,依照有关法律法规做好房屋建筑和市政工程生产安全和质量事故的调查处理工作。

依照《关于进一步规范房屋建筑和市政工程生产安全事故报告和调查处理工作的若干意见》(建质〔2007〕257号)和《关于做好房屋建筑和市政基础设施工程质量事故报告和调查处理工作的通知》(建质〔2010〕111号)的事故等级划分,住房和城乡建设部负责房屋市政工程生产安全和质量较大及以上事故的查处督办,省级住房和城乡建设行政主管部门负责一般事故的查处督办。

房屋市政工程生产安全和质量较大及以上事故的查处督办,按照以下程序办理:

较大及以上事故发生后,住房和城乡建设部质量安全司提出督办建议,并报部领导审定同意后,以住房和城乡建设部安委会或办公厅名义向省级和住房城乡建设行政主管部门下达《房屋市政工程生产安全和质量较大及以上事故查处督办通知书》;在住房和城乡建设部网站上公布较大及以上事故的查处督办信息,接受社会监督。

《房屋市政工程生产安全和质量较大及以上事故查处督办通知书》包括下列内容:

事故名称;事故概况;督办事项;办理期限;督办解除方式、程序。

省级住房城乡建设行政主管部门接到《房屋市政工程生产安全和质量较大及以上事故查处督办通知书》后,应当依据有关规定,组织本部门及督促下级住房城乡建设行政主管部门按照要求做好下列事项:

1. 在地方人民政府的领导下,积极组织或参与事故的调查工作,提出意见;

2. 依据事故事实和有关法律法规,对违法违规企业给予吊销资质证书或降低资质等级、吊销或暂扣安全生产许可证、责令停业整顿、罚款等处罚,对违法违规人员给予吊销执业资格注册证书或责令停止执业、吊销或暂扣安全生产考核合格证书、罚款等处罚;

3. 对违法违规企业和人员处罚权限不在本级或本地的,向有处罚权限的住房和城乡建设行政主管部门及时上报或转送事故事实材料,并提出处罚建议;

4. 其他相关的工作。

省级住房和城乡建设行政主管部门应当在房屋市政工程生产安全和质量较大及以上事故发生之日起60日内,完成事故查处督办事项。有特殊情况不能完成的,要向住房和城乡建设部做出书面说明。

省级住房和城乡建设行政主管部门完成房屋市政工程生产安全和质量较大及以上事故查处督办事项后,要向住房和城乡建设部做出书面报告,并附送有关材料。住房和城乡建设部审核后,依照规定解除督办。

在房屋市政工程生产安全和质量较大及以上事故查处督办期间,省级住房和城乡建设行政主管部门应当加强与住房和城乡建设部质量安全司的沟通,及时汇报有关情况。住房和城乡建设部质量安全司负责对事故查处督办事项的指导和协调。

二、《房屋市政工程生产安全重大隐患排查治理挂牌督办暂行办法》的管理规定

2011年10月8日,中华人民共和国住房和城乡建设部发出关于印发《房屋市政工程生产安全重大隐患排查治理挂牌督办暂行办法》(建质〔2011〕158号)的通知要求如下:

重大隐患是指在房屋建筑和市政工程施工过程中,存在的危害程度较大、可能导致群死群伤或造成重大经济损失的生产安全隐患。

本办法所称挂牌督办是指住房和城乡建设主管部门以下达督办通知书以及信息公开等方式,督促企业按照法律法规和技术标准,做好房屋市政工程生产安全重大隐患排查治理的工作。

第三条　建筑施工企业是房屋市政工程生产安全重大隐患排查治理的责任主体,应当建立健全重大隐患排查治理工作制度,并落实到每一个工程项目。企业及工程项目的主要负责人对重大隐患排查治理工作全面负责。

第四条　建筑施工企业应当定期组织安全生产管理人员、工程技术人员和其他相关人员排查每一个工程项目的重大隐患,特别是对深基坑、高支模、地铁隧道等技术难度大、风险大的重要工程应重点定期排查。对排查出的重大隐患,应及时实施治理消除,并将相关情况进行登记存档。

第五条　建筑施工企业应及时将工程项目重大隐患排查治理的有关情况向建设单位报告。建设单位应积极协调勘察、设计、施工、监理、监测等单位,并在资金、人员等方面积极配合做好重大隐患排查治理工作。

第六条　房屋市政工程生产安全重大隐患治理挂牌督办按照属地管理原则,由工程所在地住房和城乡建设主管部门组织实施。省级住房和城乡建设主管部门进行指导和监督。

第七条　住房和城乡建设主管部门接到工程项目重大隐患举报,应立即组织核实,属实的由工程所在地住房和城乡建设主管部门及时向承建工程的建筑施工企业下达《房屋市政工程生产安全重大隐患治理挂牌督办通知书》,并公开有关信息,接受社会监督。

第八条　《房屋市政工程生产安全重大隐患治理挂牌督办通知书》包括下列内容:

(一)工程项目的名称;

(二)重大隐患的具体内容;

(三)治理要求及期限;

(四)督办解除的程序;

(五)其他有关的要求。

第九条　承建工程的建筑施工企业接到《房屋市政工程生产安全重大隐患治理挂牌督办通知书》后,应立即组织进行治理。确认重大隐患消除后,向工程所在地住房和城乡建设主管部门报送治理报告,并提请解除督办。

第十条　工程所在地住房和城乡建设主管部门收到建筑施工企业提出的重大隐患解除督办申请后,应当立即进行现场审查。审查合格的,依照规定解除督办。审查不合格的,继续实施挂牌督办。

第十一条　建筑施工企业不认真执行《房屋市政工程生产安全重大隐患治理挂牌督办通知书》的,应依法责令整改;情节严重的要依法责令停工整改;不认真整改导致生产安全事故发生的,依法从重追究企业和相关负责人的责任。

第十二条　省级住房和城乡建设主管部门应定期总结本地区房屋市政工程生产安全重大隐患治理挂牌督办工作经验教训,并将相关情况报告住房和城乡建设部。

三、《房屋市政工程生产安全事故报告和查处工作规程》的管理规定

2013年1月14日,住房和城乡建设部关于印发《房屋市政工程生产安全事故报告和查处工作规程》的通知相关要求如下:

第二条　房屋市政工程生产安全事故,是指在房屋建筑和市政基础设施工程施工过程中发生的造成人身伤亡或者重大直接经济损失的生产安全事故。

第四条　房屋市政工程生产安全事故的报告,应当及时、准确、完整,任何单位和个人对事故不得迟报、漏报、谎报或者瞒报。

房屋市政工程生产安全事故的查处,应当坚持实事求是、尊重科学的原则,及时、准确地查明事故原因,总结事故教训,并对事故责任者依法追究责任。

第五条　事故发生地住房和城乡建设主管部门接到施工单位负责人或者事故现场有关人员的事故报告后,应当逐级上报事故情况。

特别重大、重大、较大事故逐级上报至国务院住房和城乡建设主管部门,一般事故逐级上报至省级住房和城乡建设主管部门。

必要时,住房和城乡建设主管部门可以越级上报事故情况。

第六条　国务院住房和城乡建设主管部门应当在特别重大和重大事故发生后4小时内,向国务院上报事故情况。

省级住房和城乡建设主管部门应当在特别重大、重大事故或者可能演化为特别重大、重大的事故发生后3小时内,向国务院住房和城乡建设主管部门上报事故情况。

第七条　较大事故、一般事故发生后,住房和城乡建设主管部门每级上报事故情况的时间不得超过2小时。

第八条　事故报告主要应当包括以下内容:

(一)事故的发生时间、地点和工程项目名称;

(二)事故已经造成或者可能造成的伤亡人数(包括下落不明人数);

(三)事故工程项目的建设单位及项目负责人、施工单位及其法定代表人和项目经理、监理单位及其法定代表人和项目总监;

(四)事故的简要经过和初步原因;

(五)其他应当报告的情况。

第九条　省级住房和城乡建设主管部门应当通过传真向国务院住房和城乡建设主管部门书面上报特别重大、重大、较大事故情况。

特殊情形下确实不能按时书面上报的,可先电话报告,了解核实情况后及时书面上报。

第十条　事故报告后出现新情况,以及事故发生之日起30日内伤亡人数发生变化的,住房和城乡建设主管部门应当及时补报。

第十一条　住房和城乡建设主管部门应当及时通报事故基本情况以及事故工程项目的

建设单位及项目负责人、施工单位及其法定代表人和项目经理、监理单位及其法定代表人和项目总监。

国务院住房和城乡建设主管部门对特别重大、重大、较大事故进行全国通报。

第十二条 住房和城乡建设主管部门应当按照有关人民政府的要求,依法组织或者参与事故调查工作。

第十三条 住房和城乡建设主管部门应当积极参加事故调查工作,应当选派具有事故调查所需要的知识和专长,并与所调查的事故没有直接利害关系的人员参加事故调查工作。

参加事故调查工作的人员应当诚信公正、恪尽职守,遵守事故调查组的纪律。

第十四条 住房和城乡建设主管部门应当按照有关人民政府对事故调查报告的批复,依照法律法规,对事故责任企业实施吊销资质证书或者降低资质等级、吊销或者暂扣安全生产许可证、责令停业整顿、罚款等处罚,对事故责任人员实施吊销执业资格注册证书或者责令停止执业、吊销或者暂扣安全生产考核合格证、罚款等处罚。

第十五条 对事故责任企业或者人员的处罚权限在上级住房和城乡建设主管部门的,当地住房和城乡建设主管部门应当在收到有关人民政府对事故调查报告的批复后15日内,逐级将事故调查报告(附具有关证据材料)、有关人民政府批复文件、本部门处罚建议等材料报送至有处罚权限的住房和城乡建设主管部门。

接收到材料的住房和城乡建设主管部门应当按照有关人民政府对事故调查报告的批复,依照法律法规,对事故责任企业或者人员实施处罚,并向报送材料的住房城乡建设主管部门反馈处罚情况。

第十六条 对事故责任企业或者人员的处罚权限在其他省级住房和城乡建设主管部门的,事故发生地省级住房和城乡建设主管部门应当将事故调查报告(附具有关证据材料)、有关人民政府批复文件、本部门处罚建议等材料转送至有处罚权限的其他省级住房和城乡建设主管部门,同时抄报国务院住房和城乡建设主管部门。

接收到材料的其他省级住房和城乡建设主管部门应当按照有关人民政府对事故调查报告的批复,依照法律法规,对事故责任企业或者人员实施处罚,并向转送材料的事故发生地省级住房和城乡建设主管部门反馈处罚情况,同时抄报国务院住房和城乡建设主管部门。

第十七条 住房和城乡建设主管部门应当按照规定,对下级住房和城乡建设主管部门的房屋市政工程生产安全事故查处工作进行督办。

国务院住房和城乡建设主管部门对重大、较大事故查处工作进行督办,省级住房和城乡建设主管部门对一般事故查处工作进行督办。

第十八条 住房和城乡建设主管部门应当对发生事故的企业和工程项目吸取事故教训、落实防范和整改措施的情况进行监督检查。

第十九条 住房和城乡建设主管部门应当及时向社会公布事故责任企业和人员的处罚情况,接受社会监督。

第二十条 对于经调查认定为非生产安全事故的,住房和城乡建设主管部门应当在事故性质认定后10日内,向上级住房和城乡建设主管部门报送有关材料。

第二十一条 省级住房和城乡建设主管部门应当按照规定,通过"全国房屋市政工程生产安全事故信息报送及统计分析系统"及时、全面、准确地报送事故简要信息、事故调查信息和事故处罚信息。

第二十二条 住房和城乡建设主管部门应当定期总结分析事故报告和查处工作,并将有关情况报送上级住房和城乡建设主管部门。国务院住房和城乡建设主管部门定期对事故报告和查处工作进行通报。

四、其他施工生产安全事故报告的管理规定

(一)《建筑施工企业安全生产管理规范》(GB 50656—2011)规定:

14.0.1 建筑施工企业生产安全事故管理应包括记录、统计、报告、调查、处理、分析改进等工作内容。

14.0.2 生产安全事故发生后,建筑施工企业应按照有关规定及时、如实上报,实行施工总承包的,应由总承包企业负责上报。

14.0.3 生产安全事故报告的内容应包括:

1. 事故的时间、地点和工程项目有关单位名称;

2. 事故的简要经过;

3. 事故已经造成或者可能造成的伤亡人数(包括下落不明的人数)和初步估计的直接经济损失;

4. 事故的初步原因;

5. 事故发生后采取的措施及事故控制情况;

6. 事故报告单位或报告人员;

14.0.4 生产安全事故报告后出现新情况的,应及时补报。

14.0.5 建筑施工企业应建立生产安全事故档案,事故档案应包括以下内容:

1. 企业职工伤亡事故月报表;

2. 企业职工伤亡事故年统计表;

3. 生产安全事故快报表;

4. 事故调查情况报告、对事故责任者的处理决定、伤残鉴定、政府的事故处理批复资料及相关影像资料;

5. 其他有关的资料。

(二)《生产安全事故报告和调查处理条例》已于 2007 年 3 月 28 日经国务院第 172 次常务会议通过并予公布,自 2007 年 6 月 1 日起施行。该条例是为了规范生产安全事故的报告和调查处理,落实生产安全事故责任追究制度,防止和减少生产安全事故的发生而制定的。该条例中明确了生产安全事故报告的对象、内容和要求。事故报告应当及时、准确、完整,任何单位和个人对事故不得迟报、漏报、谎报或者瞒报。

(三)《关于进一步规范房屋建筑和市政工程生产安全事故报告和调查处理工作的若干意见》第二条有关事故报告的规定:事故发生后,事故现场有关人员应当立即向施工单位负责人报告,施工单位负责人接到报告后,应当于 1 小时内向事故发生地县级以上人民政府建设主管部门和有关部门报告。情况紧急时,事故现场有关人员可以直接向事故发生地县级以上人民政府建设主管部门和有关部门报告。实行施工总承包的建设工程,由总承包单位负责上报事故。

(四)《关于进一步做好建筑生产安全事故处理工作的通知》(建质〔2009〕296 号),于 2009 年 12 月 25 日下发。通知要求各地住房和城乡建设主管部门要按照《生产安全事故报

告和调查处理条例》规定的内容和时限,及时上报事故有关情况。逐级上报事故情况时,每级上报的时间不得超过 2 小时。对于特别重大和重大事故,省级住房和城乡建设主管部门要在事故发生后 3 小时内,通过传真方式将情况上报住房和城乡建设部。对于情况不太清楚、内容不全的,了解情况后要及时补充上报。情况紧急、性质严重的事故,可先电话报告,了解核实情况后再以书面形式上报。事故应急处置过程中,要及时续报有关情况。省级住房和城乡建设主管部门要加大事故处罚力度,对于不履行职责、不落实责任,导致发生生产安全事故的责任单位和责任人员,要真正按照"四不放过"的原则和依法依规、实事求是、注重实效的要求,严肃追究事故责任。

第五节　安全事故的处理程序及要求

事故调查处理应当坚持实事求是、尊重科学的原则,及时、准确地查清事故经过、事故原因和事故损失,查明事故性质,认定事故责任,总结事故教训,提出整改措施,并对事故责任者依法追究责任。县级以上人民政府应当严格履行职责,及时、准确地完成事故调查处理工作。事故发生地有关地方人民政府应当支持、配合上级人民政府或者有关部门的事故调查处理工作,并提供必要的便利条件。参加事故调查处理的部门和单位应当互相配合,提高事故调查处理工作的效率。工会依法参加事故调查处理,有权向有关部门提出处理意见。任何单位和个人不得阻挠和干涉对事故的报告和依法调查处理。对事故报告和调查处理中的违法行为,任何单位和个人有权向安全生产监督管理部门、监察机关或者其他有关部门举报,接到举报的部门应当依法及时处理。

一、安全事故处理的"四不放过"原则

根据《建筑施工企业安全生产管理规范》14.0.6 规定:生产安全事故调查和处理,应做到事故原因不查清楚不放过、事故责任者和从业人员未受到教育不放过、事故责任者未受到处理不放过、没有采取防范事故再发生的措施不放过。

二、安全事故处理程序

(1)报告安全事故;
(2)迅速抢救伤员并保护好事故现场;
(3)组织调查组;
(4)现场勘察;
(5)分析事故原因,明确责任者;
(6)制定预防措施;
(7)提出处理意见,写出调查报告;
(8)事故的审定和结案;
(9)事故登记记录。
(一)事故调查规定
特别重大事故由国务院或者国务院授权有关部门组织事故调查组进行调查。重大事

故、较大事故、一般事故分别由事故发生地省级人民政府、设区的市级人民政府、县级人民政府负责调查。省级人民政府、设区的市级人民政府、县级人民政府可以直接组织事故调查组进行调查,也可以授权或者委托有关部门组织事故调查组进行调查。未造成人员伤亡的一般事故,县级人民政府也可以委托事故发生单位组织事故调查组进行调查。上级人民政府认为必要时,可以调查由下级人民政府负责调查的事故。自事故发生之日起 30 日内(道路交通事故、火灾事故自发生之日起 7 日内),因事故伤亡人数变化导致事故等级发生变化,依照《生产安全事故报告和调查处理条例》规定应当由上级人民政府负责调查的,上级人民政府可以另行组织事故调查组进行调查。特别重大事故以下等级事故,事故发生地与事故发生单位不在同一个县级以上行政区域的,由事故发生地人民政府负责调查,事故发生单位所在地人民政府应当派人参加。

事故调查组的组成应当遵循精简、高效的原则。根据事故的具体情况,事故调查组由有关人民政府、安全生产监督管理部门、负有安全生产监督管理职责的有关部门、监察机关、公安机关以及工会派人组成,并应当邀请人民检察院派人参加。事故调查组可以聘请有关专家参与调查。事故调查组成员应当具有事故调查所需要的知识和专长,并与所调查的事故没有直接利害关系。事故调查组组长由负责事故调查的人民政府指定。事故调查组组长主持事故调查组的工作。建设主管部门应当按照有关人民政府的授权或委托组织事故调查组对事故进行调查并履行下列职责:

(1)核实事故项目基本情况包括项目履行法定建设程序情况、参与项目建设活动各方主体履行职责的情况。

(2)查明事故发生的经过、原因、人员伤亡及直接经济损失并依据国家有关法律法规和技术标准分析事故的直接原因和间接原因。

(3)认定事故的性质明确事故责任单位和责任人员在事故中的责任。

(4)依照国家有关法律法规对事故的责任单位和责任人员提出处理建议。

(5)总结事故教训,提出防范和整改措施。

(6)提交事故调查报告。

事故调查组有权向有关单位和个人了解与事故有关的情况,并要求其提供相关文件、资料,有关单位和个人不得拒绝。事故发生单位的负责人和有关人员在事故调查期间不得擅离职守,并应当随时接受事故调查组的询问,如实提供有关情况。事故调查中需要进行技术鉴定的,事故调查组应当委托具有国家规定资质的单位进行技术鉴定。必要时,事故调查组可以直接组织专家进行技术鉴定。技术鉴定所需时间不计入事故调查期限。

事故调查组应当自事故发生之日起 60 日内提交事故调查报告;特殊情况下,经负责事故调查的人民政府批准,提交事故调查报告的期限可以适当延长,但延长的期限最长不超过 60 日。事故调查报告应当包括下列内容:

(1)事故发生单位概况;

(2)事故发生经过和事故救援情况;

(3)事故造成的人员伤亡和直接经济损失;

(4)事故发生的原因和事故性质;

(5)事故责任的认定以及对事故责任者的处理建议;

(6)事故防范和整改措施。

（二）事故处理规定

建设主管部门应当依据有关人民政府对事故的批复和有关法律法规的规定对事故相关责任者实施行政处罚。处罚权限不属本级建设主管部门的应当在收到事故调查报告批复后15个工作日内,将事故调查报告,附具有关证据材料、结案批复、本级建设主管部门对有关责任者的处理建议等转送有权限的建设主管部门。

建设主管部门应当依照有关法律法规的规定,对因降低安全生产条件导致事故发生的施工单位给予暂扣或吊销安全生产许可证的处罚,对事故负有责任的相关单位给予罚款、停业整顿、降低资质等级或吊销资质证书的处罚。

建设主管部门应当依照有关法律法规的规定,对事故发生负有责任的注册执业资格人员给予罚款、停止执业或吊销其注册执业资格证书的处罚。

因忽视安全生产、违章指挥、违章作业、玩忽职守或者发现事故隐患、危害情况而不采取有效措施以致造成伤亡事故的,由企业主管部门或者企业按照国家有关规定,对企业负责人和直接责任人员给予行政处分;构成犯罪的,由司法机关依法追究刑事责任。

在伤亡事故发生后隐瞒不报、谎报、故意迟延不报、故意破坏事故现场,或者以不正当理由,拒绝接受调查以及拒绝提供有关情况和资料的,由有关部门按照国家有关规定,对有关单位负责人和直接责任人员给予行政处分;构成犯罪的,由司法机关依法追究刑事责任。

伤亡事故处理工作应当在90日内结案,特殊情况不得超180日。伤亡事故处理结案后,应当公开宣布处理结果。

三、安全事故统计规定

企业职工伤亡事故统计实行地区考核为主的制度。各级隶属关系的企业和企业主管单位要按当地安全生产行政主管部门规定的时间报送报表。

安全生产行政主管部门对各部门的企业职工伤亡事故情况实行分级考核。企业报送主管部门的数字要与报送当地安全生产行政主管部门的数字一致,各级主管部门应如实向同级安全生产行政主管部门报送。

建设主管部门应当按照有关规定将一般及以上生产安全事故通过《建设系统安全事故和自然灾害快报系统》上报至国务院建设主管部门。对于经调查认定为非生产安全事故的建设主管部门应在事故性质认定后10个工作日内将有关材料报上一级建设主管部门。

第六节　安全事故救援处理知识和规定

一、事故应急救援相关知识

（一）事故应急救援的基本任务

事故应急救援的总目标是通过有效的应急救援行动,尽可能地降低事故的后果,包括人员伤亡、财产损失和环境破坏等。事故应急救援的基本任务包括下述几个方面:

（1）立即组织营救受害人员,组织撤离或者采取其他措施保护危害区域内的其他人员。

（2）迅速控制事态，并对事故造成的危害进行检测、监测，测定事故的危害区域、危害性质及危害程度。及时控制住造成事故的危险源是应急救援工作的重要任务。

（3）消除危害后果，做好现场恢复。

（4）查清事故原因，评估危害程度。

（二）事故应急救援的特点

应急工作涉及技术事故、自然灾害（引发）、城市生命线、重大工程、公共活动场所、公共交通、公共卫生和人为突发事件等多个公共安全领域，构成一个复杂的系统，具有不确定性、突发性、复杂性和后果、影响易猝变、激化、放大的特点。

（三）事故应急救援管理过程

尽管重大事故的发生具有突发性和偶然性，但重大事故的应急管理不只限于事故发生后的应急救援行动。应急管理是对重大事故的全过程管理，贯穿于事故发生前、中、后的各个过程，充分体现了"预防为主，常备不懈"的应急思想。应急管理是一个动态的过程，包括预防、准备、响应和恢复 4 个阶段，如图 4-1 所示。

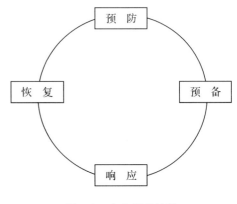

图 4-1　应急管理过程

尽管在实际情况中这些阶段往往是交叉的，但每一阶段都有自己明确的目标，而且每一阶段又是构筑在前一阶段的基础之上，因而预防、准备、响应和恢复的相互关联，构成了重大事故应急管理的循环过程。

1．预防

在应急管理中预防有两层含义：一是事故的预防工作，即通过安全管理和安全技术等手段，尽可能地防止事故的发生，实现本质安全；二是在假定事故必然发生的前提下，通过预先采取的预防措施，达到降低或减缓事故的影响或后果的严重程度，如加大建筑物的安全距离、工厂选址的安全规划、减少危险物品的存量、设置防护墙以及开展公众教育等。从长远看，低成本、高效率的预防措施是减少事故损失的关键。

2．准备

应急准备是应急管理过程中一个极其关键的过程。它是针对可能发生的事故，为迅速有效地开展应急行动而预先所做的各种准备，包括应急体系的建立、有关部门和人员职责的落实、预案的编制、应急队伍的建设、应急设备（施）与物资的准备和维护、预案的演练、与外部应急力量的衔接等，其目标是保持重大事故应急救援所需的应急能力。

3．响应

应急响应是在事故发生后立即采取的应急与救援行动，包括事故的报警与通报、人员的紧急疏散、急救与医疗、消防和工程抢险措施、信息收集与应急决策和外部求援等。其目标是尽可能地抢救受害人员，保护可能受威胁的人群，尽可能控制并消除事故。

4．恢复

恢复工作应在事故发生后立即进行。首先应使事故影响区域恢复到相对安全的基本状态，然后逐步恢复到正常状态。要求立即进行的恢复工作包括事故损失评估、原因调查、清理废墟等。在短期恢复工作中,应注意避免出现新的紧急情况。长期恢复包括厂区重建和受影响区域的重新规划和发展。在长期恢复工作中,应汲取事故和应急救援的经验教训,开展进一步的预防工作和减灾行动。

(五)建筑施工企业应急救援管理

建筑施工企业的应急救援管理应包括建立组织机构,预案编制、审批、演练、评价、完善和应急救援响应工作程序及记录等内容。

建筑施工企业应建立应急救援组织机构,明确领导小组,设立专家库,组建救援队伍,并进行日常管理。

建筑施工企业应建立应急物资保障体系,明确应急设备和器材储存、配备的场所、数量,并定期对应急设备和器材进行检查、维护、保养。

建筑施工企业应根据施工管理和环境特征,组织各管理层制订应急救援预案,内容应包括:

(1)紧急情况、事故类型及特征分析;

(2)应急救援组织机构与人员职责分工;

(3)应急救援设备和器材的调用程序;

(4)与企业内部相关职能部门和外部政府、消防、救险、医疗等相关单位与部门的信息报告、联系方法;

(5)抢险急救的组织、现场保护、人员撤离及疏散等活动的具体安排。

建筑施工企业各管理层应针对应急救援预案,开展下列工作:

(1)对全体从业人员进行针对性的培训和交底;

(2)定期组织专项应急演练;

(3)接到相关报告后,及时启动预案。

建筑施工企业应根据应急救援预案演练、实战的结果,对事故应急预案的适宜性和可操作性组织评价,必要时进行修改和完善。

(六)事故应急救援体系响应程序

事故应急救援系统的应急响应程序按过程可分为接警、响应级别确定、应急启动、救援行动、应急恢复和应急结束等几个过程,如图4-2所示。

1. 接警与响应级别确定

接到事故报警后,按照工作程序,对警情做出判断,初步确定相应的响应级别。如果事故不足以启动应急救援体系的最低响应级别,响应关闭。

2. 应急启动

应急响应级别确定后,按所确定的响应级别启动应急程序,如通知应急中心有关人员到位、开通信息与通信网络、通知调配救援所需的应急资源(包括应急队伍和物资、装备等)、成立现场指挥部等。

3. 救援行动

有关应急队伍进入事故现场后,迅速开展事故侦测、警戒、疏散、人员救助、工程抢险等有关应急救援工作,专家组为救援决策提供建议和技术支持。当事态超出响应级别无法得到有效控制时,向应急中心请求实施更高级别的应急响应。

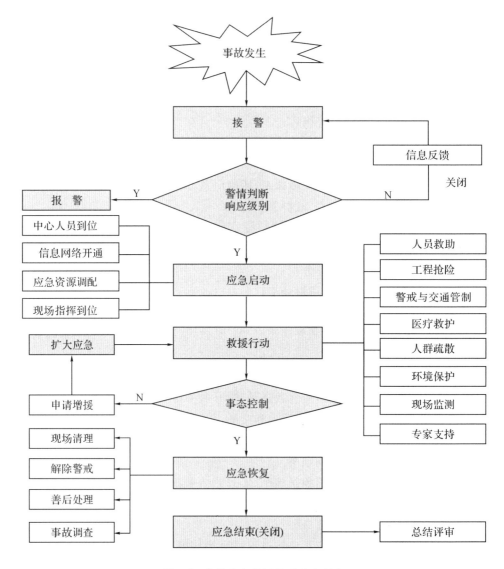

图 4-2 事故应急救援体系响应程序

4. 应急恢复

救援行动结束后,进入临时应急恢复阶段。该阶段主要包括现场清理、人员清点和撤离、警戒解除、善后处理和事故调查等。

5. 应急结束

执行应急关闭程序,由事故总指挥宣布应急结束。

二、施工生产安全事故应急救援预案的规定

《建筑施工企业安全生产管理规范》第13条有关应急救援管理的要求如下:

13.0.1 建筑施工企业的应急救援管理应包括建立组织机构,预案编制、审批、演练、评价、完善和应急救援响应工作程序及记录等内容。

13.0.2　建筑施工企业应建立应急救援组织机构,明确领导小组,设立专家库,组建救援队伍,并进行日常管理。

13.0.3　建筑施工企业应建立应急物资保障体系,明确应急设备和器材储存、配备的场所、数量,并定期对应急设备和器材进行检查、维护、保养。

13.0.4　建筑施工企业应根据施工管理和环境特征,组织各管理层制订应急救援预案,内容应包括:

(1)紧急情况、事故类型及特征分析;

(2)应急救援组织机构与人员职责分工;

(3)应急救援设备和器材的调用程序;

(4)与企业内部相关职能部门和外部政府、消防、救险、医疗等相关单位与部门的信息报告、联系方法;

(5)抢险急救的组织、现场保护、人员撤离及疏散等活动的具体安排。

13.0.5　建筑施工企业各管理层应针对应急救援预案,开展下列工作:

(1)1 对全体从业人员进行针对性的培训和交底;

(2)定期组织专项应急演练;

(3)接到相关报告后,及时启动预案。

13.0.6　建筑施工企业应根据应急救援预案演练、实战的结果,对事故应急预案的适宜性和可操作性组织评价,必要时进行修改和完善。

三、《生产安全事故应急预案管理办法》的规定

《生产安全事故应急预案管理办法》已经 2019 年 6 月 24 日应急管理部第 20 次部务会议审议通过,自 2019 年 9 月 1 日起施行。相关条款如下:

第三条　应急预案的管理遵循综合协调、分类管理、分级负责、属地为主的原则。

第六条　生产经营单位应急预案分为综合应急预案、专项应急预案和现场处置方案。

综合应急预案,是指生产经营单位为应对各种生产安全事故而制定的综合性工作方案,是本单位应对生产安全事故的总体工作程序、措施和应急预案体系的总纲。

专项应急预案,是指生产经营单位为应对某一种或者多种类型生产安全事故,或者针对重要生产设施、重大危险源、重大活动防止生产安全事故而制定的专项性工作方案。

现场处置方案,是指生产经营单位根据不同生产安全事故类型,针对具体场所、装置或者设施所制定的应急处置措施。

第七条　应急预案的编制应当遵循以人为本、依法依规、符合实际、注重实效的原则,以应急处置为核心,明确应急职责、规范应急程序、细化保障措施。

第八条　应急预案的编制应当符合下列基本要求:

(一)有关法律、法规、规章和标准的规定;

(二)本地区、本部门、本单位的安全生产实际情况;

(三)本地区、本部门、本单位的危险性分析情况;

(四)应急组织和人员的职责分工明确,并有具体的落实措施;

(五)有明确、具体的应急程序和处置措施,并与其应急能力相适应;

(六)有明确的应急保障措施,满足本地区、本部门、本单位的应急工作需要;

（七）应急预案基本要素齐全、完整，应急预案附件提供的信息准确；

（八）应急预案内容与相关应急预案相互衔接。

第九条 编制应急预案应当成立编制工作小组，由本单位有关负责人任组长，吸收与应急预案有关的职能部门和单位的人员，以及有现场处置经验的人员参加。

第十条 编制应急预案前，编制单位应当进行事故风险辨识、评估和应急资源调查。

事故风险辨识、评估，是指针对不同事故种类及特点，识别存在的危险危害因素，分析事故可能产生的直接后果以及次生、衍生后果，评估各种后果的危害程度和影响范围，提出防范和控制事故风险措施的过程。

应急资源调查，是指全面调查本地区、本单位第一时间可以调用的应急资源状况和合作区域内可以请求援助的应急资源状况，并结合事故风险辨识评估结论制定应急措施的过程。

第十二条 生产经营单位应当根据有关法律、法规、规章和相关标准，结合本单位组织管理体系、生产规模和可能发生的事故特点，与相关预案保持衔接，确立本单位的应急预案体系，编制相应的应急预案，并体现自救互救和先期处置等特点。

第十三条 生产经营单位风险种类多、可能发生多种类型事故的，应当组织编制综合应急预案。

综合应急预案应当规定应急组织机构及其职责、应急预案体系、事故风险描述、预警及信息报告、应急响应、保障措施、应急预案管理等内容。

第十四条 对于某一种或者多种类型的事故风险，生产经营单位可以编制相应的专项应急预案，或将专项应急预案并入综合应急预案。

专项应急预案应当规定应急指挥机构与职责、处置程序和措施等内容。

第十五条 对于危险性较大的场所、装置或者设施，生产经营单位应当编制现场处置方案。

现场处置方案应当规定应急工作职责、应急处置措施和注意事项等内容。

事故风险单一、危险性小的生产经营单位，可以只编制现场处置方案。

第十六条 生产经营单位应急预案应当包括向上级应急管理机构报告的内容、应急组织机构和人员的联系方式、应急物资储备清单等附件信息。附件信息发生变化时，应当及时更新，确保准确有效。

第十七条 生产经营单位组织应急预案编制过程中，应当根据法律、法规、规章的规定或者实际需要，征求相关应急救援队伍、公民、法人或者其他组织的意见。

第十八条 生产经营单位编制的各类应急预案之间应当相互衔接，并与相关人民政府及其部门、应急救援队伍和涉及的其他单位的应急预案相衔接。

第十九条 生产经营单位应当在编制应急预案的基础上，针对工作场所、岗位的特点，编制简明、实用、有效的应急处置卡。应急处置卡应当规定重点岗位、人员的应急处置程序和措施，以及相关联络人员和联系方式，便于从业人员携带。

四、事故应急救援预案的实施

事故发生后，应迅速辨别事故的类别、性质、危害程度，适时启动相应的应急救援预案，按照预案进行应急救援。实施时不能轻易变更预案，如有预案未考虑到的方面，应冷静分析、果断处置。对应急救援预案的实施具体要求如下：

（1）立即组织营救受害人员。抢救受害人员是应急救援的首要任务，在应急救援行动中，快速、有序、有效地实施现场急救与安全转送伤员，是降低事故伤亡率、减少事故损失的关键。

（2）指导群众防护，组织群众撤离。由于一般安全事故都发生突然，特别是重大事故扩散迅速、涉及范围广、危害大，因此，应及时指导和组织群众采取各种措施进行自身防护，并迅速撤离出危险区或可能受到危害的区域。在撤离过程中，应积极组织群众开展自救和互救工作。

（3）迅速控制危险源。及时控制造成事故的危险源是应急救援工作的重要任务，只有及时控制住危险源，防止事故的继续蔓延，才能及时有效地进行救援，减小各种损失。同时应对事故造成的危害进行监测和评估，确定事故的危害区域、危害性质、损失程度及影响程度。

（4）做好现场隔离和清理，消除危害后果。针对事故对人体、动植物、水源、空气、土壤等造成的现实危害和可能的危害，迅速采取封闭、隔离、消洗等措施。对事故外溢的有毒、有害物质和可能对人和环境继续造成危害的物质，应及时组织人员予以清除，防止对人和环境继续造成危害；

（5）按规定及时向有关部门进行事故报告。施工发生后，应按照有关规定，及时、如实地向有关人员和部门进行事故报告，否则应承担相应的责任。

（6）保存有关记录及物证，以利于后期事故调查。在应急救援时，应当尽全力保护好事故现场，并及时、准确地收集好相关物证，为事故调查准备相关资料。

（7）查清事故原因，评估危害程度。事故发生后应及时调查事故的发生原因和事故性质，评估出事故最终的危害范围和危险程度，查明人员伤亡情况，做好事故调查。

五、多发性安全事故应急救援措施

（一）坍塌事故应急救援演练与急救

（1）坍塌事故发生后，应迅速安排专人及时切断有关电闸，并立即组织抢险人员尽快到达事故现场。根据具体情况，采取人工和机械相结合的方法，对坍塌现场进行处理。抢救中如遇到坍塌的巨型物体或人工搬运有困难时，可调集大型的机械进行急救。在接近被埋人员时，必须停止机械作业，全部改用人工扒物，以防止误伤被埋人员。现场抢救中，还要安排专人对边坡、各类支护设施进行监护和观测，防止事故扩大，同时对现场进行声像资料的收集。

（2）事故现场周围应设警戒线，并及时将事故情况上报有关部门和人员。

（3）坚持统一指挥、密切协同的原则。坍塌事故发生后，参战组织和人员较多，现场情况复杂，各种组织和人员需在现场总指挥部的统一指挥下，积极配合、密切协同，共同完成救援任务。

（4）坚持以快制快、行动果断的原则。鉴于坍塌事故有突发性，在短时间内不易处理，处置行动必须做到接警调度快、到达快、准备快、疏散救人快，达到以快制快的目的。

（5）强调科学施救、稳妥可靠的原则。解决坍塌事故要讲科学，避免急躁行动引发连续坍塌事故的发生。

（6）坚持救人第一的原则。当现场遇有人员生命受到威胁时，首要任务是抢救人员。

（7）伤员抢救时应立即与附近急救中心和医院联系，请求出动急救车辆并做好急救准备,确保伤员得到及时有效地医治。

(8)保护物证的原则。事故现场救助行动中,应安排人员同时做好事故调查取证工作,以利于事故后期的调查和处理,防止证据遗失。

(9)坚持自我保护原则。在救助行动中,抢救机械设备和救助人员应严格执行安全操作规程,配齐安全设施和防护工具,加强自我保护,确保抢救行动过程中的人身和财产安全。

(二)高处坠落的应急救援演练与急救

(1)救援人员首先根据伤者受伤部位立即组织抢救,并迅速使伤者快速脱离危险环境,及时送往医院救治,同时妥善保护现场,查看事故现场周围有无其他危险源存在;

(2)在抢救伤员的同时迅速向上级报告事故现场情况;

(3)抢救受伤人员时几种情况的处理:

——如确认人员已死亡,立即保护现场;

——如发生人员昏迷、伤及内脏、骨折及大量失血,应首先立即联系120急救车或距现场最近的医院,并说明伤情,以取得最佳抢救效果,还可根据伤情送往专科医院;若外伤大出血,在急救车未到前,应迅速在现场采取有效的止血措施;若发生骨折,应注意搬运时的保护,对昏迷、可能伤及脊椎、内脏或伤情不详的伤员一律用担架或平板运送,禁止用搂、抱、背等方式运送伤员;

——一般性伤情应及时送往医院检查,注意防止破伤风。

(三)触电事故应急救援的演练与急救

(1)当发现有人触电,不要惊慌,首先要尽快切断电源。注意:救护人千万不要用手直接去拉触电的人,防止发生救护人触电事故。应根据现场具体条件,果断采取适当的脱离电源的方法和措施,一般有以下几种方法和措施:①如果开关或按钮距离触电地点很近,应迅速拉开开关,切断电源;如果够不着插座开关,就关上总开关,切勿关错一些电器用具的开关,因为该开关可能正处于漏电保护状态;并应准备充足照明,以便进行抢救。②如果开关距离触电地点很远,可用绝缘手钳或用干燥木柄的斧、刀、铁锹等把电线切断。注意:应切断电源侧(即来电侧)的电线,且切断的电线不可触及人体。

(2)若无法关上开关,可站在绝缘物上,如一叠厚报纸、塑料布、木板之类,或用扫帚或木椅等非导电体将伤者拔离电源,或用绳子、裤子或任何干布条绕过伤者腋下或腿部,把伤者拖离电源。如果触电人的衣服是干燥的、而且不是紧缠在身上时,救护人员可站在干燥的木板上,或用干衣服、干围巾等把自己一只手作严格绝缘包裹,然后用这一只手拉触电人的衣服,把他拉离带电体。

注意:千万不要用两只手、不要触及触电人的皮肤、不可拉他的脚,且只适应低压触电,绝不能用于高压触电的抢救。也不要用潮湿的工具或金属器具把伤者拔开,更不要使用潮湿的物件拖动伤者。

(3)触电伤员如意识丧失,应在10秒内,用看、听、试的方法判断伤员呼吸情况。看:看伤员的胸部、腹部有无起伏动作。听:耳贴近伤员的口,听有无呼气声音。试:试测口鼻有无呼气的气流。再用两手指轻试一侧喉结旁凹陷处的颈动脉有无搏动。若看、听、试的结果,既无呼吸又无动脉搏动,可判定呼吸心跳已停止,应立即用心肺复苏法进行抢救。

(4)触电伤员如神志清醒,应使其就地躺开,严密监视,暂时不要站立或走动。触电者如神志不清,应就地仰面躺开,确保气道通畅,并每间隔5秒呼叫伤员或轻拍其肩部,以判断伤员是否意识丧失。禁止摆动伤员头部呼叫伤员。坚持就地正确抢救,并尽快联系医院进行抢救。

(5)如果人在较高处触电,必须采取保护措施防止切断电源后触电人从高处摔下。把伤员抬到附近平坦的地方,立即对伤员进行急救。

(6)现场抢救触电者的原则:迅速、就地、准确、坚持。迅速——争分夺秒使触电者脱离电源;就地——必须在现场附近就地抢救,病人有意识后再就近送医院抢救。从触电时算起,1分钟内就开始施救,救生率在90%左右;6分钟以内及时抢救,救生率在50%左右;12分钟后再开始抢救,救活的希望甚微。施救时人工呼吸法的动作必须准确,只要有百万分之一的希望就要尽百分之百的努力去抢救。

(四)塔式起重机出现事故征兆时的演练与救援

应急指挥接到各种机械伤害事故时,应立即召集应急小组成员,分析现场事故情况,明确救援步骤、所需设备、设施及人员,按照应急预案进行策划、分工,实施救援。需要救援车辆时,应急指挥人员应安排专人接车,引领救援车辆迅速施救。具体要求如下:

(1)塔吊基础下沉、倾斜。应立即停止作业,并将回转机构锁住,限制其转动,并根据现场情况设置地锚,尽可能控制塔吊的继续倾斜。

(2)塔吊平衡臂、起重臂折臂。此时塔吊不能做任何动作。按照抢险方案,根据情况采用焊接等手段,将塔吊结构加固,或用连接方法将塔吊结构与其他物体连接,防止塔吊倾翻或在拆除过程中发生意外;用2~3台适量吨位的起重机,一台锁住起重臂,一台锁住平衡臂。其中一台在拆卸起重臂时起平衡力矩作用,防止因力的突然变化而造成倾翻;按抢险方案规定的顺序,将起重臂或平衡臂连接件中变形的连接件取下,用气割割开,用起重机将臂杆取下;按正常的拆塔程序将塔吊拆除,遇变形结构用气割割开。

(3)塔吊倾翻。采取焊接、连接方法,在不破坏失稳受力情况下增加平衡力矩,控制险情发展;选用适量吨位起重机按照抢险方案将塔吊拆除,变形部件用气割割开或调整。

(4)锚固系统险情。将塔式平衡臂对应到建筑物,转臂过程要平稳并锁住;将塔吊锚固系统加固;如需更换锚固系统部件,先将塔机降至规定高度后,再行更换部件。

(5)塔身结构变形、断裂、开焊。将塔式平衡臂对应到变形部位,转臂过程要平稳并锁住;根据情况采用焊接等手段,将塔吊结构变形或断裂、开焊部位加固;落塔更换损坏结构。

(五)小型设备的应急救援演练与急救

(1)发生各种机械伤害时,应先切断电源,再根据伤害部位和伤害性质进行处理。

(2)迅速确定事故发生的准确位置、可能波及的范围、设备损坏的程度、人员伤亡等情况,以根据不同情况进行有效的处置。

(3)根据现场人员被伤害的程度,一边通知急救医院,一边对轻伤人员进行现场救护。

(4)对重伤者且不明伤害部位和伤害程度的,不要盲目进行抢救,以免引起更严重的伤害。

(5)划出事故特定区域,非救援人员、未经允许不得进入特定区域。迅速核实机械设备上作业人数,如有人员被压在倒塌的设备下面,要立即采取可靠措施加固四周,然后拆除或切割压住伤者的杆件,将伤员移出。

(6)抢救受伤人员时几种情况的处理:

——如确认人员已死亡,立即保护现场。

——如发生人员昏迷、伤及内脏、骨折及大量失血：应立即联系120急救车或距现场最近的医院，并说明伤情，为取得最佳抢救效果，还可根据伤情联系专科医院；外伤大出血：急救车未到前，现场及时采取止血措施；骨折：注意搬动时的保护，对昏迷、可能伤及脊椎、内脏或伤情不详的伤员一律用担架或平板运送，不得一人抬肩、一人抬腿。

——一般性外伤：视伤情送往医院，防止破伤风。轻微内伤，送医院检查。

——制定救援措施时一定要考虑所采取措施的安全性和风险，经评价确认安全无误后再实施救援，避免因采取措施不当而引发新的伤害或损失。

（六）火灾应急演练与急救

（1）火灾事故发生后，发现人应立即报警。一旦启动本预案，相关责任人要以处置重大紧急情况为压倒一切的首要任务，绝不能以任何理由推诿拖延。各部门之间、各单位之间必须服从指挥、协调配合，共同做好灭火工作。因工作不到位或玩忽职守造成严重后果的，要追究有关人员的责任。

（2）项目部在接到报警后，应立即组织自救队伍，按事先制定的应急方案立即进行自救；若事态情况严重，难以控制和处理，应立即在自救的同时向专业队伍求救，并密切配合救援队伍。

（3）疏通事发现场道路，并疏散人群至安全地带，保证救援工作顺利进行。

（4）在急救过程中，遇有威胁人身安全情况时，应首先确保人身安全，迅速组织人员脱离危险区域或场所后，再采取急救措施。

（5）切断电源、可燃气体（液体）的输送，防止事态扩大。

（6）安全总监为紧急事务联络员，负责紧急事务的联络工作。

（7）紧急事故处理结束后，安全总监应填写记录，并召集相关人员研究防止事故再次发生的对策。

在火灾事故的应急演练和急救时还应注意以下要求：

（1）做好对施工人员的防火安全教育，帮助施工人员学习防火、灭火、避难、危险品转移等各种安全疏散知识和应对方法，提高施工人员对火灾、爆炸事故发生时的心理承受能力和应变能力。一旦发生突发事件，施工人员不仅可以沉稳自救，还可以冷静地配合外界消防队伍做好灭火工作，把火灾事故损失降低到最低。

（2）火灾事件发生时，在安全地带的施工人员应尽早做到早期警告，可通过手机、对讲机等方式向楼上施工人员传递火灾发生信息和位置。

（3）高层建筑在发生火灾时，不能使用室内电梯和外用电梯逃生；因为室内电梯井会产生"烟囱效应"，外用电梯会发生电源短路情况；最好通过室内楼梯或室外脚手架马道逃生；如果下行楼梯受阻，施工人员可以在某楼层或楼顶部耐心等待救援，打开窗户或划破安全网保持通风，同时用湿布捂住口鼻，挥舞彩色安全帽表明所处位置，切忌逃生时在马道上拥挤。

（4）灾难发生时，由于人的生理反应和心理反应决定受灾人员的行为具有明显的向光性和盲从性。向光性是指在黑暗中，尤其是辨不清方向、走投无路时，只要有一丝光亮，人们就会迫不及待地向光亮处走去；盲从性是指事件突变，生命受到威胁时，人们由于过分紧张、恐慌，而失去正确的理解和判断能力，只要有人一声招呼，就会导致不少人跟随、拥挤逃生，这会影响疏散甚至造成人员伤亡。

（5）恐慌行为是一种过分和不明智的逃离行为，它极易导致各种伤害性情感行动。如绝望、歇斯底里等,这种行为若导致"竞争性"拥挤、再进入火场、穿越烟气空间及跳楼等行动,常带来灾难性后果。

(6)受灾人已经撤离或将要撤离火场时,由于某些特殊原因会驱使他们再度进入火场,这也属于一种危险行为,在实际火灾案例中,由于再进火场而导致灾难性后果的占有相当大的比例。

(7)要求现场参与扑灭火灾的人员,能够正确地选择合理的灭火器材,并能够正确使用。

(七)人工呼吸法的演练与急救

人工呼吸法是采取人工的方法来代替肺部呼吸的活动,及时有效地使气体有节律地进入和排出肺脏,供给体内足够氧气并充分排出二氧化碳,促使呼吸中枢尽早恢复功能,恢复人体自动呼吸的急救方法。各种人工呼吸方法中,以口对口呼吸法效果最好。

口对口呼吸法的具体做法(见图 4-3)是:

(1)将伤员平卧,解开衣领、围巾和紧身衣服,放松裤带,在伤员的肩

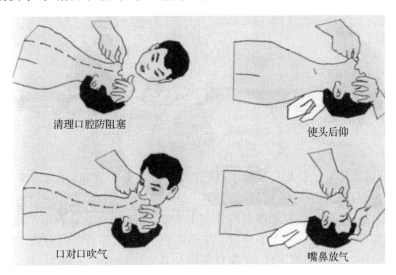

图 4-3　口对口呼吸法

背下方可垫上软物,使伤员的头部充分后仰,呼吸道尽量畅通,用手指清除口腔中的异物,如假牙、分泌物、血块和呕吐物等。注意环境要安静,冬季要保温。

(2)抢救者在伤员的一侧,以近其头部的手紧捏伤员的鼻子(避免漏气),并将手掌外缘压住额部,另一只手托在伤员颈部,将颈部上抬,使其头部尽量上仰,鼻孔呈朝天状,嘴巴张开准备接受吹气。

(3)抢救者先吸一口气,然后嘴紧贴伤员的嘴大口吹气,同时观察其胸部是否膨胀隆起,以确定吹气是否有效和吹气是否适度。

(4)吹气停止后,抢救者头稍侧转,并立即放松捏鼻子的手,让气体从伤员的鼻孔排除。此时应注意胸部复原情况,倾听呼气声,观察有无呼吸道梗阻。

如此反复而有节律地人工呼吸,不可中断,每分钟应为 12~16 次。进行人工呼吸时要注意口对口的压力要掌握好,开始时可略大些,频率也可稍快些,经过 10~20 次人工吹气后

逐渐减小压力,只要维持胸部轻度升起即可。如遇到伤员嘴巴解不开的情况,可改用口对鼻孔吹气的办法,吹气时压力要稍大些,时间稍长些,效果相仿。采用人工呼吸法,只有当伤员出现自主呼吸时,方可停止,但要密切观察,以防出现再次停止呼吸。

(八)体外心脏挤压法的演练和急救

体外心脏挤压法是指通过人工方法有节律地对心脏按压,来代替心脏的自然收缩,从而达到维持血液循环的目的,进而恢复心脏的自然节律,是挽救伤员的生命的一种急救方法。

体外心脏挤压法具体做法(见图 4-4)是:

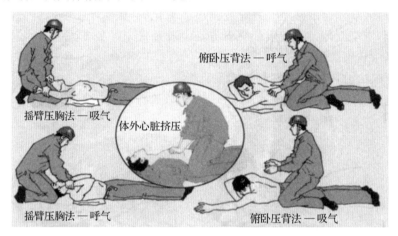

图 4-4　体外心脏挤压

(1)使伤员就近仰卧于硬板上或地上,注意保暖,解开伤员衣领,使其头部后仰侧俯。抢救者站在伤员左侧或跪跨在病人的腰部两侧。

(2)抢救者以一手掌根部置于伤员胸骨下 1/3 处,即中指对准其颈部凹陷的下缘,另一只手掌交叉重叠于该手背上,肘关节伸直。依靠体重、臂和肩部肌肉的力量,垂直用力,向脊柱方向冲击性地用力施压胸骨下段,使胸骨下段与其相连的肋骨下陷 3~4cm,间接压迫心脏,使心脏内血液搏出。

(3)挤压后突然放松(要注意掌根不能离开胸壁),依靠胸廓的弹性,使胸骨复位,心脏舒张,大静脉的血液回流到心脏。

在进行体外心脏挤压法时,定位要准确,用力要垂直适当,有节奏地反复进行;防止因用力过猛而造成继发性组织器官的损伤或肋骨骨折。挤压频率一般控制在每分钟 60~80 次,有时为了提高效果,可增加挤压频率,达到每分钟 100 次左右。抢救时必须同时兼顾心跳和呼吸。抢救工作一般需要很长时间,在没送到医院之前,抢救工作不能停止。

人工呼吸法和体外心脏挤压法的适用范围很广,除适用于触电伤害的急救外,对遭雷击、急性中毒、烧伤、心跳骤停等因素所引起的抑制或呼吸停止的伤员都可采用,有时两种方法可交替进行。

(九)创伤救护的演练和急救

创伤分为开放性创伤和闭合性创伤。开放性创伤是指皮肤或黏膜的破损,常见有:摔伤、擦伤、碰伤、切割伤、刺伤、烧伤等;闭合性创伤是指人体内部组织或器官的损伤,而没有皮肤黏膜的破损,常见的有:骨折、内脏挤压伤等。

（1）开放性创伤的处理。对于开放性创伤应首先对伤口进行清理、消毒。用生理盐水或酒精棉球,对伤口进行清洗消毒,将伤口和周围皮肤上沾染的泥沙、污物等清理干净,并用干净的纱布将水分及渗血吸干,再用碘酒等药物进行初步消毒。在没有消毒条件的情况下,可用清洁水冲洗伤口,最好用流动的自来水冲洗,然后用干净的布或敷料吸干伤口。

对于出血不止的开放性伤口,首先应考虑的是有效地止血,这对伤员的生命安危影响极大。在现场处理时,应根据出血类型和部位不同采用不同的止血方法。具体的方法有:直接压迫法——将手掌通过洁净的敷料直接压在开放性伤口的整个区域;抬高肢体法——对于手、臂、腿等处严重出血的开放性伤口,都应尽可能地抬高至心脏水平线以上,达到止血的目的;压迫供血动脉法——手臂和腿部伤口的严重出血,如果应用直接压迫和抬高肢体仍不能止血,就需要采用压迫点止血技术,即将受伤部位近离动脉处的血管用绷带或扎带扎牢,阻止血液供应而达到止血目的;包扎法——使用绷带、毛巾、布块等材料,最好再辅以止血药物,包扎止血。

对于烧伤的急救,应先去除烧伤源,将伤员尽快转移到空气流通的地方,用较干净的衣服把伤面包裹起来,防止再次污染;在现场,除了化学烧伤可用大量流动清水冲洗外,对创面一般不做处理,尽量不要弄破水泡,保护表皮,然后及时送医院救治。

（2）闭合性创伤的处理　较轻的闭合性创伤,如局部挫伤、皮下出血,可在受伤部位进行冷敷,以防止组织继续肿胀,减少皮下出血。

如发现人员从高处坠落或摔伤等意外事故时,要仔细检查其头部、颈部、胸部、腹部、四肢、背部和脊椎等部位,看看是否有肿胀、青紫、局部压疼、骨摩擦声等其他内部损伤,假如出现上述情况,不能对患者随意搬动,需按照正确的搬运方法进行搬运,否则,可能造成患者神经、血管损伤并加重病情。现场常用的搬运方法有:担架搬运法——用担架搬运时,要使伤员头部向后,以便后面抬担架的人可随时观察其变化;单人徒手搬运法——轻伤者可挟着走,重伤者可让其伏在急救者背上,双手绕颈交叉下垂,急救用双手自伤员大腿下抱住伤员大腿行走搬运。

如怀疑有内伤,应尽早使伤员得到医疗处理;运送伤员时要采取卧位,小心搬运,注意保持呼吸道通畅,防止休克。运送过程中如突然出现呼吸、心跳骤停时,应立即进行人工呼吸和体外心脏挤压法等急救措施。

第七节　有关保险的规定

根据 2010 年 12 月 20 日《国务院关于修改〈工伤保险条例〉的决定》修订后的《工伤保险条例》相关规定如下:

工伤是指职工因工作或在工作时间、工作地点发生意外事故而造成的伤害。工伤社会保险是指工厂员工因工负伤、急性中毒、致残、死亡时,其本人及其供养直系亲属从国家和社会获得一定的物质帮助（经济补偿）的一种社会保险制度。

职工有下列情形之一的,应当认定为工伤:

（一）在工作时间和工作场所内,因工作原因受到事故伤害的;

(二)工作时间前后在工作场所内,从事与工作有关的预备性或者收尾性工作受到事故伤害的;

(三)在工作时间和工作场所内,因履行工作职责受到暴力等意外伤害的;

(四)患职业病的;

(五)因工外出期间,由于工作原因受到伤害或者发生事故下落不明的;

(六)在上下班途中,受到非本人主要责任的交通事故或者城市轨道交通、客运轮渡、火车事故伤害的;

(七)法律、行政法规规定应当认定为工伤的其他情形。

职工有下列情形之一的,视同工伤:

(一)在工作时间和工作岗位,突发疾病死亡或者在 48 小时之内经抢救无效死亡的;

(二)在抢险救灾等维护国家利益、公共利益活动中受到伤害的;

(三)职工原在军队服役,因战、因公负伤致残,已取得革命伤残军人证,到用人单位后旧伤复发的。

职工有前款第(一)项、第(二)项情形的,按照本条例的有关规定享受工伤保险待遇;职工有前款第(三)项情形的,按照本条例的有关规定享受除一次性伤残补助金以外的工伤保险待遇。

有下列情形之一的,不得认定为工伤或者视同工伤:

(一)故意犯罪的;

(二)醉酒或者吸毒的;

(三)自残或者自杀的。

思考题

1. 谈谈事故和事故隐患的区别。

2. 事故有哪些特征?

3. 事故发展分哪四个阶段?

4. 事故构成要素有哪些?

5. 请说说事故 1∶29∶300 法则的含义。

6. 事故致因理论有哪些?

7. 根据《生产安全事故报告和调查处理条例》规定,按照事故造成的人员伤亡或者直接经济损失分类,安全事故等级是如何划分的?

8. 按照我国《企业伤亡事故分类》(GB 6441—1986)标准规定,职业伤害事故如何分类?

9. 房屋市政工程生产安全和质量较大及以上事故的查处督办程序如何办理?

10. 什么是重大隐患?

11.《房屋市政工程生产安全重大隐患治理挂牌督办通知书》包括哪些内容?

12. 生产安全事故报告的内容应包括哪些?

13. 事故发生后,应如何报告事故?

14. 安全事故处理程序如何?

15. 事故调查报告的内容有哪些?

16. 事故应急救援的特点有哪些?

17. 说出事故应急救援体系的响应程序。

18. 应急预案的编制应当符合哪些基本要求?

19. 职工有哪些情形应当认定为工伤?

20. 职工有哪些情形视同为工伤?

21. 安全事故处理的"四不放过"原则是什么?

第五章 安全教育

本章学习目标

能够组织实施项目作业人员的安全教育培训包括制订工程项目安全教育培训计划、组织施工现场安全教育培训、组织班前安全教育活动

本章重点

了解有关安全生产教育培训的管理规定,熟悉安全教育的特点与目的,掌握安全教育的内容、教育的对象、教育的时间和安全教育的形式等。

第一节 有关安全生产教育培训的管理规定

一、《中华人民共和国建筑法》规定

"建筑施工企业应当建立健全劳动安全生产教育培训制度,加强对职工安全生产的教育培训;未经安全生产教育培训的人员,不得上岗作业。"

二、《安全生产法》规定

"生产经营单位应当对从业人员进行安全生产教育和培训,保证从业人员具备必要的安全生产知识,熟悉有关的安全生产规章制度和安全操作规程,掌握本岗位的安全操作技能。"作业人员进入新的岗位或者新的施工现场前,生产经营单位应当对其进行三级安全生产教育培训,并且要满足培训的时间要求。未经教育培训或者教育培训考核不合格的人员,不得上岗作业。施工单位在采用新技术、新工艺、新设备、新材料时,应当对作业人员进行相应的安全生产教育培训。

三、《建设工程安全生产管理条例》规定

(1)施工单位的主要负责人、项目负责人、专职安全生产管理人员应当经建设行政主管部门或者其他有关部门考核合格后方可任职。施工单位应当对管理人员和作业人员每年至少进行一次安全生产教育培训,其教育培训情况记入个人工作档案。安全生产教育培训考核不合格的人员,不得上岗。

(2)作业人员进入新的岗位或者新的施工现场前,应当接受安全生产教育培训。未经教

育培训或者教育培训考核不合格的人员,不得上岗作业。施工单位在采用新技术、新工艺、新设备、新材料时,应当对作业人员进行相应的安全生产教育培训。

四、《建筑施工企业安全生产管理规范》(GB 50656—2011)有关安全生产教育培训的规定

根据《建筑施工企业安全生产管理规范》第7条安全生产教育培训的规定如下:

7.0.1 建筑施工企业安全生产教育培训应贯穿于生产经营的全过程,教育培训包括计划编制、组织实施和人员资格审定等工作内容。

7.0.2 建筑施工企业安全生产教育培训计划应依据类型、对象、内容、时间安排、形式等需求进行编制。

7.0.3 安全教育和培训的类型应包括岗前教育、日常教育、年度继续教育,以及各类证书的初审、复审培训。

7.0.4 建筑施工企业新上岗操作工人必须进行岗前教育培训,教育培训应包括以下内容:

(1)安全生产法律法规和规章制度;

(2)安全操作规程;

(3)针对性的安全防范措施;

(4)违章指挥、违章作业、违反劳动纪律产生的后果;

(5)预防、减少安全风险以及紧急情况下应急救援的基本措施。

7.0.5 建筑施工企业应结合季节施工要求及安全生产形势对从业人员进行日常安全生产教育培训。

7.0.6 建筑施工企业每年应按规定对所有相关人员进行安全生产继续教育,教育培训应包括以下内容:

(1)新颁布的安全生产法律法规、安全技术标准、规范、安全生产规范性文件;

(2)先进的安全生产管理经验和典型事故案例分析。

7.0.7 企业的下列人员上岗前还应满足下列要求:

(1)企业主要负责人、项目负责人和专职安全生产管理人员必须经安全生产知识和管理能力考核合格,依法取得安全生产考核合格证书;

(2)企业的技术和相关管理人员必须具备与岗位相适应的安全管理知识和能力,依法取得必要的岗位资格证书;

(3)特种作业人员必须经安全技术理论和操作技能考核合格,依法取得建筑施工特种作业人员操作资格证书。

7.0.8 建筑施工企业应及时统计、汇总从业人员的安全教育培训和资格认定等相关记录,定期对从业人员持证上岗情况进行审核、检查。

第二节 安全教育的特点与目的

安全教育既是施工企业安全管理工作的重要组成部分,也是施工现场安全生产的一个

重要方面。安全教育具有以下几个特点。

一、安全教育的全员性

安全教育的对象是企业所有从事生产活动的人员,因此,从企业经理、项目经理,到一般管理人员及普通工人,都必须接受安全教育。安全教育是企业所有人员上岗前的先决条件,任何人不得例外。

二、安全教育的长期性

安全教育是一项长期性的工作,这个长期性体现在如下三个方面:

(1)安全教育贯穿于每个职工工作的全过程。从新工人进企业开始,就必须接受安全教育,这种教育尽管存在着形式、内容、要求、时间等的不同,但是,对个人来讲,在其一生的工作经历中,都在不断地、反复地接受着各种类型的安全教育,这种全过程的安全教育是确保职工安全生产的基本前提条件。因此,安全教育必须贯穿于职工工作的全过程。

(2)安全教育贯穿于每个工程施工的全过程。从施工队伍进入现场开始,就必须对职工进行入场安全教育,使每个职工了解并掌握本工程施工的安全生产特点;在工程的每个重要节点,也要对职工进行施工转折时期的安全教育;在节假日前后,也要对职工进行安全思想教育,稳定情绪;在突击加班赶进度或工程临近收尾时,更要针对麻痹大意思想,进行有针对性的教育;等等。因此,安全教育也贯穿于整个工程施工的全过程。

(3)安全教育贯穿于施工企业生产的全过程。有生产就有安全问题,安全与生产是不可分割的统一体。哪里有生产,哪里就要讲安全;哪里有生产,哪里就要进行安全教育。企业的生存靠生产,没有生产就没有发展,就无法生存;而没有安全,生产也无法长久进行。因此,只有把安全教育贯穿于企业生产的全过程,把安全教育看成是关系到企业生存、发展的大事,安全工作才能做得扎扎实实,才能保障生产安全,才能促进企业的发展。

安全教育的长期性所体现的这三种全过程要求告诫我们,安全教育的任务"任重而道远",不应该也不可能会是一劳永逸的,这就需要经常地、反复地、不断地进行安全教育,才能减少并避免事故的发生。

三、安全教育的专业性

施工现场生产所涉及的范围广、内容多。安全生产既有管理性要求,也有技术性知识,安全生产的管理性与技术性结合,使得安全教育具有专业性要求。教育者既要有充实的理论知识,也要有丰富的实践经验,这样才能使安全教育做到深入浅出、通俗易懂,并且收到良好的效果。

安全教育的目的是,通过对企业各级领导、管理人员及工人的安全培训教育,使他们学习并了解安全生产和劳动保护的法律、法规、标准,掌握安全知识与技能,运用先进的、科学的方法,避免并制止生产中的不安全行为,消除一切不安全因素,防止事故发生,实现安全生产。

第三节 安全教育的类别

一、按教育的内容分类

安全教育按教育的内容分类,主要分为安全法制教育、安全思想教育、安全知识教育、安全技能教育和事故案例教育等。这些内容在进行安全教育时,是互相结合、互相穿插,各有侧重的,从而形成了安全教育生动、触动、感动、带动的连锁效应,为安全生产打下了基础。

(一)安全法制教育

安全法制教育就是通过对职工进行安全生产、劳动保护方面的法律、法规的宣传教育,促使每个职工从法制的角度去认识搞好安全生产的重要性,明确遵章守法、遵章守纪是每个职工应尽职责;而违章违规的本质也是一种违法行为,轻则会受到批评教育;造成严重后果的,还将受到法律的制裁。

安全法制教育就是要使每个劳动者懂得遵章守法的道理。作为劳动者,既有劳动的权利,也有遵守劳动安全法规的责任。要通过学法、知法来守法,守法的前提,首先是"从我做起",自己不违章违纪;其次是要同一切违章违纪和违法的不安全行为做斗争,以制止并预防各类事故的发生,实现安全生产的目的。

(二)安全思想教育

安全思想教育就是通过对职工进行深入细致的思想政治工作,帮助职工端正思想,提高他们对安全生产重要性的认识。在提高思想认识的基础上,才能正确地理解并积极贯彻执行党和国家的安全生产方针、政策。要从政治高度来对待安全生产工作,使每个职工都清醒地认识到,安全生产是一项关系到国家经济发展、社会稳定、企业兴旺和家庭及个人幸福的大事。

各级管理人员,特别是领导干部要加强对职工安全思想教育,要从关心人、爱护人、保护人的生命与健康出发,重视安全生产,做到不违章指挥;工人要增强自我保护意识,施工过程中要做到互相关心、互相帮助、互相督促,共同遵守安全生产规章制度,做到不违章操作。

(三)安全知识教育

安全知识教育是一种最基本、最普通和经常性的安全教育活动。安全知识教育就是要让职工了解施工生产中的安全注意事项、劳动保护要求,掌握一般安全基础知识。从内容看,安全知识是生产知识的一个重要组成部分,所以,在进行安全知识教育时,也往往是结合生产知识交叉进行教育的。

安全知识教育要求做到因人施教、浅显易懂,不搞"填鸭式"的硬性教育,因为教育对象大多数是文化程度不高的操作工人,特别要注意教育的方式、方法,注重教育的实际效果。

如对新工人进行安全知识教育,往往由于没有对施工现场现状有一个感性认识,因此,需要在工作一个阶段后,对现场有了感性认识后,再重复进行安全教育,使其的认识能达到从感性到理性,再从理性到感性的再认识过程,从而加深对安全知识教育的理解能力。

安全知识教育的主要内容是:本企业生产的基本情况,施工流程及施工方法,施工中的主要危险区域及其安全防护的基本常识,施工设施、设备、机械的有关安全常识,电气设备安全常识,车辆运输安全常识,高处作业安全知识,施工过程中有毒有害物质的辨别及防护知识,防火安全的一般要求及常用消防器材的使用方法,特殊类专业(如桥梁、隧道、深基础、异形建筑等)施工的安全防护知识,工伤事故的简易施救方法和报告程序及保护事故现场等规定,个人劳动防护用品的正确穿戴、使用常识等。

(四)安全技能教育

安全技能教育是在安全知识教育基础上,进一步开展的特殊安全教育。安全技能教育的侧重点是在安全操作技术方面。它是通过结合本工种特点、要求,以培养安全操作能力,而进行的一种专业安全技术教育。其主要内容包括安全技术、安全操作规程和劳动卫生规定等。根据对象的不同,安全技能教育主要可分为以下两类。

(1)对一般工种进行的安全技能教育。即除国家规定的特种作业人员以外,对其余所有工种,如钢筋工、木工、混凝土工、瓦工等的教育。

(2)对特殊工种作业人员的安全技能教育。特种作业人员需要由专门机构进行安全技术培训教育,并对受教育者进行考试,合格后方可持证从事该工种的作业。同时,还必须按期进行审证复训。因此,安全技能教育也是对特殊工种进行上岗前及定期培训教育的主要内容。

(五)事故案例教育

事故案例教育是通过对一些典型事故,进行原因分析、事故教训及预防事故发生所采取的措施,来教育职工,使他们引以为戒,不蹈覆辙。事故案例教育是一种独特的安全教育方法,它是通过运用反面事例,进行正面宣传,以教育职工遵章守纪,确保安全生产。因此,进行事故案例宣传教育时,应注意以下几点。

(1)事故应具有典型性。要注意收集具有典型教育意义的事故,对职工进行安全生产教育。典型事故一般是施工现场常见的、有代表性的,又具有教育意义的,这些事故往往是因违章原因引起的。如进入现场不戴安全帽、翻爬脚手架、高空抛物等。从这些事故中说明一个道理,"不怕一万,只怕万一",违章作业不出事故是偶然性的,而出事故是必然性的,侥幸心理要不得。

(2)事故应具有教育性。选择事故案例应当以教育职工遵章守纪为主要目的,指出违纪违章必然要导致事故;不要过分渲染事故的恐怖性、不可避免性,减少事故的负面影响,从而真正起到用典型事故教育人的积极作用和警钟长鸣的效果。

当然,以上安全教育的内容往往不是单独进行的,而是根据对象、要求、时间等不同情况,有机地结合开展的。

二、按教育的对象分类

安全教育按受教育者的对象分类,可分为领导干部的安全培训教育、一般管理人员的安全教育、新工人的三级安全教育、变换工种的安全教育等。

(一)领导干部的安全培训教育

加强对企业领导干部的安全培训教育,是社会主义市场经济条件下,安全生产工作的一项重要举措。

住建部为了督促施工企业落实主要领导的安全生产责任制,根据国务院文件精神,明确提出了"施工企业法定代表人是企业安全生产的第一责任人,项目经理是施工项目安全生产的第一责任人"。明确了企业与项目的两个安全生产第一责任人,使安全生产责任制得到了具体落实。

总之,要通过对企业领导干部的安全培训教育,全面提高他们的安全管理水平,使他们真正从思想上树立起安全生产意识,增强安全生产责任心,摆正安全与生产、安全与进度、安全与效益的关系,为进一步实现安全生产和文明施工打下基础。

(二)新工人的三级安全教育

施工企业必须给每一名职工建立职工劳动保护(安全)教育卡,教育卡应记录包括三级安全教育、变换工种安全教育等的教育及考核情况,并由教育者与受教育者双方签字后入册,作为企业及施工现场安全管理资料备查。

1. 公司安全教育

按住建部有关规定,公司级的安全培训教育时间不得少于 15 学时,主要内容是:

(1)国家和地方有关安全生产、劳动保护的方针、政策、法律、法规、规范、标准及规章;

(2)企业及其上级部门(主管局、集团、总公司、办事处等)印发的安全管理规章制度;

(3)安全生产与劳动保护工作的目的、意义和任务等。

2. 项目部安全教育

按规定,项目安全培训教育时间不得少于 15 学时,主要内容是:

(1)建设工程施工生产的特点,施工现场的一般安全管理规定、要求;

(2)施工现场主要事故类别,常见多发性事故的特点、规律及预防措施,事故教训等;

(3)本工程项目施工的基本情况(工程类型、现场环境、施工阶段、作业特点等),施工中可能存在不安全因素的危险作业部位及应当注意的安全事项。

3. 班组教育

按规定,班组安全培训教育时间不得少于 20 学时,班组教育又叫岗位教育,主要内容是:

(1)本工种作业的安全技术操作要求;

(2)本班组施工生产概况,包括工作性质、职责、范围等;

(3)本人及本班组在施工过程中,所使用、所遇到的各种生产设备、设施、电气设备、机械、工具的性能、作用、操作要求、安全防护要求;

(4)个人使用和保管的各类劳动防护用品的正确穿戴、使用方法及劳防用品的基本原理与主要功能;

(5)发生伤亡事故或其他事故,如火灾、爆炸、设备及管理事故等,应采取的措施(救助抢险、保护现场、报告事故等)要求。

(三)变换工种的安全教育

施工现场变化大,动态管理要求高,随着工程进度的发展,部分工人的工作岗位会发生变化,转岗现象较普遍。这种工种之间的互相转换,有利于施工生产的需要。但是,如果安全管理工作没有跟上,安全教育不到位,就可能给转岗工人带来伤害事故。因此,必须对他们进行转岗安全教育。根据住建部的规定,企业待岗、转岗、换岗的职工,在重新上岗前,必须接受一次安全培训,时间不得少于 20 学时。对待岗、转岗、换岗职工的安全教育主要内容是:

（1）本工种作业的安全技术操作规程；

（2）本班组施工生产的概况介绍；

（3）施工区域内各种生产设施、设备、工具的性能、作用、安全防护要求等。

总之，要确保每一个变换工种的职工，在重新上岗工作前，熟悉并掌握将要工作岗位的安全技能要求。

三、按教育的时间分类

安全教育按教育的时间分类，可以分为经常性的安全教育、季节性施工的安全教育、节假日加班的安全教育等。

（一）经常性的安全教育

经常性的安全教育是施工现场开展安全教育的主要形式，可以起到提醒、告诫职工遵章守纪，加强责任心，消除麻痹思想。

经常性的安全教育的形式多样，可以利用班前会进行教育，也可以采取大小会议进行教育；还可以用其他形式，如安全知识竞赛、演讲、展览、黑板报、广播、播放录像等进行。总之，要做到因地制宜，因材施教，不摆花架子，不搞形式主义，注重实效，才能使教育收到效果。经常性的安全教育的主要内容是：

（1）安全生产法规、规范、标准、规定。

（2）企业及上级部门的安全管理新规定。

（3）各级安全生产责任制及管理制度。

（4）安全生产先进经验介绍，最近的典型事故教训。

（5）施工新技术、新工艺、新设备、新材料的使用及有关安全技术方面的要求。

（6）最近安全生产方面的动态情况，如新的法律、法规、标准、规章的出台，安全生产通报、批示等。

（7）本单位近期安全工作回顾、讲评等。

总之，经常性的安全教育必须做到经常化（规定一定的期限）、制度化（作为企业、项目安全管理的一项重要制度）。教育的内容要突出一个"新"字，即要结合当前工作的最新要求进行教育；要做到一个"实"字，即要使教育不流于形式，注重实际效果；要体现一个"活"字，即要把安全教育搞成活泼多样、内容丰富的一种安全活动。这样，才能使安全教育深入人心，才能为广大职工所接受，才能收到促进安全生产的效果。

（二）季节性施工的安全教育

季节性施工主要是指夏季与冬季施工。季节性施工的安全教育，主要是指根据季节变化，环境不同，人对自然的适应能力变得迟缓、不灵敏。因此，必须对安全管理工作进行重新调整和组合，同时也要对职工进行有针对性的安全教育，使之适合自然环境的变化，以确保安全生产。

1. 夏季施工安全教育

夏季高温、炎热、多雷雨，是触电、雷击、坍塌等事故的高发期。闷热的气候容易造成中暑，高温使得职工夜间休息不好，打乱了人体的"生物钟"，往往容易使人乏力、走神、瞌睡，较易引起伤害事故；南方沿海地区在夏季还经常受到台风暴雨和大潮汛的影响，也容易发生大型施工机械、设施、设备及施工区域,特别是基坑等的坍塌;多雨潮湿的环境,人的衣着单薄、身体裸露部位多,使人的电阻值减小,导电电流增加,容易引发触电事故。因此,夏季施工安全教育的重点是:

(1)加强用电安全教育。讲解常见触电事故发生的原理,预防触电事故发生的措施,触电事故的一般解救方法,以加强职工的自我保护意识。

(2)讲解雷击事故发生的原因,避雷装置的避雷原理,预防雷击的方法。

(3)大型施工机械、设施常见事故案例,预防事故的措施。

(4)基础施工阶段的安全防护常识。基坑开挖的安全,支护安全。

(5)劳动保护工作的宣传教育。合理安排好作息时间,注意劳逸结合,白天上班避开中午高温时间,"做两头、歇中间",保证职工有充沛的精力。

2. 冬季施工安全教育

冬季气候干燥、寒冷且常常伴有大风,受北方寒流影响,施工区域出现了霜冻,造成作业面及道路结冰打滑,既影响了生产的正常进行,又给安全带来隐患;同时,为了施工需要和取暖,使用明火、接触易燃易爆物品的机会增多,又容易发生火灾、爆炸和中毒事故;寒冷使人们衣着笨重、反应迟钝,动作不灵敏,也容易发生事故。因此,冬季施工安全教育应从以下几方面进行:

(1)针对冬季施工特点,避免冰雪结冻引发的事故。如施工作业面应采取必要的防雨雪结冰及防滑措施,个人要提高自身的安全防范意识,及时消除不安全因素。

(2)加强防火安全宣传。分析施工现场常见火灾事故发生的原因,讲解预防火灾事故的措施、扑救火灾的方法,必要时可采取现场演示,如消防灭火演习等,来教育职工正确使用消防器材。

(3)安全用电教育。冬季用电与夏季用电的安全教育要求的侧重点不同,夏季着重于防触电事故,冬季则着重于防电气火灾。因此,应教育工人懂得施工中电气火灾发生的原因。做到不擅自乱拉乱接电线及用电设备;不超负荷使用电气设备,免得引起电气线路发热燃烧;不使用大功率的灯具,如碘钨灯之类照射易燃、易爆及可燃物品或取暖;生活区域也要注意用电安全。

(4)冬季气候寒冷,人们习惯于关闭门窗,而施工作业点也一样,在深基坑、地下管道、沉井、涵洞及地下室内作业时,应加强对作业人员的自我保护意识教育。既要预防在这种环境中,进行有毒有害物质(固体、液态及挥发性强的气体)作业,对人造成的伤害,也要防止施工作业点原先就存在的各种危险因素,如泄漏跑冒并积聚的有毒气体,易燃、易爆气体,有害的其他物质等。要教会职工识别一般中毒症状,学会解救中毒人员的安全基本常识。

(三)节假日加班的安全教育

节假日期间,大部分单位及职工已经放假休息,因此也往往影响到加班职工的思想和工作情绪,造成思想不集中,注意力分散,这给安全生产带来不利因素。加强对这部分职工的安全教育,是非常必要的。教育的内容是:

一是重点做好安全思想教育,稳定职工工作情绪,使他们集中精力,轻装上阵;鼓励表扬职工节假日坚守工作岗位的优良作风,全力以赴做好本职工作。

二是班组长要做好上岗前的安全教育,可以结合安全交底内容进行,工作过程中要互相督促、互相提醒,共同注意安全。

三是重点做好当天作业将遇到的各类设施、设备、危险作业点的安全防护工作,对较易发生事故的薄弱环节,应进行专门的安全教育。

第四节　安全教育的形式

开展安全教育应当结合建筑施工生产特点,采取多种形式,有针对性地进行,还要考虑到安全教育的对象,大部分是文化水平不高的工人,就需要采用比较浅显、通俗、易懂、印象深、便于记的教材及形式。目前安全教育的形式主要有:

(1)会议形式。如安全知识讲座、座谈会、报告会、先进经验交流会、事故教训现场会、展览会、知识竞赛等。

(2)报刊形式。订阅安全生产方面的书报杂志;企业自编自印的安全刊物及安全宣传小册子。

(3)张挂形式。如安全宣传横幅、标语、标志、图片、黑板报等。

(4)音像制品。如电视录像片、VCD片、录音磁带等。

(5)固定场所展示形式。如劳动保护教育室、安全生产展览室等。

(6)文艺演出形式。

(7)现场观摩演示形式。如安全操作方法、消防演习、触电急救方法演示等。

第五节　安全教育的表格

一、施工现场建筑工人三级教育登记表

(1)施工现场应结合民工实名制管理对作业人员进行三级安全教育登记。施工过程中项目部应根据作业人员变动情况及时补充登记。

(2)已接受三级安全教育并建立三级安全教育登记卡且经过考试的职工与作业人员,应登记于表5-1。本表由项目有关管理人员填写,专职安全员核实签名。

二、建筑工人三级安全教育卡

(1)三级安全教育是指项目部对进入施工现场的新工人进行的首次安全生产教育;"三级"指一般公司(分公司)级、工地(项目部)级、班组级。三级安全教育一般由企业安全、劳动、技术等部门共同组织。上岗作业前的新工人必须接受三级安全教育,项目部应利用"民工学校"开展三级安全教育,三级安全教育时间:公司级不少于15学时,项目部级不少于15学时,班组级不少于20学时。受教育者必须经过考试合格后方可进入生产操作岗位。

(2)项目部对每一个受教育者建立建筑工人三级安全教育登记卡见(见表5-2),被教育者在接受教育后应在卡内签字。该卡由项目部劳务用工单位负责填写,安全员复核。

(3)项目部保安员、炊事员、卫生保洁等勤杂人员也应建立三级安全教育登记卡。

表 5-1 施工现场建筑工人三级教育登记表

序号	姓名	性别	年龄	工种	教育时间	学时	得分	身份证号码	户籍地址	进工地时间	离开工地时间	备注

填表人： 审核人： 填表日期：

表 5-2 建筑工人三级安全教育登记卡

姓名		性别		年龄		
家庭住址						
身份证号码						
进工地日期				建卡日期		
三级教育	内　容		教育日期及学时	教育人签名及职务	受教育人签名	
公司级	1.国家和地方制定的安全生产方针、政策法规、标准规程、规范； 2.安全生产、劳动保护的意义和任务； 3.安全生产六大纪律、十项安全技术措施、安全生产"十不准"和其他的规章制度； 4.公司安全生产形势和任务以及主要类别事故的预防，如高处坠落、触电、物体打击、机具伤害等； 5.公司以往发生的重大伤亡事故分析及应吸取的教训； 6.事故发生后，如何抢救伤员、排险、保护现场和及时报告； 7.增强个人安全保护意识，认真开展我不伤害自己、不伤害别人、不被他人伤害的安全生产活动。 （盖章）					

续表

项目部级	1.工种特点及安全生产基本知识； 2.本单位安全生产规章、制度、纪律和安全注意事项； 3.各工种安全技术操作规程、规定； 4.机械设备、电气安全及高处作业等安全基本知识和防护措施； 5.防火、防毒和防爆安全知识及预防措施； 6.防护用具、用品的正确使用规定； 7.爱护施工现场各类安全防护措施、设备、器具，严禁擅自拆卸、损坏及有关奖罚规定。（盖章）			
班组级	1.本班组的作业特点及安全操作规程和作业危险区域、部位及其安全防护要求、措施； 2.班组安全作业活动制度及纪律； 3.爱护和正确使用安全防护装置（设施）及个人劳动保护用品； 4.本岗位易发生事故的不安全因素及其防护对策； 5.本岗位的作业环境及使用的机械设备、工具的安全要求。			
备注				

三、项目管理人员年度安全培训登记表

（1）项目部管理人员应每年至少参加一次安全生产继续教育培训。对行业管理部门和企业组织的安全生产教育培训，项目部都应积极参加。参加培训者应取得相应的证明材料。

（2）项目管理人员每年应接受继续教育时间不得少于下列学时：项目负责人每年不少于30学时；专职管理和技术人员每年不少于40学时；其他管理和技术人员每年不少于20学时；其他职工每年不少于15学时。

（3）表5-3由项目部安全管理人员填写。

表 5-3　项目管理人员年度安全培训登记表

工程名称：＿＿＿＿＿＿＿＿＿＿＿＿

序号	姓名	工作岗位	培训内容	培训时间	学时	成绩	培训单位

注：项目管理人员年度安全培训应附相关培训证明材料。

填表人：　　　　　　　　　　　　　　　　　　　　　　填写日期：

思考题

1. 施工单位应当对管理人员和作业人员每年至少进行多少次安全生产教育培训?

2. 何谓"三级"教育?

3. 生产经营单位主要负责人和安全生产管理人员初次安全培训时间不得少于多少学时,每年再培训时间不得少于多少学时?

4. 高危生产经营单位新上岗的从业人员安全培训时间不得少于多少学时,每年再培训时间不得少于多少学时?

5. 施工现场各班组应建立班前安全活动制度,开展班前"三上岗"和班后下岗检查,班前"三上岗"指什么?

6. 安全教育具有哪些特点?

7. 安全教育的内容主要有哪些?

8. 安全教育按教育的时间分类有哪些?

9. 目前安全教育的形式主要有哪些?

第六章 安全检查

本章学习目标

能够组织实施项目安全检查并进行评定及等级确定。

本章重点

安全检查的类型、主要形式、注意事项、主要内容、方法和安全检查评分方法、安全检查评定等级以及安全检查的其他规定。

工程项目安全检查的目的是消除隐患、防止事故、改善劳动条件及提高员工安全生产意识的重要手段,是安全控制工作的一项重要内容。通过安全检查可以发现工程中的危险因素,以便有计划地采取措施,保证安全生产。施工项目的安全检查应由项目经理组织,定期进行。

第一节 安全检查的类型

安全检查可分为日常性检查、专业性检查、季节性检查、节假日前后的检查和不定期检查。

(1)日常性检查,即经常的、普遍的检查。企业一般每年进行1~4次;工程项目组、车间、科室每月至少进行一次;班组每周、每班次都应进行检查。专职安全技术人员的日常检查应该有计划,针对重点部位周期性地进行。

(2)专业性检查,是针对特种作业、特种设备、特殊场所进行的检查,如电焊、气焊、起重设备、运输车辆、锅炉压力容器、易燃易爆场所等。

(3)季节性检查,是指根据季节特点,为保障安全生产的特殊要求所进行的检查。如春季风大,要着重防火、防爆;夏季高温多雨雷电,要着重防暑、降温、防汛、防雷击、防触电;冬季着重防寒、防冻等。

(4)节假日前后的检查,是针对节假日期间容易产生麻痹思想的特点而进行的安全检查,包括节日前进行安全生产综合检查,节日后要进行遵章守纪的检查等。

(5)不定期检查,是指在工程或设备开工和停工前,检修中,工程或设备竣工及试运转时进行的安全检查。

第二节　安全检查的主要形式

安全检查的主要形式有:

(1)项目部每周或每旬由主要负责人带队组织定期的安全大检查。

(2)施工班组每天上班前由班组长和安全值日人员组织的班前安全检查。

(3)季节更换前由安全生产管理人员和安全专职人员、安全值日人员等组织的季节劳动保护安全检查。

(4)由安全管理小组、职能部门人员、专职安全员和专业技术人员组成对电气、机械设备、脚手架、登高设施等专项设施设备、高处作业、用电安全、消防保卫等进行专项安全检查。

(5)由安全管理小组成员、安全专职人员和安全值日人员进行日常的安全检查。

(6)对塔式起重机等起重设备、井架、龙门架、脚手架、电气设备、吊篮、现浇混凝土模板及支撑等设施设备在安装搭设完成后进行安全验收、检查。

第三节　安全检查的注意事项

安全检查要深入基层、紧紧依靠职工,坚持领导与群众相结合的原则,组织好检查工作。

建立检查的组织领导机构,配备适当的检查力量,挑选具有较高技术业务水平的专业人员参加。

做好检查的各项准备工作,包括思想、业务知识、法规政策和检查设备、奖金的准备。

明确检查的目的和要求。既要严格要求,又要防止一刀切,要从实际出发,分清主、次矛盾,力求实效。

把自查与互查有机结合起来,基层以自检为主,企业内相应部门间互相检查,取长补短,相互学习和借鉴。

坚持查改结合。检查不是目的,只是一种手段,整改才是最终目的。发现问题,要及时采取切实有效的防范措施。

建立检查档案。结合安全检查表的实施,逐步建立健全检查档案,收集基本的数据,掌握基本安全状况,为及时消除隐患提供数据,同时也为以后的职业健康安全检查奠定基础。

在制定安全检查表时,应根据用途和目的具体确定安全检查表的种类。安全检查表的主要种类有:设计用安全检查表;公司级安全检查表;项目部安全检查表;班组及岗位安全检查表;专业安全检查表等。制定安全检查表要在安全生产管理机构的指导下,充分依靠职工来进行。初步制定出来的检查表,要经过群众的讨论,反复试行,再加以修订,最后由安全生产管理机构审定后方可正式实行。

第四节　安全检查的主要内容

安全检查的主要内容包括以下几点：

查思想。主要检查企业的领导和职工对安全生产工作的认识。

查管理。主要检查工程的安全生产管理是否有效。主要内容包括：安全生产责任制，安全技术措施计划，安全组织机构，安全保证措施，安全技术交底，安全教育，持证上岗，安全设施，安全标识，操作规程，违规行为，安全记录等。

查隐患。主要检查作业现场是否符合安全生产、文明生产的要求。

查整改。主要检查对过去提出问题的整改情况。

查事故处理。对安全事故的处理应达到查明事故原因、明确责任并对责任者做出处理、明确和落实整改措施等要求。同时还应检查对伤亡事故是否及时报告、认真调查、严肃处理。

安全检查的重点是违章指挥和违章作业。安全检查后应编制安全检查报告，说明已达标项目、未达标项目、存在问题、原因分析、纠正和预防措施。

第五节　安全检查的方法

常用的安全检查方法有一般检查方法和安全检查表法。

一、一般检查方法

一般检查方法常采用看、听、嗅、问、查、测、验、析等方法。

看：看现场环境和作业条件，看实物和实际操作，看记录和资料等。

听：听汇报、听介绍、听反映、听意见或批评、听机械设备的运转响声或承重物发出的微弱声等。

嗅：对挥发物、腐蚀物、有毒气体进行辨别。

问：评影响安全问题，详细询问，寻根究底。

查：查明问题、查对数据、查清原因，追查责任。

测：测量、测试、监测。

验：进行必要的试验或化验。

析：分析安全事故的隐患、原因。

二、安全检查表法

安全检查表法是一种原始的、初步的定性分析方法，它通过事先拟订的安全检查明细表或清单，对安全生产进行初步的诊断和控制。安全检查表通常包括检查项目、内容、回答问题、存在问题、改进措施、检查措施、检查人等内容。

第六节　安全检查评分方法

根据《建筑施工安全检查标准》(JGJ 59—2011)的规定,在"安全管理"、"文明施工"、"脚手架"、"基坑支护、土方作业"、"模板支架"、"施工用电"、"物料提升机"、"施工升降机"、"塔式起重机"、"起重吊装"的分项检查评分表中,设立了保证项目和一般项目(见表6-1)。保证项目应是安全检查的重点和关键。各评分表的评分应符合下列要求:

(1)评分表的实得分数应为各检查项目所得分数之和。

(2)评分应采用扣减分数的方法,扣减分数总和不得超过该检查项目的应得分数。

(3)在分项检查评分表评分时,当保证项目中有一项未得分或保证项目小计得分不足40分时,此分项检查评分表不应得分。

(4)汇总表中各分项项目实得分数应按下列公式计算:

$$项目实得分数 = \frac{汇总表中该项应得满分分值 \times 该项检查评分表实得分数}{100}$$

表 6-1　建筑施工安全检查评分汇总

企业名称：　　　　　　　　经济类型：　　　　　　　　资质等级：

单位工程(施工现场)名称	建筑面积/m²	结构类型	总计得分(满分分值100分)	项目及名称及分值									
				安全管理(满分10分)	文明施工(满分15分)	脚手架(满分10分)	基坑支护、土方作业(满分10分)	模板支架(满分10分)	高处作业(满分10分)	施工用电(满分10分)	物料提升机、施工升降(满分10分)	塔式起重机、起重吊装(满分10分)	施工机具(满分5分)

评语:

检查单位		负责人		受检项目		项目经理	

(5)检查中遇有缺项时,汇总表总得分应按下式换算:

$$遇有缺项时汇总表总得分 = \frac{实查项目在汇总表中按各对应的实数得分值之和}{实查项目在汇总表中应得满分的分值之和} \times 100$$

(6)"脚手架"、"物料提升机、施工升降机"、"塔式起重机、起重吊装"项目的检查评分表实得分数,应为所对应专业的检查评分表实得分数的算术平均值。

(7)多人对同一项目检查评分时,应按加权评分方法确定分值。权数的分配原则应为:专职安全人员的权数为0.6,其他人员的权数为0.4。

【例 6-1】《安全管理检查评分表》实得 76 分,换算在汇总表中《安全管理》分项实得分为多少?

$$分项实得分 = \frac{10 \times 76}{100} = 7.6(分)$$

【例 6-2】某工地没有塔吊,则塔吊在汇总表中有缺项(该项应得分值为 10 分),其他各分项检查在汇总表实得分为 84 分,计算该工地汇总表实得分为多少?

$$缺项的汇总表分 = \frac{84}{90} \times 100 = 93.34(分)$$

【例 6-3】《施工用电检查评分表》中,"外电防护"缺项(该项应得分值为 10 分),其他各项检查实得分为 72 分,计算该分表实得多少分? 换算到汇总表中应为多少分?

$$缺项的分表分 = (72/90) \times 100 = 80(分)$$

$$汇总表中施工用电分项实得分 = \frac{10 \times 80}{100} = 8(分)$$

【例 6-4】如在施工用电检查表中,外电防护这一保证项目缺项(该项应得分值为 10 分),另有其他"保证项目"检查实得分合计为 25 分(该项应得分值为 50 分),该分项检查表是否能得分?

$25/50 = 50\% < 66.7\%$,则该分项检查表计零分。

【例 6-5】某工地多种脚手架和多台塔吊,落地式脚手架实得分为 86 分、悬挑脚手架实得分为 80 分;甲塔吊实得分为 90 分、乙塔吊实得分为 85 分。计算汇总表中脚手架与塔吊实得分值为多少?

(1)脚手架实得分 $= \dfrac{86 + 80}{2} = 83(分)$

$$换算到汇总表中分值 = \frac{10 \times 83}{100} = 8.3(分)$$

(2)塔吊实得分 $= \dfrac{90 + 85}{2} = 87.5(分)$

$$换算到汇总表中分值 = \frac{10 \times 87.5}{100} = 8.75(分)$$

【例 6-6】"文明施工"检查评分表实得 80 分,换算在汇总表中"文明施工"分项实得分为多少?

$$分项实得分 = (15 \times 80) \div 100 = 12(分)$$

第七节　安全检查评定等级

按照汇总表的总得分和分项检查评分表的得分,建筑施工安全检查评定划分为优良、合格、不合格三个等级。评定等级的划分应符合以下要求:

(1)优良:分项检查评分表无零分,汇总表得分值应在 80 分及以上。

(2)合格:分项检查评分表无零分,汇总表得分值应在 70~80 分(含 70%)。

(3)不合格:①汇总表得分值不足 70 分;②有一分项检查评分表不得分。

第八节　安全检查的其他规定

根据《建筑施工企业安全生产管理规范》(GB 50656—2011)规定：

15　安全检查和改进

15.0.1　建筑施工企业安全检查和改进管理应包括规定安全检查的内容、形式、类型、标准、方法、频次，检查、整改、复查，安全生产管理评估与持续改进等工作内容。

15.0.2　建筑施工企业安全检查的内容应包括：

1. 安全目标的实现程度；

2. 安全生产职责的落实情况；

3. 各项安全管理制度的执行情况；

4. 施工现场安全隐患排查和安全防护情况；

5. 生产安全事故、未遂事故和其他违规违法事件的调查、处理情况；

6. 安全生产法律法规、标准规范和其他要求的执行情况。

15.0.3　建筑施工企业安全检查的形式应包括各管理层的自查、互查以及对下级管理层的抽查等；安全检查的类型应包括日常巡查、专项检查、季节性检查、定期检查、不定期抽查等。

1. 工程项目部每天应结合施工动态，实行安全巡查；总承包工程项目部应组织各分包单位每周进行安全检查，每月对照《建筑施工安全检查标准》，至少进行一次定量检查。

2. 企业每月应对工程项目施工现场安全职责落实情况至少进行一次检查，并针对检查中发现的倾向性问题、安全生产状况较差的工程项目，组织专项检查。

3. 企业应针对承建工程所在地区的气候与环境特点，组织季节性的安全检查。

15.0.4　建筑施工企业应根据安全检查的类型，确定检查内容和具体标准，编制相应的安全检查评分表，配备必要的检查、测试器具。

15.0.5　建筑施工企业对安全检查中发现的问题和隐患，应定人、定时间、定措施组织整改，并跟踪复查。

15.0.6　建筑施工企业对安全检查中发现的问题，应定期统计、分析，确定多发和重大隐患，制定并实施治理措施。

15.0.7　建筑施工企业应定期对安全生产管理的适宜性、符合性和有效性进行评估，确定安全生产管理需改进的方面，制定并实施改进措施，并对其有效性进行跟踪验证和评价。发生下列情况时，企业应及时进行安全生产管理评估：

1. 适用法律法规发生变化时；

2. 企业组织机构和体制发生重大变化；

3. 发生生产安全事故；

4. 其他影响安全生产管理的重大变化。

15.0.8　建筑施工企业应建立并保存安全检查和改进活动的资料与记录。

项目经理部安全检查的主要规定：

定期对安全控制计划的执行情况进行检查、记录、评价和考核，对作业中存在的不安全行为和隐患,签发安全整改通知,由相关部门制定整改方案,落实整改措施,实施整改后应予复查。

根据施工过程的特点和安全目标的要求确定安全检查的内容。

安全检查应配备必要的设备或器具,确定检查负责人和检查人员,并明确检查的方法和要求。

检查应采取随机抽样、现场观察和实地检测的方法,并记录检查结果,纠正违章指挥和违章作业。

对检查结果进行分析,找出安全隐患,确定危险程度。

编写安全检查报告并上报。

第九节　安全检查与验收

一、安全生产检查记录汇总表

(1)安全检查是对施工安全进行过程控制、保证安全生产的重要手段,通过检查可及时发现不安全状态,制止不安全行为,消除起因物和致害物,实现施工安全的目的。本节所指的安全生产检查包括各种形式的检查。

根据《建设工程安全生产管理条例》以及有关规定的要求,施工单位应对所承担的建设工程进行安全生产检查,并做好安全检查记录。监理单位应对建设工程安全生产承担监理责任。行业主管部门履行安全监督检查职责。各级组织的安全检查记录应收集汇总和保存。

(2)施工单位及其工程项目部应当建立安全检查制度,并在施工过程中进行安全检查。企业每月定期组织一次安全检查,项目部每周定期组织一次安全检查,并根据工程安全生产需要或各级管理机构的要求开展专项检查及日常巡查。项目部安全管理人员应每天开展安全巡查。安全检查应贯穿项目施工的全过程,并覆盖项目施工的每个分项工程。

日常安全检查不应替代对各类安全防护设施、设备、器具及材料的安全验收。

(3)安全检查应按照有关法律、法规和《建筑施工安全检查标准》(JGJ 59—2011)进行,并应符合行业主管部门有关安全生产的规定,符合本工程安全专项施工方案(安全措施)的要求。各种安全检查应形成书面的检查记录,检查记录应真实反映各项检查后发现的安全问题和事故隐患;对不符合规定要求或有事故隐患的,检查单位(人)应签发整改通知单,被检查单位(人)应按定人、定时、定措施的"三定"要求落实整改,及时消除安全生产隐患。

(4)工程项目部在完成了检查单位签发的整改通知单的整改事项后应进行自查,重大整改事项应经工程项目部的上级组织复查,并将整改结果反馈给检查单位。

(5)为了考核和评价工程项目部对施工安全的过程控制状况,并使安全检查和验收可追溯性,项目部应建立安全检查记录台账,将行业主管部门、监理单位、建设单位和施工企业的安全生产检查,以及项目部组织的自查记入表 6-2《安全生产检查记录汇总表》内并将检查原始记录和有关资料(事故隐患整改通知书、监理工程师通知书、整改回执等)附在表后。

表6-2　安全生产检查记录汇总表

工程名称：

编号	检查时间	检查单位	整改通知书编号	整改通知书回执编号	限期整改或停工整改	整改情况

注：行业主管部门、建设单位、监理单位和施工企业等安全生产检查、项目部安全检查应一并汇总在本表。其检查记录附在本台账后。

二、项目安全生产检查记录表

(1)《项目安全生产检查记录表》是项目部组织安全生产检查的原始记录,项目部应妥善保存。项目部应每周定期组织一次检查,实现安全生产检查制度化。

(2)项目部每周安全检查由项目负责人或项目安全生产负责人组织,项目专职安全员、施工作业班组负责人及有关专业人员参加检查。有分包单位的,分包单位的安全负责人应当参加检查。项目部组织周检可通知现场监理单位,监理单位可派员参加并提出监理意见。

(3)项目部周检应根据不同施工阶段的安全生产状况有针对性地开展检查,做到重点检查和全面检查相结合,对危险性较大的分部分项工程在施工过程中必须进行检查,并在记录中反映。

(4)项目部周检后应填写《项目安全生产检查记录表》(见表6-3),对应整改的事项落实整改责任人,及时进行整改并记录整改后的情况。

检查人员、整改人员和复查人员应在记录表中签字。

表6-3　项目安全生产检查记录表

编号：

检查时间	年　　月　　日	组织人	
检查人员			
检查项目或部位			
检查记录：			
检查人员(签名)			
检查整改落实情况(定措施、定人员、定时间)：			
整改人员(签名)			
复查(验证)结论	复查人(签名)：		复查时间：

思考题

1. 安全检查类型有哪些？

2. 安全检查的主要形式有哪些?

3. 安全检查的主要内容包括哪些?

4. 安全检查常用的一般检查方法有哪些?

5. 何谓安全检查表法?

6. 阅读下列材料,完成以下两题:

案例一:[背景资料]某工程安全检查结果如下:(1)安全管理:保证项目得 45 分,一般项目得 35 分;(2)文明施工:保证项目得 50 分,一般项目得 34 分;(3)脚手架:保证项目得 42 分,一般项目得 36 分;(4)模板支架:保证项目得 50 分,一般项目得 35 分;(5)"三宝""四口"防护:扣 18 分;(6)施工用电:保证项目得 38 分,一般项目得 36 分;(7)物料提升机:保证项目小计 42 分,一般项目得 36 分;(8)施工机具:得 82 分;(9)"基坑支护、土方作业":得 85 分;现场正在主体结构施工,无塔吊、起重吊装。

问:施工用电分项在汇总表中得分是多少? 汇总表总计得分是多少? 该工程的安全检查评定等级是什么?

案例二:[背景资料]某工程安全检查结果如下:(1)安全管理:保证项目得 55 分,一般项目得 35 分;(2)文明施工:保证项目得 50 分,一般项目得 36 分;(3)脚手架:保证项目得 45 分,一般项目得 36 分;(4)"三宝""四口"防护:扣 18 分;(5)施工用电:保证项目得 48 分,一般项目得 36 分;(6)物料提升机:保证项目小计 42 分,一般项目得 36 分;(7)施工机具:得 82 分;(8)模板支架得 88 分;现场正在主体结构施工,无基坑支护及塔吊、起重吊装。

问:文明施工分项在汇总表得分是多少? 汇总表总计得分是多少? 该工程的安全检查评定等级是什么?

第七章 安全技术交底

 **本章学习目标**

能够编制分项工程安全技术交底文件,监督实施安全技术交底。

本章重点

安全技术交底的基本要求和安全技术交底主要内容。

根据《建设工程安全生产管理条例》第二十七条规定:建设工程施工前,施工单位负责项目管理的技术人员应当对有关安全施工的技术要求向施工作业班组、作业人员作出详细说明,并由双方签字确认。该条例要求施工单位技术部门在组织施工前,应做好充分的技术准备,制定安全作业过程的安全技术措施;安全管理部门在此过程中可结合以往工程的施工情况,给予积极的信息支持,并督促、参与技术部门对作业班组、作业人员的安全技术交底。

安全技术交底是施工负责人向施工作业人员进行责任落实的法律要求,要严肃认真地进行,不能流于形式。交底内容不能过于简单,千篇一律,应按分部分项工程和针对具体的作业条件进行。

第一节 安全技术交底的基本要求

- 项目经理部必须实行逐级安全技术交底制度,纵向延伸到班组全体作业人员;
- 安全技术交底工作在正式作业前进行,技术交底必须具体、明确,针对性强;
- 技术交底的内容应针对分部分项工程施工中给作业人员带来的潜在危害和存在的问题;
- 应优先采用新的安全技术措施;
- 应将工程概况、施工方法、施工程序、安全技术措施等向工长、班组长进行详细交底;
- 定期向由两个以上作业队和多工种进行交叉施工的作业队伍进行书面交底;
- 保持书面安全技术交底签字记录,施工负责人、生产班组、现场安全员三方各留一份。

第二节 安全技术交底的主要内容

- 按照施工方案的要求,在施工方案的基础上对施工方案进行细化和补充;
- 本工程项目的施工作业特点和危险点;

- 针对危险点的具体预防措施；
- 对具体操作者讲明安全注意事项，保证操作者的人身安全；
- 相应的安全操作规程和标准；
- 发生事故后应及时采取的避难和急救措施。

第三节　安全技术交底记录相关表格

一、安全技术交底记录汇总表

（1）表 7-1 用于安全技术交底记录汇总。

（2）项目部应将安全技术交底记录按类别、部位归类汇总，装订封面单独成册，相关交底资料应附后。

表 7-1　安全技术交底记录汇总表

工程名称：

编号	分部分项工程名称	施工部位	交底类别	交底人	接受交底负责人	交底日期	备注

填表人：　　　　　　　　　　　　　　　填写日期：

二、安全技术交底记录表

（1）安全技术交底是项目部安全管理中一项重要工作，项目部应认真履行安全技术交底制度，切实做好安全技术交底工作。安全技术交底包括总分包之间的交底、分项工程或安全专项方案交底、采用"四新"安全交底、上岗前交底、季节性安全交底及一些特殊工作的交底等。

（2）安全技术交底记录表（见表 7-2 至表 7-11）应由项目技术负责人和项目安全员编写，项目技术负责人负责安全技术方面交底内容，项目专职安全员负责日常安全常识、安全规章制度等方面的教育内容，安全员还负有监督安全技术交底职能。安全技术交底必须在分部分项工程作业前进行，交底时不但要口头讲解，同时应有书面文字材料（或影像资料），"交底内容"栏不够填写的可附有关资料。交底应交至每个作业人员。交底双方履行签字手续。安全技术交底记录表一式两份，交底人、被交底班组各一份。

（3）安全技术交底的内容包括：分部分项工程的作业特点、工艺技术和危险源，针对危险源的预防措施，应该注意的安全事项，相应的安全操作规程和标准，发生事故后应采取的避难和急救措施等。

（4）危险性较大的分部分项工程施工前以及新技术、新工艺、新设备和新材料应用前，项目技术负责人及专职安全生产管理人员应向施工操作人员进行安全专项施工方案和安全技术措施交底。

（5）部分安全技术交底的周期可视作业场所和施工对象而定,作业场所和施工对象固定的可定期交底,其他应按每一分项工程进行交底。

（6）季节性施工、特殊作业环境下作业,施工前应进行有针对性的安全技术交底。

（7）总包项目部应与分包单位负责人办理安全交底手续,涉及安全防护设施移交的双方应进行移交验收。分包单位技术负责人和专职安全员应履行所属作业人员安全技术交底的职责。

表 7-2　安全技术交底记录表

编号：

工程名称	杭政储出〔2020〕××号地块商品住宅	分部分项工程名称	地基与基础工程
作业部位	施工现场、临时设施	作业内容	电工作业
交底类别	电工	交底日期	
交底内容	1.进入施工现场的电工必须熟知本工种的安全技术操作规程,必须经过专业培训,持证上岗。 2.严格按照《施工现场临时用电操作规范》及本地有关规定进行操作。 3.佩带好劳保用品,戴好安全帽,穿好绝缘鞋,戴好绝缘手套,高空作业时,系好安全带。 4.要经常检查各种电气设备,对电气设备失灵的,要马上报告项目经理。 5.严禁带电维修作业,需要维修时,必须由专人监护,停电、送电要按规定顺序进行。 6.严禁私自答应工人自行安装使用电气设备,一定要电工本人进行。 7.遇有变压线防护必须拿出相应措施,报当地电力部门批准方可进行施工。 8.电工严禁酒后作业,必须熟知触电急救方法和电器消防。		
交底人	项目技术负责人签名		接受交底负责人签名
	项目专职安全员签名		
作业人员签名			

注:1.交底类别指总分包安全技术交底、专项施工方案安全技术交底、工人岗前安全技术交底、季节性交底等;
2.专项施工方案交底内容较多时可附有关交底资料;3.本表一式两份,交底人、接受交底人各一份,交底人一份存档。

表 7-3　安全技术交底记录表

编号：

工程名称	杭政储出〔2020〕××号地块商品住宅	分部分项工程名称	地基与基础工程
作业部位	支撑梁、冠梁	作业内容	钢筋绑扎作业
交底类别	钢筋工	交底日期	
交底内容	1.进入施工现场的钢筋工,必须熟知各种钢筋机械的性能,按照安全操作规程来进行操作。 2.拉直钢筋,卡头要卡牢,拉筋沿线2m内禁止行人。 3.禁止非乘人垂直运输工具上下,上下传递钢筋时,注意周围的电线设施,用塔吊吊运时,一定要捆绑安全带。 4.在高空绑扎钢筋时,一定要戴好安全帽,系好安全带。 5.严禁酒后作业,在绑扎圈梁挑檐时,要检查脚下是否牢固,必要时搭设安全网防护。 6.严禁违章操作,制止非钢筋工使用钢筋机械。		
交底人	项目技术负责人签名		接受交底负责人签名
	项目专职安全员签名		
作业人员签名			

注:1.交底类别指总分包安全技术交底、专项施工方案安全技术交底、工人岗前安全技术交底、季节性交底等;2.专项施工方案交底内容较多时可附有关交底资料;3.本表一式两份,交底人、接受交底人各一份,交底人一份存档。

表 7-4 安全技术交底记录表

编号：

工程名称	杭政储出〔2020〕××号地块商品住宅	分部分项工程名称	地基与基础工程
作业部位	基坑	作业内容	土方开挖
交底类别	土方班	交底日期	

交底内容	1.进入现场必须遵守安全生产六大纪律。 2.挖土中发现管道、电缆及其他埋设物应及时报告，不得擅自处理。 3.挖土时要注意土壁的稳定性，发现有裂缝及倾塌可能时，人员应立即离开并及时处理。 4.人工挖土，前后操作人员间距不应小于2～3m，堆土要在1m以外，并且高度不得超过1.5m。 5.每日或雨后必须检查土壁及支撑稳定情况，在确保安全的情况下继续工作，并且不得将土和其他物件堆在支撑上，不得在支撑下行走或站立。 6.机械挖土，启动前应检查离合器、钢丝绳等，经空车试运转正常后再作业。 7.机械操作中进铲不得过深，提升不应过猛。 8.机械不得在输电线路下工作，应在输电线路一侧工作，不论在任何情况下，机械的任何部位与架空输电线路的最近距离应符合安全操作规程要求。 9.机械应停在坚实的地基上，如基础过差，应采取走道板等加固措施，不得将挖土机履带与挖空的基坑平行2m停、驶。运土汽车不宜靠近基坑平行行驶，防止塌方翻车。 10.电缆两侧1m范围内应采用人工挖掘。 11.配合拉铲的清坡、清底工人，不准在机械回转半径下工作。 12.从汽车上卸土应在车子停稳定后进行。禁止铲斗从汽车驾驶室上空越过。 13.基坑四周必须设置1.2m高的护栏，要设置一定数量临时上下施工楼梯。 14.场内道路应及时整修，确保车辆安全畅通，各种车辆应有专人负责指挥引导。 15.车辆进出门口的人行道下，如有地下管线（道）必须铺设厚钢板，或浇捣混凝土加固。 16.在开挖基坑时，必须设有切实可行的排水措施，以免基坑积水，影响基坑土壤结构。 17.基坑开挖前，必须摸清基坑下的管线排列和地质开采资料，以便考虑开挖过程中的意外应急措施（流砂等特殊情况） 18.清坡清底人员必须根据设计标高作好清底工作，不得超挖。如果超挖不将松土回填，以免影响基础的质量。 19.开挖出的土方，要严格按照组织设计堆放，不得堆于基坑外侧，以免引起地面堆载超荷引起土体位移、板桩位移或支撑破坏。 20.挖土机械不得在施工中碰撞支撑，以免引起支撑破坏或拉损。

交底人	项目技术负责人签名		接受交底负责人签名	
	项目专职安全员签名			
作业人员签名				

注：1.交底类别指总分包安全技术交底、专项施工方案安全技术交底、工人岗前安全技术交底、季节性交底等；2.专项施工方案交底内容较多时可附有关交底资料；3.本表一式两份，交底人、接受交底人各一份，交底人一份存档。

表 7-5 安全技术交底记录表

编号：

工程名称	杭政储出〔2020〕××号地块商品住宅	分部分项工程名称	地基与基础工程
作业部位	支撑梁、冠梁	作业内容	混凝土浇捣
交底类别	泥工班	交底日期	

交底内容	进入施工现场的砼工人，必须熟知本工种的一切安全技术操作规程。 操作前，要先检查砼搅拌机钢丝绳是否安全可靠，如发现起刺、断股应立即报告更换。 严禁酒后作业，严禁穿高跟及带钉易滑的鞋，严禁带病及不适合本工种的人员操作。 高空作业时，要戴好安全帽，系好安全带，操作时要使用专用砼平台，严禁用木板铺在墙上操作。 检查好所使用的电器设备，防止漏电伤人，要穿好绝缘鞋，要戴好绝缘手套。 操作时要认真、稳重。不准嬉笑打闹，以防高空坠落。 配合好塔吊司机的工作，接料时要稳固轻放，注意自己头上方，防止吊物伤人。 危险的地方必须加设安全网和防护立网及栏杆，杜绝违章指挥。

交底人	项目技术负责人签名		接受交底负责人签名	
	项目专职安全员签名			
作业人员签名				

注：1.交底类别指总分包安全技术交底、专项施工方案安全技术交底、工人岗前安全技术交底、季节性交底等；2.专项施工方案交底内容较多时可附有关交底资料；3.本表一式两份，交底人、接受交底人各一份，交底人一份存档。

表 7-6 安全技术交底记录表

编号：

工程名称	杭政储出〔2020〕××号地块商品住宅	分部分项工程名称	地基与基础工程
作业部位	支撑梁、冠梁	作业内容	支模
交底类别	木工班	交底日期	

交底内容	进入施工现场的木工，必须熟知本工种的一切安全技术操作规程。 严禁非木工人员使用木工机械，木工机械防护设施不应随便拆除。 木工房内严禁烟火，必须设置防火设施，严禁酒后操作，严禁从高处向下抛掷物料。 在进行支模时，一定要戴好安全帽和系好安全带，检查着脚点是否牢固，注意吊物碰撞。 当心钉子扎脚，拆悬臂模时，应搭设操作台，拆除后应堆放整齐，做到工完场清。 使用圆盘锯要注意加设防护拦板，戴好防护眼镜。 使用平刨刨厚度小于 1.5cm 时，必须用压板和推棍进行操作。

交底人	项目技术负责人签名		接受交底负责人签名	
	项目专职安全员签名			
作业人员签名				

注：1.交底类别指总分包安全技术交底、专项施工方案安全技术交底、工人岗前安全技术交底、季节性交底等；2.专项施工方案交底内容较多时可附有关交底资料；3.本表一式两份，交底人、接受交底人各一份，交底人一份存档。

表7-7 安全技术交底记录表

编号：

工程名称	杭政储出〔2020〕××号地块商品住宅	分部分项工程名称	地基与基础工程
作业部位	基坑	作业内容	凿桩
交底类别	凿桩班	交底日期	

<table>
<tr><td rowspan="1">交底内容</td><td>
一、施工工序中存在的环境因素和危险源：
1.桩头不拉绳而桩头无预见性地忽然倒地造成人员伤亡。
2.空压机没有防护罩或放置不稳造成机械伤害。
3.用电设备未进行保护接零造成触电事故。
4.空压机在作业过程中的噪声污染。
5.破桩头过程中的粉尘污染等。
二、针对施工工序中存在的环境因素和危险源采取的具体防范措施：
1.进入施工现场必须正确佩戴安全帽，禁止闲杂人员进入作业区域。
2.空压机的电源线必须有专业电工接线并进行试运行后方可使用，严禁非专业电工进行接线作业，三级配电箱离空压机的距离不超过3米。
3.检查空压机是否有保护接零和防护罩不合格的空压机严禁使用，作业过程中必须严格遵守"一机一闸一漏保"的规定。
4.空压机必须放置在平稳的地方，防止倾倒。手提式电锯应绝缘良好，严禁超过距三级箱3米之外的地方使用。
5.桩破除过程中必须有专人监护。对超过2米的桩头应用钢丝绳将桩头固定在相邻未破桩头上，防止破桩过程中桩头无预见性地倒地伤人。破桩顺序应自上而下破除，不得直接破至桩顶标高处，对超过2米的桩头应搭设脚手架进行从上而下的破除作业。
6.钢筋切割使用的氧气乙炔瓶应分开5米以上距离放置，操作人员应持证上岗，严禁无证人员进行切割作业。
7.钢筋切割作业时必须到项目部保卫部门进行动火登记，严格按动火证上的时间进行作业，超过规定时间应重新补办动火证，作业过程中必须安排专人进行动火监护。
8.超过3米的桩头必须分成两截，方便运输车辆运输。
9.在危险的地方，请您拒绝施工。
三、发生应急事件或事故后，现场人员的应急反应及采取的措施：
发生安全事故第一发现人应大声呼喊附近人员，同时应立即向工长或带班人员报告，并组织人员进行简单包扎或止血处理，工长要立即报告项目经理。
</td></tr>
</table>

交底人	项目技术负责人签名		接受交底负责人签名	
	项目专职安全员签名			
作业人员签名				

注：1.交底类别指总分包安全技术交底、专项施工方案安全技术交底、工人岗前安全技术交底、季节性交底等；2.专项施工方案交底内容较多时可附有关交底资料；3.本表一式两份，交底人、接受交底人各一份，交底人一份存档。

表 7-8　安全技术交底记录表

编号：

工程名称	杭政储出〔2020〕××号地块商品住宅	分部分项工程名称	地基与基础工程
作业部位	基坑	作业内容	焊接作业
交底类别	凿桩班	交底日期	

交底内容	进入现场必须遵守安全生产六大纪律。 电焊、气割，严格遵守"十不烧"规程操作。 操作前应检查所有工具、电焊机、电源开头及线路是否良好，金属外壳应安全可靠接地，进出线应有完整的防护罩，进出线端应用铜接头焊牢。 每台电焊机应有专用电源控制开关。开关的保险丝容量，应为该机的 1.5 倍，严禁用其他金属丝代替保险丝，完工后，切断电源。 电气焊的弧火花点必须与氧气瓶、电石桶、乙炔瓶、木料、油类等危险物品的距离不少于 10m；与易爆物品的距离不少于 20m。 乙炔瓶、氧气瓶均应设有安全回火防止器，橡皮管连接处须用扎头固定。 氧气瓶，严防沾染油脂、有油脂衣服、手套等，禁止与氧气瓶、减压阀、氧气软管接触。 清除焊渣时，面部不应正对焊纹，防止焊渣溅入眼内。 经常检查氧气瓶与磅表头处的螺纹是否滑牙，橡皮管是否漏气，焊枪嘴和枪身有无阻塞现象。 注意安全用电，电线不准乱拖乱拉，电源线均应架空扎牢。 焊割点周围和下方应采取防火措施，并应指定专人防火监护。

交底人	项目技术负责人签名		接受交底负责人签名	
	项目专职安全员签名			

作业人员签名	

注：1. 交底类别指总分包安全技术交底、专项施工方案安全技术交底、工人岗前安全技术交底、季节性交底等；2. 专项施工方案交底内容较多时可附有关交底资料；3. 本表一式两份，交底人、接受交底人各一份，交底人一份存档。

表7-9 安全技术交底记录表

编号：

工程名称	杭政储出〔2020〕××号地块商品住宅	分部分项工程名称	地基与基础工程
作业部位	基坑	作业内容	多塔吊装作业
交底类别	塔吊班	交底日期	

交底内容

1.进入现场必须自觉遵守安全管理规章制度、安全生产"六大纪律"及文明施工管理规定。

2.作业人员必须自觉戴好安全帽,扣好帽带,严禁穿拖鞋、硬底鞋及高跟鞋等带钉、易滑的鞋上班。

3.作业前要先后熟悉环境,负责好机械设备的日常检查、维护保养工作,并做好记录。

4.服从项目部的统一调度与管理,严禁无证上岗,严禁酒后上班。

5.多台塔吊同时作业时(臂长＞10m)应满足＞10m安全距离的要求,若施工场地不能满足上述要求,则必须采取其他安全技术措施。

6.多台塔吊同时作业时,上下应错开＞6m,停止使用时多台塔吊应分开停靠,并固定,且最小垂直安全距离不得小于4m。

7.多台塔吊交叉作业时,用对讲机或旗语联系。东区塔吊逆时针吊物,顺时针回转。西区塔吊相反。

8.塔机作业人员应做到班前有交底,班后有记录。

交底人	项目技术负责人签名		接受交底负责人签名	
	项目专职安全员签名			
作业人员签名				

注:1.交底类别指总分包安全技术交底、专项施工方案安全技术交底、工人岗前安全技术交底、季节性交底等;2.专项施工方案交底内容较多时可附有关交底资料;3.本表一式两份,交底人、接受交底人各一份,交底人一份存档。

表 7-10　安全技术交底记录表

编号：

工程名称	杭政储出〔2020〕××号地块商品住宅	分部分项工程名称	地基与基础工程
作业部位	基础	作业内容	围护栏杆等架子搭设
交底类别	架子班	交底日期	
交底内容	1.进入现场必须戴好安全帽,遵守安全操作规程、安全生产六大纪律及"十个不准"。班组长应做好班前安全交底工作,并做好书面记录。 2.脚手架材料,严禁使用弯曲、压扁、裂缝钢管和脆裂、滑丝的扣件。 3.钢管的壁厚、扣件的重量应符合规范要求及公司有关规定要求。 4.支护架搭设按规范要求和项目编制的搭拆方案进行搭设,主要杆件应错开设置,拧紧扣件螺丝,脚手片每片扎四点,搭设中不准偷工减料。 5.脚手架搭设应做到一步一清,工完料尽,搭设牢固,安全可靠。在同一垂直面上下不准同时作业。 6.脚手架拉结点、防护栏杆及断头处等杆件,扣件不准漏设。 7.架子工按规定持证上岗,严禁无证人员上岗。 8.登高作业,不准穿硬底带钉易滑鞋,不准酒后上岗操作,严禁高处向下乱抛工具、材料等物品。 9.支护架不论大小都必须设置扫地杆、剪刀撑(搭接长度>1m,扣件不得<3个)。 10.冬雨季施工应注意防滑,保暖并正确使用个人劳动防护用品。		
交底人	项目技术负责人签名		接受交底负责人签名	
	项目专职安全员签名			
作业人员签名				

注:1.交底类别指总分包安全技术交底、专项施工方案安全技术交底、工人岗前安全技术交底、季节性交底等;2.专项施工方案交底内容较多时可附有关交底资料;3.本表一式两份,交底人、接受交底人各一份,交底人一份存档。

表 7-11　安全技术交底记录表

编号：

工程名称	杭政储出〔2020〕××号地块商品住宅	分部分项工程名称	地基与基础工程
作业部位	基础	作业内容	围护栏杆等油漆涂刷
交底类别	油漆班	交底日期	

交底内容	1. 施工场地应有良好的通风条件，如在通风条件不好的场地施工时必须安装通风设备，方能施工。 2. 在用钢丝刷、板挫、气动、电动工具清除铁锈、铁鳞时为避免眼睛沾污和受伤，需戴上防护眼镜。 3. 在涂刷或喷涂对人体有害的油漆时，需戴上防护口罩，如对眼睛有害，需戴上密闭式眼镜进行保护。 4. 在涂刷红丹防锈漆及含铅颜料的油漆时，应注意防止铅中毒，操作时要戴口罩。 5. 在喷涂硝基漆或其他挥发性、易燃性溶剂稀释的涂料不准使用明火。 6. 高处作业需系安全带。 7. 为了避免静电集聚引起事故，对罐体涂漆或喷涂应安装接地线装置。 8. 涂刷大面积场地时，(室内)照明和电气设备必须按防火等级规定进行安装。 9. 操作人员在施工时感觉头痛、心悸和恶心时，应立即离开工作地点，到通风处换换空气。如仍不舒畅，应去保健站治疗。 10. 在配料或提取易燃品时严禁吸烟，浸擦过清油、清漆、油的棉纱和擦手布不能随便乱丢。 11. 使用人字梯不准有断档，拉绳必须系牢并不得站在最上一层操作，不要站在高梯上移位，在光滑地面操作时，梯子脚下要绑布和胶皮。 12. 不得在同一脚手板上交授工作面。 13. 油漆仓库明火不准入内，须配备灭火机。不准装小太阳灯。

交底人	项目技术负责人签名		接受交底负责人签名	
	项目专职安全员签名			
作业人员签名				

注：1. 交底类别指总分包安全技术交底、专项施工方案安全技术交底、工人岗前安全技术交底、季节性交底等；2. 专项施工方案交底内容较多时可附有关交底资料；3. 本表一式两份，交底人、接受交底人各一份，交底人一份存档。

思考题

1. 安全技术交底有哪些要求？

2. 安全技术交底的主要内容有哪些？

3. 安全技术交底：请按照本章格式，编制土方开挖工程；钢筋加工与安装工程；模板制作与安装工程；混凝土工程；砌筑工程；落地式钢管扣件双排脚手架搭设、拆除工程；SBS卷材屋面防水工程；抹灰工程；搅拌机使用工作；龙门架及井架安拆工程安全作业交底记录。（每份交底记录不应少于400字，表格可以打印，但交底内容必须手写）。

第八章　建设工程施工现场安全资料管理

本章学习目标

编制、收集、整理工程项目安全资料以及编写安全检查报告和总结。掌握安全专项施工方案的主要内容,安全专项施工方案的基本编制办法。掌握施工现场安全管理台账的内容和编写。

本章重点

建设工程施工现场安全资料管理和《建筑施工组织设计规范》的相关术语和规定以及安全施工组织设计的有关规定。

第一节　建设工程施工现场安全资料管理规程

根据《建设工程施工现场安全资料管理规程》(CECS 266—2009)相关要求如下:

2.0.4　施工现场安全管理资料

建设工程各参与方在工程建设过程中为加强生产安全和文明施工所形成的各种形式的信息,包括纸质和音像资料等。

3　安全管理资料管理

3.1　安全管理资料管理要求

3.1.1　施工现场安全管理资料的管理应为工程项目施工管理的重要组成部分,是预防安全生产事故和提高文明施工管理的有效措施。

3.1.2　建设单位、监理单位和施工单位应负责各自的安全管理资料管理工作,逐级建立健全施工现场安全资料管理岗位责任制,明确负责人,落实各岗位责任。

3.1.3　建设单位、监理单位和施工单位应建立安全管理资料的管理制度,规范安全管理资料的形成、收集、整理、组卷等工作,应随施工现场安全管理工作同步形成,做到真实有效、及时完整。

3.1.4　施工现场安全管理资料应字迹清晰,签字、盖章等手续齐全,计算机形成的资料可打印、手写签名。

3.1.5　施工现场安全管理资料应为原件,因故不能为原件时,可为复印件。复印件上应注明原件存放处,加盖原件存放单位公章,由经办人签字并注明时间。

3.1.6　施工现场安全管理资料应分类整理和组卷,由各参与单位项目经理部保存备查至工程竣工。

3.4 施工单位的管理职责

3.4.1 施工单位应负责施工现场施工安全管理资料的管理工作,在施工组织设计中列出安全管理资料的管理方案,按规定列出各阶段安全管理资料的项目。

3.4.2 施工单位应指定施工现场安全管理资料责任人,负责安全管理资料的收集、整理和组卷。

3.4.3 施工现场安全管理资料应随工程建设进度形成,保证资料的真实性、有效性和完整性。

3.4.4 实行总承包施工的工程项目,总包单位应督促检查各分包单位施工现场安全管理资料的管理。分包单位应负责其分包范围内施工现场安全管理资料的形成、收集和整理。

3.4.5 施工单位的安全生产专项措施资料应遵循"先报审、后实施"的原则,实施前向建设单位和监理单位报送有关安全生产的计划、方案、措施等资料,得到审查认可后方可实施。

4 安全管理资料分类与整理

4.1 施工现场安全管理资料分类

4.1.1 安全管理资料分类应以形成资料的单位来划分。

4.2 安全管理资料整理及组卷

4.2.1 施工现场安全管理资料整理应以单位工程分别进行整理及组卷。

4.2.2 施工现场安全管理资料组卷应按资料形成的参与单位组卷。一卷为建设单位形成的资料;二卷为监理单位形成的资料;三卷为施工单位形成的资料,各分包单位形成的资料单独组成为第三卷内的独立卷。

4.2.3 每卷资料排列顺序为封面、目录、资料及封底。封面应包括工程名称、案卷名称、编制单位、编制人员及编制日期。案卷页号应以独立卷为单位顺序编写。

第二节 《建筑施工组织设计规范》的相关术语和规定

《建筑施工组织设计规范》(GB/T 50502—2009),自 2009 年 10 月 1 日起实施。

2.0.1 施工组织设计(construction organization plan)

以施工项目为对象编制的,用以指导施工的技术、经济和管理的综合性文件。

施工组织设计是我国在工程建设领域长期沿用下来的名称,西方国家一般称为施工计划或工程项目管理计划。在《建设项目工程总承包管理规范》(GB/T 50358—2005)中,把施工单位这部分工作分成了两个阶段,即项目管理计划和项目实施计划。施工组织设计既不是这两个阶段的某一阶段内容,也不是两个阶段内容的简单合成,它是综合了施工组织设计在我国长期使用的惯例和各地方的实际使用效果而逐步积累的内容精华。施工组织设计在投标阶段通常被称为技术标,但它不是仅包含技术方面的内容,同时也涵盖了施工管理和造价控制方面的内容,是一个综合性的文件。

2.0.2 施工组织总设计(general construction organization plan)

以若干单位工程组成的群体工程或特大型项目为主要对象编制的施工组织设计,对整个项目的施工过程起统筹规划、重点控制的作用。

2.0.3　单位工程施工组织设计(construction organization plan for unit project)

以单位(子单位)工程为主要对象编制的施工组织设计,对单位(子单位)工程的施工过程起指导和制约作用。需要说明的是,对于已经编制了施工组织总设计的项目,单位工程施工组织设计应是施工组织总设计的进一步具体化,直接指导单位工程的施工管理和技术经济活动。

2.0.4　施工方案(construction scheme)

以分部(分项)工程或专项工程为主要对象编制的施工技术与组织方案,用以具体指导其施工过程。

施工方案在某些时候也被称为分部(分项)工程或专项工程施工组织设计,但考虑到通常情况下施工方案是施工组织设计的进一步细化,是施工组织设计的补充,施工组织设计的某些内容在施工方案中不再赘述,因而本规范将其定义为施工方案。

2.0.13　安全管理计划(safety management plan)

保证实现项目施工职业健康安全目标的管理计划。包括制定、实施所需的组织机构、职责、程序以及采取的措施和资源配置等。

3.0.1　施工组织设计按编制对象,可分为施工组织总设计、单位工程施工组织设计和施工方案。

3.0.4　施工组织设计应包括编制依据、工程概况、施工部署、施工进度计划、施工准备与资源配置计划、主要施工方法、施工现场平面布置及主要施工管理计划等基本内容。

本条仅对施工组织设计的基本内容加以规定,根据工程的具体情况,施工组织设计的内容可以添加或删减,本规范并不对施工组织设计的具体章节顺序加以规定。

3.0.5　施工组织设计的编制和审批应符合下列规定:

1. 施工组织设计应由项目负责人主持编制,可根据需要分阶段编制和审批;

2. 施工组织总设计应由总承包单位技术负责人审批;单位工程施工组织设计应由施工单位技术负责人或技术负责人授权的技术人员审批,施工方案应由项目技术负责人审批;重点、难点分部(分项)工程和专项工程施工方案应由施工单位技术部门组织相关专家评审,施工单位技术负责人批准;

3. 由专业承包单位施工的分部(分项)工程或专项工程的施工方案,应由专业承包单位技术负责人或技术负责人授权的技术人员审批;有总承包单位时,应由总承包单位项目技术负责人核准备案;

4. 规模较大的分部(分项)工程和专项工程的施工方案应按单位工程施工组织设计进行编制和审批。

7.1.1　施工管理计划应包括进度管理计划、质量管理计划、安全管理计划、环境管理计划、成本管理计划以及其他管理计划等内容

施工管理计划在目前多作为管理和技术措施编制在施工组织设计中,这是施工组织设计必不可少的内容。施工管理计划涵盖很多方面的内容,可根据工程的具体情况加以取舍。在编制施工组织设计时,各项管理计划可单独成章,也可穿插在施工组织设计的相应章节中。

7.4　安全管理计划

7.4.1　安全管理计划可参照《职业健康安全管理体系规范》(GB/T 28001—2016),在

施工单位安全管理体系的框架内编制。

目前大多数施工单位基于《职业健康安全管理体系规范》(GB/T 28001—2016)通过了职业健康安全管理体系的认证,建立了企业内部的安全管理体系。安全管理计划应在企业安全管理体系的框架内,针对项目的实际情况编制。

7.4.2 安全管理计划应包括下列内容:

建筑施工安全事故(危害)通常分为七大类:高处坠落、机械伤害、物体打击、坍塌倒塌、火灾爆炸、触电、窒息中毒。安全管理计划应针对项目具体情况,建立安全管理组织,制定相应的管理目标、管理制度、管理控制措施和应急预案等。

1. 确定项目重要危险源,制定项目职业健康安全管理目标;

2. 建立有管理层次的项目安全管理组织机构并明确职责;

3. 根据项目特点,进行职业健康安全方面的资源配置;

4. 建立具有针对性的安全生产管理制度和职工安全教育培训制度;

5. 针对项目重要危险源,制定相应的安全技术措施;对达到一定规模的危险性较大的分部(分项)工程和特殊工种的作业应制定专项安全技术措施的编制计划;

6. 根据季节、气候的变化制定相应的季节性安全施工措施;

7. 建立现场安全检查制度,并对安全事故的处理做出相应规定。

7.4.3 现场安全管理应符合国家和地方政府部门的要求

第三节　建设工程施工现场安全管理台账

本节参考《浙江省建设工程施工现场安全管理台账》实施指南要求进行了安全台账的详细阐述,以便师生对"安全台账"有更全面的理解,有利于教师指导学生完成《建筑工程安全技术与绿色施工》应用训练施工现场安全管理台账,提高学生毕业后在施工现场编制建筑工地安全技术资料的水平,规范现场安全管理。

一、安全管理

1.1 工程基本情况

1.1.1 建设工程项目安全监督登记表

本表为建设单位办理建设工程项目安全监督手续时的登记表。本表由施工单位填写并加盖施工单位法人章和建设单位法人章。本表明确了办理安全监督备案时所提供的相关证件和反映施工现场安全生产条件有关资料,作为安全监督机构审查该项目是否符合安全生产条件的依据。

1.1.2 建设工程项目基本情况表

本表由建设单位负责填写并加盖法人章。本表反映工程基本情况,应列明建设工程项目名称、地点、规模、结构类型,计划开竣工日期、安全管理目标以及建设各方责任主体名称和有关负责人姓名、联系电话等信息,便于安全监督机构了解工程概况和联系各方责任主体。

1.1.3　证书清单

本清单包括的证书主要有建设工程项目承建单位中标通知书,承建总包单位资质证书、安全生产许可证,承建分包单位资质证书、安全生产许可证,建设工程项目施工许可证等。

1.1.4　危险性较大分部分项工程清单

根据住建部《危险性较大的分部分项工程安全管理规定》(建质〔2018〕37号):"建设单位在申请或办理安全监督手续时,应当提供危险性较大的分部分项工程清单和安全管理措施等资料"而设置的。

1.1.5　危险源识别与风险评价表

1.施工现场应建立危险源识别与风险评价制度,开展危险源识别与风险评价工作。

2.危险源识别与风险评价方法:施工现场可依据本单位《职业健康安全管理手册》和《程序文件》的要求,通过风险评价确定本工程的重大危险源。

1.1.6　重大危险源动态管理控制表

1.项目部对经过风险评价确定的重大危险源必须进行有效管理。项目部可以结合安全专项施工方案或安全技术措施,制定重大危险源的监控措施,落实相关责任人进行管理。

2.重大危险源动态管理控制表应制作标牌张挂公示在施工现场醒目处。列入重大危险源监控的作业项目,是项目部安全巡检、周检的主要对象。

3.施工单位项目负责人是重大危险源管理的主要责任人,对重大危险源管理负总责。

1.1.7　施工现场管理人员及资格证书登记表

1.本表为办理安全监督登记手续时所附资料。其管理人员应与项目招投标所提交的资料相符,如有变动,必须得到建设单位的同意并按规定办理变更手续。

2.现场管理人员包括范围:项目负责人、项目技术负责人以及项目专职安全员、施工员、质量员、资料员、材料员等。

3.人员名单应将性别、岗位、资格证书名称、证书编号等情况填写清楚。

4.资格证书指执业资格和岗位证书及三类人员证书等,如有分包单位的,其管理人员证书一并登记在内。项目管理人员资格证书复印件附登记表后。

1.1.8　施工现场特种作业人员及操作资格证书登记表

1.本表为办理安全监督登记手续时所附资料。施工单位必须按工程实际情况配备特种作业人员。凡进入施工现场作业的特种作业人员均应进行登记,经项目负责人签字确认,查验其操作资格证书原件后,将复印件附后。

2.根据浙江省建筑施工特种作业人员管理人员管理办法,建筑施工特种作业人员包括:建筑电工、建筑焊工(含焊接工、切割工);建筑普通脚手架架子工;建筑附着升降脚手架架子工;建筑起重信号司索工(含指挥);建筑塔式起重机司机;建筑施工升降机司机;建筑物料提升机司机;建筑塔式起重机安装拆卸工;建筑施工升降机安装拆卸工;建筑物料提升机安装拆卸工;高处作业吊篮安装拆卸工等12个工种。

3.建筑施工特种作业操作资格证书采用住建部规定的统一样式,在全国通用,有效期为2年。有效期满需要延期的,特种作业人员应当于期满前3个月向原考核发证机关申请办理延期复核手续。

4.持有操作资格证书的人员,应当受聘于建筑施工单位,方可从事相应的特种作业。建筑施工单位对于首次取得操作资格证书的人员,应当在其正式上岗前安排不少于3个月的实习操作。

5. 办理安全监督登记手续时,特种作业人员及操作资格证书不能一次登记齐全的,可在基础、主体、装饰施工阶段前向安全监督机构及时补报,一式四份。

1.1.9 施工现场主要机械一览表

1. 本表为办理安全监督登记手续时所附资料。其机械设备包括:土石方机械如单斗挖掘机、挖掘装载机、推土机、自行式铲运机、压路机、风动凿岩机、电动凿岩机等;打桩机械如柴油打桩机、振动打桩机、静力压桩机、转盘钻孔机、螺旋钻孔机等;起重机械如塔式起重机、施工升降机、物料提升机、汽车轮胎式起重机等。钢筋加工机械如钢筋调直切断机、钢筋切断机、钢筋弯曲机、钢筋冷挤压连接机、对焊机、电渣压力焊机、交流电焊机等;混凝土机械如混凝土搅拌机、混凝土喷射机等;装修机械如灰浆搅拌机、灰浆泵、喷浆机、喷涂机、水磨石机、混凝土切割机等;水工机械如离心水泵、潜水泵、深井泵、泥浆泵等较大机械设备。

2. 本表所列机械设备名称、型号、使用部位、设备产权备案编号、产权单位、安(拆)单位、使用单位、计划进场(退场)时间(应依据施工组织设计中的施工进度)等一一填写,设备无产权编号的填写企业自编号。

3. 办理安全监督登记手续时,如无法将所有机械设备列齐,可在基础、主体、装饰施工阶段前向安全监督机构及时补报,一式四份。

1.1.10 施工现场总平面布置图

1. 施工现场总平面布置图,其内容包括:拟建的永久性工程及已建的永久性房屋、构筑物、重要地下管线;施工用的机械设备固定位置,如塔吊、物料提升机、混凝土搅拌设备等位置和塔吊回转半径;施工用运输道路、临时供、排水管线,临时供电线路及变配电设施位置;施工用生产性、生活性临时设施及主要构配件、建筑材料堆放场地等位置,并标注相应的尺寸。

2. 施工总平面图布置应按不同施工阶段分别绘制,一般可分为基础、主体、装饰等三个施工阶段绘制总平面布置图。各施工阶段总平面布置图的内容要根据不同阶段的施工特点、内容、材料、设备等按实际布设。

3. 施工现场总平面布置图应履行编审程序,一经批准,不得随意变更;如需变更,必须按原程序进行审批,并按变更的情况重新绘制。

4. 施工总平面布置图为施工现场"五牌二图"中的其中一图,除在安全台账中存档外,必须随五牌固定在施工现场进口处合适位置。

1.1.11 施工现场安全标志(含消防标志)平面布置图

1. 施工现场主要施工部位、作业点和危险区域及主要通道口均应挂设明显的安全标志。项目部应根据本工程特点、施工条件和安全生产需要对安全标志(含消防标志)进行平面布置,绘制安全标志平面布置图,当多层建筑各层标志不一致时,可按各层列表或绘制分层布置图。

2. 安全标志分为禁止、警告、指令、指示四类标志。安全标志必须符合国家标准《安全标志》《安全标志及其使用导则》的规定。

3. 安全标志应由专人管理。作业条件变化或安全标志损坏时,应及时更换。各种安全标志设置后,未经项目负责人批准,不得擅自移动或拆除。

1.1.12 施工现场安全防护用具一览表

1. 本表为办理安全监督登记手续时所附资料。安全防护用具包括:安全网、安全帽、安全带以及根据工程特点需要配置的用具和设备及主要劳动保护用具等。

2. 本表所列安全防护用具的名称、规格型号、生产厂家、生产许可证编号、数量、进场日期等应依据施工组织设计所配置的劳动力、施工进度、工艺技术要安全技术方案等要素进行填写,并注明其购置日期、产品合格证或检验报告编号。

3. 本表应经项目负责人审核后签字确认。

1.1.13　施工现场安全生产文明施工措施费用预算表

工程项目部在施工前应制定安全生产文明施工经费使用计划,编写预算表并在工程施工中按计划实施。安全生产文明施工措施费用的范围按《建筑工程安全防护、文明施工措施费用及使用管理规定》所列项目确定。预算费用的组成应经计算后确定,其中数量应满足工程实际需要,单价按市场平均单价计算。项目负责人应在工程中确保安全生产文明施工经费的投入,做到专款专用、不挪作他用。

1.1.14　施工现场安全生产文明施工措施费投入统计表

工程项目部应建立安全生产文明施工经费使用台账,对实际发生的安全生产文明施工措施费进行统计,填写统计表。凡发生符合安全生产文明施工措施费性质的实际费用均应记入安全生产文明施工措施费用统计表。台账应妥善保管备查。

1.2　安全规章制度

1.2.1　建设工程安全生产法律、法规、规章和规范性文件清单

1. 安全生产法律、法规、规章和规范性文件是安全生产的管理依据。项目部必须配备与建筑施工内容相关的现行安全生产法律、法规、规章和规范性文件,并及时更新和补充。

2. 法规应包括国家法规和地方法规;规章应包括政府主管部门规章和地方政府规章;规范性文件应包括部、省、市、县四级建设行政主管部门发布的文件以及企业颁发的文件。

3. 施工现场应对所使用的安全生产法律、法规、规章和规范性文件建立清单,指定专人保管,以便随时查阅使用。

1.2.2　建设工程安全生产技术标准、规范清单

1. 安全技术标准、规范等是安全生产的技术依据。项目部必须配备与建筑施工内容相关的现行安全生产技术标准、规范,并及时更新补充。

2. 安全生产技术标准、规范应包括国家标准、规范;行业标准、规范;地方标准、规范;企业标准(工法)等。

3. 施工现场应对所使用的安全技术标准、规范建立清单、指定专人保管,以便随时查阅使用。

1.2.3　建筑施工企业安全生产规章制度清单

1. 建筑施工企业应按照相关的法律、法规、规章和规范性文件要求,结合企业的实际情况,制定各项安全生产管理制度。项目部应配备企业安全生产规章制度;项目部应根据施工现场实际情况补充制定与建筑施工内容相关的安全生产管理制度。上述制度应在清单内登记并由专人保管,以供现场随时查阅使用。

2. 企业安全生产管理制度一般可分五类:一是岗位管理制度。主要包括:企业负责人和项目负责人带班制度、安全生产责任制度、安全教育培训制度、企业资质、机构及人员管理制度、总分包安全管理制度、安全生产考核和奖惩制度等。二是技术措施管理制度。主要包

括：施工组织设计编审制度、危险性较大的分部分项工程安全专项施工方案（措施）的编审制度、安全技术交底制度等。三是安全生产费用投入和物资管理制度。主要包括：安全文明资金保障制度、设施和防护用品制度、安全检查测试工具配备管理制度、安全标志管理制度等。四是日常管理制度。主要包括：设备安全管理制度、危险源控制制度、安全检查及隐患排查制度、生产安全事故报告处理制度、安全生产应急救援制度等。五是文明（绿色）施工管理制度。主要包括：治安保卫工作制度、消防管理和动火审批制度、施工区（生活区）场容场貌及卫生管理制度等。安全生产规章制度应形成书面资料在台账中存档。

3. 企业安全生产管理制度在企业生产经营状况、管理体制、有关法律、法规、各级地方建设行政主管部门有新规定出台时，应适时更新、修订完善。

1.2.4 建设工程项目部安全管理机构网络

1. 项目部应建立安全生产管理组织，形成安全生产管理网络。安全生产管理组织有：安全生产领导小组；安全生产周检小组；消防和治安管理小组；应急救援指挥小组等。项目负责人负责本项目部安全管理组织的组建。安全生产领导小组由项目负责人担任组长，安全生产领导小组的名单应上墙。各种安全管理组织应有作业班组负责人参加。

2. 项目部应明确各种安全生产管理组织成员的分工及相应的职责。

1.2.5 建设工程项目部安全生产责任制

1. 项目部应根据企业安全生产责任制体系，结合施工现场实际情况，建立健全项目部安全生产责任制，包括项目负责人、项目技术负责人、施工员、安全员及各管理人员（含作业班组长、工人）的安全生产责任制。按照"纵向到底、横向到边"的原则，安全生产责任制的对象应覆盖全部管理人员和作业班组，责任制内容应涵盖全部施工过程。

2. 项目部安全生产责任制由项目负责人组织制定，并应形成文本，主要岗位的安全生产责任制应上墙。

1.2.6 建设工程项目部各级安全生产责任书

1. 施工企业与项目部之间应签订项目安全生产责任书。项目安全生产责任书由企业负责人与项目负责人签字。

2. 工程有专业分包时，总包单位与专业分包单位之间应订立安全生产责任书。总包单位项目部将建筑起重机械等委托有资质单位安装时，双方应签订安全生产责任书。

3. 项目部应根据企业与项目部签订的安全生产责任书内容，结合企业的总体目标、施工承包合同和工程实际情况，制定建设工程项目安全生产管理目标。项目安全生产管理目标包括：安全生产文明施工达标创优目标、安全生产事故控制指标、安全生产隐患治理目标、平安工地管理目标等。项目安全生产管理目标由项目技术负责人编制，由项目负责人审核批准。

4. 项目部应根据安全生产责任制、安全管理目标，将责任按部门、专业分解落实到人，并与其签订目标责任书。目标责任书由项目负责人与职能人员签订。

5. 项目部应将安全生产责任制和安全管理目标分解落实至作业班组，结合用工协议与各班组签订安全目标责任书。

6. 项目部应对目标责任书的落实情况进行检查和考核，检查和考核结果应有书面记录。

1.2.7 建设工程项目安全生产事故应急救援预案

1. 项目部应针对危险性较大的分部分项工程和重大危险源制定安全生产事故应急救援预案,建立应急救援组织,配置必要的应急救援器材、设备,并定期组织演练。

2. 实施施工总承包的由总承包单位统一组织编制安全生产事故应急救援预案。有专业分包的,专业分包单位应按规定编制本专业施工的应急救援预案,报送总包单位审核。施工总承包单位和专业分包单位应按照应急救援预案共同组织实施。

3. 应急预案科按照下列要素,并根据本单位或工程项目的实际情况编制。

要素:(1)方案的目的、目标。(2)应急策划:重大危险源分析和救援资源分析;选择确定应急预案的对象;应急救援组织机构和人员职责;应急准备和应急资源的配置;通信方法;抢险方法。(3)教育培训与演习。(4)应急救援各方协助单位的协议。(5)应急响应:接警与通知;指挥与控制;警报或紧急公告;警戒与治安;人群疏散与安置;抢险实施。(6)应急人员安全及保护。(7)医疗与卫生。(8)现场恢复工作。

4. 项目部应急预案由项目负责人组织项目技术负责人、安全员等有关专业人员在工程开工前编制。

1.2.8　工程建设安全事故快报表

1. 施工单位和项目部应制定工伤事故报告制度,建立工伤事故台账。

2. 伤亡事故发生后,施工现场有关人员在抢险的同时,项目负责人应当立即向施工单位负责人报告,施工单位负责人接到报告后,应当立即启动事故应急救援预案,保护事发现场,组织人员抢救,防止事态扩大,并于1小时内向事发所在地县级以上人民政府建设行政主管部门报告。

3. 伤亡事故发生后项目部应当填写安全事故快报表,事故快报表应当及时、准确、完整反映事故情况,并通过企业上报,不得迟报、漏报、谎报、瞒报。

4. 情况紧急时,事故现场有关人员可以直接向事故发生地县级以上人民政府建设行政主管部门和有关部门报告。

5. 实行施工总承包的建设工程,由总承包单位负责上报事故。

1.3　安全教育与交底

详见第五章第五节和第七章第三节。

1.4　安全活动

1.4.1　工地安全日记

1. 工地安全日记应由项目部专职安全员逐日填写。

2. 工地安全日记内容:记录当天生产安全情况;项目部安全宣传教育、安全检查、安全例会、安全演练等安全活动情况;安全隐患排查和整改情况;职工遵章守纪情况;治安保卫和卫生检查情况、不定期对职工开展卫生防病宣传教育情况;上级有关部门检查情况等。

1.4.2　班组安全活动记录表

1. 班组活动记录表由班组长或班组兼职安全员逐日负责填写。

2. 班组安全生产活动内容包括:班组开展班前上岗三活动(上岗交底、上岗检查、上岗教育)和班后下岗检查等。班组开展的安全讲评活动也应记入本台账。"活动类别"一栏按"班前、班后或安全讲评"填写。

1.4.3　企业负责人施工现场带班检查记录

1. 建筑施工企业应建立企业负责人现场带班检查制度,明确带班检查的职责权限、组织形式、检查内容、方式以及考核办法等具体事项,企业负责人现场带班检查制度应存放于工地备查。

2. 企业主要负责人包括法定代表人、总经理(总裁)、分管安全生产的副总经理(副总裁)、分管生产经营的副总经理(副总裁)、技术负责人、安全总监等。

3. 建筑施工企业负责人要定期带班检查工程项目质量安全生产状况及项目负责人带班生产情况。

4. 企业负责人施工现场带班检查后应将记录存放工地被查。

1.4.4 项目负责人施工现场带班记录

1. 项目负责人是项目安全管理第一责任人,应认真履行施工现场带班制度,每日做好带班记录。

2. 项目负责人包括总包、专业分包、劳务分包单位项目负责人。

3. 项目负责人必须确保每月在现场带班生产的实际时间不少于本月施工时间的80%,不得擅自离岗。项目负责人因事不在岗时应书面委托具有相应资格的人员代行管理工作,书面委托应报监理单位备案并现场留存备查。因事不在岗时间不得超过本月施工时间的20%。

1.4.5 各类安全专项活动实施情况检查记录表

1. 施工单位和项目部应积极响应各级政府主管部门开展的各类安全专项活动,活动后应做好记录,活动情况需要上报的应及时上报。

2. 项目部按照施工企业自行开展的各类安全专项活动也应记录于本表。

3. 本表由项目专职安全员填写,项目负责人签字确认。

二、文明施工与消防管理

2.1 文明施工

2.1.1 文明施工专项方案

1. 文明施工是施工现场的基本要求。施工现场的文明施工反映了施工企业安全管理水平和企业形象。在工程开工前后,施工现场应制定文明施工专项方案,明确文明施工管理措施。

2. 文明施工专项方案应对工地的现场围挡、封闭管理、施工场地、材料堆放、临时建筑、办公与生活用房、施工现场标牌、节能环保、防火防毒、保健急救、综合治理等作出规划,制定实施措施。文明施工专项方案应与"绿色施工"相结合。

3. 文明施工专项方案的编制应满足工程项目安全生产文明施工目标。

4. 文明施工专项方案由项目负责人组织编制。经项目技术负责人审核、项目负责人批准并签字。

2.1.2 临时设施专项施工方案

1. 建设工程开工前,项目部应对施工场地进行平面规划,明确临时设施的建造计划,绘制施工总平面图,编制临时设施专项施工方案。

2. 临时房屋搭建若由专业单位承建的,承建单位应有相关资质。承建单位应编制临时房屋搭拆方案,加盖公章,并经总包单位项目技术负责人、监理单位总监理工程师审核后实施。

3. 临时设施的平面布置图应符合《建设工程施工现场消防安全技术规范》(GB 50720—2011)的规定,临时设施搭建使用的原材料应有产品合格证。搭建临时房屋应有设计图或说明书,荷载较大的房间不宜设在二楼,房屋所附的电器线路应符合施工用电规范的要求。材料阻燃性能应符合消防要求。

4. 临时设施专项施工方案由项目技术负责人编制,项目负责人批准。监理单位应当对方案进行审核。

2.1.3　文明施工验收表

1. 项目部应在基础、主体工程施工中及结顶后、装饰工程施工时分四阶段进行文明施工综合检查验收;施工过程中完成的项目应及时进行验收。

2. 文明施工验收应对照文明施工专项方案,按现行规范、标准和规章及本表要求进行,对验收中未达到要求的部分应形成整改记录并落实人员整改。

3. 文明施工验收由项目负责人组织,项目技术负责人、安全员及有关管理人员参加。项目监理工程师应当参加并提出验收意见。

2.1.4　施工临时用房验收表

1. 根据住建部有关要求,结合当前建筑施工临时设施时有坍塌的情况,提出对施工现场搭设临时用房应进行验收的要求。

2. 临时用房验收应按照设计文件及专项方案对基础、建筑结构安全、抗风措施、房屋所附电气设备、防火情况进行验收,并填写临时设施验收表。未经验收或验收不合格者不得投入使用。

3. 临时用房验收时应检查材料产品合格证、产品检测检验合格报告及生产厂家生产许可证等。

4. 验收由项目技术负责人组织临时用房搭设负责人、施工负责人、项目安全员进行验收。项目监理工程师应当参加验收并提出验收意见。

2.2　消防管理

2.2.1　消防安全管理方案及应急预案

1. 根据《建设工程施工现场消防安全技术规范》(GB 50720—2011)的规定,施工单位应制定消防安全管理制度,施工现场应建立消防安全管理组织机构,编制施工现场防火技术方案和应急预案。

2. 施工现场防火技术方案主要内容包括:

(1)消防组织(领导小组与消防队员);

(2)施工现场重大火灾危险源辨识;

(3)施工现场防火技术措施;

(4)临时消防设施、临时疏散设施配备;

(5)临时消防设施和消防警示标识布置图。

3. 施工现场消防应急预案主要内容包括:

(1)应急灭火处置机构及各级人员应急处置职责;

(2)报警、接警处置的程序和通信联络方式;

(3)扑救初期火灾的程序和措施;

(4)应急疏散及救援的程序和措施。

4. 高层建筑应随层设置临时消火栓系统(100mm 立管、设加压泵、留消防水源接口),并配备足够灭火器。

5. 施工现场防火技术方案和应急预案应由项目负责人组织编制,经企业技术负责人批准,项目总监理工程师审查批准后实施。

2.2.2　消防安全检查记录表

1. 项目部应根据现场消防安全管理制度对防火技术方案的落实情况进行定期检查,项目部专(兼)职消防员或安全员应开展日常巡查和每月定期安全检查,并将检查情况记入《消防安全检查记录表》。

2. 对检查中发现的消防安全隐患,项目部应责成整改人员进行整改,整改落实情况记入《消防安全检查记录表》,由项目部专(兼)职消防员负责复查确认。

2.2.3　动火许可证

1. 现场动用明火应实行许可证制度,动用明火前应履行动火审批手续。动火有关人员应填写动火申请,经项目负责人或项目技术负责人审核后填发《动火许可证》,未经批准不得动用明火。

2. 根据动用明火的危险程度和发生火灾的可能性,动火许可证可分为三个等级,分别采取不同的管理措施。在履行动火审批手续时应区别对待。详见第九章第八节。

3. 项目负责人或项目技术负责人对动火条件应当派员检查,对不符合条件的不予批准。项目监理工程师应当对动火许可提出审核意见。

4. 现场动用明火前应落实动火监护人员,受明火影响区域应设置防火措施和配备足够灭火器材。

思考题

1. 安全管理资料管理有哪些要求?

2. 施工单位负责施工现场施工安全管理资料者有哪些管理职责?

3. 施工组织设计是什么?

4. 谈谈施工组织总设计、单位工程施工组织设计和施工方案三者的区别和联系。

5. 施工组织设计应包括哪些内容?

6. 施工组织设计的编制和审批有哪些规定?

7. 施工管理计划应包括哪些计划?

8. 请编制一份完整的某项目部施工现场安全管理台账。

第九章　建筑工程安全技术

本章学习目标

掌握基坑支护、土方作业安全技术规范的要求,脚手架安全技术规范的要求,高处作业安全技术规范的要求,施工用电安全技术规范的要求,起重机械安全技术规范的要求,机械设备使用安全技术规程的要求和建筑施工模板安全技术规范的要求。检查和评价施工现场施工机械安全,检查和评价施工现场临时用电安全,检查和评价施工现场消防设施安全,检查和评价施工现场临边、洞口防护安全,检查和评价分部分项工程施工安全技术措施,进行安全帽、安全带、安全网和劳动防护用品的符合性判断等。

本章重点

基坑支护和土方作业安全技术,脚手架工程安全技术,模板支架安全技术,高处作业安全技术,起重机械、机械设备、建筑施工消防安全,施工中可能遇见爆炸的作业及其防爆要求,有毒发生环境下施工防护要点,以减少中毒事件的发生。

第一节　基坑支护和土方作业安全技术

在城市建设中高层建筑、超高层建筑所占比例逐年增多,高层建筑如何解决深基础施工中的安全问题也越来越受到关注,住建部在近几年的事故统计中发现,坍塌事故成了建筑业常见的"五大伤害"(高处坠落、物体打击、坍塌、起重伤害和机械伤害)安全事故之一。在坍塌事故中,基坑基槽开挖、人工挖孔桩施工造成的坍塌、基坑支护坍塌占坍塌事故总数的百分比较高。

针对以上问题,基坑支护安全控制,主要检查施工现场的基坑、基槽施工,在施工前必须进行勘察,明确地下情况,制定施工方案,按照土质情况和深度设置安全边坡或固壁支撑,对于较深的沟坑,必须进行专项设计和支护。对于边坡和支护应随时检查,发现问题立即采取措施消除隐患。按照规定,坑槽周边不得堆放材料和施工机械,确保边坡的稳定,如施工机械确需大坑、槽边作业时,应对机械作业范围内的地面采取加固措施。施工方案、临边防护、坑壁支护、排水措施、坑边荷载、上下通道、土方开挖、基坑支护变形监测、作业环境是安全防控的重点。

在基坑开挖中造成坍塌事故的主要原因是:

(1)基坑开挖放坡不够,没按土的类别和坡度的容许值放坡,不按规定的高宽比放坡(不按施工组织设计或方案进行)造成坍塌;

（2）基坑边坡顶部超载或由于震动，破坏了土体的内聚力，受重压后，引起土体结构破坏，造成滑坡；

（3）施工方法不正确，开挖程序不对，超标高挖土（未按设计设定层次）造成坍塌；

（4）支撑设置或拆除不正确，或者排水措施不力（基坑长时间水浸）以及解冻时造成坍塌等。

基坑支护、土方作业安全检查评定应符合现行国家标准《建筑基坑工程监测技术规范》（GB 50497—2019）、现行行业标准《建筑基坑支护技术规程》（JGJ 120—2016）、《建筑施工土石方工程安全技术规范》（JGJ 180—2009）的规定。检查评定保证项目包括：施工方案、临边防护、基坑支护及支撑拆除、基坑降排水、坑边荷载。一般项目包括：上下通道、土方开挖、基坑工程监测、作业环境。

一、施工方案

基坑开挖之前，要按照土质情况、基坑深度以及周边环境确定支护方案，其内容应包括：放坡要求、支护结构设计、机械选择、开挖时间、开挖顺序、分层开挖深度、坡道位置、车辆进出道路、降水措施及监测要求等。施工方案的制定必须针对施工工艺，并结合作业条件，对施工过程中可能造成坍塌的因素和作业人员的安全以及防止周边建筑、道路等产生不均匀沉降，设计制定具体可行措施，并在施工中付诸实施。支护设计方案的合理与否，不但直接影响施工的工期、造价，更主要的是还对施工过程中能否保证安全有直接关系，所以必须经上级审批。基坑深度超过 3m 时，必须执行文件（关于印发《危险性较大的分部分项工程安全管理办法》的通知建质〔2018〕37 号）的要求。开挖深度超过 5m 的基坑或开挖深度虽未超过 5m，但地质情况和周边环境较复杂的基坑，必须由具有资质的设计单位进行专项支护设计。支护设计方案或施工组织设计必须按企业内部管理规定进行审批。超过一定规模、危险性较大的施工专项方案由施工单位组织专家进行论证。

二、临边防护

深度超过 2m 的基坑，坑边必须设置防护栏杆，并且用密目网封闭，栏杆立杆应与便道预埋件电焊连接。栏杆宜采用 ϕ48.3mm×3.6mm 钢管，表面喷黄漆标识。坑口应砖砌翻口，防坑边碎石和坑外水进入坑内。对于取土口、栈桥边、行人支撑边等部位必须设置安全防护设施并符合要求。

三、基坑支护及支撑拆除

不同深度的基坑和作业条件，所采取的支护方式和放坡大小也不同。

（一）原状土放坡

一般基坑深度小于 3m 时，可采用一次性放坡。当深度达到 4～5m 时，可采取分级（阶梯式）放坡。明挖放坡必须保证边坡的稳定。根据土的类别进行稳定计算确定安全系数。原状土放坡适用于较浅的基坑（放坡限制见表 9-1 和表 9-2），对于深基坑可采用打桩、土钉墙和地下连续墙方法来确保边坡稳定。

表 9-1　直立壁不加支撑的挖深限制

序号	土质类别	挖深限制/m
1	密实、中密的砂土和碎石类土（充填物为砂土）	1.00
2	硬塑、可塑的轻亚黏土	1.25
3	硬塑、可塑的黏土和碎石类土（充填物为黏性土）	1.50
4	坚硬的土	2.00

表 9-2　挖深 5m 以内且不加支撑时坡度要求

土 的 类 别	边坡坡度（高：宽）		
	坡顶无荷载	坡顶有静载	坡顶有动载
中密的砂土	1：1	1：1.25	1：1.5
中密的碎石类土（充填物为砂土）	1：0.75	1：1	1：1.25
硬塑的轻亚黏土	1：0.67	1：0.75	1：1
中密的碎石类土（充填物为黏性土）	1：0.5	1：0.67	1：0.75
硬塑的亚黏土、黏土	1：0.33	1：0.5	1：0.67
老黄土	1：0.1	1：0.25	1：0.33
软土（经井点降水后）	1：1		

注：静载指堆土或材料等；动载指机械挖土或汽车运输作业等。静载和动载距挖方边缘的距离应符合规定。

（二）排桩（护坡桩）

当周边无条件放坡时，可设计成挡土墙结构。采用预制桩，钢筋混凝土桩和钢桩；当采用间隔排桩时，可采用高压旋喷或深层搅拌办法将桩与桩之间的土体固化形成桩墙挡土结构。其好处是：土体整体性好；阻止地下水渗入基坑形成隔渗结构。桩墙结构实际上是利用桩的入土深度形成悬臂结构，当基础较深时，可采用坑外拉锚或坑内支撑来保护桩的稳定。

（三）坑外拉锚与坑内支撑

1. 坑外拉锚

用锚具将锚杆固定在桩的悬臂部分，将锚杆的另一端伸向基坑边土层内锚固，以增加桩的稳定。土锚杆由锚头、自由段和锚固段组成。锚杆必须有足够长度，锚固段不能设置在土层的滑动面之内，锚杆可设计一层和多层并要现场进行抗拔力确定试验。

2. 坑内支撑

坑内支撑有单层平面或多层支撑，一般材料取型钢或钢筋砼。操作时要注意支撑安装和拆除顺序。多层支撑必须在上道支撑混凝土强度达 80% 时才可挖下层；钢支撑严禁在负荷状态下焊接。

（四）地下连续墙

地下连续墙就是在深层地下浇注一道钢筋混凝土墙，既可起挡土护壁作用，又可起隔渗作用，还可以成为工程主体结构的一部分，也可以代替地下室墙的外模板。地下连续墙也可简称地连墙，地连墙施工是利用成槽机械，按照建筑平面挖出一条长槽，用膨润土泥浆护壁，在槽内放入钢筋笼，然后浇注混凝土。施工时，可以分成若干单元（5～8m 一段），最后将各段进行接头连接，形成一道地下连续墙。

（五）逆作法施工

逆作法的施工工艺和一般正常施工相反，一般基础施工先挖至设计深度，然后自下向上施工到正负零标高,然后再继续施工上部主体。逆作法是先施工地下一层(离地面最近的一层),在打完第一层楼板时,进行养护,在养护期间可以向上部施工主体,当第一层楼板达到强度时,可继续施工地下二层(同时向上方施工),此时的地下主体结构梁板体系,就作为挡土结构的支撑体系,地下室外的墙体又是基坑的护壁。这时梁板的施工只需插入土中,作为柱子钢筋,梁板施工完毕再挖土方施工柱子。第一层楼板以下部分由于楼板的封闭,只能采用人工挖土,可利用电梯间作垂直运输通道。逆作法不但节省工料,上下同时施工缩短工期,还由于利用工程梁板结构做内支撑,可以避免由于装拆临时支撑造成的土体变形。

此外,应有针对性支护设施产生变形的防治预案,并及时采取措施;应严格按支护设计及方案要求进行土方开挖及支撑的拆除;采用专业方法拆除支撑的施工队伍必须具备专业施工资质。

四、基坑降排水

基坑施工常遇地下水。对地下水的控制一般有排水、降水、隔渗等方法。

(一)排水

基坑深度较浅,常采用明排,即沿槽底挖出两道水沟,每隔 30～40m 设一集水井,用水泵将水抽走。

(二)降水

开挖深度大于 3m 时,可采用井点降水。井点降水每级可降 6m,再深时,可采用多级降水,水量大时,可采用深井降水。降水井井点位置距坑边 1m 左右。基坑外面挖排水沟,防止雨水流入坑内。为了防止降水后造成周围建筑物不均匀沉降,可在降水的同时,采取回灌措施,以保持原有的地下水位不变。抽水过程中要经常检查真空度,防止漏气。

(三)隔渗

基坑隔渗是用高压旋喷、深层搅拌形成的水泥土墙和底板而筑成的止水帷幕,阻止地下水渗入坑内。

(1)坑内抽水:不会造成周边建筑物、道路等沉降问题,适合坑外高水位,坑内低水位干燥条件下作业。止水帷幕向下插入不透水层落底,对坑内封闭。注意防漏。

(2)坑外抽水:含水层较厚,帷幕悬吊在透水层中。这种方法减轻了挡土桩的侧压力,但对周边建筑沉降问题有不利影响。深基坑降水施工必须有防止临近建筑及管线沉降的措施。

五、坑边荷载

基坑边缘堆置建筑材料等,距槽边最小距离必须满足设计规定,禁止基坑边堆置弃土,施工机械施工行走路线必须按方案执行。

六、上下通道

(1)基坑施工作业人员上下必须设置专用通道,不得攀爬栏杆。

(2)人员专用通道应在施工组织设计中确定。视条件可采用梯子、斜道(有踏步级),但两侧要设扶手栏杆。

(3)设备进出按基坑部位设置专用坡道:推土机 25°,挖掘机 20°,铲运机 25°。

七、土方开挖

(1)施工机械必须执行进场验收制度,操作人员持证上岗。

(2)严禁施工人员进入施工机械作业半径内。

(3)基坑开挖应严格按方案执行,宜采用分层开挖的方法,严格控制开挖面坡度和分层厚度,防止边坡和挖土机下的土体滑动,严禁超挖。

(4)基坑支护结构在达到设计要求的强度后,方可开挖下层土方;

(5)挖土机不能超标高挖土,以免造成土体结构破坏。

八、基坑支护变形监测

基坑开挖之前应做出系统的监测方案,包括监测方法、精度要求、监测点布置、观测周期、工序管理、记录制度、信息反馈等;基坑开挖过程中特别注意监测:支护体系变形情况;基坑外地面沉降或隆起变形;邻近建筑物动态。监测支护结构的开裂、位移。重点监测桩位、护壁墙面、主要支撑杆、连接点以及渗漏情况。

开挖深度大于5m应由建设单位委托具备相应资质的第三方实施监测;总包单位应自行安排基坑监测工作,并与第三方监测资料定期对比分析,指导施工作业;基坑工程监测必须有基坑设计方确定监测报警值,施工单位应及时通报变形情况。

九、作业环境

基坑内作业人员必须有足够的安全作业面;垂直作业必须有隔离防护措施;夜间施工必须有足够的照明设施。电箱的设置、周围环境以及各种电气设备的架设使用均应符合电气规范规定。

基坑支护、土方作业检查评分表如表9-3所示。

表9-3 基坑支护、土方作业检查评分表

序号	检查项目		扣 分 标 准	应得分数	扣减分数	实得分数
1	保证项目	施工方案	深基坑施工未编制支护方案,扣20分 基坑深度超过5m未编制专项支护设计,扣20分 开挖深度3m及以上未编制专项方案,扣20分 开挖深度5m及以上专项方案未经过专家论证,扣20分 支护设计及土方开挖方案未经审批,扣15分 施工方案针对性差不能指导施工,扣12~15分	20		
2		临边防护	深度超过2m的基坑施工未采取临边防护措施,扣10分 临边及其他防护不符合要求,扣5分	10		
3		基坑支护及支撑拆除	坑槽开挖设置安全边坡不符合安全要求,扣10分 特殊支护的做法不符合设计方案,扣5~8分 支护设施已产生局部变形又未采取措施调整,扣6分 砼支护结构未达到设计强度提前开挖,超挖,扣10分 支撑拆除没有拆除方案,扣10分 未按拆除方案施工扣5~8分 用专业方法拆除支撑,施工队伍没有专业资质,扣10分	10		

续表

序号	检查项目		扣 分 标 准	应得分数	扣减分数	实得分数
4	保证项目	基坑降排水	高水位地区深基坑内未设置有效降水措施,扣10分 深基坑边界周围地面未设置排水沟,扣10分 基坑施工未设置有效排水措施,扣10分 深基础施工采用坑外降水,未采取防止邻近建筑和管线沉降措施,扣10分	10		
		坑边荷载	积土、料具堆放距离小于设计规定,扣10分 机械设备施工与槽边距离不符合要求且未采取措施,扣10分	10		
		小计		60		
6	一般项目	上下通道	人员上下未设置专用通道,扣10分 设置的通道不符合要求,扣6分	10		
7		土方开挖	施工机械进场未经验收,扣5分 挖土机作业时,有人员进入挖土机作业半径内,扣6分 挖土机作业位置不牢、不安全,扣10分 司机无证作业,扣10分 未按规定程序挖土或超挖,扣10分	10		
8		基坑支护变形监测	未按规定进行基坑工程监测,扣10分 未按规定对毗邻建筑物和重要管线和道路进行沉降观测,扣10分	10		
9		作业环境	基坑内作业人员缺少安全作业面,扣10分 垂直作业上下未采取隔离防护措施,扣10分 光线不足,未设置足够照明,扣5分	10		
		小计		40		
		检查项目合计		100		

注:1. 每项最多扣减分数不大于该项应得分数。

2. 保证项目有一项不得分或保证项目小计得分不足40分,检查评分表计零分。

3. 该表换算到汇总表后得分 $=\dfrac{10 \times \text{该表检查项目实得分数合计}}{100}$。

第二节 脚手架工程安全技术

一、脚手架的分类及基本要求

(一)脚手架的分类

脚手架的分类方法有很多,一般包括以下类别:

(1)按搭设位置不同,分为外脚手架和内(里)脚手架。搭设在建筑物或构筑物外围的脚手架统称为外脚手架,一般包括单排脚手架、双排脚手架和悬挑式脚手架等;而搭设在建筑物或构筑物内侧的脚手架统称为内(里)脚手架,一般包括马凳式内脚手架和支柱式脚手架等。

(2)按搭设的用途不同,分为操作(作业)脚手架、防护脚手架和承重(或支撑)脚手架等。操作(作业)脚手架又可分为结构作业脚手架、装饰装修作业脚手架和安装作业脚手架等。结构作业脚手架是供建筑物或构筑物主体结构施工作业时使用的脚手架;装饰作业脚手架是供装饰施工作业使用的脚手架;安装作业脚手架是供安装器具或设备等使用的脚手架;防护脚手架是供建筑施工时安全防护而搭设的脚手架。承重(或支撑)脚手架是指主要用于模板支设而搭设的脚手架。

(3)按搭设的立杆排数不同,分为单排脚手架、双排脚手架和满堂脚手架。单排脚手架是由许多落地的单排立杆与大横杆、小横杆、扫地杆等杆件按规定的连接方式组合而成的脚手架;双排脚手架是由许多落地的内、外两排立杆与大横杆、小横杆、扫地杆等按规定的连接方式组合而成的脚手架;满堂脚手架是由较多排(≥3排)的立杆、横杆、扫地杆以及斜撑和剪刀撑等组成的,主要用于结构、装饰和设备安装等施工用的脚手架,一般起承重、加固和支撑等作用,又称满堂红脚手架。

(4)按脚手架的闭合形式不同,分为全封闭式脚手架、半封闭式脚手架、局部封闭式脚手架和敞开式脚手架。全封闭脚手架是指沿脚手架外侧全长和全高封闭的脚手架;半封闭脚手架是指遮挡面积占30%~70%的脚手架;局部封闭脚手架是指遮挡面积小于30%的脚手架;敞开式脚手架是指仅设有作业层栏杆和挡脚板,无其他遮挡设施的脚手架。

(5)按脚手架的支固形式不同,分为落地式脚手架、悬挑式脚手架、附墙悬挂脚手架、悬吊式脚手架、附着升降式脚手架等。落地式脚手架是指搭设在地面、楼面、屋面或其他平台结构之上的脚手架;悬挑式脚手架(简称挑脚手架)是采用悬挑方式支固的脚手架,其悬挑方式又分为架设于专用悬挑梁上、架设于专用三角桁架上和架设于由撑拉杆件组合的支挑结构上三种;附墙悬挂脚手架(简称挂脚手架)是指在上部或中部挂设于墙体条挂件上的定型脚手架;悬吊脚手架(简称吊脚手架)是指悬吊于悬挑梁或工程结构之下的脚手架,当采用篮式作业架时,也称为吊篮;附着升降式脚手架(简称爬架)是指附着于工程结构之上,依靠自身的提升设备实现升降的悬空脚手架,又因能够实现整体提升而被称为整体式提升脚手架。

(6)按脚手架搭设后的可移动性不同,分为固定式脚手架和移动式脚手架。

(7)按搭设材质不同,分成竹脚手架、木脚手架和钢管脚手架等。钢管脚手架又分成扣件式脚手架和碗扣式脚手架。

(二)基本要求

1. 一般规定

脚手架包括落地式脚手架、悬挑式脚手架、附着式脚手架。

脚手架可采用钢管扣件、门架、碗扣架等搭设。

严禁使用竹木脚手架、扣件式钢管悬挑卸料平台、钢管悬挑式脚手架。

脚手架严禁钢木、钢竹混搭,严禁不同受力性质的架体连接在一起。

严禁采用单排脚手架。

脚手架搭设(拆除)前应对搭设(拆除)人员进行安全技术交底,交底内容应有针对性,交底双方履行签字手续。

六级及以上大风和雾、雨、雪等恶劣天气时应暂停室外脚手架搭设和拆除。

脚手架搭设后应组织验收,办理验收手续。验收表中应写明验收的部位,内容量化,验收人员履行验收签字手续。验收不合格的,应在整改完毕后重新组织验收。验收合格并挂合格牌后方可使用。

应对脚手架进行定期和不定期检查,并按要求填写检查表,检查内容量化,履行检查签字手续。对检查出的问题应及时整改。

2. 施工方案

(1)施工单位应在脚手架施工前编制脚手架施工专项方案,专项方案应有针对性,能有效地指导施工,明确安全技术措施。其主要内容应包括:

工程概况:工程项目的规模、相关单位的名称情况、计划开竣工日期等。

编制依据:相关法律、法规、规范性文件、标准、规范及图纸(国标图集)、施工组织设计等。

计算书及相关图纸:应有设计计算书及卸荷方法详图,绘制架体与建筑物拉结详图、现场杆件立面、平面布置图,以及剖面图、节点详图,并说明脚手架基础做法。

施工计划:施工进度计划、材料与设备计划。

施工工艺技术:技术参数、工艺流程、施工方法、检查验收等。

施工安全保证措施:组织保障、技术措施、应急预案、监测监控等。

劳动力计划:专职安全生产管理人员、特种作业人员等。

(2)悬挑式脚手架专项施工方案中应对挑梁、钢索、吊环、压环、预埋件、焊缝及建筑结构的承载能力进行计算。悬挑梁应作为悬臂结构计算,不得考虑钢丝绳对悬臂结构的受力。同时应考虑压环破坏时钢丝绳作为受力构件进行验算。

(3)专项方案应当由施工单位技术部门组织本单位施工技术、安全、质量等部门的专业技术人员进行审核。经审核合格的,由施工单位技术负责人审批签字。实行施工总承包的,专项方案应当由总承包单位技术负责人及相关专业承包单位技术负责人审批签字。经施工单位审批合格后报监理单位,由项目总监理工程师审批签字。合格后方可按此专项方案进行现场施工。

(4)搭设高度50m及以上落地式钢管脚手架、架体高度20m及以上的悬挑式脚手架和提升高度150m及以上的附着式整体和分片提升脚手架工程的专项方案应当由施工单位组织召开专家论证会。实行施工总承包的,由施工总承包单位组织召开专家论证会。

(5)施工单位应当严格按照专项方案组织施工,不得擅自修改、调整专项方案。如因设计、结构、外部环境等因素发生变化确需要调整的,修改后的专项方案应重新审核审批。需要专家论证的,应当重新组织专家进行论证。

(三)脚手架材质

(1)钢管脚手架宜采用外径48.3mm,壁厚3.6mm的Q235钢管,表面平整光滑,无锈蚀、裂纹、分层、压痕、划道和硬弯,新用钢管有出厂合格证。搭设架子前应进行保养、除锈并统一涂色,颜色应力求环境美观。严禁使用壁厚小于3.0mm的钢管。

(2)钢管脚手架搭设使用的扣件应符合《钢管脚手扣件标准》(GB 15831—2019)的规定。扣件应有生产许可证,规格与钢管匹配,采用可锻铸铁,不得有裂纹、气孔、缩松、砂眼等锻造缺陷,贴和面应平整,活动部位灵活,夹紧钢管时开口处最小距离不小于5mm。

(3)扣件式钢管脚手架扣件,在螺栓拧紧扭力矩达65N·m时,不得发生破坏。

（四）使用要求

（1）施工荷载均匀分布，施工总荷载应满足施工方案要求，不得超载使用。一般结构脚手架不得超过 $3.0kN/m^2$，装饰脚手架不得超过 $2.0kN/m^2$。建筑垃圾或废弃的物料必须及时清除。

（2）在脚手架上张挂广告布或其他宣传条幅应考虑风荷载作用效应，应采取架体稳定的加强措施。

（3）作业层上的施工荷载应符合设计要求，不得超载。不得将模板支架、缆风绳、泵送混凝土和砂浆的输送管固定在脚手架上，严禁悬挂起重设备。

（4）台风地区应考虑台风时的风荷载，并应在台风时期有架体稳定临时加强措施。

二、扣件式钢管脚手架

扣件式钢管脚手架是为建筑施工而搭设的、承受荷载的由扣件和钢管等构成的脚手架与支撑架，包含《建筑施工扣件式钢管脚手架安全技术规范》（JGJ 130—2019）中的各类脚手架与支撑架，统称脚手架。该类脚手架因为具有搭设简便、可周转使用、灵活适用等特点，在当前的工程建设中应用较为广泛。但值得注意的是，在目前的一些建筑施工现场，由于扣件式钢管脚手架的违规搭设、使用和拆除而引发的安全事故仍然屡见不鲜，其根本原因就是现场有些工程技术人员和操作者，不懂得扣件式钢管脚手架的安全技术要求和管理规定。

（一）基本组成及作用

扣件式钢管脚手架的主要杆件如图 9-1 所示。

扣件式钢管脚手架主要杆件及配件的作用如表 9-4 所示。

表 9-4　扣件式脚手架的主要组成构件及作用

序号	杆件名称		作　　用
1	立杆	外立杆	平行于建筑物并垂直于地面的杆件，既是组成脚手架结构的主要杆件，又是传递脚手架结构自重、施工荷载与风荷载的主要受力杆件
		内立杆	
2	横向水平杆（小横杆）		垂直于建筑物，横向连接脚手架内、外排立杆，或一端连接脚手架立杆、另一端支于建筑物的水平杆，是组成脚手架结构并传递施工荷载给立杆的主要受力杆件
3	纵向水平杆（大横杆）		平行于建筑物在纵向连接各立杆的通长水平杆件，既是组成脚手架结构的主要杆件，又是传递施工荷载给立杆的主要受力杆件
4	扣件	直角扣件	用于垂直交叉杆件间连接的扣件，是依靠扣件与钢管表面间的摩擦力传递施工荷载、风荷载的受力连接件
		旋转扣件	用于平行或斜交杆件间连接的扣件、用于连接支撑斜杆与立杆或横向水平杆的连接件
		对接扣件	用于杆件对接连接的扣件，也是传递荷载的受力连接件

续表

序号	杆件名称	作　　用
5	连墙件	连接脚手架与建筑物的部件,是脚手架既要承受、传递风荷载,又要防止脚手架在横向失稳或倾覆的重要受力部件
6	脚手板	供操作人员作业,并承受和传递施工荷载的板件,当设于非操作层时可起防护作用
7	横向斜撑(之字撑)	与双排脚手架内、外排立杆或水平杆斜交呈之字形的斜杆,可增强脚手架的横向刚度,提高脚手架的承载能力
8	剪刀撑(十字撑)	设在脚手架外侧面,与墙面平行,且成对设置的交叉斜杆,可增强脚手架的纵向刚度,提高脚手架的承载能力
9	抛撑	与脚手架外侧面斜交的杆件,可增强脚手架的稳定和抵抗水平荷载的能力
10	纵向扫地杆	连接立杆下端,平行于外墙,距底座下皮200mm处的纵向水平杆,可约束立杆底端纵向发生的位移
11	横向扫地杆	连接立杆下端,垂直于外墙,位于纵向扫地杆下方的横向水平杆,可约束立杆底端横向发生的位移
12	垫板	设在立杆下端,承受并传递立杆荷载的配件
13	主节点	立杆、纵向水平杆、横向水平杆三杆紧靠的扣接点

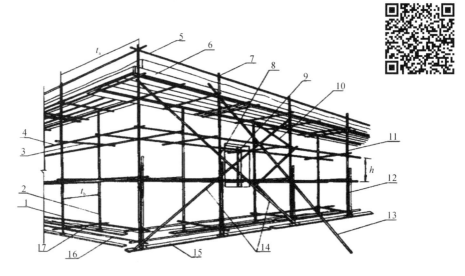

1—外立杆;2—内立杆;3—横向水平杆;4—纵向水平杆;5—栏杆;6—挡脚板;7—直角扣件;8—旋转扣件;9—连墙件;10—横向斜撑;11—主节点;12—副立杆;13—抛撑;14—剪刀撑;15—垫板;16—纵向扫地杆;17—横向扫地杆;18—步距;19—纵距;20—横距

图 9-1　扣件式钢管脚手架各杆件位置

（二）落地式脚手架安全技术规范的要求

1. 立杆基础设置应符合的规定

基础应平整夯实，表面应进行混凝土硬化。落地立杆应垂直稳放在金属底座或坚固底板上。

立杆下部应设置纵横扫地杆。纵向扫地杆应采用直角扣件固定在距底座上面不大于 200mm 处的立杆上，横向扫地杆应采用直角扣件固定在紧靠纵向扫地杆下方的立杆上。当立杆基础不在同一高度上时，必须将高处的纵向扫地杆向低处延长两跨与立杆固定，高低差不应大于 1m。靠边坡上方的立杆轴线到边坡的距离不应小于 500mm。

立杆基础外侧应设置截面不小于 200mm×200mm 的排水沟，保持立杆基础不积水，并在外侧 800mm 宽范围内采用混凝土硬化。

外脚手架不宜支设在屋面、雨棚、阳台等处。确因需要，应分别对屋面、雨棚、阳台等部位的结构安全性进行验算，并在专项施工方案中明确。

当脚手架基础下有设备基础、管沟时，在脚手架使用过程中不应开挖。当必须开挖时，应采取加固措施。

2. 立杆搭设应符合的规定

钢管脚手架底步步距高度不大于 2m，其余不大于 1.8m，立杆纵距不大于 1.8m，横距不大于 1.5m。横距宜为 0.85m 或 1.05m。

搭设高度超过 25m 须采用双立杆或缩小间距的方法搭设，双立杆中的副立杆的高度不应低于 3 步，且不少于 6m。

底步立杆必须设置纵横向扫地杆，纵向扫地杆宜采用直角扣件固定在距底座上皮不大于 200mm 的立杆上，横向扫地杆也应用直角扣件固定在纵向扫地杆下方的立杆上。

底排立杆、扫地杆、剪刀撑均漆黄黑或红白相间色。

3. 杆件设置应符合的规定

(1)脚手架立杆与纵向水平杆交点处应设置横向水平杆，两端固定在立杆上，确保安全受力。

(2)立杆接长除在顶层顶步可采用搭接外，其余各层各步必须采用对接。搭接时搭接长度不小于 1m，且不少于 3 只旋转扣件紧固。

(3)在脚手架使用期间，严禁拆除主节点处的纵、横向水平杆。

(4)纵向水平杆宜设置在立杆内侧，其长度不宜小于 3 跨。

(5)纵向水平杆接长宜采用对接扣件连接，也可采用搭接。当采用对接扣件连接时，纵向水平杆的对接扣件应交错布置。当采用搭接时，纵向水平杆搭接长度不应小于 1m，应等间距设置 3 个旋转扣件固定，端部扣件盖板边缘至搭接纵向水平杆杆端的距离不应小于 100mm。

(6)横向水平杆两端各伸出扣件盖板边缘长度不应少于 100mm，并应尽量保持一致。

(7)相邻杆件搭接、对接必须错开一个挡距，同一平面上的接头不得超过 50%。

4. 剪刀撑与横向斜撑设置应符合的规定

(1)剪刀撑应从底部边角沿长度和高度方向连续设置至顶部。

(2)剪刀撑斜杆应与立杆或横向水平杆的伸出端进行连接。斜杆的接长应采用搭接,倾角为 45°~60°(优先采用 45°),每道剪刀撑跨越立杆根数为 5~7 根,宽度不应小于 4 跨,且不应小于 6m。

(3)开口型双排脚手架的两端均应设置横向斜撑;中间宜每隔 6 跨设置一道横向斜撑。

(4)剪刀撑、横向斜撑搭设应随立杆、纵向和横向水平杆等同步搭设。

(5)剪刀撑应采用搭接,搭接长度不小于 1m,且不少于 3 只旋转扣件紧固。

5. 脚手片与防护栏杆应符合的规定

(1)外脚手架脚手片应每步满铺。

(2)脚手片应垂直墙面横向铺设。脚手片应满铺到位,不留空位。

(3)脚手片应采用 18♯铅丝双股并联 4 角绑扎牢固,交接处平整,无探头板。脚手片破损时应及时更换。

(4)脚手架外侧应采用合格的密目式安全网封闭。安全网应采用 18♯铅丝固定在脚手架外立杆内侧。

(5)脚手架外侧每步设 180mm 挡脚板(杆),在高 0.6m 与 1.2m 处各设一道同材质的防护栏杆。脚手架内侧形成临边的,应按脚手架外侧防护做法。

(6)平屋面脚手架外立杆应高于檐口上皮 1.2m。坡屋面脚手架外立杆应高于檐口上皮 1.5m。

6. 架体与建筑物拉结应符合的规定

连墙件宜靠近主节点设置,偏离主节点的距离不应大于 300mm,当大于 300mm 时,应有加强措施。当连墙件位于立杆步距的 1/2 附近时,须予以调整。

连墙件应从底层第一步纵向水平杆处开始设置,当该处设置有困难时,应采用其他可靠固定措施。连墙件宜菱形布置,也可采用方形、矩形布置。

连墙件应采用刚性连墙件与建筑物连接。

连墙杆宜水平设置,当不能水平设置时,与脚手架连接的一端应向下斜连接,不应采用向上斜连接。

连墙件间距应符合专项施工方案的要求,水平方向不应大于 3 跨,垂直方向不应大于 3 步,也不应大于 4m(架体高度在 50m 以上时不应大于 2 步)。连墙件在建筑物转角 1m 以内和顶部 800mm 以内应加密。

开口型脚手架的两端必须设置连墙件,连墙件的垂直间距不应大于建筑物的层高,并不应大于 4m。

脚手架应配合施工进度搭设,一次搭设高度不应超过相邻连墙件以上 2 步。

在脚手架使用期间,严禁拆除连墙件。连墙件必须随脚手架逐层拆除,严禁先将连墙件整层或数层拆除后再拆脚手架;分段拆除高差不应大于 2 步,如高差大于 2 步,应增设连墙件加固。

因施工需要需拆除原连墙件时,应采取可靠、有效的临时拉结措施,以确保外架安全可靠。

架体高度超过 40m 且有风涡流作用时,应采取抗上升翻流作用的连墙措施。

7. 架体内封闭应符合的规定

(1)脚手架内立杆距墙体净距一般不应大于 200mm。当不能满足要求时,应铺设站人片。站人片设置平整牢固。

（2）脚手架在施工层及以下每隔 3 步与建筑物之间应进行水平封闭隔离，首层及顶层应设置水平封闭隔离。

8．斜道附着搭设在脚手架的外侧，不得悬挑

（1）斜道的设置应为来回上折形，坡度不应大于 1∶3，宽度不应小于 1m，转角处平台面积不宜小于 3m²。斜道立杆应单独设置，不得借用脚手架立杆，并应在垂直方向和水平方向每隔一步或一个纵距设一连接。

（2）斜道两侧及转角平台外围均应设 180mm 挡脚板（杆），在高 0.6m 与 1.2m 处各设一道同材质的防护栏杆，并用合格的密目式安全网封闭。

（3）斜道侧面及平台外侧应设置剪刀撑。

（4）斜道脚手片应采用横铺，每隔 300mm 设一防滑条。防滑条宜采用 20mm×40mm 方木，并多道铅丝绑扎牢固。

9．门洞（八字撑）的搭设应符合的规定

脚手架门洞口宜采用上升斜杆、平行弦桁架结构形式，斜杆与地面倾角应在 45°～60°。

八字撑杆宜采用通长杆。

八字撑杆应采用旋转扣件固定在与之相交的小横杆伸出端或跨间小横杆上。

门洞桁架下的两侧立杆应为双立杆，副立杆高度应高于门洞 1～2 步。

门洞桁架中伸出上下弦杆的杆件端头，均应设一个防滑扣件。防滑扣件宜紧靠主节点处的扣件。

（三）扣件式钢管脚手架检查和评价

扣件式钢管脚手架检查评定应符合现行行业标准《建筑施工扣件式钢管脚手架安全技术规范》（JGJ 130—2019）的规定。检查评定保证项目包括：施工方案、立杆基础、架体与建筑物结构拉结、杆件间距与剪刀撑、脚手板与防护栏杆、交底与验收。一般项目包括：横向水平杆设置、杆件搭接、架体防护、脚手架材质、通道。

1．保证项目的检查评定应符合的规定

（1）施工方案

①架体搭设应有施工方案，搭设高度超过 24m 的架体应单独编制专项施工方案，结构设计应进行设计计算，并按规定进行审核、审批；

②搭设高度超过 50m 的架体，应组织专家对专项方案进行论证，并按专家论证意见组织实施；

③施工方案应完整，能正确指导施工作业。

（2）立杆基础

①立杆基础应按方案要求平整、夯实，并设排水设施，基础垫板及立杆底座应符合规范要求；

②架体应设置距地高度不大于 200mm 的纵、横向扫地杆，并用直角扣件固定在立杆上。

（3）架体与建筑结构拉结

①架体与建筑物拉结应符合规范要求；

②连墙件应靠近主节点设置,偏离主节点的距离不应大于300mm;

③连墙件应从架体底层第一步纵向水平杆开始设置,并应牢固可靠;

④搭设高度超过24m的双排脚手架应采用刚性连墙件与建筑物可靠连接。

(4)杆件间距与剪刀撑

①架体立杆、纵向水平杆、横向水平杆间距应符合规范要求;

②纵向剪刀撑及横向斜撑的设置应符合规范要求;

③剪刀撑杆件接长、剪刀撑斜杆与架体杆件连接应符合规范要求。

(5)脚手板与防护栏杆

①脚手板材质、规格应符合规范要求,铺板应严密、牢靠;

②架体外侧应封闭密目式安全网,网间应严密;

③作业层应在1.2m和0.6m处设置上、中两道防护栏杆;

④作业层外侧应设置高度不小于180mm的挡脚板。

(6)交底与验收

①架体搭设前应进行安全技术交底;

②搭设完毕应办理验收手续,验收内容应量化。

2.一般项目的检查评定应符合的规定

(1)横向水平杆设置

①横向水平杆应设置在纵向水平杆与立杆相交的主节点上,两端与大横杆固定;

②作业层铺设脚手板的部位应增加设置小横杆;

③单排脚手架横向水平杆插入墙内应大于18cm。

(2)杆件搭接

①纵向水平杆杆件搭接长度不应小于1m,且固定应符合规范要求;

②立杆除顶层顶步外,不得使用搭接。

(3)架体防护

①架体作业层脚手板下应用安全平网双层兜底,以下每隔10m应用安全平网封闭;

②作业层与建筑物之间应进行封闭。

(4)脚手架材质

①钢管直径、壁厚、材质应符合规范要求;

②钢管弯曲、变形、锈蚀应在规范允许范围内;

③扣件应进行复试且技术性能符合规范要求。

(5)通道

架体必须设置符合规范要求的上下通道。

扣件式钢管脚手架检查评分表如表9-5所示。

表 9-5　扣件式钢管脚手架检查评分表

序号	检查项目		扣分标准	应得分数	扣减分数	实得分数
1	保证项目	施工方案	架体搭设未编制施工方案或搭设高度超过 24m 未编制专项施工方案,扣 10 分 架体搭设高度超过 24m,未进行设计计算或未按规定审核、审批,扣 10 分 架体搭设高度超过 50m,专项施工方案未按规定组织专家论证或未按专家论证意见组织实施,扣 10 分 施工方案不完整或不能指导施工作业,扣 5～8 分	10		
2		立杆基础	立杆基础不平、不实、不符合方案设计要求,扣 10 分 立杆底部底座、垫板或垫板的规格不符合规范要求每一处,扣 2 分 未按规范要求设置纵、横向扫地杆,扣 5～10 分 扫地杆的设置和固定不符合规范要求,扣 5 分 未设置排水措施,扣 8 分	10		
3		架体与建筑结构拉结	架体与建筑结构拉结不符合规范要求,每处扣 2 分 连墙件距主节点距离不符合规范要求每处扣 4 分 架体底层第一步纵向水平杆处未按规定设置连墙件或未采用其他可靠措施固定,每处扣 2 分 搭设高度超过 24m 的双排脚手架,未采用刚性连墙件与建筑结构可靠连接,扣 10 分	10		
4		杆件间距与剪刀撑	立杆、纵向水平杆、横向水平杆间距超过规范要求,每处扣 2 分 未按规定设置纵向剪刀撑或横向斜撑,每处扣 5 分 剪刀撑未沿脚手架高度连续设置或角度不符合要求,扣 5 分 剪刀撑斜杆的接长或剪刀撑斜杆与架体杆件固定不符合要求,每处扣 2 分	10		
5		脚手板与防护栏杆	脚手板未满铺或铺设不牢、不稳,扣 7～10 分 脚手板规格或材质不符合要求,扣 7～10 分 每有一处探头板,扣 2 分 架体外侧未设置密目式安全网封闭或网间不严,扣 7～10 分 作业层未在高度 1.2m 和 0.6m 处设置上、中两道防护栏杆,扣 5 分 作业层未设置高度不小于 180mm 的挡脚板,扣 5 分	10		
6		交底与验收	架体搭设前未进行交底或交底未留有记录,扣 5 分 架体分段搭设分段使用未办理分段验收,扣 5 分 架体搭设完毕未办理验收手续,扣 10 分 未记录量化的验收内容,扣 5 分	10		
小计				60		

续表

序号	检查项目		扣分标准	应得分数	扣减分数	实得分数
7	一般项目	横向水平杆设置	未在立杆与纵向水平杆交点处设置横向水平杆,每处扣2分 未按脚手板铺设的需要增加设置横向水平杆,每处扣2分 横向水平杆只固定端每处扣1分 单排脚手架横向水平杆插入墙内小于18cm,每处扣2分	10		
8		杆件搭接	纵向水平杆搭接长度小于1m或固定不符合要求,每处扣2分 立杆除顶层顶步外采用搭接,每处扣4分	10		
9		架体防护	作业层未用安全平网双层兜底,且以下每隔10m未用安全平网封闭,扣10分 作业层与建筑物之间未进行封闭,扣10分	10		
10		脚手架材质	钢管直径、壁厚、材质不符合要求,扣5分 钢管弯曲、变形、锈蚀严重,扣4~5分 扣件未进行复试或技术性能不符合标准,扣5分	5		
11		通道	未设置人员上下专用通道,扣5分 通道设置不符合要求扣1~3分	5		
		小计		40		
		检查项目合计		100		

三、悬挑式脚手架

(一)悬挑式脚手架安全技术规范的要求

1. 悬挑脚手架选用材料应符合的要求

(1)悬挑脚手架的悬挑梁宜采用双轴对称截面的型钢,钢梁截面高度不应小于160mm。

(2)选用的型钢应有产品质量合格证,严禁使用锈蚀或变形严重、有裂缝的型钢。

(3)拉索式悬挑脚手架所用的钢丝绳出现下列情况之一的不得使用:

①断丝严重、断丝局部聚集、绳股断裂;

②内、外部磨损或腐蚀的;

③绳股挤出、钢丝挤出、扭结、弯折、压扁等变形的;

(4)螺栓连接件变形、磨损、锈蚀严重和螺栓损坏的,不得使用。

(5)斜撑式悬挑脚手架的斜撑梁不得锈蚀、变形严重、开裂。

(6)预埋钢筋扣环和拉环应采用热轧光圆钢筋,直径不小于16mm,具体规格由方案计算确定。

(7)钢管、扣件、安全网、脚手片等其他材料的材质,按照落地式脚手架的条文规定。

2. 悬挑梁设置应符合的基本要求

(1)悬挑梁与建筑结构连接应采用水平形式,固定在建筑梁板混凝土结构上,水平锚固段应大于悬挑段的1.25倍,与建筑物连接可靠。

(2)悬挑梁和建筑物的固定可采用两道及以上预埋U形圆钢或螺栓扣环,两道预埋的扣环应设置在悬挑梁的端部。预埋U形拉环应使用HPB235级钢筋,其直径不宜小于20mm。

（3）采用预埋 U 形圆钢扣环的,应在悬挑梁调整好位置后用铁楔从两不同方向楔紧,并固定。采用预埋 U 形螺栓扣环的,应在悬挑梁调整好位置后用铁质压板双螺母固定,螺栓丝口外露不应少于 3 扣。

（4）悬挑脚手架的拉索柔性材料仅作安全储备措施,不得作悬挑结构的受力构件。

（5）拉索的预埋 U 形圆钢拉环宜预埋在建筑物梁底或梁侧。U 形圆钢拉环预埋处的混凝土应达到拆模条件时方可悬拉拉索。

（6）预埋 U 形圆钢扣环、拉环埋入混凝土的锚固长度不应小于 30d,并应焊接或绑扎在主筋上。

3．悬挑脚手架的搭设要求

（1）悬挑脚手架每段搭设高度不宜大于 18m。

（2）悬挑脚手架立杆底部与悬挑型钢连接应有固定措施,防止滑移。

（3）悬挑架步距不应大于 1.8m。立杆纵向间距不应大于 1.5m。

（4）悬挑脚手架的底层和建筑物的间隙必须封闭防护严密,以防坠物。

（5）与建筑主体结构的连接应采用刚性连墙件。连墙件间距水平方向不应大于 6m,垂直方向不应大于 4m。

（6）悬挑脚手架在下列部位应采取加固措施:

①架体立面转角及一字形外架两端处;

②架体与塔吊、电梯、物料提升机、卸料平台等设备需要断开或开口处;

③其他特殊部位;

④悬挑脚手架的其他搭设要求,按照落地式脚手架规定执行。

（二）悬挑式脚手架检查和评价

悬挑式脚手架检查评定应符合现行行业标准《建筑施工扣件式钢管脚手架安全技术规范》(JGJ 130—2019)和《建筑施工门式钢管脚手架安全技术规范》(JGJ 128—2019)的规定。检查评定保证项目包括:施工方案、悬挑钢梁、架体稳定、脚手板、荷载、交底与验收。一般项目包括:杆件间距、架体防护、层间防护、脚手架材质。

1．保证项目的检查评定应符合下列规定

（1）施工方案

①架体搭设、拆除作业应编制专项施工方案,结构设计应进行设计计算;

②专项施工方案应按规定进行审批,架体搭设高度超过 20m 的专项施工方案应经专家论证。

（2）悬挑钢梁

①钢梁截面尺寸应经设计计算确定,且截面高度不应小于 160mm;

②钢梁锚固端长度不应小于悬挑长度的 1.25 倍;

③钢梁锚固处结构强度、锚固措施应符合规范要求;

④钢梁外端应设置钢丝绳或钢拉杆与上层建筑结构拉结;

⑤钢梁间距应按悬挑架体立杆纵距相设置。

（3）架体稳定

①立杆底部应与钢梁连接柱固定;

②承插式立杆接长应采用螺栓或销钉固定;

③剪刀撑应沿悬挑架体高度连续设置,角度应符合 45°~60°的要求;

④架体应按规定在内侧设置横向斜撑;

⑤架体应采用刚性连墙件与建筑结构拉结,设置应符合规范要求。

(4)脚手板

①脚手板材质、规格应符合规范要求;

②脚手板铺设应严密、牢固,探出横向水平杆长度不应大于 150mm。

(5)荷载

架体荷载应均匀,并不应超过设计值。

(6)交底与验收

①架体搭设前应进行安全技术交底;

②分段搭设的架体应进行分段验收;

③架体搭设完毕应按规定进行验收,验收内容应量化。

2. 一般项目的检查评定应符合的规定

(1)杆件间距

①立杆底部应固定在钢梁处;

②立杆纵、横向间距、纵向水平杆步距应符合方案设计和规范要求。

(2)架体防护

①作业层外侧应在高度 1.2m 和 0.6m 处设置上、中两道防护栏杆;

②作业层外侧应设置高度不小于 180mm 的挡脚板;

③架体外侧应封挂密目式安全网。

(3)层间防护

①架体作业层脚手板下应用安全平网双层兜底,以下每隔 10m 应用安全平网封闭;

②架体底层应进行封闭。

(4)脚手架材质

①型钢、钢管、构配件规格材质应符合规范要求;

②型钢、钢管弯曲、变形、锈蚀应在规范允许范围内。

悬挑式脚手架检查评分表如表 9-6 所示。

表 9-6　悬挑式脚手架检查评分表

序号	检查项目		扣分标准	应得分数	扣减分数	实得分数
1	保证项目	施工方案	未编制专项施工方案或未进行设计计算,扣 10 分 专项施工方案未经审核、审批或架体搭设高度超过 20m 未按规定组织进行专家论证,扣 10 分	10		
2		悬挑钢梁	钢梁截面高度未按设计确定或载面高度小于 160mm,扣 10 分 钢梁固定段长度小于悬挑段长度的 1.25 倍,扣 10 分 钢梁外端未设置钢丝绳或钢拉杆与上一层建筑结构拉结每处,扣 2 分 钢梁与建筑结构锚固措施不符合规范要求每处,扣 5 分 钢梁间距未按悬挑架体立杆纵距设置,扣 6 分	10		

续表

序号	检查项目		扣分标准	应得分数	扣减分数	实得分数
3	保证项目	架体稳定	立杆底部与钢梁连接处未设置可靠固定措施,每处扣2分 承插式立杆接长未采取螺栓或销钉固定,每处扣2分 未在架体外侧设置连续式剪刀撑,扣10分 未按规定在架体内侧设置横向斜撑,扣5分 架体未按规定与建筑结构拉结,每处扣5分	10		
4		脚手板	脚手板规格、材质不符合要求,扣7~10分 脚手板未满铺或铺设不严、不牢、不稳,扣7~10分 每处探头板,扣2分	10		
5		荷载	架体施工荷载超过设计规定,扣10分 施工荷载堆放不均匀每处,扣5分	10		
6		交底与验收	架体搭设前未进行交底或交底未留有记录,扣5分 架体分段搭设分段使用,未办理分段验收,扣7~10分 架体搭设完毕未保留验收资料或未记录量化的验收内容,扣5分	10		
	小计		60			
7	一般项目	杆件间距	立杆间距超过规范要求,或立杆底部未固定在钢梁上每处,扣2分 纵向水平杆步距超过规范要求,扣5分 未在立杆与纵向水平杆交点处设置横向水平杆每处,扣1分	10		
8		架体防护	作业层外侧未在高度1.2m和0.6m处设置上、中两道防护栏杆,扣5分 作业层未设置高度不小于180mm的挡脚板,扣5分 架体外侧未采用密目式安全网封闭或网间不严,扣7~10分	10		
9		层间防护	作业层未用安全平网双层兜底,且以下每隔10m未用安全平网封闭,扣10分 架体底层未进行封闭或封闭不严,扣10分	10		
10		脚手架材质	型钢、钢管、构配件规格及材质不符合规范要求,扣7~10分 型钢、钢管弯曲、变形、锈蚀严重,扣7~10分	10		
	小计		40			
	检查项目各计		100			

四、附着式升降脚手架

在高层施工中,建筑物外围常采用悬挑钢管脚手架等作为工作面和外防护架,这些方法效率低,安全性差,劳动强度大,周转材料耗用多,施工成本较高。附着式升降脚手架的施工工艺较好地解决了这些问题。它是在地面成型好脚手承重架,其由两片脚手承重架组成一榀,脚手承重架通过升降轨道与建筑物连接在一起,通过手动(或电动)葫芦和升降轨道,脚手承重架随主体同步升降。这样工效高、劳动强度小、整体性好、安全可靠,能节省大量周转材料,经济效益显著。该项技术日臻成熟,许多施工单位都制定出了一套行之有效的附着式升降脚手架的施工方法。但附着式升降脚手架属定型施工设备,一旦出现坠落等安全事故,往往会造成非常严重的后果。附着式升降脚手架是指预先组装一定高度(一般为四个标准层)的脚手架,将其附着在建筑物的外侧,利用自身的提升设备,从下至上提升一层,施工一层主体,当主体施工完毕,再从上至下装修一层下降一层,直至将底层装修完毕。按施工工艺需要,脚手架可以整体提升,也可以分段提升,它比落地式脚手架可节省工料,而且建筑越高其经济效益和社会效益越显著,对施工超高层建筑,它比挑、吊脚手架更具适应性。这类脚手架具有以下特点:

(1)脚手承重架可在墙柱、楼板、阳台处连接,连接灵活。

(2)每榀脚手架有两处承重连接、两处附着连接,整体牢靠稳定。

(3)具有防外倾及导向功能,受环境因素影响小。

(4)脚手架一次安装、多次进行循环升降,操作简单,工效高、速度快、材料成本低。

(5)可按施工流水段进行分段分单元升降,便于流水交叉作业。

(6)手动(或电动)葫芦提升,可控性强。

(7)具备防坠落保险装置,安全性高。

(8)主体及装修均可应用。

但是,如果设计或使用不当会存在比较大的危险性,会导致发生脚手架坠落事故。

附着式升降脚手架一般由架体、水平梁架、竖向主框架、附着支撑、提升机构及安全装置六部分组成。

(一)附着式升降脚手架安全技术规范的要求

(1)附着式升降脚手架施工前应编制专项安全施工方案。方案应当由专业施工单位组织编制,由专业施工单位技术负责人审批签字。实行施工总承包的,专项方案应当由总承包单位技术负责人及专业承包单位技术负责人审批签字,报项目总监理工程师审核后实施。

(2)提升高度150m及以上附着式整体和分片提升脚手架工程的专项方案应当由施工单位组织召开专家论证会。实行施工总承包的,由施工总承包单位组织召开专家论证会。

(3)附着式升降脚手架使用应符合下列条件:

①进入施工现场的附着式升降脚手架产品应具有国务院建设行政主管部门组织鉴定或验收的合格证书。

②附着式升降脚手架的附着支承结构、防倾防坠落装置等关键部件构配件应有可追溯性标识,出厂时应提供原生产厂家出厂合格证。

③从事附着式升降脚手架工程的专业施工单位应具有相应资质证书。安装拆卸人员应具有特种作业操作证。

(4)附着式升降脚手架结构构造的尺寸应符合以下规定:

①架体结构高度不应大于5倍楼层高。

②架体宽度不应大于1.2m。

③直线布置的架体支承跨度不应大于7m,折线或曲线布置的架体,相邻两主框架支承点处架体外侧距离不应大于5.4m。

④整体附着式升降脚手架架体的水平悬挑长度不得大于2m和1/2水平支承跨度;单片附着式升降脚手架架体的水平悬挑长度不得大于1/4水平支承跨度。

⑤架体全高与支承跨度的乘积不应大于110m²。

(5)附着式升降脚手架的架体结构应符合下列规定：

①应在附着支承结构部位设置与架体高度相等的与墙面垂直的定型竖向主框架,竖向主框架应是桁架或刚架结构。竖向主框架结构构造应符合《建筑施工工具式脚手架安全技术规范》(JGJ 202—2010)相关规定。

②竖向主框架的底部应设置水平支承桁架,其宽度应与主框架相同,平行于墙面,其高度不宜小于 1.8m。水平支承桁架结构构造应符合《建筑施工工具式脚手架安全技术规范》(JGJ 202—2010)相关规定;水平支承桁架最底层应设置脚手板,并应铺满铺牢,与建筑物墙面之间也应设置脚手板全封闭,宜设置翻转的密封翻板。

③架体悬臂高度不得大于架体高度的 2/5,且不得大于 6m。

(6)附着式升降脚手架附着支承结构应采用原厂制造的产品。当现场条件不能满足安装要求时,应进行专项设计并经批准后方可安装使用。

(7)附着式升降脚手架附着支承结构应包括附墙支座、悬臂梁及斜拉杆,其构造应符合下列规定:

①竖向主框架覆盖的每一楼层处应设置一道附墙支座;附着支承结构应按设计图纸设置。

②在使用工况时,应将竖向主框架固定于附墙支座上。

③在升降工况时,附墙支座上应设有防倾、导向的结构装置;

④附着支承结构应采用锚固螺栓与建筑物连接,受拉螺栓的螺母不得少于两个或应采用弹簧垫片加单螺母,螺杆露出螺母端部的长度不应少于 3 扣,且不得小于 10mm,垫板尺寸应由设计确定,且不得小于 100mm×100mm×10mm。

⑤对附着支承结构与工程结构连接处混凝土的强度应按设计要求确定,不得小于 C15。

(8)附着式升降脚手架应在每个竖向主框架处设置升降设备,升降设备应采用电动葫芦或电动液压设备。

(9)物料平台不得与附着式升降脚手架各部位和各结构构件相连,其荷载应直接传递给建筑工程结构。

(10)附着式升降脚手架必须具有防倾覆、防坠落和同步升降控制的安全装置。防倾装置必须与竖向主框架、附着支承结构或工程结构可靠连接。防坠落装置应设置在竖向主框架处并附着在建筑结构上,每一升降点不得少于一个防坠落装置。防倾装置、防坠装置、同步控制装置应符合《建筑施工工具式脚手架安全技术规范》(JGJ 202—2010)相关规定。

(11)附着式升降脚手架升降用索具、吊具的安全系数应大于 6。

(12)附着式升降脚手架的安全防护措施、构配件制作应符合《建筑施工工具式脚手架安全技术规范》(JGJ 202—2010)相关规定。

(13)附着式升降脚手架安装应符合下列要求:

①在首层安装前应设置安装平台,安装平台应有保障施工人员安全的防护设施,安装平台的水平精度和承载能力应满足架体安装的要求。

②安装时应符合下列规定:

相邻竖向主框架的高差应不大于 20mm;

竖向主框架和防倾、导向装置的垂直偏差应不大于 5‰,且不得大于 60mm;

预留穿墙螺栓孔和预埋件应垂直于建筑结构外表面,其中心误差应小于 15mm;

连接处所需要的建筑结构混凝土强度应由计算确定,且不得小于 C15;

升降机构连接应正确且牢固可靠;

安全控制系统的设置和试运行效果符合设计要求;

升降动力设备工作正常。

③附着支承结构的安装应符合设计要求,不得少装和使用不合格螺栓及连接件。

④安全保险装置应全部合格,安全防护设施应齐备,且应符合设计要求,并应设置必要的消防设施。

⑤电源、电缆及控制柜等的设置应符合现行行业标准《施工现场临时用电安全技术规范》(JGJ 46—2016)的有关规定。

⑥采用扣件式脚手架搭设的架体构架,其构造应符合现行行业标准《建筑施工扣件式钢管脚手架安全技术规范》(JGJ 130—2011)的要求。

⑦升降设备、同步控制系统及防坠落装置等专项设备,均应采用同一厂家产品。

⑧升降设备、控制系统、防坠落装置等应采取防雨、防砸、防尘等措施。

(14)附着式升降脚手架的升降操作应符合下列规定:

①附着式升降脚手架每次升降前,应按规范要求进行检查,经总包单位、分包单位、租赁单位、安装拆卸单位共同检查合格后,方可进行升降作业。

②升降操作应按升降作业程序和操作规程进行作业;操作人员不得停留在架体上;升降过程中不得有施工荷载;所有妨碍升降的障碍物应拆除;所有影响升降作业的约束应解除。

③各相邻提升点间的高差不得大于 30mm,整体架最大升降差不得大于 80mm。

④升降过程中应实行统一指挥、规范指令。升、降指令只能由总指挥一人下达;当有异常情况出现时,任何人均可立即发出停止指令。

⑤当采用环链葫芦作升降动力时,应严密监视其运行情况,及时排除翻链、铰链和其他影响正常运行的故障。

⑥当采用液压升降设备作升降动力时,应排除液压系统的泄漏、失压、颤动、油缸爬行和不同步等问题和故障,确保正常工作。

⑦架体升降到位后,应及时按使用状况要求进行附着固定。在没有完成架体固定工作前,施工人员不得擅自离岗或下班。

⑧附着式升降脚手架架体升降到位固定后,应按规范要求进行检查验收,合格后方可使用;遇五级及以上大风和大雨、大雪、浓雾和雷雨等恶劣天气时,不得进行升降作业。

(15)附着式升降脚手架使用应符合下列规定:

①应按照设计性能指标进行使用,不得随意扩大使用范围;架体上的施工荷载必须符合设计规定,不得超载,不得放置影响局部杆件安全的集中荷载。

②架体内的建筑垃圾和杂物应及时清理干净。

③附着式升降脚手架在使用过程中不得进行下列作业:利用架体吊运物料;在架体上拉结吊装缆绳(或缆索);在架体上推车;任意拆除结构件或松动连结件;拆除或移动架体上的安全防护设施;利用架体支撑模板或卸料平台;其他影响架体安全的作业。

(16)附着式升降脚手架使用应符合下列规定:

①当附着式升降脚手架停用超过三个月时,应提前采取加固措施。

②当附着式升降脚手架停用超过一个月或遇六级及以上大风后复工时,应进行检查,确

认合格后方可使用。

③螺栓连接件、升降设备、防倾装置、防坠落装置、电控设备同步控制装置等应每月进行维护保养。

(17)附着式升降脚手架拆除应符合下列规定：

①附着式升降脚手架的拆除工作应按专项施工方案及安全操作规程的有关要求进行。

②拆除前必须对拆除作业人员进行安全技术交底。

③拆除时应有可靠的防止人员与物料坠落的措施，拆除的材料及设备不得抛扔。

④拆除作业应在白天进行。遇五级及以上大风和大雨、大雪、浓雾和雷雨等恶劣天气时，不得进行拆卸作业。

(二)附着式升降脚手架检查和评价

附着式升降脚手架检查评定应符合现行行业标准《建筑施工工具式脚手架安全技术规范》(JGJ 202—2017)的规定。检查评定保证项目包括：施工方案、安全装置、架体构造、附着支座、架体安装、架体升降。一般项目包括：检查验收、脚手板、防护、操作。

1. 保证项目的检查评定应符合的规定。

(1)施工方案：

①附着式升降脚手架搭设、拆除作业应编制专项施工方案，结构设计应进行设计计算。

②专项施工方案应按规定进行审批，架体提升高度超过150m的专项施工方案应经专家论证。

(2)安全装置：

①附着式升降脚手架应安装机械式全自动防坠落装置，技术性能应符合规范要求。

②防坠落装置与升降设备应分别独立固定在建筑结构处。

③防坠落装置应设置在竖向主框架处与建筑结构附着。

④附着式升降脚手架应安装防倾覆装置，技术性能应符合规范要求。

⑤在升降或使用工况下，最上和最下两个防倾装置之间最小间距不应小于2.8m或架体高度的1/4。

⑥附着式升降脚手架应安装同步控制或荷载控制装置，同步控制或荷载控制误差应符合规范要求。

(3)架体构造：

①架体高度不应大于5倍楼层高度、宽度不应小于1.2m。

②直线布置架体支承跨度不应大于7m，折线、曲线布置架体支承跨度不应大于5.4m。

③架体水平悬挑长度不应大于2m且不应大于跨度的1/2。

④架体悬臂高度应不大于2/5架体高度且不大于6m。

⑤架体高度与支承跨度的乘积不应大于110m²。

(4)附着支座：

①附着支座数量、间距应符合规范要求。

②使用工况应将主框架与附着支座固定。

③升降工况时，应将防倾、导向装置设置在附着支座处。

④附着支座与建筑结构连接固定方式应符合规范要求。

（5）架体安装：

①主框架和水平支承桁架的节点应采用焊接或螺栓连接，各杆件的轴线应汇交于节点。

②内外两片水平支承桁架上弦、下弦间应设置水平支撑杆件，各节点应采用焊接式螺栓连接。

③架体立杆底端应设在水平桁架上弦杆的节点处。

④与墙面垂直的定型竖向主框架组装高度应与架体高度相等。

⑤剪刀撑应沿架体高度连续设置，角度应符合 45°～60°的要求，剪刀撑应与主框架、水平桁架和架体有效连接。

（6）架体升降：

①两跨以上架体同时升降应采用电动或液压动力装置，不得采用手动装置。

②升降工况时附着支座处建筑结构混凝土强度应符合规范要求。

③升降工况时架体上不得有施工荷载，禁止操作人员停留在架体上。

2．一般项目的检查评定应符合的规定

（1）检查验收：

①动力装置、主要结构配件进场应按规定进行验收。

②架体分段安装、分段使用应办理分段验收。

③架体安装完毕，应按规范要求进行验收，验收表应有责任人签字确认。

④架体每次提升前应按规定进行检查，并应填写检查记录。

（2）脚手板：

①脚手板应铺设严密、平整、牢固。

②作业层与建筑结构间距离应不大于规范要求。

③脚手板材质、规格应符合规范要求。

（3）防护：

①架体外侧应封挂密目式安全网。

②作业层外侧应在高度 1.2m 和 0.6m 处设置上、中两道防护栏杆。

③作业层外侧应设置高度不小于 180mm 的挡脚板。

（4）操作：

①操作前应按规定对有关技术人员和作业人员进行安全技术交底。

②作业人员应经培训并定岗作业。

③安装拆除单位资质应符合要求，特种作业人员应持证上岗。

④架体安装、升降、拆除时应按规定设置安全警戒区，并应设置专人监护。

⑤荷载分布应均匀，荷载最大值应在规范允许范围内。

附着式升降脚手架检查评分表如表 9-7 所示。

表 9-7　附着式升降脚手架检查评分表

序号	检查项目		扣分标准	应得分数	扣减分数	实得分数
1		施工方案	未编制专项施工方案或未进行设计计算,扣 10 分 专项施工方案未按规定审核、审批,扣 10 分 脚手架提升高度超过 150m,专项施工方案未按规定组织专家论证,扣 10 分	10		
2	保证项目	安全装置	未采用机械式的全自动防坠落装置或技术性能不符合规范要求,扣 10 分 防坠落装置与升降设备未分别独立固定在建筑结构处,扣 10 分 防坠落装置未设置在竖向主框架处与建筑结构附着,扣 10 分 未安装防倾覆装置或防倾覆装置不符合规范要求,扣 10 分 在升降或使用工况下,最上和最下两个防倾装置之间的最小间距不符合规范要求,扣 10 分 未安装同步控制或荷载控制装置,扣 10 分 同步控制或荷载控制误差不符合规范要求,扣 10 分	10		
3		架体构造	架体高度大于 5 倍楼层高,扣 10 分 架体宽度大于 1.2m,扣 10 分 直线布置的架体支承跨度大于 7m,或折线、曲线布置的架体支撑跨度的架体外侧距离大于 5.4m,扣 10 分 架体的水平悬挑长度大于 2m 或水平悬挑长度未大于 2m 但大于跨度 1/2,扣 10 分 架体悬臂高度大于架体高度 2/5 或悬臂高度大于 6m,扣 10 分 架体全高与支撑跨度的乘积大于 110m^2,扣 10 分	10		
4		附着支座	未按竖向主框架所覆盖的每个楼层设置一道附着支座,扣 10 分 在使用工况时,未将竖向主框架与附着支座固定,扣 10 分 在升降工况时,未将防倾、导向的结构装置设置在附着支座处,扣 10 分 附着支座与建筑结构连接固定方式不符合规范要求,扣 10 分	10		
5		架体安装	主框架和水平支撑桁架的结点未采用焊接或螺栓连接或各杆件轴线未交汇于主节点,扣 10 分 内外两片水平支承桁架的上弦和下弦之间设置的水平支撑杆件未采用焊接或螺栓连接,扣 5 分 架体立杆底端未设置在水平支撑桁架上弦各杆件汇交结点处,扣 10 分 与墙面垂直的定型竖向主框架组装高度低于架体高度,扣 5 分 架体外立面设置的连续式剪刀撑未将竖向主框架、水平支撑桁架和架体构架连成一体,扣 8 分	10		
6		架体升降	两跨以上架体同时整体升降采用手动升降设备,扣 10 分 升降工况时附着支座在建筑结构连接处砼强度未达到设计要求或小于 C10,扣 10 分 升降工况时架体上有施工荷载或有人员停留,扣 10 分	10		
小计				60		

续表

序号	检查项目	扣分标准	应得分数	扣减分数	实得分数
7	检查验收	构配件进场未办理验收,扣6分 分段安装、分段使用未办理分段验收,扣8分 架体安装完毕未履行验收程序或验收表未经责任人签字,扣10分 每次提升前未留有具体检查记录,扣6分 每次提升后、使用前未履行验收手续或资料不全,扣7分	10		
8	脚手板	脚手板未满铺或铺设不严、不牢,扣3~5分 作业层与建筑结构之间空隙封闭不严,扣3~5分 脚手板规格、材质不符合要求,扣5~8分	10		
9	防护	脚手架外侧未采用密目式安全网封闭或网间不严,扣10分 作业层未在高度1.2m和0.6m处设置上、中两道防护栏杆,扣5分 作业层未设置高度不小于180mm的挡脚板,扣5分	10		
10	操作	操作前未向有关技术人员和作业人员进行安全技术交底,扣10分 作业人员未经培训或未定岗定责,扣7~10分 安装拆除单位资质不符合要求或特种作业人员未持证上岗,扣7~10分 安装、升降、拆除时未采取安全警戒,扣10分 荷载不均匀或超载,扣5~10分	10		
		小计	40		
		检查项目合计	100		

(序号7~10 检查项目栏合并标注"一般项目")

五、吊篮脚手架

吊篮脚手架是指悬挂机构架设于建筑物或构筑物上,提升机驱动悬吊平台通过钢丝绳沿立面上下运行,为施工人员提供一种可移动的非常设悬挂的脚手架。一般按驱动方式不同分为手动、气动和电动三种。

吊篮脚手架一般用于高层建筑的外装修施工,它与落地式脚手架相比,可节省材料、人工和缩短工期,但必须严格按有关规定进行设计、制作、安装和使用,否则极易发生坠落事故。

(一)高处作业吊篮安全技术规范的要求

1. 一般规定

高处作业吊篮应当具有产品合格证、型式检验报告和使用说明书。

吊篮租赁单位应依法取得营业执照。

安装拆卸人员应持有特种作业上岗证书。

吊篮安装、拆卸应有专项施工方案。专项方案应由安装单位编制,经施工总承包单位、监理单位审核批准后方可实施。

高处作业吊篮所用的构配件应是生产厂家出厂的配套产品,安装及使用单位不得进行改装。

悬挂吊篮的支架支撑点处结构的承载能力应大于所选择吊篮各工况的荷载最大值。

吊篮使用前应进行载荷试验,填写试验记录。

不得将吊篮作为垂直运输设备,不得采用吊篮运送物料。

高处作业吊篮验收合格后应悬挂合格标志牌、额定载荷牌等。

2. 安全装置

(1)吊篮必须具有安全锁和超高限位装置。

(2)安全锁必须在有效标定期内使用,有效标定期不应大于一年。安全锁应由检测机构检验。检验标识应粘贴在安全锁的明显位置处,同时应在安全管理资料中存档。

(3)手动滑降装置应灵敏可靠。

3. 安全防护

高处作业吊篮应设置作业人员专用的挂设安全带的安全绳及安全锁扣。安全绳应固定在建筑物可靠位置上,不得与吊篮上任何部位连接。

高处作业吊篮的任何部位与高压输电线的安全距离不应小于 10m。

吊篮的电源电缆线应有保护措施,固定在设备上,防止插头接线受力,引起断路、短路。电缆线悬吊长度超过 100m 时,应采取电缆抗拉保护措施。

电器箱的防水、防震、防尘措施要可靠。电器箱门应锁上。

建筑物外立面部分呈凹凸、V 形等变化的,应使用异型吊篮。

施工范围下方如有道路、通道时,必须设置警示线或安全护栏,并且在周围设置醒目的警示标志并派专人监护。

4. 安装与拆卸

吊篮安装或拆卸前,应进行安全技术交底并有书面记录,还要履行签字手续。

悬挂机构不得安装在外架或用钢管扣件搭设的架子上,必须安装在砼混结构、钢结构平台等上方。悬挂机构宜采用刚性连接方式进行拉接固定。

前梁外伸长度应符合高处作业吊篮使用说明书的规定。

配重件应稳定可靠地安放在配重架上,并应有防止随意移动的措施。严禁使用破损的配重件或其他替代物。配重块的重量应符合设计规定,且应有重量标记。

吊篮悬挂高度在 60m 及以下的,宜选用长边不大于 7.5m 的吊篮平台;悬挂高度在 100m 及以下的,宜选用长边不大于 5.5m 的吊篮平台;悬挂高度在 100m 以上的,宜选用长边不大于 2.5m 的吊篮平台。

拆卸前应将吊篮平台下落至地面,并应将钢丝绳从提升机、安全锁中退出,切断总电源。

拆卸分解后的构配件不得放置在建筑物边缘,应采取防止坠落的措施。零散物品应放置在容器中。不得将吊篮任何部件从屋顶处抛下。

吊篮安装和拆卸作业区域,应设置警戒线,指派专人负责统一指挥和监督,禁止无关人员进入。

5. 安装验收

(1)吊篮安装完毕,安装单位应进行自检,自检合格后报检测机构检测,检测合格后由施工总承包单位组织安装单位、租赁单位、使用单位和监理单位验收。吊篮在同一施工现场进行二次移位安装后应重新进行验收。

(2)安装验收书中各项检查项目应数据量化、结论明确。施工总承包单位、安装单位、租赁单位、使用单位和监理单位验收人均应签字确认。

6. 使用管理

吊篮使用单位应制定吊篮安全生产管理制度和吊篮使用的操作规程,并根据不同施工阶段、周围环境以及季节、气候的变化,采取相应的安全防护措施。

安装单位或租赁单位专业人员应对吊篮进行定期维护保养。

每班作业前,操作人员应对吊篮进行检查、试车。检查合格后方可进行作业。吊篮连续停用2日以上重新使用前,应对吊篮实行专项检查并有检查记录。

吊篮平台内应保持荷载均衡,不得超载运行。

吊篮正常作业时,人员应从地面进入吊篮内,不得从建筑物顶部、窗口等处或其他孔洞处出入吊篮。

吊篮内的作业人员不得超过2人。吊篮作业人员应经过专业培训,持证上岗。升降作业时其他人员不得在吊篮内停留。

当吊篮施工遇有雨雪、大雾、风沙及8.0m/s以上大风等恶劣天气时,应停止作业,并应将吊篮平台停放至地面,应对钢丝绳、电缆进行绑扎固定。

在吊篮内进行电焊作业时,应对吊篮设备、钢丝绳、电缆采取保护措施。不得将电焊机放置在吊篮内;电焊缆线不得与吊篮任何部位接触;电焊钳不得搭挂在吊篮上。

下班后不得将吊篮停留在半空中,应将吊篮放至地面。人员离开、进行吊篮维修或下班后应将主电源切断,并应将电器箱中各开关置于断开位置并加锁。

(二)高处作业吊篮安全检查和评价

高处作业吊篮检查评定应符合现行行业标准《建筑施工工具式脚手架安全技术规范》(JGJ 202—2017)的规定。检查评定保证项目包括:施工方案、安全装置、悬挂机构、钢丝绳、安装、升降操作。一般项目包括:交底与验收、防护、吊篮稳定、荷载。

1. 检查评定保证项目

(1)施工方案

①吊篮安装、拆除作业应编制专项施工方案,悬挂吊篮的支撑结构承载力应经过验算;

②专项施工方案应按规定进行审批。

(2)安全装置

①吊篮应安装防坠安全锁,并应灵敏有效;

②防坠安全锁不应超过标定期限;

③吊篮应设置作业人员专用的挂设安全带的安全绳或安全锁扣,安全绳应固定在建筑物可靠位置上,不得与吊篮上的任何部位有连接;

④吊篮应安装上限位装置,并应保证限位装置灵敏可靠。

(3)悬挂机构

①悬挂机构前支架严禁支撑在女儿墙上、女儿墙外或建筑物外挑檐边缘;

②悬挂机构前梁外伸长度应符合产品说明书规定;

③前支架应与支撑面垂直且脚轮不应受力;

④前支架调节杆应固定在上支架与悬挑梁连接的结点处;

⑤严禁使用破损的配重件或其他替代物;

⑥配重件的重量应符合设计规定。

(4)钢丝绳

①钢丝绳磨损、断丝、变形、锈蚀应在允许范围内;

②安全绳应单独设置,型号规格应与工作钢丝绳一致;

③吊篮运行时安全钢丝绳应张紧悬垂;

④利用吊篮进行电焊作业应对钢丝绳采取保护措施。

(5)安装

①吊篮应使用经检测合格的提升机;

②吊篮平台的组装长度应符合规范要求;

③吊篮所用的构配件应是同一厂家的产品。

(6)升降操作

①必须由经过培训合格的持证人员操作吊篮升降;

②吊篮内的作业人员不应超过2人;

③吊篮内作业人员应将安全带使用安全锁扣正确挂置在独立设置的专用安全绳上;

④吊篮正常工作时,人员应从地面进入吊篮内。

2.检查评定一般项目

(1)交底与验收

①吊篮安装完毕,应按规范要求进行验收,验收表应由责任人签字确认;

②每天班前、班后应对吊篮进行检查;

③吊篮安装、使用前对作业人员进行安全技术交底。

(2)防护

①吊篮平台周边的防护栏杆、挡脚板的设置应符合规范要求;

②多层吊篮作业时应设置顶部防护板。

(3)吊篮稳定

①吊篮作业时应采取防止摆动的措施;

②吊篮与作业面距离应在规定要求范围内。

(4)荷载

①吊篮施工荷载应满足设计要求;

②吊篮施工荷载应均匀分布;

③严禁利用吊篮作为垂直运输设备。

高处作业吊篮检查评分表如表9-8所示。

表 9-8　高处作业吊篮检查评分表

序号	检查项目		扣分标准	应得分数	扣减分数	实得分数
1	保证项目	施工方案	未编制专项施工方案或未对吊篮支架支撑处结构的承载力进行验算,扣10分 专项施工方案未按规定审核、审批,扣10分	10		
2		安全装置	未安装安全锁或安全锁失灵,扣10分 安全锁超过标定期限仍在使用,扣10分 未设置挂设安全带专用安全绳及安全锁扣,或安全绳未固定在建筑物可靠位置,扣10分 吊篮未安装上限位装置或限位装置失灵,扣10分	10		
3		悬挂机构	悬挂机构前支架支撑在建筑物女儿墙上或挑檐边缘,扣10分 前梁外伸长度不符合产品说明书规定,扣10分 前支架与支撑面不垂直或脚轮受力,扣10分 前支架调节杆未固定在上支架与悬挑梁连接的结点处,扣10分 使用破损的配件或采用其他替代物,扣10分 配重件的重量不符合设计规定,扣10分	10		
4		钢丝绳	钢丝绳磨损、断丝、变形、锈蚀达到报废标准,扣10分 安全绳规格、型号与工作钢丝绳不相同或未独立悬挂,每处扣5分 安全绳不悬垂,扣10分 利用吊篮进行电焊作业未对钢丝绳采取保护措施,扣6~10分	10		
5		安装	使用未经检测或检测不合格的提升机,扣10分 吊篮平台组装长度不符合规范要求,扣10分 吊篮组装的构配件不是同一生产厂家的产品,扣5~10分	10		
6		升降操作	操作升降人员未经培训合格,扣10分 吊篮内作业人员数量超过2人,扣10分 吊篮内作业人员未将安全带使用安全锁扣正确挂置在独立设置的专用安全绳上,扣10分 吊篮正常使用,人员未从地面进入篮内,扣10分	10		
			小计	60		
7	一般项目	交底与验收	未履行验收程序或验收表未经责任人签字,扣10分 每天班前、班后未进行检查,扣5~10分 吊篮安装、使用前未进行交底,扣5~10分	10		
8		防护	吊篮平台周边的防护栏杆或挡脚板的设置不符合规范要求,扣5~10分 多层作业未设置防护顶板,扣7~10分	10		
9		吊篮稳定	吊篮作业未采取防摆动措施,扣10分 吊篮钢丝绳不垂直或吊篮距建筑物空隙过大,扣10分	10		
10		荷载	施工荷载超过设计规定,扣5分 荷载堆放不均匀,扣10分 利用吊篮作为垂直运输设备,扣10分	10		
			小计	40		
			检查项目各计	100		

六、门式钢管脚手架

门式钢管脚手架是以门架、交叉支撑、连接棒、挂扣式脚手板或水平架、锁臂等组成基本结构,再设置水平加固杆、剪刀撑、扫地杆、封口杆、托座与底座,并采用连墙件与建筑物主体结构相连的一种标准化钢管脚手架。由于它具有装拆简单、移动方便、承载性好、使用安全可靠、经济效益好等优点,所以发展速度很快。它不但能用作建筑施工的内外脚手架,又能用作楼板、梁模板支架和移动式脚手架等,具有较多的功能,所以又称多功能脚手架。但是,这种脚手架若材质或搭设质量满足不了《建筑施工门式钢管脚手架安全技术规范》(JGJ 128—2019)的规定,极易发生安全事故,并且影响施工工效。

(一)基本组成及搭设高度

1. 基本组成

门式钢管脚手架是以门架、交叉支撑、连接棒、挂扣式脚手板或水平架、锁臂等组成。

(1)门架。门架是门式钢管脚手架的主要构件,由立杆、横杆及加强杆焊接组成,如图9-2所示。

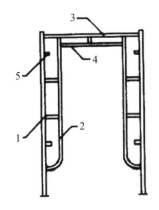

1—立杆;2—立杆加强杆;3—横杆;4—横杆加强杆;5—锁销

图9-2　门架

(2)其他构配件。门式钢管脚手架的其他构配件包括连接棒、锁臂、交叉支撑、水平架、挂扣式脚手板、底座与托座等,如图9-3所示。

2. 搭设高度

落地门式钢管脚手架的搭设高度不宜超过表9-9的规定。

表9-9　落地门式钢管脚手架搭设高度

序号	搭设方式	施工荷载标准值 $\sum Q_k$/(kN/m²)	搭设高度/m
1	落地、密目式安全网全封闭	≤3.0	≤55
2		>3.0且5.0	≤40
3	悬挑、密目式安全立网全封闭	≤3.0	≤24
4		>3.0且5.0	≤18

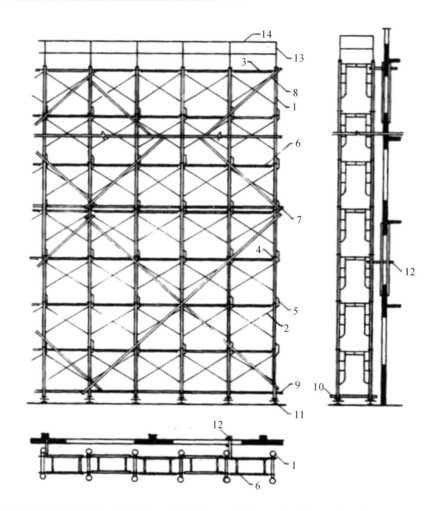

1—门架;2—交叉支撑;3—脚手板;4—连接棒;5—锁臂;6—水平架;7—水平加固杆;8—剪刀撑;

9—扫地杆;10—封口杆;11—底座;12—连墙件;13—栏杆;14—扶手

图 9-3　门式钢管脚手架的组成

(二)门式钢管脚手架检查和评价

门式钢管脚手架检查评定应符合现行行业标准《建筑施工门式钢管脚手架安全技术规范》(JGJ 128—2019)的规定。检查评定保证项目包括:施工方案、架体基础、架体稳定、杆件锁件、脚手板、交底与验收。一般项目包括:架体防护、材质、荷载、通道。

1. 保证项目的检查评定应符合的规定

(1)施工方案

①架体搭设应编制专项施工方案,结构设计应进行设计计算,并按规定进行审批;

②搭设高度超过50m的脚手架,应组织专家对方案进行论证,并按专家论证意见组织实施;

③专项施工方案应完整,能正确指导施工作业。

(2)架体基础

①立杆基础应按方案要求平整、夯实;

②架体底部设排水设施,基础垫板、立杆底座应符合规范要求;

③架体扫地杆设置应符合规范要求。

(3)架体稳定

①架体与建筑物拉结应符合规范要求,并应从脚手架底层第一步纵向水平杆开始设置连墙件;

②架体剪刀撑斜杆与地面夹角应在 45°～60°,采用旋转扣件与立杆相连,设置应符合规范要求;

③应按规范要求的高度对架体进行整体加固;

④架体立杆的垂直偏差应符合规范要求。

(4)杆件锁件

①架体杆件、锁件应按说明书要求进行组装;

②纵向加固杆件的设置应符合规范要求;

③架体使用的扣件与连接杆件参数应匹配。

(5)脚手板

①脚手板材质、规格应符合规范要求;

②脚手板应铺设严密、平整、牢固;

③钢脚手板的挂钩必须完全扣在水平杆上,并处于锁住状态。

(6)交底与验收

①架体搭设前应进行安全技术交底;

②架体分段搭设分段使用时应进行分段验收;

③搭设完毕应办理验收手续,验收内容应量化。

2.一般项目的检查评定应符合的规定

(1)架体防护

①作业层应在外侧立杆 1.2m 和 0.6m 处设置上、中两道防护栏杆;

②作业层外侧应设置高度不小于 180mm 的挡脚板;

③架体外侧应使用密目式安全网进行封闭;

④架体作业层脚手板下应用安全网双层兜底,以下每隔 10m 应用安全平网封闭。

(2)材质

①钢管不应有弯曲、锈蚀严重、开焊的现象,材质符合规范要求;

②架体构配件的规格、型号、材质应符合规范要求。

(3)荷载

①架体承受的施工荷载应符合规范要求;

②不得在脚手架上集中堆放模板、钢筋等物料。

(4)通道

架体必须设置符合规范要求的上下通道。

门式钢管脚手架检查评分表如表 9-10 所示。

表 9-10　门式钢管脚手架检查评分表

序号	检查项目		扣分标准	应得分数	扣减分数	实得分数
1	保证项目	施工方案	未编制专项施工方案或未进行设计计算,扣10分 专项施工方案未按规定审核、审批或架体搭设高度超过50m未按规定组织专家论证,扣10分	10		
2		架体基础	架体基础不平、不实、不符合专项施工方案要求,扣10分 架体底部未设垫板或垫板底部的规格不符合要求,扣10分 架体底部未按规范要求设置底座,每处扣1分 架体底部未按规范要求设置扫地杆,扣5分 未设置排水措施,扣8分	10		
3		架体稳定	未按规定间距与结构拉结,每处扣5分 未按规范要求设置剪刀撑,扣10分 未按规范要求高度做整体加固,扣5分 架体立杆垂直偏差超过规定,扣5分	10		
4		杆件锁件	未按说明书规定组装,或漏装杆件、锁件,扣6分 未按规范要求设置纵向水平加固杆,扣10分 架体组装不牢或紧固不符合要求,每处扣1分 使用的,扣件与连接的杆件参数不匹配,每处扣1分	10		
5		脚手板	脚手板未满铺或铺设不牢、不稳,扣5分 脚手板规格或材质不符合要求的,扣5分 采用钢脚手板时挂钩未挂扣在水平杆上或挂钩未处于锁住状态,每处扣2分	10		
6		交底与验收	脚手架搭设前未进行交底或交底未留有记录,扣6分 脚手架分段搭设分段使用未办理分段验收,扣6分 脚手架搭设完毕未办理验收手续,扣6分 未记录量化的验收内容,扣5分	10		
	小计			60		
7	一般项目	架体防护	作业层脚手架外侧未在1.2m和0.6m高度设置上、中两道防护栏杆,扣10分 作业层未设置高度不小于180mm的挡脚板,扣3分 脚手架外侧未设置密目式安全网封闭或网间不严,扣7~10分 作业层未用安全平网双层兜底,且以下每隔10m未用安全平网封闭,扣5分	10		
8		材质	杆件变形、锈蚀严重,扣10分 门架局部开焊,扣10分 构配件的规格、型号、材质或产品质量不符合规范要求,扣10分	10		
9		荷载	施工荷载超过设计规定,扣10分 荷载堆放不均匀,每处扣5分	10		
10		通道	未设置人员上下专用通道,扣10分 通道设置不符合要求,扣5分	10		
	小计			40		
	检查项目合计			100		

七、碗扣式钢管脚手架

碗扣式钢管脚手架是采用碗扣方式连接的钢管脚手架和模板支撑架。立杆的碗扣节点应由上碗扣、下碗扣、横杆接头和上碗扣限位销等构成(见图9-4)。

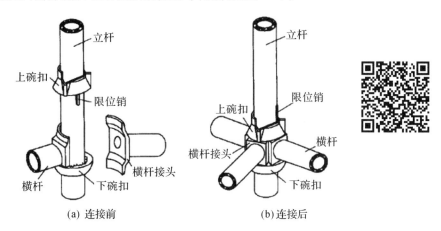

(a) 连接前　　　　　　　　　　　(b) 连接后

图 9-4　碗扣节点构成

（一）一般规定

进入现场的构配件应具备以下证明资料:主要构配件应有产品标识及产品质量合格证;供应商应配套提供钢管、零件、铸件、冲压件等材质、产品性能检验报告。构配件进场应重点检查以下部位质量:钢管壁厚、焊接质量、外观质量;可调底座和可调托撑材质及丝杆直径、与螺母配合间隙等。双排脚手架搭设应重点检查下列内容:

- 保证架体几何不变性的斜杆、连墙件等设置情况;
- 基础的沉降,立杆底座与基础面的接触情况;
- 上碗扣锁紧情况;
- 立杆连接销的安装、斜杆扣接点、扣件拧紧程度。

双排脚手架搭设质量应按下列情况进行检验:

- 首段高度达到 6m 时,应进行检查与验收;
- 架体随施工进度升高应按结构层进行检查;
- 架体高度大于 24m 时,在 24m 处或在设计高度 $H/2$ 处及达到设计高度后,进行全面检查与验收;
- 遇 6 级及以上大风、大雨、大雪后施工前检查;
- 停工超过一个月恢复使用前检查。

双排脚手架搭设过程中,应随时进行检查,及时解决存在的结构缺陷。双排脚手架验收时,应具备下列技术文件:专项施工方案及变更文件;安全技术交底文件;周转使用的脚手架构配件使用前的复验合格记录;搭设的施工记录和质量安全检查记录。

作业层上的施工荷载应符合设计要求,不得超载,不得在脚手架上集中堆放模板、钢筋等物料。混凝土输送管、布料杆、缆风绳等不得固定在脚手架上。遇 6 级及以上大风、雨雪、大雾天气时,应停止脚手架的搭设与拆除作业。脚手架使用期间,严禁擅自拆除架体结构杆件;如需拆除必须经过修改原施工方案并报请原方案审批人批准,确定补救措施后方可实施。严禁在脚手架基础及邻近处进行挖掘作业。脚手架应与输电线路保持安全距离,施工现场临时用电线路架设及脚手架接地防雷措施等应按国家现行标准《施工现场临时用电安全技术规范》(JGJ 46—2016)的有关规定执行。搭设脚手架人员必须持证上岗。上岗人员应定期体检,合格者方可持证上岗。搭设脚手架人员必须戴安全帽、系安全带、穿防滑鞋。

(二)碗扣式钢管脚手架检查和评价

碗扣式钢管脚手架检查评定应符合现行行业标准《建筑施工碗扣式钢管脚手架安全技术规范》(JGJ 166—2016)的规定。检查评定保证项目包括:施工方案、架体基础、架体稳定、杆件锁件、脚手板、交底与防护验收。一般项目包括:架体防护、材质、荷载、通道。

1.保证项目的检查评定应符合的规定

(1)施工方案

①架体搭设应有施工方案,结构设计应进行设计计算,并按规定进行审批;

②搭设高度超过50m的脚手架,应组织专家对安全专项方案进行论证,并按专家论证意见组织实施。

(2)架体基础

①立杆基础应按方案要求平整、夯实,并设排水设施,基础垫板、立杆底座应符合规范要求;

②架体纵横向扫地杆距地高度应小于350mm。

(3)架体稳定

①架体与建筑物拉结应符合规范要求,并应从架体底层第一步纵向水平杆开始设置连墙件;

②架体拉结点应牢固可靠;

③连墙件应采用刚性杆件;

④架体竖向应沿高度方向连续设置专用斜杆或八字撑;

⑤专用斜杆两端应固定在纵横向横杆的碗扣节点上;

⑥专用斜杆或八字形斜撑的设置角度应符合规范要求。

(4)杆件锁件

①架体立杆间距、水平杆步距应符合规范要求;

②应按专项施工方案设计的步距在立杆连接碗扣节点处设置纵、横向水平杆;

③架体搭设高度超过24m时,顶部24m以下的连墙件层必须设置水平斜杆并应符合规范要求;

④架体组装及碗扣紧固应符合规范要求。

(5)脚手板

①脚手板材质、规格应符合规范要求;

②脚手板应铺设严密、平整、牢固;

③钢脚手板的挂钩必须完全扣在水平杆上,并处于锁住状态。

(6)交底与验收

①架体搭设前应进行安全技术交底;

②架体分段搭设分段使用时应进行分段验收；

③搭设完毕应办理验收手续,验收内容应量化并经责任人签字确认。

2.一般项目的检查评定应符合的规定

(1)架体防护

①架体外侧应使用密目式安全网进行封闭；

②作业层应在外侧立杆1.2m和0.6m的碗扣节点处设置上、中两道防护栏杆。

③作业层外侧应设置高度不小于180mm的挡脚板；

④架体作业层脚手板下应用安全网双层兜底,以下每隔10m应用安全平网封闭。

(2)材质

①架体构配件的规格、型号、材质应符合规范要求；

②钢管不应有弯曲、变形、锈蚀严重的现象,材质符合规范要求。

(3)荷载

①架体承受的施工荷载应符合规范要求；

②不得在架体上集中堆放模板、钢筋等物料。

(4)通道

架体必须设置符合规范要求的上下通道。

碗扣式钢管脚手架检查评分表如表9-11所示。

表 9-11　碗扣式钢管脚手架检查评分表

序号	检查项目		扣分标准	应得分数	扣减分数	实得分数
1	保证项目	施工方案	未编制专项施工方案或未进行设计计算,扣10分 专项施工方案未按规定审核、审批或架体高度超过50m未按规定组织专家论证,扣10分	10		
2		架体基础	架体基础不平、不实,不符合专项施工方案要求,扣10分 架体底部未设置垫板或垫板的规格不符合要求,扣10分 架体底部未按规范要求设置底座,每处扣1分 架体底部未按规范要求设置扫地杆,扣5分 未设置排水措施,扣8分	10		
3		架体稳定	架体与建筑结构未按规范要求拉结,每处扣2分 架体底层第一步水平杆处未按规范要求设置连墙件或未采用其他可靠措施固定,每处扣2分 连墙件未采用刚性杆件,扣10分 未按规范要求设置竖向专用斜杆或八字形斜撑,扣5分 竖向专用斜杆两端未固定在纵、横向水平杆与立杆汇交的碗扣结点处,每处扣2分 竖向专用斜杆或八字形斜撑未沿脚手架高度连续设置或角度不符合要求,扣5分	10		

续表

序号	检查项目		扣分标准	应得分数	扣减分数	实得分数
7	保证项目	杆件锁件	立杆间距、水平杆步距超过规范要求,扣10分 未按专项施工方案设计的步距在立杆连接碗扣结点处设置纵、横向水平杆,扣10分 架体搭设高度超过24 m时,顶部24m以下的连墙件层未按规定设置水平斜杆,扣10分 架体组装不牢或上碗扣紧固不符合要求,每处扣1分	10		
8		脚手板	脚手板未满铺或铺设不牢、不稳,扣7~10分 脚手板规格或材质不符合要求,扣7~10分 采用钢脚手板时挂钩未挂扣在横向水平杆上或挂钩未处于锁住状态,每处扣2分	10		
9		交底与验收	架体搭设前未进行交底或交底未留有记录,扣6分 架体分段搭设分段使用未办理分段验收,扣6分 架体搭设完毕未办理验收手续,扣6分	10		
10			未记录量化的验收内容,扣5分			
			小计	60		
7	一般项目	架体防护	架体外侧未设置密目式安全网封闭或网间不严,扣7~10分 作业层未在外侧立杆的1.2m和0.6m的碗扣结点设置上、中两道防护栏杆,扣5分 作业层外侧未设置高度不小于180mm的挡脚板,扣3分 作业层未用安全平网双层兜底,且以下每隔10m未用安全平网封闭,扣5分	10		
8		材质	杆件弯曲、变形、锈蚀严重,扣10分 钢管、构配件的规格、型号、材质或产品质量不符合规范要求,扣10分	10		
9		荷载	施工荷载超过设计规定,扣10分 荷载堆放不均匀,每处扣5分	10		
10		通道	未设置人员上下专用通道,扣10分 通道设置不符合要求,扣5分	10		
			小计	40		
			检查项目合计	100		

八、其他脚手架

(一)承插型盘扣式钢管支架

承插型盘扣式钢管支架检查评定应符合现行行业标准《建筑施工承插型盘扣式钢管支架安全技术规范》(JGJ 231—2010)的规定。检查评定保证项目包括:施工方案、架体基础、架体稳定、杆件、脚手板、交底与防护验收。一般项目包括:架体防护、杆件接长、架体内封闭、材质、通道。

1．保证项目的检查评定应符合的规定

（1）施工方案

①架体搭设应有施工方案，搭设高度超过 24m 的架体应单独编制安全专项方案，结构设计应进行设计计算，并按规定进行审核、审批；

②施工方案应完整，能正确指导施工作业。

（2）架体基础

①立杆基础应按方案要求平整、夯实，并设排水设施，基础垫木应符合规范要求；

②土层地基上立杆应采用基础垫板及立杆可调底座，设置应符合规范要求；

③架体纵、横扫地杆设置应符合规范要求。

（3）架体稳定

①架体与建筑物拉结应符合规范要求，并应从架体底层第一步水平杆开始设置连墙件；

②架体拉结点应牢固可靠；

③连墙件应采用刚性杆件；

④架体竖向斜杆、剪刀撑的设置应符合规范要求；

⑤竖向斜杆的两端应固定在纵、横向水平杆与立杆汇交的盘扣节点处；

⑥斜杆及剪刀撑应沿脚手架高度连续设置，角度应符合规范要求。

（4）杆件

①架体立杆间距、水平杆步距应符合规范要求；

②应按专项施工方案设计的步距在立杆连接插盘处设置纵、横向水平杆；

③当双排脚手架的水平杆层没有挂扣钢脚手板时，应按规范要求设置水平斜杆。

（5）脚手板

①脚手板材质、规格应符合规范要求；

②脚手板应铺设严密、平整、牢固；

③钢脚手板的挂钩必须完全扣在水平杆上，并处于锁住状态。

（6）交底与验收

①架体搭设前应进行安全技术交底；

②架体分段搭设分段使用时应进行分段验收；

③搭设完毕应办理验收手续，验收内容应量化。

2．一般项目的检查评定应符合的规定

（1）架体防护

①架体外侧应使用密目式安全网进行封闭；

②作业层应在外侧立杆 1.2m 和 0.6m 的盘扣节点处设置上、中两道防护栏杆；

③作业层外侧应设置高度不小于 180mm 的挡脚板。

（2）杆件接长

①立杆的接长位置应符合规范要求；

②搭设悬挑脚手架时，立杆的接长部位必须采用螺栓固定立杆连接件；

③剪刀撑的接长应符合规范要求。

（3）架体封闭

①架体作业层脚手板下应用安全平网双层兜底，以下每隔 10m 应用安全平网封闭；

②作业层与建筑物之间应进行封闭。

（4）材质

①架体构配件的规格、型号、材质应符合规范要求；

②钢管不应有弯曲、变形、锈蚀严重的现象，材质符合规范要求。

（5）通道

架体必须设置符合规范要求的上下通道。

承插型盘扣式钢管支架检查评分表如表 9-12 所示。

表 9-12 承插型盘扣式钢管支架检查评分表

序号	检查项目		扣分标准	应得分数	扣减分数	实得分数
1	保证项目	施工方案	未编制专项施工方案或搭设高度超过 24m 未另行专门设计和计算，扣 10 分 专项施工方案未按规定审核、审批，扣 10 分	10		
2		架体基础	架体基础不平、不实、不符合方案设计要求，扣 10 分 架体立杆底部缺少垫板或垫板的规格不符合规范要求，每处扣 2 分 架体立杆底部未按要求设置底座，每处扣 1 分 未按规范要求设置纵、横向扫地杆，扣 5~10 分 未设置排水措施，扣 8 分	10		
3		架体稳定	架体与建筑结构未按规范要求拉结，每处扣 2 分 架体底层第一步水平杆处未按规范要求设置连墙件或未采用其他可靠措施固定，每处扣 2 分 连墙件未采用刚性杆件，扣 10 分 未按规范要求设置竖向斜杆或剪刀撑，扣 5 分 竖向斜杆两端未固定在纵、横向水平杆与立杆汇交的盘扣结点处，每处扣 2 分 斜杆或剪刀撑未沿脚手架高度连续设置或角度不符合要求，扣 5 分	10		
4		杆件	架体立杆间距、水平杆步距超过规范要求，扣 2 分 未按专项施工方案设计的步距在立杆连接插盘处设置纵、横向水平杆，扣 10 分 双排脚手架的每步水平杆层，当无挂扣钢脚手板时未按规范要求设置水平斜杆，扣 5~10 分	10		
5		脚手板	脚手板不满铺或铺设不牢、不稳，扣 7~10 分 脚手板规格或材质不符合要求，扣 7~10 分 采用钢脚手板时挂钩未挂扣在水平杆上或挂钩未处于锁住状态，每处扣 2 分	10		
6		交底与验收	脚手架搭设前未进行交底或未留有交底记录，扣 5 分 脚手架分段搭设分段使用未办理分段验收，扣 10 分 脚手架搭设完毕未办理验收手续，扣 10 分 未记录量化的验收内容，扣 5 分	10		
		小计		60		

续表

序号	检查项目		扣分标准	应得分数	扣减分数	实得分数
7	一般项目	架体防护	架体外侧未设置密目式安全网封闭或网间不严,扣7~10分 作业层未在外侧立杆的1.2m和0.6m的盘扣节点处设置上、中两道水平防护栏杆,扣5分 作业层外侧未设置高度不小于180mm的挡脚板,扣3分	10		
8		杆件接长	立杆竖向接长位置不符合要求,扣5分 搭设悬挑脚手架时,立杆的承插接长部位未采用螺栓作为立杆连接件固定,扣7~10分 剪刀撑的斜杆接长不符合要求,扣5~8分	10		
9		架体内封闭	作业层未用安全平网双层兜底,且以下每隔10m未用安全平网封闭,扣7~10分 作业层与主体结构间的空隙未封闭,扣5~8分	10		
10		材质	钢管、构配件的规格、型号、材质或产品质量不符合规范要求,扣5分 钢管弯曲、变形、锈蚀严重,扣5分	5		
11		通道	未设置人员上下专用通道,扣5分 通道设置不符合要求,扣3分	5		
小计				40		
检查项目合计				100		

（二）满堂式脚手架

满堂式脚手架检查评定除符合现行行业标准《建筑施工扣件式钢管脚手架安全技术规范》(JGJ 130—2011)的规定外,尚应符合其他现行脚手架安全技术规范。检查评定保证项目包括:施工方案、架体基础、架体稳定、杆件锁件、脚手板、交底与验收。一般项目包括:架体防护、材质、荷载、通道。

1. 保证项目的检查评定应符合的规定

（1）施工方案

①架体搭设应编制安全专项方案,结构设计应进行设计计算;

②专项施工方案应按规定进行审批。

（2）架体基础

①立杆基础应按方案要求平整、夯实,并设排水设施,基础垫板符合规范要求;

②架体底部应按规范要求设置底座;

③架体扫地杆设置应符合规范要求。

（3）架体稳定（见图9-5）

①架体周圈与中部应按规范要求设置竖向剪刀撑及专用斜杆;

②架体应按规范要求设置水平剪刀撑或水平斜杆;

③架体高宽比大于2时,应按规范要求与建筑结构刚性连结或扩大架体底脚。

（4）杆件锁件

①满堂式脚手架的搭设高度应符合规范及设计计算要求;

图 9-5 架体稳定破坏

②架体立杆件跨距,水平杆步距应符合规范要求;

③杆件的接长应符合规范要求;

④架体搭设应牢固,杆件节点应按规范要求进行紧固。

(5)脚手板

①架体脚手板应满铺,确保牢固稳定;

②脚手板的材质、规格应符合规范要求;

③钢脚手板的挂钩必须完全扣在水平杆上,并处于锁住状态。

(6)交底与验收

①架体搭设完毕应按规定进行验收,验收内容应量化并经责任人签字确认;

②分段搭设的架体应进行分段验收;

③架体搭设前应进行安全技术交底。

2. 一般项目的检查评定应符合的规定

(1)架体防护

①作业层应在外侧立杆 1.2m 和 0.6m 高度设置上、中两道防护栏杆;

②作业层外侧应设置高度不小于 180mm 的挡脚板;

③架体作业层脚手板下应用安全平网双层兜底,以下每隔 10m 应用安全平网封闭。

(2)材质

①架体构配件的规格、型号、材质应符合规范要求;

②钢管不应有弯曲、变形、锈蚀严重的现象,材质符合规范要求。

(3)荷载

①架体承受的施工荷载应符合规范要求;

②不得在架体上集中堆放模板、钢筋等物料。

(4)通道

架体必须设置符合规范要求的上下通道。

满堂式脚手架检查评分表如表 9-13 所示。

表 9-13　满堂式脚手架检查评分表

序号	检查项目		扣分标准	应得分数	扣减分数	实得分数
1	保证项目	施工方案	未编制专项施工方案或未进行设计计算,扣10分 专项施工方案未按规定审核、审批,扣10分	10		
2		架体基础	架体基础不平、不实、不符合专项施工方案要求,扣10分 架体底部未设置垫木或垫木的规格不符合要求,扣10分 架体底部未按规范要求设置底座,每处扣1分 架体底部未按规范要求设置扫地杆,扣5分 未设置排水措施,扣5分	10		
3		架体稳定	架体四周与中间未按规范要求设置竖向剪刀撑或专用斜杆,扣10分 未按规范要求设置水平剪刀撑或专用水平斜杆,扣10分 架体高宽比大于2时未按要求采取与结构刚性连结或扩大架体底脚等措施,扣10分	10		
4		杆件锁件	架体搭设高度超过规范或设计要求,扣10分 架体立杆间距水平杆步距超过规范要求,扣10分 杆件接长不符合要求,每处扣2分 架体搭设不牢或杆件结点紧固不符合要求,每处扣1分	10		
5		脚手板	脚手板不满铺或铺设不牢、不稳,扣5分 脚手板规格或材质不符合要求,扣5分 采用钢脚手板时挂钩未挂扣在水平杆上或挂钩未处于锁住状态,每处扣2分	10		
6		交底与验收	架体搭设前未进行交底或交底未留有记录,扣6分 架体分段搭设分段使用未办理分段验收,扣6分 架体搭设完毕未办理验收手续,扣6分 未记录量化的验收内容,扣5分	10		
			小计	60		
7	一般项目	架体防护	作业层脚手架周边,未在高度1.2m和0.6m处设置上、中两道防护栏杆,扣10分 作业层外侧未设置180mm高挡脚板,扣5分 作业层未用安全平网双层兜底,且以下每隔10m未用安全平网封闭,扣5分	10		
8		材质	钢管、构配件的规格、型号、材质或产品质量不符合规范要求,扣10分 杆件弯曲、变形、锈蚀严重,扣10分	10		
9		荷载	施工荷载超过设计规定,扣10分 荷载堆放不均匀,每处扣5分	10		
10		通道	未设置人员上下专用通道,扣10分 通道设置不符合要求,扣5分	10		
			小计	40		
			检查项目合计	100		

第三节　模板支架安全技术

一、一般规定

工程施工前应编制专项施工方案,经施工总承包单位、监理单位审核批准后方可实施。对于超过一定规模的危险性较大的模板工程(包括支撑体系),应按有关规定进行专家论证。

模板工程专项施工方案应根据国家有关规范标准及工程结构形式、荷载大小、地基土类别、施工设备和材料等条件进行编制,其主要内容应包括该工程模板及支撑体系的总体情况、结构计算、特殊部位的质量安全要求、装拆施工安全技术措施、混凝土浇筑施工技术要求和施工图。

支撑架搭设高度不宜超过 24m。高宽比不宜大于 3,当高宽比大于 3 时,应设置缆风绳或连墙件。

施工单位应对进场的承重杆件、连接件等材料的产品合格证、生产许可证、检验报告进行复核,并进行抽样检验。

模板支撑系统的地基承载力、沉降等应能满足方案设计要求。如遇松软土、回填土,应根据设计要求进行平整、夯实,并采取防水、排水措施,按规定在模板支撑立柱底部采用具有足够强度和刚度的垫板。

模板支撑架的搭拆人员必须取得建筑架子工操作资格证书。

模板工程施工前应组织作业人员进行安全技术交底。

模板工程在施工完毕后应组织验收,验收不合格的,不得浇筑混凝土。

二、支撑体系的构造要求

(一)扣件式钢管模板支撑架的构造要求

扫地杆、水平拉杆、剪刀撑宜采用 ϕ48.3mm×3.6mm 钢管,用扣件与钢管立杆扣牢。扫地杆、水平杆宜采用搭接,剪刀撑应采用搭接,搭接长度不得小于 1000mm,并应采用不少于 3 个旋转扣件分别在离杆端不小于 100mm 处进行固定。

立杆接长严禁搭接,必须采用对接扣件连接,相邻两立杆的对接接头不得在同步内,且对接接头沿竖向错开的距离不宜小于 500mm,各接头中心距主节点不宜大于步距的 1/3。严禁将上段的钢管立杆与下段钢管立杆错开固定在水平拉杆上。

当在立杆底部或顶部设置可调托座时,其调节螺杆的伸缩长度不应大于 200mm。

立杆的纵横杆距离不应大于 1200mm。对高度超过 8m,或跨度超过 18m,或施工总荷载大于 15kN/m² ,或集中线荷载大于 20kN/m 的模板支架,立杆的纵横距离除满足设计要求外,不应大于 900mm。

模板支架步距,应满足设计要求,且不应大于 1.8m。

主节点处必须设置一根横向水平杆,用直角扣件扣接且严禁拆除。每步的纵、横向水平杆应双向拉通。

模板支架应按下列规定设置剪刀撑:

模板支架四周应满布竖向剪刀撑,中间每隔四排立杆设置一道纵、横向竖向剪刀撑,由底至顶连续设置;

模板支架四边与中间每隔4排立杆从顶层开始向下每隔2步设置一道剪刀撑。

钢管立柱底部应设厚度不小于50mm的垫木和底座,顶部宜采用可调支托,U形支托与楞梁两侧间如有间隙,必须楔紧,其螺杆伸出钢管顶部不得大于200mm,螺杆外径与立柱钢管内径的间隙不得大于3mm。

在立柱底距地面200mm高处,沿纵横水平方向应按纵下横上的程序设扫地杆。当立柱底部不在同一高度时,高处的纵向扫地杆应向低处延长不少于2跨,高低差不得大于1m,立柱距边坡上方边缘不得小于0.5m。

可调支托底部的立柱顶端应沿纵横向设置一道水平拉杆。扫地杆与顶部水平拉杆之间的间距,在满足模板设计所确定的水平拉杆步距要求条件下,进行平均分配确定步距后,在每一步距处纵横向应各设一道水平拉杆。当层高在8～20m时,在最顶步距两水平拉杆中间应加设一道水平拉杆;当层高大于20m时,在最顶两步距水平拉杆中间应分别增加一道水平拉杆。所有水平拉杆的端部均应与四周建筑物顶紧顶牢。无处可顶时,应在水平拉杆端部和中部沿竖向设置连续式剪刀撑。

满堂模板和共享空间模板支架立柱,在外侧周圈应设由下至上的竖向连续式剪刀撑;中间在纵横向应每隔10m左右设由下至上的竖向连续式剪刀撑,其宽度宜为4～6m,并在剪刀撑部位的顶部、扫地杆处设置水平剪刀撑。剪刀撑杆件的底端应与地面顶紧,夹角宜为45°～60°。当建筑层高在8～20m时,除应满足上述规定外,还应在纵横向相邻的两竖向连续式剪刀撑之间增加之字撑,在有水平剪刀撑的部位,应在每个剪刀撑中间处增加一道水平剪刀撑。当建筑层高超过20m时,在满足以上规定的基础上,应将所有之字斜撑全部改为连续式剪刀撑。

(二)碗扣式钢管模板支撑架的构造要求

(1)模板支撑应根据所承受的荷载选择立杆的间距和步距。底层纵、横向水平杆作为扫地杆时,距地面高度不应大于350mm。立杆底部应设置可调底座或固定底座。立杆上端包括可调螺杆伸出顶层水平杆的长度不应大于0.7m。

(2)模板支撑架四周从底到顶连续设置竖向剪刀撑;中间纵、横向由底至顶连续设置竖向剪刀撑,其间距应小于或等于4.5m。

(3)剪刀撑的斜杆与地面夹角应在45°～60°,斜杆应每步与立杆扣结。

(4)当模板支撑架高度大于4.8m时,顶端和底部必须设置水平剪刀撑,中间水平剪刀撑设置间距应小于或等于4.8m。

(三)门式钢管模板支撑架的构造要求

(1)门架的跨距与间距应根据支架的高度、荷载由计算和构造要求确定,跨距不宜超过1.5m,净间距不宜超过1.2m。

(2)门架立杆上宜设置托座和托梁。支撑架宜采用调节架、可调托座调整高度。可调托座调节螺杆高度不宜超过150mm。

（3）支撑架底部应设置纵向、横向扫地杆，在每步门架两侧立杆上应设置纵向、横向水平加固杆，并应采用扣件与门架立杆扣紧。

（4）支撑架在四周和内部纵横向应与建筑结构柱、墙进行刚性连接，连接点应设在水平剪刀撑或水平加固杆设置层，并应与水平杆连接。

（5）支撑架应设置剪刀撑对架体进行加固。在支架的外侧周边及内部纵横向每隔6~8m，应由底至顶设置连续竖向剪刀撑；搭设高度8m及以下时，在顶层应设置连续的水平剪刀撑；搭设高度超过8m时，在顶层和竖向每隔4步及以下应设置连续的水平剪刀撑；水平剪刀撑宜在竖向剪刀撑斜杆交叉层设置。

三、模板及支撑体系安装

模板及支撑体系安拆顺序及安全措施应按专项施工方案进行施工。

支撑架基础承载力应满足要求，并应有排水措施。垫板应有足够强度和支撑面积，且应中心承载。

模板及其支架在安装过程中，必须设置有效防倾覆的临时固定设施。

当模板安装高度超过3m时，必须搭设脚手架。

现浇多层或高层房屋和构筑物，安装上层模板及其支架应符合下列规定：

（1）下层楼板应具有承受上层施工荷载的承载能力。当下层楼板承载力不能满足上层施工荷载时，应予以加固。

（2）上层支架立柱应对准下层支架立柱，并应在立柱底铺设垫板。

（3）模板支撑架不得与脚手架、操作架等混搭。严禁在模板支撑架上固定、架设混凝土泵、泵管及起重设备等。

四、模板及支撑体系拆除

模板及支撑体系拆除应按专项施工方案进行。拆除前应经项目技术负责人和监理工程师批准，模板拆除的时间应符合《混凝土结构工程施工质量验收规范》（GB 50204—2015）的有关规定执行。

混凝土未达到规定拆模强度时，不得拆除支撑架。

模板的拆除作业区应设围栏。作业区内不得有其他工程作业，并应设专人负责监护。严禁非操作人员入内。

模板和支撑架的拆除顺序宜采取先支的后拆、后支的先拆、先拆非承重模板、后拆承重模板，并应从上而下进行拆除，严禁上下同时作业。分段拆除高差不应大于2步。

连墙件必须随支撑架逐层拆除。拆除作业过程中，当架体的自由高度大于两步时，必须加设临时拉结。

高处拆除模板时，应符合高处作业的有关规定。

拆下的模板、杆件及构配件应及时运至地面，严禁抛扔，不得集中堆放在未拆架体上。

五、检查验收及使用

（一）模板支架检查、验收要求

（1）支撑系统搭设前，应由项目技术负责人组织对需要处理或加固的地基、基础进行验收，并留存记录。

（2）模板支架投入使用前，应由项目部组织验收。项目负责人、项目技术负责人和相关人员，以及监理工程师应参加模板支架验收。高大模板支架施工企业的相关部门应参加验收。

（3）模板支架验收应根据专项施工方案，检查现场实际搭设与方案的符合性。施工过程中检查项目应符合下列要求：

①立柱底部基础应回填夯实；

②垫木应满足设计要求；

③底座位置应正确，顶托螺杆伸出长度应符合规定；

④立柱的规格尺寸和垂直度应符合要求，不得出现偏心荷载；

⑤扫地杆、水平拉杆、剪刀撑等设置应符合规定，固定可靠；

⑥安装后的扣件螺栓扭紧力矩应达到 $40\sim65N\cdot m$，抽检数量应符合规范要求；

⑦安全网和各种安全防护设施符合要求。

（二）模板支架使用要求

（1）模板支撑系统在使用过程中，立柱底部不得松动悬空，不得任意拆除任何杆件，不得松动扣件，也不得用作缆风绳的拉接。

（2）当模板支架基础或相邻处有设备基础、管沟时，在支架使用过程中不得开挖，否则必须采取加固措施。

（3）施工中应避免装卸物料对模板支撑架产生偏心、振动和冲击。

（4）砼浇筑过程应符合专项施工方案要求，并确保支撑系统受力均匀。混凝土浇筑过程中，应均匀浇捣，不得超高堆置，不得采用使支模架产生偏心荷载的混凝土浇筑顺序；作业层上的施工荷载应符合设计要求，不得超载；采用泵送混凝土时，应随浇捣随平整，混凝土不得堆积在泵送管路出口处。

（5）模板支架高度超过 4m 时，柱、墙板与梁板混凝土应分二次浇筑。柱、墙板混凝土达到设计强度 75％ 以上方可浇筑梁板混凝土。

（6）支撑系统搭设、拆除及混凝土浇筑过程中，应设专人负责安全检查，发现险情，立即停止施工并采取应急措施，排除险情后，方可继续施工。

六、模板支架检查评定

模板支撑架的搭设应按专项施工方案，在专人指挥下，统一进行。应按施工方案弹线定位，放置底座后应分别按先立杆后横杆再斜杆的顺序搭设。在多层楼板上连续设置模板支撑架时，应保证上下层支撑立杆在同一轴线上。模板支撑架拆除应符合现行国家标准《混凝土结构工程施工质量验收规范》（GB 50204—2015）中混凝土强度的有关规定。模板支架安全检查评定应符合现行行业标准《建筑施工模板安全技术规程》（JGJ 162—2014）和《建筑施工扣件式钢管脚手架安全技术规程》(JGJ 130—2011)的规定。检查评定保证项目包括:施工方案、立杆基础、支架稳定、施工荷载、交底与验收。一般项目包括:立杆设置、水平杆设置、支架拆除、支架材质。

(一)保证项目的检查评定应符合的规定

1．施工方案

(1)模板支架搭设应编制专项施工方案,结构设计应进行设计计算,并应按规定进行审核、审批;

(2)超过一定规模的模板支架,专项施工方案应按规定组织专家论证;

(3)专项施工方案应明确混凝土浇筑方式。

2．立杆基础

(1)立杆基础承载力应符合设计要求,并能承受支架上部全部荷载;

(2)基础应设排水设施;

(3)立杆底部应按规范要求设置底座、垫板。

3．支架稳定

(1)支架高宽比大于规定值时,应按规定设置连墙杆;

(2)连墙杆的设置应符合规范要求;

(3)应按规定设置纵、横向及水平剪刀撑,并符合规范要求。

4．施工荷载

施工均布荷载、集中荷载应在设计允许范围内。

5．交底与验收

(1)支架搭设(拆除)前应进行交底,并应有交底记录;

(2)支架搭设完毕,应按规定组织验收,验收应有量化内容。

(二)一般项目的检查评定应符合的规定

1．立杆设置

(1)立杆间距应符合设计要求;

(2)立杆应采用对接连接;

(3)立杆伸出顶层水平杆中心线至支撑点的长度应符合规范要求。

2．水平杆设置

(1)应按规定设置纵、横向水平杆;

(2)纵、横向水平杆间距应符合规范要求;

(3)纵、横向水平杆连接应符合规范要求。

3．支架拆除

(1)支架拆除前应确认混凝土强度符合规定值;

(2)模板支架拆除前应设置警戒区,并设专人监护。

4．支架材质

(1)杆件弯曲、变形、锈蚀量应在规范允许范围内;

(2)构配件材质应符合规范要求;

（3）钢管壁厚应符合规范要求。

模板支架检查评分表如表 9-14 所示。

表 9-14　模板支架检查评分表

序号	检查项目		扣分标准	应得分数	扣减分数	实得分数
1	保证项目	施工方案	未按规定编制专项施工方案或结构设计未经设计计算,扣 15 分 专项施工方案未经审核、审批,扣 15 分 超过一定规模的模板支架,专项施工方案未按规定组织专家论证,扣 15 分 专项施工方案未明确混凝土浇筑方式,扣 10 分	15		
2		立杆基础	立杆基础承载力不符合设计要求,扣 10 分 基础未设排水设施,扣 8 分 立杆底部未设置底座、垫板或垫板规格不符合规范要求,每处扣 3 分	10		
3		支架稳定	支架高宽比大于规定值时,未按规定要求设置连墙杆,扣 15 分 连墙杆设置不符合规范要求,每处扣 5 分 未按规定设置纵、横向及水平剪刀撑,扣 15 分 纵、横向及水平剪刀撑设置不符合规范要求,扣 5～10 分	15		
4		施工荷载	施工均布荷载超过规定值,扣 10 分 施工荷载不均匀,集中荷载超过规定值,扣 10 分	10		
5		交底与验收	支架搭设(拆除)前未进行交底或无交底记录,扣 10 分 支架搭设完毕未办理验收手续,扣 10 分 验收无量化内容,扣 5 分	10		
			小计	60		
6	一般项目	立杆设置	立杆间距不符合设计要求,扣 10 分 立杆未采用对接连接,每处扣 5 分 立杆伸出顶层水平杆中心线至支撑点的长度大于规定值,每处扣 2 分	10		
7		水平杆设置	未按规定设置纵、横向扫地杆或设置不符合规范要求,每处扣 5 分 纵、横向水平杆间距不符合规范要求,每处扣 5 分 纵、横向水平杆件连接不符合规范要求,每处扣 5 分	10		
8		支架拆除	混凝土强度未达到规定值,拆除模板支架,扣 10 分 未按规定设置警戒区或未设置专人监护,扣 8 分	10		
9		支架材质	杆件弯曲、变形、锈蚀超标,扣 10 分 构配件材质不符合规范要求,扣 10 分 钢管壁厚不符合要求,扣 10 分	10		
			小计	40		
			检查项目合计	100		

第四节　高处作业安全技术

一、高处作业的相关概念

(1)高处作业。按照国家标准《高处作业分级》(GB/T 3608—2008)的规定:高处作业是指凡在坠落高度基准面2m以上(含2m)有可能坠落的高处进行的作业。其中坠落高度基准面是指通过可能坠落范围内最低处的水平面,它是确定高处作业高度的起始点。如从作业位置可能坠落到最低点的楼面、地面、基坑等平面。

(2)可能坠落范围半径。其是指为确定可能坠落范围而规定的,相对于作业位置的一段水平距离,以 R 表示。其大小取决于与作业现场的地形、地势或建筑物分布等有关的基础高度。依据该值可以确定不同高处作业时,安全平网架设的宽度。

(3)基础高度。其是指以作业位置为中心,6m为半径,划出一个垂直水平面的柱形空间,此柱形空间内最低处与作业位置间的高度差,以 h 表示。该值是用以确定高处作业高度的依据。

(4)可能坠落范围。其是指以作业位置为中心,可能坠落范围半径为半径划成的与水平面垂直的柱形空间。该值是确定防范高处坠落范围的依据。

(5)高处作业高度。作业区各作业位置至相应坠落高度基准面的垂直距离中的最大值,称为该作业区的高处作业高度,简称作业高度,以 H 表示。作业高度是确定高处作业危险性高低的依据,作业高度越高,作业的危险性就越大。按作业高度不同,国家标准将高处作业划分为 2~5m;5~15m;15~30m 及 >30m 四个区域。

作业高度的确定方法:根据《高处作业分级》的规定,首先依据基础高度(h)查表 9-15,即可确定可能坠落范围半径(R);在基础高度(h)和可能坠落范围半径(R)确定后,即可根据实际情况计算出作业高度。

表 9-15　高处作业基础高度与坠落半径

高处作业基础高度(h)	2~5m	5~15m	15~30m	>30m
可能坠落范围半径(R)	3m	4m	5m	6m

【例 4-1】在图 9-6 中,试确定基础高度、可能坠落范围半径和作业高度。

解　由图中条件可知:在作业区边沿至附近最低处的可能坠落的基础高度为:

$$h=4.5\text{m}+25.0\text{m}=29.5\text{m}$$

查表 9-15 得:可能坠落范围半径 $R=5$m,则在作业区边缘,半径为 $R=5$m 的作业区范围内,高处作业高度 $H=4.5$m。

二、高处作业一般规定

施工现场应配备足够的安全帽、安全网、安全带。

楼梯口、通道口、预留洞口、电梯井口及临边应防护严密。

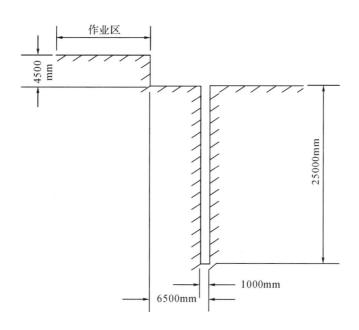

图 9-6 高处作业示意图

施工现场竖向安全防护宜采用密目式安全立网,建筑物外立面竖向安全防护不应采用安全平网或安全立网。

施工现场禁止使用阻燃性能不符合规定要求的密目式安全网。

施工现场应积极推广采用型钢式防护棚、定型化防护栏杆和安全门。

三、临边高处作业

在施工作业时,当作业中的工作面边沿没有围护设施或围护设施的高度低于 800mm 时的高处作业即为临边高处作业,简称临边作业。建筑工地常称的"五临边"是指:基坑周边,二层以上楼层周边、分层施工的楼梯口和梯段边、各种垂直运输接料平台边、井架与施工用电梯和脚手架等与建筑物通道的两侧边等。

(一)临边作业必须设置防护措施,并符合下列规定

(1)基坑周边,尚未安装栏杆或栏板的阳台、料台与挑平台周边,雨篷与挑檐边,无外脚手架的屋面与楼层周边及水箱与水塔周边等处,都必须设置防护栏杆。

(2)头层墙高度超过 3.2m 的二层楼面周边,以及无外脚手架的高度超过 3.2m 的楼层周边,必须在外围架设安全平网一道。

(3)分层施工的楼梯口和梯段边,必须安装临时护栏;顶层楼梯口应随工程结构进度安装正式防护栏杆。

(4)井架与施工用电梯和脚手架等与建筑物通道的两侧边,必须设防护栏杆;地面通道上部应装设安全防护棚;双笼井架通道中间,应予以分隔封闭。

(5)各种垂直运输接料平台,除两侧设防护栏杆外,平台口还应设置安全门或活动防护栏杆。

（二）临边防护栏杆杆件的搭设

（1）防护栏杆的材质要求 防护栏杆的规格及连接要求，应符合下列规定：

①毛竹横杆小头有效直径不应小于70mm，栏杆柱小头直径不应小于80mm，并须用不小于16号的镀锌钢丝绑扎，不应少于3圈，并无泻滑。

②原木横杆上杆梢直径不应小于70mm，下杆梢直径不应小于60mm，栏杆柱梢直径不应小于75mm，并必须用相应长度的圆钉钉紧，或用不小于12号的镀锌钢丝绑扎，要求表面平顺和稳固无动摇。

③钢筋横杆上杆直径不应小于16mm，下杆直径不应小于14mm，栏杆柱直径不应小于18mm，采用电焊或镀锌钢丝绑扎固定。

④钢管栏杆及栏杆柱均采用ϕ48mm×3.5mm的管材，以扣件或电焊固定。

⑤以其他钢材如角钢等作防护栏杆杆件时，应选用强度相当的规格，以电焊固定。

（2）防护栏杆的搭设。搭设临边防护栏杆时，必须符合下列要求：

①防护栏杆应由上、下两道横杆及栏杆柱组成，上杆离地高度为1.0～1.2m，下杆离地高度为0.5～0.6m；坡度大于1：2.2的屋面，防护栏杆应高于1.5m，并加挂安全立网。除经设计计算外，横杆长度大于2m时，必须加设栏杆柱。

②当在基坑四周固定栏杆柱时，可采用钢管并打入地面500～700mm深。钢管离边口的距离，不应小于500mm，当基坑周边采用板桩时，钢管可打在板桩外侧。

③当在混凝土楼面、屋面或墙面固定栏杆柱时，可用预埋件与钢管或钢筋焊牢。采用竹、木栏杆时，可在预埋件上焊接300mm长的∟50×5角钢，其上下各钻一孔，然后用10mm螺栓与竹、木等杆件固定牢固。

④当在砖或砌块等砌体上固定栏杆柱时，可预先砌入规格相适应的80×6弯转扁钢作预埋件的混凝土块，然后用上述方法固定。

⑤栏杆柱的固定及其与横相杆的连接，其整体构造应使防护栏杆在上杆任何处，能经受任何方向的1000N外力。当栏杆所处位置有发生人群拥挤、车辆冲击或物件碰撞等可能时，应加大横杆截面或加密柱距。

⑥防护栏杆必须自上而下用安全立网封闭，或在栏杆下边设置严密固定的高度不低于180mm的挡脚板或400mm的挡脚笆。挡脚板与挡脚笆上如有孔眼，不应大于25mm。板与笆下边距离底面的空隙不应大于10mm。

⑦接料平台两侧的防护栏杆，必须自上而下加挂安全立网或满扎竹笆。

⑧当临边的外侧面临街道时，除防护栏杆外，敞口立面必须采取满挂安全网或其他可靠措施作全封闭处理。

⑨临边防护栏杆应进行抗弯强度、挠度等力学验算，此项计算应纳入施工组织设计的内容。

⑩临边防护栏杆的构造型式如图9-7和图9-8所示。

（三）临边防护的标准规定

基坑、阳台、楼板、屋面等部位临边应采取防护措施。

①基坑四周栏杆柱应采用预埋或打入地面方式，深度为500～700mm。栏杆柱离基坑边口的距离，不应小于500mm。当基坑周边采用板桩时，钢管可打在板桩外侧。

②混凝土楼面、地面、屋面或墙面栏杆柱可用预埋件与钢管或钢筋焊接方式固定。当在

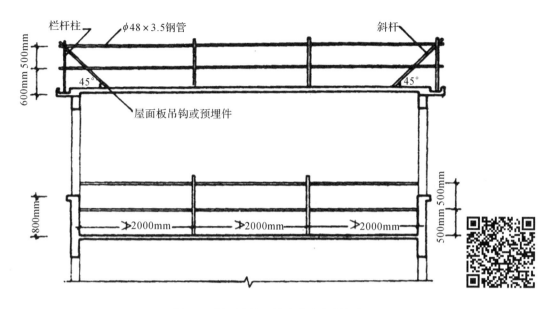

图 9-7 屋面和楼面临边的防护栏杆构造

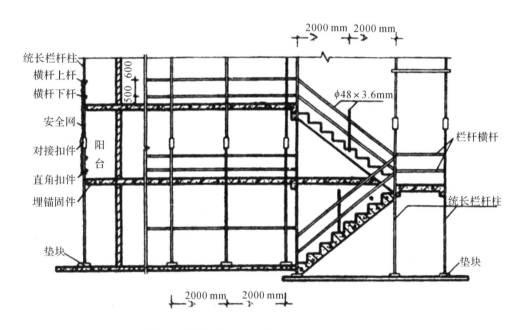

图 9-8 楼梯、楼层和阳台临边防护栏杆的构造

砖或砌块等砌体上固定时,栏杆柱可预先砌入规格相适应的 80×6 弯转扁钢作预埋件的混凝土块,固定牢固。

③临边防护应在 1.2m、0.6m 高处及底部设置三道防护栏杆,杆件内侧挂密目式安全立网。横杆长度大于 2m 时,必须加设栏杆柱。坡度大于 1:2.2 的斜面(屋面),防护栏杆的高度应为 1.5m。

④ 双笼施工升降机卸料平台门与门之间空隙处应封闭。吊笼门与卸料平台边缘的水平距离不应大于 50mm。吊笼门与层门间的水平距离不应大于 200mm。

四、洞口高处作业

洞口高处作业是指洞与孔、边口旁的高处作业,包括施工现场及通道旁深度在 2m 及 2m 以上的桩孔上人孔、沟槽与管道、孔洞等边沿上的作业,简称洞口作业。

按照《建筑施工高处作业安全技术规范》的规定:孔是指楼板、屋面、平台等面上,短边尺寸小于 250mm 的;墙上,高度小于 750mm 的孔洞。洞是指楼板、屋面、平台等面上,短边尺寸等于或大于 250mm 的;墙上,高度等于或大于 750mm 的孔洞。

建筑施工中常因工程或工序的需要而留设一些洞口。常见的洞口有:预留洞口、电梯井口、楼梯口、通道口等,即常称的"四口"。

(一)洞口的防护设施设置

进行洞口作业以及在因工程和工序需要而产生的,使人与物有坠落危险或危及人身安全的其他洞口进行高处作业时,必须按下列规定设置防护设施:

(1)板与墙的洞口,必须设置牢固的盖板、防护栏杆、安全网或其他防坠落的防护设施。

(2)电梯井口必须设防护栏杆或固定栅门,高度不得低于 1.8m;电梯井内应每隔两层并最多隔 10m 设一道安全网。

(3)钢管桩、钻孔桩等桩孔上口,杯形、条形基础上口,未填土的坑槽,以及上人孔、天窗、地板门等处,均应按洞口防护设置稳固的盖件或防护栏杆。

(4)施工现场通道附近的各类洞口与坑槽等处,除设置防护设施与安全标志外,夜间还应设红灯示警。

(二)洞口作业安全设施的要求

洞口根据具体情况采取设防护栏杆、加盖件、张挂安全网与装栅门等措施时,必须符合下列要求:

(1)楼板、屋面和平台等面上短边尺寸小于 250mm,但大于 25mm 的孔口,必须用坚实的盖板盖没,盖板应防止挪动移位。

(2)楼板面等处边长为 250~500mm 的洞口、安装预制构件时的洞口以及缺件临时形成的洞口,可用竹、木等作盖板、盖住洞口,盖板须能保持四周搁置均衡,并有固定其位置的措施。

(3)边长为 500~1500mm 的洞口,必须设置以扣件扣接钢管而成的网格,并在其上满铺竹笆或脚手板;也可采用贯穿于混凝土板内的钢筋构成防护网,钢筋网格间距不得大于 200mm。

(4)边长在 1500mm 以上的洞口,四周设防护栏杆,洞口下张设安全平网。

(5)垃圾井道和烟道,应随楼层的砌筑或安装而消除洞口,或参照预留洞口作防护;管道井施工时,除按上述要求设置防护外,还应加设明显的标志,如有临时性拆移,需经施工负责人核准,工作完毕后必须恢复防护设施。

(6)位于车辆行驶道旁的洞口、深沟与管道坑、槽,所加盖板应能承受不小于当地额定卡车后轮有效承载力 2 倍的荷载。

(7)墙面等处的竖向洞口,凡落地的洞口应加装开关式、工具式或固定式的防护门,门栅网格的间距不应大于 150mm,也可采用防护栏杆,下设挡脚板(笆)。

(8)下边沿至楼板或底面低于 800mm 的窗台等竖向洞口,如侧边落差大于 2m 时,应加设 1.2m 高的临时护栏。

（9）对邻近的人与物有坠落危险性的其他竖向的孔、洞口，均应予以盖没或加以防护，并有固定其位置的措施；

（10）洞口防护设施应进行必要的力学验算，此项计算应纳入施工组织设计的内容。

（11）洞口防护设施的构造型式如图9-9至图9-11所示。

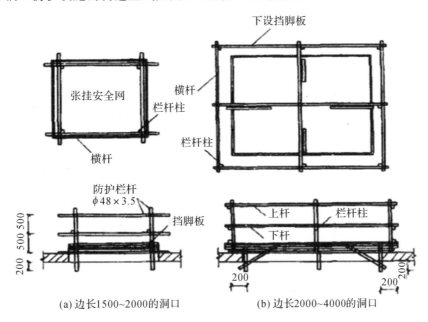

(a)边长1500~2000的洞口　　(b)边长2000~4000的洞口

图 9-9　洞口防护栏杆的构造（单位:mm）

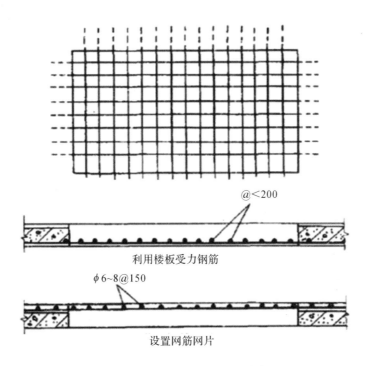

图 9-10　洞口钢筋防护网的构造（单位:mm）

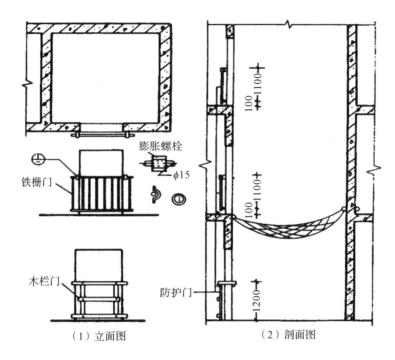

图 9-11　电梯井口防护门的构造（单位：mm）

（三）洞口防护的标准化管理规定

1. 楼梯口防护

楼梯口和梯段边，应在 1.2m、0.6m 高处及底部设置三道防护栏杆，杆件内侧挂密目式安全立网。顶层楼梯口应随工程结构进度安装正式防护栏杆或者临时栏杆，梯段旁边也应设置栏杆，作为临时护栏。

防护栏杆转角部位宜采用工具式防护栏杆。

2. 电梯井口防护

电梯井口必须设定型化、工具化的可开启式安全防护栅门，涂刷黄黑相间警示色。安全防护栅门高度不得低于 1.8m，并设置 180mm 高踢脚板，门离地高度不大于 50mm，门宜上翻外开。

电梯井内应每层设置硬质材料隔离措施。安全隔离应封闭严密牢固。当隔离措施采用钢管落地式满堂架且高度大于 24m 时应采用双立杆。

3. 预留洞口、坑井防护

管桩及钻孔桩等桩孔上口、杯形或条形基础上口、未填土的坑槽以及上人孔、天窗、地板门等处，均应按洞口防护设置稳固的盖件，并有醒目的标志警示。

竖向洞口应设栏杆，防护严密。

竖向洞口下边沿至楼板或底面低于 800mm 的窗台等竖向洞口，如侧边落差大于 2m 时，应增设临时护栏。

楼板面等处短边长为 250～500mm 的水平洞口、安装预制构件时的洞口以及缺件临时形成的洞口，应设置盖件，四周搁置均衡，并有固定措施；短边长为 500～1500mm 的水平洞口,应设置网格式盖件,四周搁置均衡,并有固定措施,上满铺木板或脚手片;短边长大于1500mm的水平洞口,洞口四周应增设防护栏杆。

位于车辆行驶道旁的洞口、深沟与管道坑、槽的盖板应能承受不小于当地额定卡车后轮有效承载力2倍的荷载。

4. 通道口防护

进出建筑物主体通道口应搭设防护棚。棚宽大于道口,两端各长出1m,进深尺寸应符合高处作业安全防护范围。坠落半径(R)分别为:当坠落物高度为2～5m时,R为3m;当坠落物高度为5～15m时,R为4m;当坠落物高度为15～30m时,R为5m;当坠落物高度大于30m时,R为6m。

场内(外)道路边线与建筑物(或外脚手架)边缘距离分别小于坠落半径的,应搭设安全通道。

木工加工场地、钢筋加工场地等上方有可能坠落物件或处于起重机调杆回转范围之内,应搭设双层防护棚。安全防护棚应采用双层保护方式,当采用脚手片时,层间距600mm,铺设方向应互相垂直。各类防护棚应有单独的支撑体系,固定可靠安全。严禁用毛竹搭设,且不得悬挑在外架上。非通道口应设置禁行标志,禁止出入。

五、攀登高处作业

攀登高处作业是指在施工现场,凡借助于登高用具或登高设施,在攀登的条件下进行的高处作业,简称攀登作业。

（一）登高用梯的安全技术要求

登高作业经常使用的工具是梯子,不同类型的梯子国家都有相应的标准和要求,如角度、斜度、宽度、高度、连接措施、拉攀措施和受力性能等。供人上下的踏板负荷能力(即使用荷载)不小于1100N,这是将人和衣物的总重量定为750N乘以动载安全系数1.5而定的。因而就限定了过于肥胖的人员不宜从事攀登高处作业。对梯子的具体技术要求如下:

(1)攀登的用具,结构构造上必须牢固可靠。供人上下的踏板其使用荷载不应小于1100N,当梯面上有特殊作业,重量超过上述荷载时,应按实际情况加以验算。

(2)固定式直爬梯应用金属材料制成。梯宽不应大于500mm,支撑应采用不小于L70×6的角钢,埋设与焊接均必须牢固。梯子顶端的踏板应与攀登的顶面齐平,并加设1～1.5m高的扶手。

(3)移动式梯子,均应按现行的国家标准验收其质量。

(4)梯脚底部应坚实,不得垫高使用。梯子的上端应有固定措施。立梯工作角度以75°±5°为宜,踏板上下间距以300mm为宜,不得有缺档。

(5)梯子如需接长使用,必须有可靠的连接措施,且接头不得超过1处。连接后梯梁的强度,不应低于单梯梯梁的强度。

(6)折梯使用时,上部夹角以35°～45°为宜,铰链必须牢固,并应有可靠的拉撑措施。

(7)柱、梁和行车梁等构件吊装所需的直爬梯及其他登高用拉攀件,应在构件施工图或说明中作出规定。

(8)使用直爬梯进行攀登作业时,攀登高度以5m为宜。超过2m时,宜加设护笼,超过8m时,必须设置梯间平台。

(9)上下梯子时,必须面向梯子,且不得手持器物。

(10)钢柱安装登高时,应使用钢挂梯或设置在钢柱上的爬梯。

2．其他要求

(1)在施工组织设计中应确定用于现场施工的登高和攀登设施。现场登高应借助建筑结构或脚手架上的登高设施,也可采用载人的垂直运输设备。进行攀登作业时可使用梯子或采用其他攀登设施。

(2)作业人员应从规定的通道上下,不得在阳台之间等非规定通道进行攀登,也不得任意利用吊车臂架等施工设备进行攀登。

六、悬空高处作业

悬空高处作业是指无立足点或无牢靠立足点的条件下,进行的高处作业,简称悬空作业。建筑施工现场的悬空作业,主要是指从事建筑物或构筑物结构主体和相关装修施工的悬空操作,一般包括:构件吊装与管道安装、模板支撑与拆卸、钢筋绑扎和安装钢筋骨架;混凝土浇筑、预应力现场张拉、门窗安装作业等六类。

（一）悬空作业的基本安全要求

(1)悬空作业处应有牢靠的立足处,并必须视具体情况,配置防护栏网、栏杆或其他安全设施。

(2)悬空作业所用的索具、脚手板、吊篮、吊笼、平台等设备,均需经过技术鉴定或检验合格后,方可使用。

（二）构件吊装和管道安装时的悬空作业,必须遵守下列规定

(1)钢结构的吊装,构件应尽可能在地面组装,并应搭设进行临时固定、电焊、高强螺栓连接等工序的高空安全设施,随构件同时上吊就位。拆卸时的安全措施,亦应一并考虑和落实。高空吊装预应力钢筋混凝土屋架、桁架等大型构件前,也应搭设悬空作业中所需的安全设施。

(2)悬空安装大模板、吊装第一块预制构件、吊装单独的大中型预制构件时,必须站在操作平台上操作。吊装中的大模板和预制构件以及石棉水泥板等屋面板上,严禁站人和行走。

(3)安装管道时,必须有已完结构或操作平台为立足点,严禁在安装中的管道上站立和行走。

（三）模板支撑和拆卸时的悬空作业,必须遵守下列规定

(1)支模应按规定的作业程序进行,模板未固定前不得进行下一道工序。严禁在连接件和支撑件上攀登上下,并严禁在上下同一垂直面上装、拆模板。结构复杂的模板,装、拆应严格按照施工组织设计的措施进行。

(2)支设高度在3m以上的柱模板,四周应设斜撑,并应设立操作平台。低于3m的可使用马凳等设施操作。

(3)支设悬挑形式的模板时,应有稳固的立足点。支设临空构筑物模板时,应搭设支架或脚手架。模板上有预留洞时,应在安装后将洞盖没。混凝土板上拆模后形成的临边或洞

口,应按有关规定进行防护。

（4）拆模高处作业,应配置登高用具或搭设支架,并设置警戒区域,有专人看护。

（四）钢筋绑扎时的悬空作业,必须遵守下列规定

（1）绑扎钢筋和安装钢筋骨架时,必须搭设脚手架和马道。

（2）绑扎圈梁、挑梁、挑檐、外墙和边柱等钢筋时,应搭设操作台架和张挂安全网。

（3）悬空大梁钢筋的绑扎,必须在满铺脚手板的支架或操作平台上操作。

（4）在深坑下或较密的钢筋中绑扎钢筋时,照明电源应用低压并禁止将高压电线拴挂在钢筋上。

（5）绑扎立柱和墙体钢筋时,不得站在钢筋骨架上或攀登骨架上下。3m以内的柱钢筋,可在地面或楼面上绑扎,整体竖立。绑扎3m以上的柱钢筋,必须搭设操作平台。

（五）混凝土浇筑时的悬空作业,必须遵守下列规定

（1）浇筑离地2m以上框架、过梁、雨篷和小平台时,应设操作平台,不得直接站在模板或支撑件上操作。

（2）浇筑拱形结构,应自两边拱脚对称地相向进行。浇筑储仓,下口应先行封闭,并搭设脚手架以防人员坠落。

（3）特殊情况下如无可靠的安全设施,必须系好安全带并扣好保险钩,或架设安全网。

（六）进行预应力张拉的悬空作业时,必须遵守下列规定

（1）进行预应力张拉时,应搭设站立操作人员和设置张拉设备的牢固可靠的脚手架或操作平台。雨天张拉时,还应架设防雨棚。

（2）预应力张拉区域应标示明显的安全标志,禁止非操作人员进入。张拉钢筋的两端必须设置挡板。挡板应距所张拉钢筋的端部1.5～2m,且应高出最上一组张拉钢筋0.5m,其宽度应距张拉钢筋两外侧各不小于1m。

（3）孔道灌浆应按预应力张拉安全设施的有关规定进行。

（七）门窗悬空作业时,必须遵守下列规定

（1）安装门、窗,油漆及安装玻璃时,严禁操作人员站在橙子、阳台栏板上操作。门、窗临时固定,封填材料未达到强度,以及电焊时,严禁手拉门、窗进行攀登。

（2）在高处外墙安装门、窗,无外脚手架时,应张挂安全网。无安全网时,操作人员应系好安全带,其保险钩应挂在操作人员上方的可靠物件上。

（3）进行各项窗口作业时,操作人员的重心应位于室内,不得在窗台上站立,必要时应系好安全带进行操作。

七、操作平台高处作业

操作平台是指在建筑施工现场,用以站人、载料,并可进行操作的平台。操作平台有移动式操作平台和悬挑式操作平台两种。操作平台高处作业是指供施工操作人员在操作平台上进行砌筑、绑扎、装修以及粉刷等的高处作业,简称操作平台作业。操作平台的安全性能将直接影响操作人员的安危。

（一）移动式操作平台,必须符合下列规定

（1）操作平台应由专业技术人员按现行的相应规范进行设计,计算书及图纸应编入施工组织设计。

（2）操作平台的面积不应超过 10m²，高度不应超过 5m，还应进行稳定验算，并采用措施减少立柱的长细比。

（3）装设轮子的移动式操作平台，轮子与平台的接合处应牢固可靠，立柱底端离地面不得超过 80mm。

（4）操作平台可用 ϕ48.3mm×3.6mm 的钢管，以扣件连接，亦可采用门架式或承插式钢管脚手架部件，按产品使用要求进行组装。平台的次梁，间距不应大于 400mm；台面应满铺不小于 30mm 厚的木板或竹笆。

（5）操作平台四周必须按临边作业要求设置防护栏杆，并应布置登高扶梯。

（6）移动式操作平台的构造型式如图 9-12 所示。

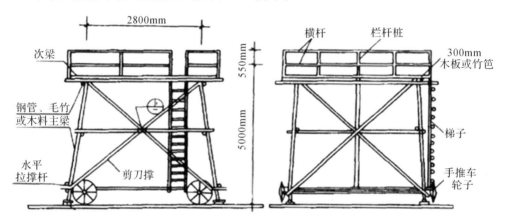

图 9-12　移动式操作平台的构造

（二）悬挑式钢平台的安全要求

悬挑式钢平台，必须符合下列规定：

（1）悬挑式钢平台应按现行的相应规范进行设计，其结构构造应能防止左右晃动，计算书及图纸应编入施工组织设计。

（2）悬挑式钢平台的搁支点与上部拉结点，必须位于建筑物上，不得设置在脚手架等施工设备上。

（3）斜拉杆或钢丝绳，构造上宜两边各设前后两道，两道中的每一道均应作单道受力计算。

（4）应设置 4 个经过验算的吊环。吊运平台时应使用卡环，不得使吊钩直接钩挂吊环。吊环应用 Q235 牌号沸腾钢制作。

（5）钢平台安装时，钢丝绳应采用专用的挂钩挂牢，采取其他方式时，卡头的卡子不得少于 3 个。建筑物锐角利口围系钢丝绳处应加衬软垫物，钢平台外口应略高于内口。

（6）钢平台左右两侧必须装置固定的防护栏杆。

（7）钢平台吊装，需待横梁支撑点电焊固定，接好钢丝绳，调整完毕，经过检查验收后，方可松卸起重吊钩，上下操作。

（8）钢平台使用时，应有专人进行检查，发现钢丝绳有锈蚀或损坏应及时调换，焊缝脱焊应及时修复。

（9）操作平台上应显著地标明容许荷载值。操作平台上人员和物料的总重量，严禁超过设计的容许荷载,应配备专人加以监督。

(10)操作平台可以$\phi 48mm\times 3.5mm$镀锌钢管作次梁与主梁,上铺厚度不小于30mm的木板作铺板。铺板应予固定,并以$\phi 48mm\times 3.5mm$的钢管作立柱。

(11)悬挑式钢平台的构造型式如图9-13所示。

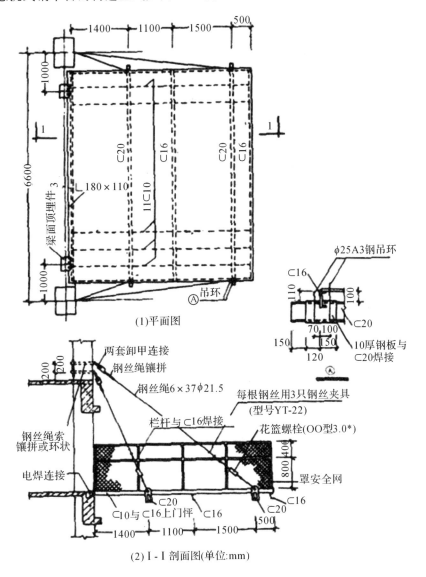

(1)平面图

(2)Ⅰ-Ⅰ剖面图(单位:mm)

图9-13　悬挑式钢平台的构造

在上述操作平台上进行高处作业时,还应满足临边高处作业的相关安全技术要求。

(三)卸料平台的标准化管理规定

(1)卸料平台应进行设计计算并编制专项施工方案。

(2)卸料平台应按照专项施工方案搭设。卸料平台应有独立的支撑系统,严禁与脚手架、支模架、垂直运输机械等连接。

(3)卸料平台应采用厚40mm以上木板铺设,并设有防滑条。

（4）外脚手架吊物卸料平台应制作定型化、工具化，通过 4 根匹配的钢丝索与预埋的钢筋吊环可靠拉结，自成受力系统，预埋的钢筋吊环要保证锚固长度，混凝土强度应达到100%。严禁使用扣件式钢管搭设悬挑卸料平台。

（5）落地式卸料平台可以由钢管搭设，但必须单独搭设，自成受力系统，严禁和脚手架混搭。基础必须牢固、可靠，承载力应满足使用要求。

（6）卸料平台必须设置限载牌及安全警示牌。

（7）卸料平台临边应防护到位。

八、交叉高处作业

交叉高处作业是指在施工现场的不同层次，于空间贯通状态下同时进行的高处作业，简称交叉作业。建筑物形体庞大，为加速施工进度，经常会组织立体交叉的施工作业，而上下立体的交叉作业又极易造成坠物伤人，所以，交叉作业必须严格遵守相关的安全操作要求。交叉作业时，必须满足以下安全要求：

（1）支模、粉刷、砌墙等各工种进行上下立体交叉作业时，不得在同一垂直方向上操作。下层作业的位置，必须处于依上层高度确定的可能坠落范围半径之外。不符合以上条件时，应设置安全防护层。

（2）钢模板、脚手架等拆除时，下方不得有其他操作人员。

（3）钢模板部件拆除后，临时堆放处离楼层边沿不应小于 1m，堆放高度不得超过 1m。楼层边口、通道口、脚手架边缘等处，严禁堆放任何拆下物件。

（4）结构施工自二层起，凡人员进出的通道口（包括井架、施工用电梯的进出通道口），均应搭设安全防护棚，高度超过 24m 的层次上的交叉作业，应设双层防护，且高层建筑的防护棚长度不得小于 6m。

（5）由于上方施工可能坠落物件处或处于起重机把杆回转范围之内的通道处，在其受影响的范围内，必须搭设顶部能防止穿透的双层防护棚。

（6）交叉作业防护通道的构造型式如图 9-14 所示。

九、"三宝"防护

"三宝"是施工中必须使用的防护用品。在施工中被广泛使用的三种防护用具安全帽、安全带、安全网，通称为"三宝"；如无"三宝"保护，容易发生高坠事故和物打碰撞事故。

（一）安全帽

通过对发生物体打击事故的分析，由于不正确佩戴安全帽而造成的伤害事故占事故总数的 90% 以上。所以，选择品质合格的安全帽，并且正确的佩戴，是预防伤害事故发生的有效措施。

当前安全帽的产品类别很多，制作安全帽的材料一般有塑料、橡胶、竹、藤等。但无论选择哪一类的安全帽，均应满足相关的安全要求。

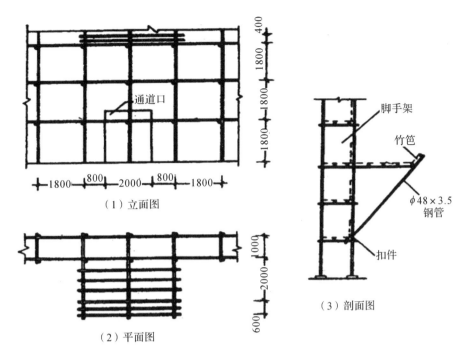

（1）立面图

（3）剖面图

（2）平面图

图 9-14　交叉高处作业防护通道的构造（单位：mm）

1．安全帽的技术要求（见图 9-15）

任何一类安全帽，均应满足以下要求：

（1）标志和包装

①每顶安全帽应有以下四项永久性标志：制造厂名称、商标、型号；

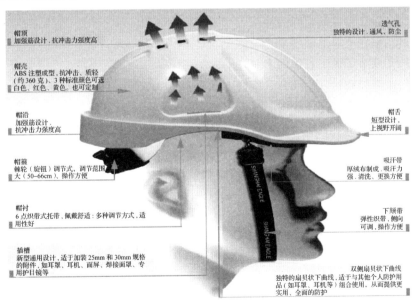

图 9-15　安全帽说明

制造年、月;生产合格证和验证;生产许可证编号。

②安全帽出厂装箱,应将每顶帽用纸或塑料薄膜做衬垫包好再放入纸箱内。装入箱中的安全帽必须是成品。

③箱上应注有产品名称、数量、重量、体积和其他注意事项等标记。

④每箱安全帽均要附说明书。

(2)安全帽的组成

安全帽应由帽壳、帽衬、下颚带、后箍等组成。

①帽壳:包括帽舌、帽沿、顶筋、透气孔、插座、连接孔及下颚带插座等。其中:

帽舌:帽壳前部伸出的部分;

帽沿:帽壳除帽舌外周围伸出的部分;

顶筋:用来增强帽壳顶部强度的部分;

透气孔:帽壳上开的气孔;

插座:帽壳与帽衬及附件连接的插入结构;

连接孔:连接帽衬和帽壳的开孔。

②帽衬:帽壳内部部件的总称,包括帽箍、托带、护带、吸汗带、栓绳、衬垫、后箍及帽衬接头等。其中:

帽箍:绕头围部分起固定作用的带圈;

托带:与头顶部直接接触的带子;

护带:托带上面另加的一层不接触头顶的带子,起缓冲作用;

吸汗带:包裹在帽箍外面的带状吸汗材料;

栓绳(带):连接托带和护带、帽衬和帽壳的绳(带);

衬垫:帽箍和帽壳之间起缓冲作用的垫;

后箍:在帽箍后部加有可调节的箍;

帽衬接头:连接帽衬和帽壳的接头。

③下颚带:系在下颚上的带子。

④锁紧卡:调节下颚带长短的卡具。

⑤插接:帽壳和帽衬采用插合联接的方式。

⑥栓接:帽壳和帽衬采用栓绳联接的方式。

⑦铆接:帽壳和帽衬采用铆钉铆合的方式。

(3)安全帽的结构形式

①帽壳顶部应加强,可以制成光顶或有筋结构。帽壳制成无沿、有沿或卷边。

②塑料帽衬应制成有后箍的结构,能自由调节帽箍大小。

③无后箍帽衬的下颚带制成"Y"形,有后箍的,允许制成单根。

④接触头前额部的帽箍,要透气、吸汗。

⑤帽箍周围的衬垫,可以制成条形,或块状,并留有空间使空气流通。

(4)尺寸要求

①帽壳内部:长为 195～250mm;宽为 170～220mm;高为 120～150mm。

②帽舌:10～70mm。

③帽沿:0～70mm,向下倾斜度 0°～60°。

④透气孔隙：帽壳上的打孔总面积不少于 400mm²，特殊用途不受此限。

⑤帽箍 L 分三个型号：1 号：610～660mm；2 号：570～600mm；3 号：510～560mm。帽箍，可以分开单做，也可以通用。

⑥垂直间距：塑料衬：25～50mm；棉织或化纤带：30～50mm。

⑦佩戴高度：80～90mm。

⑧水平间距：5～20mm。

⑨帽壳内周围突出物高度不超过 6mm，突出物周围应有软垫。

（5）重量

①小沿、卷边安全帽不超过 430g（不包括附件）。

②大沿安全帽不超过 460g（不包括附件）。

③防寒帽不超过 690g（不包括附件）。

（6）安全帽的力学性能

安全帽应当满足以下力学性能检验：

①耐冲击。检验方法是：将安全帽在 +50℃、-10℃ 的温度下，或用水浸湿处理后，将 50kg 的钢锤自 1m 高处自由落下，冲击安全帽，若安全帽不破坏即为合格。试验时，最大冲击力不应超过 5kN，因为人体的颈椎最大只能承受 5kN 的冲击力，超过此力就易受伤害。

②耐穿透。检验方法是：将安全帽置于 +50℃、-10℃ 的温度下，或用水浸湿处理后，用 3kg 的钢锥，自安全帽的上方 1m 的高处自由落下，钢锥若穿透安全帽，但不触及头皮即为合格。

③耐低温性能良好。要求在 -10℃ 以下的环境中，安全帽的耐冲击和耐穿透性能不变。

④侧向刚度。要求以 GB/T 2812—2016 的规定进行试验，最大变形不超过 40mm，残余变形不超过 15mm。

施工企业安全技术部门根据以上规定对新购买及到期的安全帽，要进行抽查测试，合格后方可继续使用，以后每年至少抽验一次，抽验不合格则该批安全帽即报废。

（7）采购和管理

①安全帽的采购。企业必须购买有产品检验合格证的产品，购入的产品经验收后，方准使用。

②安全帽不应贮存在酸、碱、高温、日晒、潮湿等处所，更不可和硬物放在一起。

③安全帽的使用期限。从产品制造完成之日计算：植物枝条编织帽不超过两年；塑料帽、纸胶帽不超过两年半；玻璃钢（维纶钢）橡胶帽不超过三年半。

2. 安全帽的正确佩戴

（1）进入施工现场必须正确佩戴安全帽，如图 9-16 所示。

（2）首先要选择与自己头型适合的安全帽，佩戴安全帽前，要仔细检查合格证、使用说明、使用期限，并调整帽衬尺寸，其顶端与帽壳内顶之间必须保持 20～50mm 的空间。

图 9-16　正确佩戴安全帽

（3）佩戴安全帽时，必须系紧下颚系带，防止安全帽失去作用。不同头型或冬季佩戴的防寒安全帽，应选择合适的型号，并及时调节帽箍，注意保留帽衬与帽壳的距离。

（4）不能随意对安全帽进行拆卸或添加附件，以免影响其原有的防护性能。

（5）佩戴一定要戴正、戴牢，不能晃动，防止脱落。

（6）安全帽在使用过程中会逐渐损坏，所以要经常进行外观检查。如果发现帽壳与帽衬有异常损伤或裂痕，或帽衬与帽壳内顶之间水平垂直间距达不到标准要求的，就不能继续使用，应当更换新的安全帽。

（7）安全帽不用时，需放置在干燥通风的地方，远离热源，不要受日光的直射，这样才能确保在有效使用期内的防护功能不受影响。

（8）注意使用期限。到期的安全帽要进行检验，符合安全要求才能继续使用，否则必须更换。

（9）安全帽只要受过一次强力的撞击，就无法再次有效吸收外力，有时尽管外表上看不出任何损伤，但是其内部已经遭到损伤，不能继续使用。

3. 安全帽的标准化管理规定

《浙江省建筑施工安全标准化管理规定》中有关安全帽的管理规定如下：

进入施工现场作业区者必须戴好安全帽，扣好帽带。施工现场安全帽宜有企业标志，分色佩戴。

安全帽应正确使用，不准使用缺衬、缺带及破损的安全帽。

安全帽材质应符合《安全帽》（GB 2811—2016），性能应符合《安全帽测试方法》（GB/T 2812—2006），必须满足耐冲击、耐穿透、耐低温性能、侧向刚性性能等技术要求。帽壳上应有永久性标志。

塑料安全帽的使用期限不应超过两年半，玻璃钢安全帽的使用期限不应超过三年半，到期安全帽应进行抽查测试。

施工企业应统一采购并及时发放安全帽。

（二）安全网

安全网是用来防止人、物坠落，或用来避免、减轻坠落及物击伤害的网具。

1. 安全网的组成

安全网一般由网体、边绳、系绳、筋绳等部分组成。

（1）网体：由单丝、线、绳等经编织或采用其他成网工艺制成的，构成安全网主体的网状物。

（2）边绳：沿网体边缘与网体连接的绳索。

（3）系绳：把安全网固定在支撑物上的绳索；

（4）筋绳：为增加安全网强度而有规则地穿在网体上的绳索。

2. 分类和标记

（1）分类

安全网按功能分为安全平网、安全立网及密目式安全立网。

①安全平网：安装平面不垂直于水平面，用来防止人、物坠落，或用来避免、减轻坠落及物击伤害的安全网，简称为平网。

②安全立网:安装平面垂直于水平面,用来防止人、物坠落,或用来避免、减轻坠落及物击伤害的安全网,简称为立网。

③密目式安全立网:网眼孔径不大于12mm,垂直于水平面安装,用于阻挡人员、视线、自然风、飞溅及失控小物体的网,简称为密目网。密目网一般由网体、开眼环扣、边绳和附加系绳组成。

在有坠落风险的场所使用的密目式安全立网,简称为A级密目网。在没有坠落风险或配合安全立网(护栏)完成坠落保护功能的密目式安全立网,简称为B级密目网。

网目:由一系列绳等经编织或采用其他工艺形成的基本几何形状。网目组合在一起构成安全网的主体。

网目密度:密目网每百平方厘米面积内所具有的网孔数量。

(2)分类标记

平(立)网的分类标记由产品材料、产品分类及产品规格尺寸三部分组成,字母P、L、ML分别代表平网、立网及密目式安全立网。例如,宽3m,长6m的锦纶平网标记为:锦纶安全网—P—3×6 GB 5725;宽1.8m,长6m密目式安全立网标记为:ML—1.8×6 GB 16909。

3. 技术要求

(1)安全网可采用锦纶、维纶、涤纶或其他的耐候性不低于上述品种耐候性的材料制成。丙纶因为性能不稳定,应严禁使用。

(2)同一张安全网上的同种构件的材料、规格和制作方法须一致,外观应平整。

(3)平网宽度不得小于3m,立网宽(高)度不得小于1.2m,密目式安全立网宽(高)度不得小于1.2m。产品规格偏差应在±2%以内。每张安全网重量一般不宜超过15kg。

(4)菱形或方形网目的安全网,其网目边长不大于80mm。

(5)边绳与网体连接必须牢固,平网边绳断裂强力不得小于7000N;立网边绳断裂强力不得小于3000N。

(6)系绳沿网边均匀分布,相邻两系绳间距应符合:平网≤0.75m;立网≤0.75m;密目式≤0.45m,且长度不小于0.8m的规定。当筋绳、系绳合一使用时,系绳部分必须加长,且与边绳系紧后,再折回边绳系紧,至少形成双根。

(7)筋绳分布应合理,平网上两根相邻筋绳的距离不小于300mm,筋绳的断裂强力不小于3000N。

(8)网体(网片或网绳线)断裂强力应符合相应的产品标准。

(9)安全网所有节点必须固定。

(10)应按规定的方法进行验收,平网和立网应满足外观、尺寸偏差、耐候性、抗冲击性能、绳的断裂强力、阻燃性能等要求,密目网应满足外观、尺寸偏差、耐贯穿性能、耐冲击性能等要求。

(11)阻燃安全网必须具有阻燃性,其续燃、阻燃时间均不得小于4s。

4. 安全网的安装、使用和拆除的要求

(1)安全网的安装

①未安装前要检查安全网是否为合格产品,有无准用证,产品出厂时,网上都要缝上永久性标记,其标记应包括以下内容:

A. 产品名称及分类标记；

B. 网目边长（指安全平网、立网）；

C. 出厂检验合格证和安鉴证；

D. 商标；

E. 制造厂厂名、厂址；

F. 生产批号、生产日期（或编号和有效期）；

G. 工业生产许可证编号。

产品销售到使用地，应到该地指定的监督检验部门认证，确定为合格产品后，发放准用证，施工单位凭准用证方能使用。

②安装前要对安全网和支撑物进行检查，网体是否有影响使用的缺陷，支撑物是否有足够的强度、刚性和稳定性。

③安装时，安全网上每根系绳都应与支撑点系结，网体四周的连绳应与支撑点贴紧，系结点沿网边均匀分布，系结应符合打结方便、连接牢固，防止工作中受力散脱。

④安装平网时，网面不宜绷得过紧，应有一定的下陷，网面与下方物体表面的最小距离为 3m。当网面与作业面的高度差大于 5m 时，网体应最少伸出建筑物（或最边缘作业点）4m。小于 5m 时，伸出长度应大于 3m。两层平网间距离不得超过 10m。

⑤立网的安装平面与水平面垂直，网平面与作业面边缘的间隙不能超过 10cm。

⑥安装后的安全网，必须经安全专业人员检查，合格后方可使用。

（2）安全网的使用

安全网在使用中应避免发生下列现象：

①随意拆除安全网的部件。

②把网拖过粗糙的表面或锐边。

③人员跳入和撞击或将物体投入和抛掷到网内和网上。

④大量焊接火星和其他火星落入和落在安全网上。

⑤安全网周围有严重的腐蚀性酸、碱烟雾。

⑥安全网要定期检查，并及时清理网上的落物，保持网表面清洁。

⑦当网受到脏物污染或网上嵌入砂浆、泥灰粒及其他可能引起磨损的异物时，应进行冲洗，自然干燥后再用。

⑧安全网受到很大冲击，发生严重变形、霉变、系绳松脱、搭接处脱开，则要修理或更换，不可勉强使用。

（3）安全网的拆除和保管

①在保护区的作业完全停止后，才可拆除安全网。

②拆除工作应在有关人员的严格监督下进行，拆除人员必须在有保护人身安全的措施下拆网。

③拆除工作应从上到下进行。

④拆下的安全网由专人保管，入库，存放地点要注意通风、遮光、隔热，避免化学物品的侵袭。

⑤搬运时不能用钩子钩或在地下拖拉。

5．密目式安全立网的试验

（1）耐贯穿性试验。用长 6m、宽 1.8m 的密目网，紧绑在与地面倾斜 30°的试验框架上，网面绷紧。将直径 48～50mm，重 5kg 的脚手管，距框架中心 3m 高度自由落下，钢管不贯穿为合格标准。

（2）冲击试验。用长 6m、宽 1.8m 的密目网，紧绑在刚性试验水平架上，将长 100cm、底面积 2800cm²、重 100kg 的人形砂包 1 个，砂包方向为长边平行于密目网的长边，砂包位置为距网中心高度 1.5m 自由落下，网绳不断裂。

6．安全网的标准化管理规定

《浙江省建筑施工安全标准化管理规定》中有关安全网的管理规定如下：

施工现场应根据使用部位和使用需要，选择符合现行标准要求的、合适的密目式安全立网、立网和平网。建筑物外侧脚手架的立面防护、建筑物临边的立面防护，应选用密目式安全网；物料提升机外侧应采用立网封闭；电梯井内、脚手架外侧、钢结构厂房或其他框架结构构筑物施工时，作业层下部应采用平网封闭。严禁用密目式安全立网、立网代替作平网使用。

密目式安全网必须满足 2000 目/(100mm×100mm)，规格为 1.8m×6m，单张网重量应不小于 3kg。

安全网必须有产品生产许可证和质量合格证。严禁使用无证不合格的产品。

密目式安全网宜挂设在杆件的内侧。安全网应绷紧、扎牢，拼接严密，相邻网之间应紧密结合或重叠，空隙不得超过 80mm，绑扎点间距不得大于 500mm，不得使用破损的安全网。

安全网应符合《安全网》(GB 5725—2009)，性能应符合《安全网力学性能试验方法》(GB/T 5726—1985)，应满足耐冲击性能、耐贯穿性能、阻燃等要求。

（三）安全带

建筑施工中的攀登作业、悬空作业、吊装作业、钢结构安装等，均应按要求系安全带。如图 9-17 所示。

1．安全带的组成及分类

（1）组成。安全带是预防高处作业工人坠落事故的个人防护用品，由带子、绳子和金属配件等组成，总称安全带。其适用于围杆、悬挂、攀登等高处作业，不适用于消防和吊物。

图 9-17　高处工作人员应佩带安全带

（2）分类。安全带按使用方式，分为围杆作业安全带和悬挂及攀登作业安全带两类。

围杆作业安全带适用于电工、电信工、园林工等杆上作业。其主要品种有：电工围杆带单腰带式、电工围杆带防下脱式、通用Ⅰ型围杆绳单腰带式、通用Ⅱ型围杆绳单腰带式、电信工围杆绳单腰带式和牛皮电工保安带等。

悬挂及攀登作业安全带适用于建筑、造船、安装、维修、起重、桥梁、采石、矿山、公路及铁路调车等高处作业。其式样较多，按结构分为单腰带式、双背带式、攀登式三种。其中单腰带式有架子工Ⅰ型悬挂安全带、架子工Ⅱ型悬挂安全带、铁路调车工悬挂安全带、电信工悬挂安全带、通用Ⅰ型悬挂安全带、通用Ⅱ型悬挂自锁式安全带六个品种；双背带式有通用Ⅰ型悬挂双背带式安全带、通用Ⅱ型悬挂双背带式安全带、通用Ⅲ型悬挂双背带式安全带、通用Ⅳ型悬挂双背带式安全带、全丝绳安全带等五个品种;攀登式有通用Ⅰ型攀登活动带式安全带、通用Ⅱ型攀登活动式安全带和通用攀登固定式等三个品种。

2. 安全带的代号

安全带按品种系列,采用汉语拼音字母,依前、后顺序分别表示不同工种、不同使用方法、不同结构。符号含意如下:D—电工;DX—电信工;J—架子工;L—铁路调车工;T—通用(油漆工、造船、机修工等);W—围杆作业;W1—围杆带式;W2—围杆绳式;X—悬挂作业;P—攀登作业;Y—单腰带式;F—防下脱式;B—双背带式;S—自锁式;H—活动式;G—固定式。例如:DW1Y——电工围杆带单腰带式;TPG——通用攀登固定式。

3. 安全带的技术要求

按照安全带国家标准《安全带》(GB 6095—2009)要求(2008年11月将修订此标准):

(1)安全带和安全绳必须用锦纶、维纶、蚕丝料等制成;电工围杆可用黄牛革带;金属配件用普通碳素钢或铝合金钢;包裹绳子的套则采用皮革、维纶或橡胶等。

(2)安全带、绳和金属配件的破断负荷指标应满足相关国家标准的要求。

(3)腰带必须是一整根,其宽度为40~50mm,长度为1300~1600mm,附加小袋1个。

(4)护腰带宽度不小于80mm,长度为600~700mm。带子在触腰部分垫有柔软材料,外层用织带或轻革包好,边缘圆滑无角。

(5)带子颜色主要采用深绿、草绿、橘红、深黄,其次为白色等。缝线颜色必须与带子颜色一致。

(6)安全绳直径不小于13mm,捻度为(8.5~9)/100(花/mm)。吊绳、围杆绳直径不小于16mm,捻度为7.5/100。电焊工用悬挂绳必须全部加套。其他悬挂绳只是部分加套。吊绳不加套。绳头要编成3~4道加捻压股插花,股绳不准有松紧。

(7)金属钩必须有保险装置(铁路专用钩例外)。自锁钩的卡齿用在钢丝绳上时,硬度为洛氏HRC60。金属钩舌弹簧有效复原次数不少于20000次。钩体和钩舌的咬口必须平整,不得偏斜。

(8)金属配件圆环、半圆环、三角环、8字环、品字环、三道联等不许焊接,边缘应成圆弧形。调节环只允许对接焊。金属配件表面要光洁,不得有麻点、裂纹,边缘呈圆弧形,表面必须防锈。不符合上述要求的配件,不准装用。

4. 安全带检验

安全带及其金属配件、带、绳必须按照《安全带检验方法》国家标准进行测试,并符合安全带、绳和金属配件的破断负荷指标。

围杆安全带以静负荷4500N,作100mm/min的拉伸速度测试时,应无破断;悬挂、攀登安全带以100kg重量检验,自由坠落,做冲击试验,应无破断;架子工安全带做冲击试验时,应模拟人型且腰带的悬挂处要抬高1m;自锁式安全带和速差式自控器以100kg重量做坠落冲击试验,下滑距离均不大于1.2m;用缓冲器连接的安全带在4m冲距内,以100kg重量作冲击试验,应不超过9000N。

5. 使用和保管

安全带国家标准对安全带的使用和保管作了严格要求:

(1)安全带应高挂低用,注意防止摆动碰撞。使用3m以上长绳应加缓冲器,自锁钩所用的吊绳则例外,如图 9-18 所示。

图 9-18　安全带的正确使用

(2)缓冲器、速差式装置和自锁钩可以串联使用。

(3)不准将绳打结使用,也不准将挂钩直接挂在安全绳上使用,应挂在连接环上使用。

(4)安全带上的各种部件不得任意拆除,更换新绳时要注意加绳套。

(5)安全带使用两年后,按批量购入情况,抽验一次。围杆安全带做静负荷试验,以 2206N 拉力拉伸 5mm,如无破断方可继续使用;悬挂安全带冲击试验时,以 80kg 重量做自由坠落试验,若不破断,该批安全带可继续使用。对抽试过的样带,必须更换安全绳后才能继续使用。

(6)使用频繁的绳,要经常进行外观检查,发现异常时,应立即更换新绳。

(7)安全带的使用期为 3～5 年,发现异常应提前报废。

6. 安全带的标准化管理规定

《浙江省建筑施工安全标准化管理规定》中有关安全带的管理规定如下:

施工现场高处作业应系安全带。宜使用速差式(可卷式)安全带。

安全带一般应做到高挂低用,挂在牢固可靠处,不准将绳打结使用。安全带使用后由专人负责,存放在干燥、通风的仓库内。

安全带应符合《安全带》(GB 6095—2009)规定并有产品检验合格证明。材质应符合《安全带检验方法》(GB 6096—2009)。安全带寿命一般为 3～5 年,使用 2 年后应做批量抽验。

十、高处作业安全防护检查评定

"三宝、四口"及临边防护检查评定应符合现行行业标准《建筑施工高处作业安全技术规范》(JGJ 80—2016)的规定。检查评定项目包括:安全帽、安全网、安全带、临边防护、洞口防护、通道口防护、攀登作业、悬空作业、移动式操作平台、物料平台、悬挑式钢平台。检查评定应符合下列规定:

(一)安全帽

(1)进入施工现场的人员必须正确佩戴安全帽。

(2)现场使用的安全帽必须是符合国家相应标准的合格产品。

2．安全网

(1)在建工程外侧应使用密目式安全网进行封闭。

(2)安全网的材质应符合规范要求。

(3)现场使用的安全网必须是符合国家标准的合格产品。

3．安全带

(1)现场高处作业人员必须系挂安全带。

(2)安全带的系挂使用应符合规范要求。

(3)现场作业人员使用的安全带应符合国家标准。

4．临边防护

(1)作业面边沿应设置连续的临边防护栏杆。

(2)临边防护栏杆应严密、连续。

(3)防护设施应达到定型化、工具化。

5．洞口防护

(1)在建工程的预留洞口、楼梯口、电梯井口应有防护措施。

(2)防护措施、设施应铺设严密,符合规范要求。

(3)防护设施应达到定型化、工具化。

(4)电梯井内应每隔二层(不大于10m)设置一道安全平网。

6．通道口防护

(1)通道口防护应严密、牢固。

(2)防护棚两侧应设置防护措施。

(3)防护棚宽度应大于通道口宽度,长度应符合规范要求。

(4)建筑物高度超过30m时,通道口防护顶棚应采用双层防护。

(5)防护棚的材质应符合规范要求。

7．攀登作业

(1)梯脚底部应坚实,不得垫高使用。

(2)折梯使用时上部夹角以35°～45°为宜,设有可靠的拉撑装置。

(3)梯子的制作质量和材质应符合规范要求。

8．悬空作业

(1)悬空作业处应设置防护栏杆或其他可靠的安全措施。

(2)悬空作业所使用的索具、吊具、料具等设备应为经过技术鉴定或验证、验收的合格产品。

9．移动式操作平台

(1)操作平台的面积不应超过10m²,高度不应超过5m。

(2)移动式操作平台轮子与平台连接应牢固、可靠,立柱底端距地面高度不得大于80mm。

(3)操作平台应按规范要求进行组装,铺板应严密。

(4)操作平台四周应按规范要求设置防护栏杆,并设置登高扶梯。

(5)操作平台的材质应符合规范要求。

10．物料平台

(1)物料平台应有相应的设计计算,并按设计要求进行搭设。

(2)物料平台支撑系统必须与建筑结构进行可靠连接。

(3)物料平台的材质应符合规范及设计要求,并应在平台上设置荷载限定标牌。

11．悬挑式钢平台

(1)悬挑式钢平台应有相应的设计计算,并按设计要求进行搭设。

(2)悬挑式钢平台的搁支点与上部拉结点,必须位于建筑结构上。

(3)斜拉杆或钢丝绳应按要求两边各设置前后两道。

(4)钢平台两侧必须安装固定的防护栏杆,并应在平台上设置荷载限定标牌。

(5)钢平台台面、钢平台与建筑结构间铺板应严密、牢固。

"三宝、四口"及临边防护检查评分表如表9-16所示。

表9-16 "三宝、四口"及临边防护检查评分表

序号	检查项目	扣分标准	应得分数	扣减分数	实得分数
1	安全帽	作业人员不戴安全帽,每人扣2分 作业人员未按规定佩戴安全帽,每人扣1分 安全帽不符合标准每项,扣1分	10		
2	安全网	在建工程外侧未采用密目式安全网封闭或网间不严,扣10分 安全网规格、材质不符合要求,扣10分	10		
3	安全带	作业人员未系挂安全带,每人扣5分 作业人员未按规定系挂安全带,每人扣3分 安全带不符合标准每条,扣2分	10		
4	临边防护	工作面临边无防护,每处扣5分 临边防护不严或不符合规范要求,每处扣5分 防护设施未形成定型化、工具化,扣5分	10		
5	洞口防护	在建工程的预留洞口、楼梯口、电梯井口,未采取防护措施,每处扣3分 防护措施、设施不符合要求或不严密,每处扣3分 防护设施未形成定型化、工具化,扣5分 电梯井内每隔两层(不大于10m)未按要求设置安全平网,每处扣5分	10		
6	通道口防护	未搭设防护棚或防护不严、不牢固可靠,每处扣5分 防护棚两侧未进行防护,每处扣6分 防护棚宽度不大于通道口宽度,每处扣4分 防护棚长度不符合要求,每处扣6分 建筑物高度超过30m,防护棚顶未采用双层防护,每处扣5分 防护棚的材质不符合要求,每处扣5分	10		

续表

序号	检查项目	扣分标准	应得分数	扣减分数	实得分数
7	攀登作业	移动式梯子的梯脚底部垫高使用,每处扣5分 折梯使用未有可靠拉撑装置,每处扣5分 梯子的制作质量或材质不符合要求,每处扣5分	5		
8	悬空作业	悬空作业处未设置防护栏杆或其他可靠的安全设施,每处扣5分 悬空作业所用的索具、吊具、料具等设备,未经过技术鉴定或验证、验收,每处扣5分	5		
9	移动式操作平台	操作平台的面积超过10m²或高度超过5m,扣6分 移动式操作平台,轮子与平台的连接不牢固可靠或立柱底端距离地面超过80mm,扣10分 操作平台的组装不符合要求,扣10分 平台台面铺板不严,扣10分 操作平台四周未按规定设置防护栏杆或未设置登高扶梯,扣10分 操作平台的材质不符合要求,扣10分	10		
10	物料平台	物料平台未编制专项施工方案或未经设计计算,扣10分 物料平台搭设不符合专项方案要求,扣10分 物料平台支撑架未与工程结构连接或连接不符合要求,扣8分 平台台面铺板不严或台面层下方未按要求设置安全平网,扣10分 材质不符合要求,扣10分 物料平台未在明显处设置限定荷载标牌,扣3分	10		
11	悬挑式钢平台	悬挑式钢平台未编制专项施工方案或未经设计计算,扣10分 悬挑式钢平台的搁支点与上部拉结点,未设置在建筑物结构上,扣10分 斜拉杆或钢丝绳,未按要求在平台两边各设置两道,扣10分 钢平台未按要求设置固定的防护栏杆和挡脚板或栏板,扣10分 钢平台台面铺板不严,或钢平台与建筑结构之间铺板不严,扣10分 平台上未在明显处设置限定荷载标牌,扣6分	10		
检查项目合计			100		

第五节　起重机械

建筑行业中的施工活动涉及面广,施工环境复杂,群体、多层、立体作业概率高,各种垂直运输机械及建筑施工机具施工危险性较大,稍有不慎,就会造成事故。在建筑行业历年的事故中,垂直运输机械伤害均占有一定的比例。

一、塔式起重机

（一）塔式起重机的分类

塔式起重机简称塔机。塔式起重机指的是臂架安置在垂直的塔身顶部的可回转臂架型起重机。塔机是现代工业和民用建筑中的重要起重设备,在建筑工程施工中,尤其在高层、超高层的工业和民用建筑的施工中得到了非常广泛的应用。塔机在施工中主要用于建筑结构和工业设备的安装、吊运建筑材料和建筑构件。它的主要作用是重物的垂直运输和施工现场内的短距离水平运输。

塔机根据其不同的形式,可分类如下:

(1)按结构形式分:

①固定式塔式起重机:通过连接件将塔身基架固定在地基基础或结构物上,进行起重作业的塔式起重机。

②移动式塔式起重机:具有运行装置,可以行走的塔式起重机。根据运行装置的不同,又可分为轨道式、轮胎式、汽车式、履带式。

③自升式塔式起重机:依靠自身的专门装置,增、减塔身标准节或自行整体爬升的塔式起重机。根据升高方式的不同,又分为附着式和内爬式两种。

附着式塔式起重机:按一定间隔距离,通过支撑装置将塔身锚固在建筑物上的自升塔式起重机。

内爬式塔式起重机:设置在建筑物内部,通过支承在结构物上的专门装置,使整机能随着建筑物的高度增加而升高的塔式起重机。

(2)按回转形式分:

①上回转塔式起重机(见图 9-19):回转支承设置在塔身上部的塔式起重机,又可分为塔帽回转式、塔顶回转式、上回转平台式、转柱式等形式。

②下回转塔式起重机(见图 9-20):回转支承设置于塔身底部、塔身相对于底架转动的塔式起重机。

(3)按架设方法分:

①非自行架设塔式起重机:依靠其他起重设备进行组装架设成整机的塔式起重机。

②自行架设塔式起重机:依靠自身的动力装置和机构能实现运输状态与工作状态相互转换的塔式起重机。

(4)按变幅方式分:

①小车变幅塔式起重机:起重小车沿起重臂运行进行变幅的塔式起重机。

②动臂变幅塔式起重机:臂架作俯仰运动进行变幅的塔式起重机。

③折臂式塔式起重机:根据起重作业的需要,臂架可以弯折的塔式起重机。它可以同时具备动臂变幅和小车变幅的性能。

（二）塔式起重机的性能参数

塔式起重机的技术性能用各种数据来表示,即性能参数。

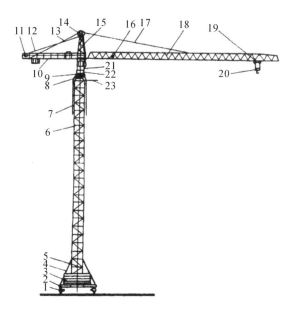

1—台车；2—底架；3—压重；4—斜撑；5—塔身基础节；6—塔身标准节；7—顶升套架；8—承座；

9—转台；10—平衡臂；11—起升机构；12—平衡重；13—平衡臂拉索；14—塔帽操作平台；

15—塔帽；16—小车牵引机构；17—起重臂拉索；18—起重臂；19—起重小车；

20—吊钩滑轮；21—司机室；22—回转机构；23—引进轨道

图 9-19 上回转自升式塔式起重机外形结构示意图

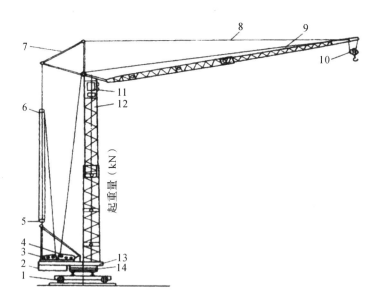

1—底架即行走机构；2—压重门—架设及变幅机构；4—起升机构；

5—变幅定滑轮组；6—变幅动滑轮组；7—塔顶撑架；8—臂架拉绳；

9—起重臂；10—吊钩滑轮；11—司机室；12—塔身；

13—转台；14—回转支撑装置

图 9-20 下回转自升式塔式起重机外形结构示意图

1．主参数

根据《塔式起重机分类》(JG/T 5037—1993)，塔式起重机以公称起重力矩为主参数。公称起重力矩是指起重臂为基本臂长时最大幅度与相应起重量的乘积。

2．基本参数

(1)起升高度(最大起升高度)：塔式起重机运行或固定状态时，空载、塔身处于最大高度、吊钩位于最大幅度外，吊钩支承面对塔式起重机支承面的允许最大垂直距离。

(2)工作速度：塔式起重机的工作速度参数包括最大起升速度、回转速度、小车变幅速度、整机运行速度和最低稳定下降速度等。

①最大起升速度：塔式起重机空载，吊钩上升至起升高度(最大起升高度)过程中稳定运动状态下的最大平均上升速度。

②回转速度：塔式起重机空载，风速小于 3m/s，吊钩位于基本臂最大幅度和最大高度时的稳定回转速度。

③小车变幅速度：塔式起重机空载，风速小于 3m/s，小车稳定运行的速度。

④整机运行速度：塔式起重机空载，风速小于 3m/s，起重臂平行于轨道方向稳定运行的速度。

⑤最低稳定下降速度：吊钩滑轮组为最小钢丝绳倍率，吊有该倍率允许的最大起重量，吊钩稳定下降时的最低速度。

(3)工作幅度：塔式起重机置于水平场地时，吊钩垂直中心线与回转中心线的水平距离。

(4)起重量：起重机吊起重物和物料，包括吊具(或索具)质量的总和。起重量又包括两个参数：一个是基本臂幅度时的起重量，另一个是最大起重量。

(5)轨距：两条钢轨中心线之间的水平距离。

(6)轴距：前后轮轴的中心距。

(7)自重：塔机全部自身的重量，不包括压重、平衡重。

(三)塔式起重机的主要机构

塔式起重机是一种塔身直立、起重臂回转的起重机械。塔机主要由金属结构、工作机构和控制系统部分组成。

1．金属结构

塔机金属结构基础部件包括底架、塔帽、塔身、起重臂、平衡臂、转台等部分。

(1)底架

塔机底架结构的构造形式由塔机的结构形式(上回转和下回转)、行走方式(轨道式或轮胎式)及相对于建筑物的安装方式(附着及自升)而定。下回转轻型快速安装塔机多采用平面框架式底架，而中型或重型下回转塔机则多用水母式底架。上回转塔机，轨道中央要求用作临时堆场或作为人行通道时，可采用门架式底架。自升式塔机的底架多采用平面框架加斜撑式底架。轮胎式塔机则采用箱形梁式结构。

(2)塔身

塔身结构形式可分为两大类：固定高度式和可变高度式。轻型吊钩高度不大的下旋转塔机一般均采用固定高度塔身结构，而其他塔机的塔身高度多是可变的。可变高度塔身结构又可分为五种不同形式：折叠式塔身、伸缩式塔身、下接高式塔身、中接高式塔身和上接高式塔身。

（3）塔帽

塔帽结构形式多样，有竖直式、前倾式及后倾式之分。同塔身一样，主弦杆采用无缝钢管、圆钢、角钢或组焊方钢管制成，腹杆用无缝钢管或角钢制作。

（4）起重臂

起重臂为小车变幅臂架，采用正三角形断面，一般长 30～40m，但也有做到 50m 和超过 50m 的。

俯仰变幅臂架多采用矩形断面格桁结构，由角钢或钢管组焊接而成，节与节之间采用销轴连接、法兰盘连接或高强螺栓连接。臂架结构钢材选用 16Mn、20 号或 Q235。

（5）平衡臂

上回转塔机的平衡臂多采用平面框架结构，主梁采用槽钢或工字钢，连系梁及腹杆采用无缝钢管或角钢制成。重型自升塔机的平衡臂常采用三角断面格桁结构。

2．工作机构

塔机一般设置有起升机构、变幅机构、回转机构和行走机构。这四个机构是塔机最基本的工作机构。

（1）起升机构

塔机的起升机构绝大多数采用电动机驱动。常见的驱动方式是：

①滑环电动机驱动。

②双电动机驱动（高速电动机和低速电动机，或负荷作业电动机及空钩下降电动机）。

（2）变幅机构

①动臂变幅式塔机的变幅机构用以完成动臂的俯仰变化。

②水平臂小车变幅式塔机。小车牵引机构的构造原理同起升机构，采用的传动方式是：变极电机——少齿差减速器或圆柱齿轮减速器、圆锥齿轮减速器——钢丝绳卷筒。

（3）回转机构

塔机回转机构目前常用的驱动方式是：滑环电动机——液力耦合器——少齿差行星减速器——开式小齿——一大齿圈（回转支承装置的齿圈）。

轻型和中型塔机只装一台回转机构，重型的一般装设 2 台回转机构，而超重型塔机则根据起重能力和转动质量的大小，装设 3 台或 4 台回转机构。

（4）大车行走机构

轻、中型塔机采用 4 轮式行走机构，重型采用 8 轮或 12 轮式行走机构，超重型塔机采用 12～16 轮式行走机构。

（四）安全装置

为了保证塔机的安全作业，防止发生各项意外事故，根据《塔式起重机设计规范》（GB/T 13752—2017）和《塔式起重机安全规程》（GB 5144—2012）的规定，塔机必须配备各类安全保护装置。安全装置有下列几种：

1．起重力矩限制器

起重力矩限制器主要作用是防止塔机超载的安全装置，避免塔机由于严重超载而引起塔机的倾覆或折臂等恶性事故。力矩限制器是塔机最重要的安全装置，它应始终处于正常工作状态。力矩限制器仅对塔机臂架的纵垂直平面内的超载力矩起防护作用，不能防护斜吊、风载、轨道的倾斜或陷落等引起的倾翻事故。对于起重力矩限制器,除了要求一定的精度外,还要有高的可靠性。

根据力矩限制器的构造和塔式起重机形式的不同,它可安装在塔帽、起重臂根部和端部等部位。力矩限制器主要分为机械式和电子式两大类,机械力矩限制器按弹簧的不同可分为螺旋弹簧和板弹簧两类。

当起重力矩超过其相应幅度的规定值并小于规定值的110%时,起重力矩限制器应起作用使塔机停止提升方向及向臂端方向变幅的动作。对小车变幅的塔机,起重力矩限制器应分别由起重量和幅度进行控制。

2. 起重量限制器

起重量限制器的作用是保护起吊物品的重量不超过塔机允许的最大起重量,是用以防止塔机的吊物重量超过最大额定荷载,避免发生机械损坏事故。起重量限制器根据构造不同可装在起重臂头部、根部等部位。它主要分为电子式和机械式两种。

(1)电子式起重量限制器。电子式起重量限制器俗称"电子秤"或称拉力传感器,当吊载荷的重力传感器的应变元件发生弹性变形时,而与应变元件联成一体的电阻应变元件随其变形产生阻值变化,这一变化与载荷重量大小成正比,这就是电子秤工作的基本原理,一般情况将电子式起重量限制器串接在起升钢丝绳中置地臂架的前端。

(2)机械式起重量限制器。限制器安装在回转框架的前方,主要由支架、摆杆、导向滑轮、拉杆、弹簧、撞块、行程开关等组成。当绕过导向滑轮的起升钢丝绳的单根拉力超过其额定数值时,押运杆带动拉杆克服弹簧的张力向右运动,使紧固在拉杆上的碰块触发行程开关,从而接触电铃电源,发出警报信号,并切断起升机构的起升电源,使吊钩只能下降不能提升,以保证塔机安全作业。

当起重量大于相应挡位的额定值并小于额定值的110%时,应切断上升方向的电源,但允许机构有下降方向的运动。具有多挡变速的起升机构,限制器应对各挡位具有防止超载的作用。

3. 起升高度限位器

起升高度限位器是用来限制吊钩接触到起重臂头部或与载重小车之前,或是下降到最低点(地面或地面以下若干米)以前,使起升机构自动断电并停止工作,防止因起重钩起升过度而碰坏起重臂的装置,可使起重钩在接触到起重臂头部之前,起升机构自动断电并停止工作。常用的有两种形式:一种是安装在起重臂端头附近;二种是安装在起升卷筒附近。

安装在起重臂端头的是以钢丝绳为中心,从起重臂端头悬挂重锤,当起重钩达到限定位置时,托起重锤,在拉簧作用下,限位开关的杠杆转过一个角度,使起升机构的控制回路断开,切断电源,停止起重钩上升。安装在起升卷筒附近的是卷筒的回转,通过链轮和链条或齿轮带动丝杆转动,并通过丝杆的转动使控制块移动到一定位置时,限位开关断电。

对动臂变幅的塔机,当吊钩装置顶部升至起重臂下端的最小距离为800mm处时,应能立即停止起升运动。对小车变幅的塔机,吊钩装置顶部至小车架下端的最小距离根据塔机形式及起升钢丝绳的倍率而定。上回转式塔机2倍率时为1000mm,4倍率时为700mm,下回转塔机2倍率时为800nm,4倍率时为400mm,此时应能立即停止起升运动。

4. 幅度限位器

用来限制起重臂在俯仰时不超过极限位置的装置。当起重的俯仰到一定限度之前发出警报,当达到限定位置时,则自动切断电源。

动臂式塔机的幅度限制器是用以防止臂架在变幅时,变幅到仰角极限位置时(一般与水平夹角为$63°\sim70°$时),切断变幅机构的电源,使其停止工作,同时还设有机械止挡,以防臂架因起幅中的惯性而后翻。小车运行变幅式塔机的幅度限制器用来防止运行小车超过最大或最小幅度的两个极限位置。一般小车变幅限位器是安装在臂架小车运行轨道的前后两端,用行程开关达到控制。

对动臂变幅的塔机,应设置最小幅度限位器和防止臂架反弹后倾装置。对小车变幅的塔机,应设置小车行程限位开关和终端缓冲装置。限位开关动作后应保证小车停车时其端部距缓冲装置最小距离为200mm。

5. 行程限位器

(1)小车行程限位器:设于小车变幅式起重臂的头部和根部,包括终点开关和缓冲器(常用的有橡胶和弹簧两种),用来切断小车牵引机构的电路,防止小车越位而造成安全事故。

(2)大车行程限位器:包括设于轨道两端尽头的制动缓冲装置和制动钢轨以及装在起重机行走台车上的终点开关,用来防止起重机脱轨。

6. 夹轨钳

装设于行走底架(或台车)的金属结构上,用来夹紧钢轨,防止起重机在大风情况下被风力吹动而行走造成塔机出轨倾翻事故的装置。

7. 风速仪

自动记录风速,当超过六级风速以上时自动报警,操作司机及时采取必要的防范措施,如停止作业、放下吊物等。

臂架根部铰点高度大于50m的塔机,应安装风速仪。当风速大于工作极限风速时,应能发出停止作业的警报。风速仪应安装在起重机顶部至吊具最高的位置间的不挡风处。

8. 障碍指示灯

超过30m的塔机,必须在起重机的最高部位(臂架、塔帽或人字架顶端)安装红色障碍指示灯,并保证供电不受停机影响。

9. 钢丝绳防脱槽装置

钢丝绳防脱槽装置主要用以防止钢丝绳在传动过程中,脱离滑轮槽而造成钢丝绳卡死和损伤。

10. 吊钩保险

吊钩保险是安装在吊钩挂绳处的一种防止起吊钢丝绳由于角度过大或挂钩不妥时,造成起吊钢丝绳脱钩,吊物附落事故的装置。吊钩保险一般采用机械卡环式,用弹簧来控制挡板,阻止钢丝绳的滑脱。

11. 回转限位器

无集电器的起重机,应安装回转限位器且工作可靠。塔机回转部分在非工作状态下应能自由旋转;对有自锁作用的回转机构,应安装安全极限力矩联轴器。

(五)塔式起重机的标准化管理规定

1. 一般规定

塔式起重机制造单位必须具有特种设备制造许可证,其产品应具有特种设备制造监检证书。

安装单位应具备起重设备安装工程专业承包资质和安全生产许可证。安装拆卸人员必须持有特种作业上岗证书。

由安装单位编制塔式起重机安装拆卸工程专项施工方案,经安装单位技术负责人批准后,报送施工总承包单位、监理单位审核。

严禁在塔式起重机塔身上附加广告牌或其他标语牌。

安装单位对塔式起重机月检不少于1次,使用单位、租赁单位和监理单位应派员参加。

施工现场有多台塔式起重机交叉作业时,应编制专项方案,并应采取防碰撞的安全措施。

塔式起重机在安装前和使用过程中,发现有下列情况之一的,不得安装和使用:

(1)结构件上有可见裂纹和严重锈蚀的;

(2)主要受力构件存在塑性变形的;

(3)连接件存在严重磨损和塑性变形的;

(4)钢丝绳达到报废标准的;

(5)安全装置不齐全或失效的。

对630kN·m以下,出厂年限超过10年的塔式起重机;对630～1250kN·m,出厂年限超过15年的塔式起重机;对1250kN·m以上,出厂年限超过20年的塔式起重机应进行安全评估。未经评估不得使用。

塔式起重机工作1000h后,对机械、电气系统等进行小修;4000h后,对机械、电气系统等进行中修;8000h后,对机械、电气系统等进行大修。

2. 安全装置

塔式起重机上力矩限制器、起重量限制器、变幅限位器、高度限位器、行走限位器、回转限位器等各种安全装置应齐全灵敏可靠。

塔式起重机上应使用至少能够显示力矩、起重量、幅度的记录装置。对采用显示记录装置的,应保留原力矩限制器等安全装置的使用功能。

行走式塔式起重机轨道应设置极限位置阻挡器。

卷扬机卷筒应设置防止钢丝绳滑出的防护保险装置。

动臂变幅机构应设置低速端制动器。

多台塔机交叉作业,应使用工作空间限制器。

3. 信息标识

塔式起重机应有耐用金属标牌,永久清晰地标识产品名称、型号、产品制造编号、出厂日期、制造商名称、制造许可证号,额定起重力矩等信息。

司机的操纵装置和指示装置应标有文字和符号以指示其功能。

塔式起重机的标准节、臂架、拉杆、塔顶等主要结构件应设有可追溯制造日期的永久性标志。

在合适的位置应以文字、图形或符号标牌的形式标示出可能影响在塔式起重机上或塔式起重机周围工作人员安全的危险警告信息。

4. 基础

塔式起重机的基础应按国家现行标准和使用说明书所规定的要求进行设计和施工。施工单位应根据地质勘察报告确认施工现场的地基承载能力。

当施工现场无法满足塔式起重机使用说明书对基础的要求时,应进行专项设计,应有设计计算书和施工图。

基础应有排水措施。

行走式塔式起重机的轨道及基础应按使用说明书的要求进行设置,且应符合现行国家标准《塔式起重机安全规程》(GB 5144—2012)的规定及《塔式起重机》(GB/T 5031—2019)的规定。

5.附着装置与夹轨器

当塔式起重机作附着使用时,附着装置的设置和自由端高度应符合使用说明书的规定。当塔身与建筑物超过使用说明书规定的距离时,应进行专项设计和制作,并在专项施工方案中明确。

附着装置的杆件与建筑物及塔身之间的连接,应采用铰接,不得焊接。附着杆应可调节杆长(短)。

附着装置应由原制造厂家或由具有相应制造能力的企业制作。严禁擅自使用土制附着装置。

行走式塔机必须安装夹轨器,保证塔机在非工作状态风荷载和外力作用下能保持静止。

6.安装、拆卸及验收

塔式起重机安装、拆卸应办理告知手续。

塔式起重机安装或拆卸前应进行安全技术交底并有书面记录;安全技术交底宜在安装或拆卸日进行,并履行签字手续。

进入现场的安装拆卸作业人员应佩戴安全防护用品,高处作业人员应系安全带,穿防滑鞋。作业人员严禁酒后作业。

两台塔式起重机之间的最小架设距离应保证处于低位塔式起重机的起重臂端部与另一台塔式起重机的塔身之间至少有 2m 的距离;处于高位塔式起重机的吊钩升至最高点或平衡重的最低位与低位塔式起重机中处于最高位置部件之间的垂直距离不应小于 2m。

塔式起重机选址,起重臂回转区域应避开学校、幼儿园、商场、居民区、道路等上空。确因场地小,应制定专项施工方案,限止起重臂回转角度,禁止吊重物出工地围墙外等措施。

安装、拆卸作业应统一指挥,分工明确。严格按专项施工方案和使用说明书的要求、顺序作业。危险部位安装或拆卸时应采取可靠的防护措施。应使用对讲机等通信工具进行指挥。

当遇大雨、大雪、大雾等恶劣天气及风力四级以上时,应停止安装、拆卸作业。

验收资料中应包括塔式起重机产权备案表、安装(拆卸)告知表、安装(拆卸)单位资质证书和安全生产许可证、特种作业人员上岗证、安装(拆卸)专项方案、基础及附着装置设计计算书和施工图、检测报告、验收书、使用说明书、安装(拆卸)合同、安全协议和设备租赁合同等。

塔式起重机验收合格后,应悬挂验收合格标志牌、操作规程牌和安全警示标志等。

(1)安装作业应符合下列规定:

安装前应根据专项施工方案,检查塔式起重机基础的隐蔽工程验收记录和混凝土强度报告等相关资料;以及辅助设备就位点的基础、地基承载力等。

安装作业应根据专项施工方案要求实施。安装作业中应统一指挥,人员应分工明确、职责清楚,不少于四人。

安装辅助设备就位后,应对其机械和安全性能进行检验,合格后方可作业。安装所使用的钢丝绳、卡环、吊钩等起重机具应经检查合格后方可使用。

连接件及其防松防脱件严禁用其他代用品代替。连接件及其防松防脱件应使用力矩扳手或专用工具紧固连接螺栓。

当遇特殊情况安装作业不能连续进行时,必须将已安装的部位固定牢靠并达到安全状态,经检查确认无隐患后,方可停止作业。

塔式起重机独立状态(或附着状态下最高附着点以上塔身)塔身轴心线对支承面的垂直度不大于4/1000。塔式起重机附着状态下最高附着点以下塔身轴心线对支承面的垂直度不大于2/1000。

塔式起重机加节后需进行附着的,应按照先装附着装置、后顶升加节的顺序进行,附着装置的位置和支撑点的强度应符合要求。

自升式塔式起重机进行顶升加节的要求:顶升系统必须完好;结构件必须完好;顶升前应确保顶升横梁搁置正确;应确保塔式起重机的平衡;顶升过程中,不得进行起升、回转、变幅等操作;应有顶升加节意外故障应急对策与措施。

(2)拆卸作业

塔式起重机拆卸前应检查主要结构件、连接件、电气系统、起升机构、回转机构、变幅机构、顶升机构等项目。发现问题应采取措施,解决后方可进行拆卸作业。

当用于拆卸作业的辅助起重设备设置在建筑物上时,应明确设置位置、锚固方法,并应对辅助起重设备的安全性及建筑物的承载能力等进行验算。

拆卸时应先降塔身标准节、后拆除附着装置。

自升式塔式起重机每次降塔身标准节前,应检查顶升系统和附着装置的连接等,确认完好后方可进行作业。

塔式起重机拆卸作业应连续进行;当遇特殊情况拆卸作业不能继续时,应采取措施保证塔式起重机处于安全状态。

(3)安装验收

塔式起重机安装完毕,安装单位应进行自检,自检合格后报检测机构检测,检测合格后由施工总承包单位组织安装单位、使用单位、租赁单位和监理单位验收。在30日内报当地建设主管部门使用登记。登记标志应当置于或者附着于该设备的显著位置。

塔式起重机初始安装高度不宜大于使用说明书规定的最大独立高度的80%。

安装验收书中各项检查项目应数据量化、结论明确。施工总承包单位、安装单位、使用单位、租赁单位和监理单位验收人均应签字确认。

7.使用管理

塔式起重机起重司机、起重信号工、司索工必须持有特种作业上岗证书。

塔式起重机使用前,应对起重司机、起重信号工、司索工等作业人员进行安全技术交底。

塔式起重机力矩限制器、重量限制器、变幅限位器、行走限位器、高度限位器等安全保护装置不得随意调整和拆除。

每班作业前,应按规定日检、试吊;使用期间,安装单位或租赁单位应按使用说明书的要求对塔式起重机定期进行保养。

施工现场两台及以上塔式起重机交叉作业,应制定防碰撞专项方案。

作业中遇突发故障,应采取措施将吊物降落到安全地点,严禁吊物长时间悬挂在空中。

塔式起重机不得起吊重量超过额定载荷的吊物,且不得起吊重量不明的重物。

物件起吊时应绑扎牢固,不得在吊物上堆放或悬挂其他物件;零星材料起吊时,必须用吊笼或钢丝绳绑扎牢固。当吊物上站人时不得起吊。

钢丝绳规格应满足额定重量的要求。钢丝绳的维护、检验和报废应符合现行国家标准《起重机用钢丝绳检验和报废实用规范》(GB/T 5972—2016)的规定。

遇有大雨、大雪、大雾、风沙及六级以上大风等恶劣天气时,应停止作业。雨雪过后,应先经过试吊,确认制动器灵敏可靠后方可进行作业。夜间施工应有足够照明。

应确保塔式起重机在非工作工况时臂架能随风转动。

行走式塔机必须设置有效的卷线器。

8. 电气与避雷

(1)塔式起重机的金属结构、轨道、所有电气设备的金属外壳、金属线管等均应可靠接地,接地电阻不大于 4Ω,重复接地电阻不大于 10Ω。

(2)塔式起重机的电气系统应按要求设置短路和过电流、失压及零位保护、错相与缺相保护。切断总电源的紧急开关,应符合要求。在塔式起重机安装、维修、调整和使用中不得任意改变电路。

(3)电气系统对地的绝缘电阻不小于 0.5MΩ。

(4)塔机安装位置应避开架空输电线路。当不能避开时,塔机上任何部位与架空输电线路应保持安全距离,安全距离应符合表 9-17 规定;安全距离达不到表中规定时,必须采取绝缘隔离防护措施,并应悬挂醒目的警告标志。

表 9-17 塔式起重机任何部位与输电线间的安全距离

安全距离/m	电压/kV						
	<1	10	35	110	220	330	500
沿垂直方向	1.5	3.0	4.0	5.0	6.0	7.0	8.5
沿水平方向	1.5	2.0	3.5	4.0	6.0	7.0	8.5

(5)避雷针高度应为 1~2m,引下线宜采用铜导线单独铺设并保证电气连接,导线截面应不小于 16mm²。

(6)避雷接地装置应符合《施工现场临时用电技术规范》(JGJ 46—2016)的规定。

(六)塔式起重机安全评估

安全评估是对建筑起重机械的设计、制造情况进行了解,对使用保养情况记录进行检查,对钢结构的磨损、锈蚀、裂纹、变形等损伤情况进行检查与测量,并按规定对整机安全性能进行载荷试验,由此分析判别其安全度,做出合格或不合格结论的活动。超过规定使用年限的塔式起重机应进行安全评估。

塔式起重机有下列情况之一的应进行安全评估:630kN·m 以下(不含 630kN·m)、出厂年限超过 10 年(不含 10 年);630~1250kN·m(不含 1250kN·m)、出厂年限超过 15 年(不含 15 年);1250kN·m 以上(含 1250kN·m),出厂年限超过 20 年(不含 20 年)。

对超过设计规定相应载荷状态允许工作循环次数的建筑起重机械,应作报废处理。

塔式起重机的评估应以重要结构件及主要零部件、电气系统、安全装置和防护设施等为主要内容。塔式起重机的重要结构件宜包括下列主要内容:塔身、起重臂、平衡臂(转台)、塔帽或塔顶构造、拉杆、回转支承座、附着装置、顶升套架或内爬升架、行走底盘及底座等。

当出现下列情况之一时,塔式起重机应判为不合格:

(1)重要结构件检测有指标不合格的;

(2)按《建筑起重机械安全评估技术规程》(JGJ/T 189—2009)附录 E 中有保证项目不合格的。

重要结构件检测指标均合格,并按本规程附录 E 中保证项目全部合格的,可判定为整机合格。

安全评估机构应对评估后的建筑起重机进行"合格"、"不合格"的标识。标识必须具有唯一性,并应置于重要结构件的明显部位。设备产权单位应注意对评估标识的保护。经评估为合格或不合格的建筑起重机械,设备产权单位应在建筑起重机械的标牌和司机室等部位挂牌明示。

(七)塔式起重机检查评定

塔式起重机检查评定应符合现行国家标准《塔式起重机安全规程》(GB 5144—2012)和现行行业标准《建筑施工塔式起重机安装、使用、拆卸安全技术规程》(JGJ 196—2016)的规定。检查评定保证项目包括:载荷限制装置、行程限位装置、保护装置、吊钩、滑轮、卷筒与钢丝绳、多塔作业、安装、拆卸与验收。一般项目包括:附着、基础与轨道、结构设施、电气安全。

1. 保证项目的检查评定应符合的规定

(1)载荷限制装置

①应安装起重量限制器并应灵敏可靠,当起重量大于相应挡位的额定值并小于该额定值的 110%时,应切断上升方向上的电源,但机构可作下降方向的运动;

②应安装起重力矩限制器并应灵敏可靠,当起重力矩大于相应工况下的额定值并小于该额定值的 110%应切断上升和幅度增大方向的电源,但机构可作下降和减小幅度方向的运动;力矩限制器控制定码变幅的触电或控制定幅变码的触电应分别设置,且能分别调整;对小车变幅的塔式起重机,其最大变幅速度超过 40m/min,在小车向外运行,且起重力矩达到额定值的 80%时,变幅速度应自动转换为不大于 40m/min。

(2)行程限位装置

①应安装吊钩上极限位置的起升高度限位器并灵敏可靠。

②小车变幅的塔式起重机应安装小车行程开关,动臂变幅的塔式起重机应安装臂架低位和高位的幅度限制开关,并应灵敏可靠。

③回转部分不设集电器的塔式起重机应安装回转限位器并应灵敏可靠。

④行走式塔式起重机应安装行走限位器并应灵敏可靠。

(3)保护装置

①小车变幅的塔式起重机应安装断绳保护及断轴保护装置并符合规范要求。

②行走及小车变幅的轨道行程末端应安装缓冲器及止挡装置并符合规范要求。

③起重臂根部绞点高度大于 50m 的塔式起重机应安装风速仪并应灵敏可靠。

④塔式起重机顶部高度大于 30m 且高于周围建筑物应安装障碍指示灯。

（4）吊钩、滑轮、卷筒与钢丝绳

①吊钩应安装钢丝绳防脱钩装置并完整可靠，吊钩的磨损、变形、疲劳裂纹应在规范允许范围内。

②滑轮、卷筒应安装钢丝绳防脱装置并完整可靠，滑轮、卷筒的裂纹、磨损应在规范允许范围内。

③钢丝绳的磨损、变形、锈蚀应未达到报废标准，钢丝绳的规格、固定、缠绕应符合说明书及规范要求。

（5）多塔作业

①多塔作业应制定专项施工方案并经过审批，方案内容符合规范要求。

②任意两台塔式起重机之间的最小架设距离应符合规范要求。

（6）安装、拆卸与验收

①安装、拆卸单位应具备建设行政主管部门颁发的起重设备安装工程专业承包资质和建筑施工企业安全生产许可证。

②安装、拆卸应制定专项方案并经过审批，方案编制应符合说明书及规范要求。

③安装验收资料填写应符合规范要求并经责任人签字确认。

④塔式起重机的安装拆卸工、电工、司机、指挥应具有建筑施工特种作业操作资格证书。

⑤塔式起重机作业应设置有效联络信号。

2. 一般项目的检查评定应符合的规定

（1）附着

①塔式起重机高度超过说明书规定应安装附着装置。

②附着装置水平距离或间距不满足说明书要求应进行设计计算和审批。

③安装内爬式塔式起重机的建筑承载结构应进行受力计算。

④附着装置安装应符合说明书及规范要求。

⑤附着前、后塔身垂直度应符合规范要求，在空载、风速不大于 3m/s 状态下。

A. 独立状态塔身（或附着状态下最高附着点以上塔身）对支承面的垂直度≤4‰。

B. 附着状态下最高附着点以下塔身对支承面的垂直度≤2‰。

（2）基础与轨道

①基础应按说明书及有关规定设计、检测、验收，桩基础的桩基宜随同主体结构基础的工程桩进行承载力和桩身质量检测。

②基础应设置排水措施。

③路基箱或枕木铺设应符合说明书及规范要求。

④轨道铺设应符合说明书及规范要求。

（3）结构设施

①主要结构件的变形、开焊、裂纹、锈蚀应在规范允许范围内。

②平台、走道、梯子、栏杆等应符合规范要求。

③高强螺栓、销轴等连接件及其防松防脱件应符合规范要求，严禁用其他代用品代替，高强螺栓应使用力矩扳手或专用工具紧固。

（4）电气安全

①塔式起重机应采用 TN-S 接零保护系统供电。

　　②塔式起重机与架空线路安全距离和防护应符合现行行业标准《施工现场临时用电安全技术规范》(JGJ 46—2016)规定。

　　③塔式起重机未在其他避雷装置保护范围内,应设置避雷装置。

　　④避雷装置设置应符合现行行业标准《施工现场临时用电安全技术规范》(JGJ 46—2016)规定。

　　⑤电缆的使用及固定应符合规范要求。

　　塔式起重机检查评分表如表9-18所示。

表 9-18　塔式起重机检查评分表

序号	检查项目		扣分标准	应得分数	扣减分数	实得分数
1	保证项目	载荷限制装置	未安装起重量限制器或不灵敏,扣10分 未安装力矩限制器或不灵敏,扣10分	10		
2		行程限位装置	未安装起升高度限位器或不灵敏,扣10分 未安装幅度限位器或不灵敏,扣6分 回转不设集电器的塔式起重机未安装回转限位器或不灵敏,扣6分 行走式塔式起重机未安装行走限位器或不灵敏,扣8分	10		
3		保护装置	小车变幅的塔式起重机未安装断绳保护及断轴保护装置或不符合规范要求,扣8~10分 行走及小车变幅的轨道行程末端未安装缓冲器及止挡装置或不符合规范要求,扣6~10分 起重臂根部绞点高度大于50m的塔式起重机未安装风速仪或不灵敏,扣4分 塔式起重机顶部高度大于30m且高于周围建筑物未安装障碍指示灯,扣4分	10		
4		吊钩、滑轮、卷筒与钢丝绳	吊钩未安装钢丝绳防脱钩装置或不符合规范要求,扣8分 吊钩磨损、变形、疲劳裂纹达到报废标准,扣10分 滑轮、卷筒未安装钢丝绳防脱装置或不符合规范要求,扣4分 滑轮及卷筒的裂纹、磨损达到报废标准,扣6~8分 钢丝绳磨损、变形、锈蚀达到报废标准,扣6~10分 钢丝绳的规格、固定、缠绕不符合说明书及规范要求,扣5~8分	10		
5		多塔作业	多塔作业未制定专项施工方案,扣10分 施工方案未经审批或方案针对性不强,扣6~10分 任意两台塔式起重机之间的最小架设距离不符合规范要求,扣10分	10		
6		安装、拆卸与验收	安装、拆卸单位未取得相应资质,扣10分 未制定安装、拆卸专项方案,扣10分 方案未经审批或内容不符合规范要求,扣5~8分 未履行验收程序或验收表未经责任人签字,扣5~8分 验收表填写不符合规范要求每项,扣2~4分 特种作业人员未持证上岗,扣10分 未采取有效联络信号,扣7~10分	10		
		小计		60		

续表

序号	检查项目		扣分标准	应得分数	扣减分数	实得分数
7	一般项目	附着	塔式起重机高度超过规定不安装附着装置,扣10分 附着装置水平距离或间距不满足说明书要求而未进行设计计算和审批,扣6~8分 安装内爬式塔式起重机的建筑承载结构未进行受力计算,扣8分 附着装置安装不符合说明书及规范要求,扣6~10分 附着后塔身垂直度不符合规范要求,扣8~10分	10		
8		基础与轨道	基础未按说明书及有关规定设计、检测、验收,扣8~10分 基础未设置排水措施,扣4分 路基箱或枕木铺设不符合说明书及规范要求,扣4~8分 轨道铺设不符合说明书及规范要求,扣4~8分	10		
9		结构设施	主要结构件的变形、开焊、裂纹、锈蚀超过规范要求,扣8~10分 平台、走道、梯子、栏杆等不符合规范要求,扣4~8分 主要受力构件高强螺栓使用不符合规范要求,扣6分 销轴连接不符合规范要求,扣2~6分	10		
10		电气安全	未采用TN-S接零保护系统供电,扣10分 塔式起重机与架空线路小于安全距离又未采取防护措施,扣10分 防护措施不符合要求,扣4~6分 防雷保护范围以外未设置避雷装置的,扣10分 避雷装置不符合规范要求,扣5分 电缆使用不符合规范要求,扣4~6分	10		
	小计			40		
	检查项目合计			100		

二、人货两用施工升降机

（一）施工升降机

建筑施工升降机（又称外用电梯、施工电梯、附壁式升降机），是一种使用工作笼（吊笼）沿导轨架作垂直（或倾斜）运动用来运送人员和物料的机械。用于运载人员及货物的施工机械称作人货两用施工升降机；用于运载货物、禁止运载人员的施工机械称作货用施工升降机（物料提升机）。

1. 施工升降机的分类

（1）建筑施工升降机按驱动方式分,可分为齿轮齿条驱动（SC型）、卷扬机钢丝绳驱动（SS型）和混合驱动（SH型）三种。图9-21是齿条传动双吊笼施工升降机整机示意。

（2）按导轨架的结构分,可分为单柱和双柱两种。

一般情况下,SC型建筑施工升降机多采用单柱式导轨架,而且采取上接节方式。SC型建筑施工升降机按其吊笼数又分单笼和双笼两种。单导轨架双吊笼的SC型建筑施工升降

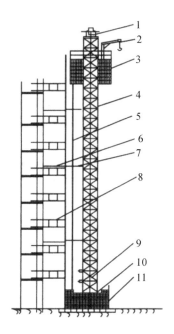

1—天轮架;2—吊杆;3—吊笼;4—导轨架;5—电缆;6—后附墙架;

7—前附墙架;8—护栏;9—配重;10—吊笼;11—基础

图 9-21 施工升降机整机示意图

机,在导轨架的两侧各装一个吊笼,每个吊笼各有自己的驱动装置,并可独立地上、下移动,从而提高了运送客货的能力。

2. 施工升降机的构造

施工升降机主要由金属结构、驱动机构、安全保护装置和电气控制系统等部分组成。

(1)金属结构

金属结构由吊笼、底笼、导轨架、对(配)重、天轮架及小起重机构、天轮、附墙架等组成。

①吊笼(梯笼)。吊笼(梯笼)是施工升降机运载人和物料的构件,笼内有传动机构、限速器及电气箱等,外侧附有驾驶室,设置了门保险开关与门联锁,只有当吊笼前后两道门均关好后,梯笼才能运行。

吊笼内净空高度不得小于 2m。对于 SS 型人货两用升降机,提升吊笼的钢丝绳不得少于两根,且应是彼此独立的。钢丝绳的安全系数不得小于 12,直径不得小于 9mm。

②底笼。底笼的底架是施工升降机与基础连接部分,多用槽钢焊接成平面框架,并用地脚螺栓与基础相固结。底笼的底架上装有导轨架的基础节,吊笼不工作时停在其上。底笼四周有钢板网护栏,入口处有门,门的自动开启装置与梯笼门配合动作。在底笼的骨架上装有四个缓冲弹簧,以防梯笼坠落时起缓冲作用。

③导轨架。导轨架是吊笼上下运动的导轨、升降机的主体,能承受规定的各种载荷。导轨架是由若干个具有互换性的标准节,经螺栓连接而成的多支点的空间桁架,用来传递和承受荷载。标准节的截面形状有正方形、矩形和三角形,标准节的长度与齿条的模数有关,一般每节为 1.5m。导轨架的主弦杆和腹杆多用钢管制造,横缀条则选用不等边角钢。

④对(配)重。对重用以平衡吊笼的自重,可改善结构受力情况,从而提高电动机功率利用率和吊笼载重。

⑤天轮架及小起重机构。天轮架由导向滑轮和天轮架钢结构组成,用来支承和导向配重的钢丝绳。

⑥天轮。立柱顶的左前方和右后方安装两组定滑轮,分别支承两对吊笼和对重,当单笼时,只使用一组天轮。

⑦附墙架。立柱的稳定是靠与建筑结构进行附墙连接来实现的。附墙架用来使导轨架能可靠地支承在所施工的建筑物上。附墙架多由型钢或钢管焊成平面桁架。

(2)驱动机构

施工升降机的驱动机构一般有两种形式:一种为齿轮齿条式;另一种为卷扬机钢丝绳式。

(3)安全保护装置

①限速器。限速器是施工升降机的主要安全装置,它可以限制梯笼的运行速度,防止坠落。齿条驱动的施工升降机,为防止吊笼坠落均装有锥鼓式限速器。

限速器的工作原理为:当吊笼沿导轨架上、下移动时,齿轮沿齿条滚动。当吊笼以额定速度工作时,齿轮带动传动轴及其上的离心块空转。一旦驱动装置的传动件损坏,吊笼将失去控制并沿导轨架快速下滑(当有配重,而且配重大于吊笼一侧载荷时,吊笼在配重的作用下,快速上升)。随着吊笼的速度提高,限速器齿轮的转速也随之增加。当转速增加到限速器的动作转速时,离心块在离心力和重力的作用下与制动轮的内表面上的凸齿相啮合,并推动制动轮转动。制动轮尾部的螺杆使螺母沿着螺杆做轴向移动,进一步压缩碟形弹簧组,逐渐增加制动轮与制动毂之间的制动力矩,直到将工作笼制动在导轨架上为止。在限速器左端的下表面上,装有行程开关。当导板向右移动一定距离后,与行程开关触头接触,并切断驱动电动机的电源。

限速器每动作一次后,必须进行复位,在调整限速器之前,必须确认传动机构的电磁制动作用可靠,方可进行。

②缓冲弹簧。在施工升降机的底架上有缓冲弹簧,以便当吊笼发生坠落事故时,减轻吊笼的冲击。

③上、下限位器。其为防止吊笼上、下时超过需停位置时,因司机误操作和电气故障等原因继续上升或下降引发事故而设置的。

④上、下极限限位器。其是在上、下限位器一旦不起作用,吊笼继续上行或下降到设计规定的最高极限或最低极限位置时能及时切断电源,以保证吊笼安全。

⑤安全钩。安全钩是为防止吊笼到达预先设定位置,上限位器和上极限限位器因各种原因不能及时动作、吊笼继续向上运行,将导致吊笼冲击导轨架顶部而发生倾翻坠落事故而设置的。安全钩是安装在吊笼上部的重要装置,也是最后一道安全装置,它能使吊笼上行到导轨架顶部的时候,安全钩钩住导轨架,保证吊笼不发生倾翻坠落事故。

⑥吊笼门、底笼门联锁装置。施工升降机的吊笼门、底笼门均装有电气联锁开关,它们能有效地防止因吊笼门或底笼门未关闭就启动运行而造成人员坠落和物料滚落,只有当吊笼门和底笼门完全关闭时才能启动运行。

⑦急停开关。当吊笼在运行过程中发生各种原因的紧急情况时,司机应能及时按下急

停开关,使吊笼立即停止,防止事故的发生。急停开关必须是非自行复位的电气安全装置。

⑧楼层通道门。施工升降机与各楼层均搭设了运料和人员进出的通道,在通道口与升降机结合部必须设置楼层通道门。此门在吊笼上下运行时处于常闭状态,只有在吊笼停靠时才能由吊笼内的人打开。应做到楼层内的人员无法打开此门,以确保通道口处在封闭的条件下不出现危险的边缘。

(4)电气控制系统

施工升降机的每个吊笼都有一套电气控制系统。施工升降机的电气控制系统包括电源箱、电控箱、操作台和安全保护系统等。

3.人货两用施工升降机的标准化管理规定

《浙江省建筑施工安全标准化管理规定》的有关规定如下:

(1)一般规定

人货两用施工升降机制造单位必须具有特种设备制造许可证,其产品应具有特种设备制造监检证书。

安装单位应具备起重设备安装工程专业承包资质和安全生产许可证。安装拆卸人员必须持有特种作业上岗证书。

由安装单位编制人货两用施工升降机安装拆卸工程专项施工方案,经安装单位技术负责人批准后,报送施工总承包单位、监理单位审核。

人货两用施工升降机应设置标牌,且应标明产品名称和型号、主要性能参数、出厂编号、制造商名称和产品制造日期。

安装单位对人货两用施工升降机月检不少于2次,使用单位、租赁单位和监理单位应派员参加。

人货两用施工升降机工作1000h后,对机械、电气系统等进行小修;4000h后,对机械、电气系统等进行中修;8000h后,对机械、电气系统等进行大修。

出厂年限超过5年的钢丝绳式人货两用施工升降机和出厂年限超过8年的齿轮齿条式施工升降机应进行安全评估。未经评估不得使用。

(2)安全装置

人货两用施工升降机必须具有渐进式防坠安全器、起重量限制器、对重防松断绳保护装置、上下限位装置、上下极限限位装置和缓冲器等。

渐进式防坠安全器安装后应作坠落试验,以后每3个月进行一次坠落试验,确保其灵敏可靠。

钢丝绳式人货两用施工升降机的渐进式防坠安全器必须具备限速和防坠双功能。曳引钢丝绳的固定端应有承力弹簧和调节长度装置或防松绳保护装置。

渐进式防坠安全器应由检测机构检测,有效标定期一年。防坠安全器的寿命为5年。

(3)楼层卸料平台及地面防护

卸料平台应有设计施工图。卸料平台必须独立设置,满足稳定性要求,层高不应小于2m,两侧应有不低于1.2m防护栏板。平台板采用4cm厚木板或防滑钢板,铺设严密。

卸料平台防护门应定型化、工具化。防护门不应低于1.8m,门面板应采用钢板或钢板网。当采用钢板时,上部须留视孔或用钢板网封闭。防护门锁止装置应采用插销型式,插销必须装在层门外侧,并有防止外开的措施。

底笼门与吊笼应设有可靠的机电联锁装置。进料口上方搭设规范牢固的防护棚。防护棚沿应架体三面设置,宽度不应小于5m,应搭设两层,上下层距不应小于60cm;当采用脚手片时,上下层应垂直铺设。当建筑物高度大于100m时,防护棚应增设不小于2cm厚的木板。

(4)基础及导轨架

地基、基础应满足使用说明书的要求;基础周边应有排水设施。

对基础设置在地下室顶板、楼面或其他下部悬空结构上的,应对基础支撑结构进行专项设计,应有设计计算书和施工图。

导轨架垂直度(见表9-19)、自由端高度和每道附墙的间距应符合使用说明书的要求。

表 9-19　垂直度偏差

导轨架架设高度/m	$h\leqslant70$	$70<h\leqslant100$	$100<h\leqslant150$	$150<h\leqslant200$	$h>200$
垂直度偏差/mm	不大于$(1/1000)h$	$\leqslant70$	$\leqslant90$	$\leqslant110$	$\leqslant130$
	对钢丝绳式施工升降机垂直度偏差应$\leqslant(1.5/1000)h$				

井架式导轨架,在与各楼层通道相连的开口处,应采取加强措施。

附墙架应符合使用说明书的要求;当导轨架与建筑物超过使用说明书规定的距离时,应进行专项设计和制作,并在专项施工方案中明确。

附墙架附着点处的建筑结构承载力应满足使用说明书的要求。

(5)安装、拆卸及验收

人货两用施工升降机安装、拆卸前应办理告知手续。

人货两用施工升降机安装或拆卸前应进行安全技术交底并有书面记录;安全技术交底宜在安装或拆卸日进行,并履行签字手续。

进入现场的安装拆卸作业人员应佩戴安全防护用品,高处作业人员应系安全带,穿防滑鞋。作业人员严禁酒后作业。

安装、拆卸作业应统一指挥,分工明确。严格按专项施工方案和使用说明书的要求,顺序作业。危险部位安装或拆卸时应采取可靠的防护措施。应使用对讲机等通信工具进行指挥。

当遇大雨、大雪、大雾等恶劣天气及四级以上风力时,应停止安装、拆卸作业。

验收资料中应包括人货两用施工升降机产权备案表、安装或拆卸告知表、安装单位资质证书和安全生产许可证、特种作业人员上岗证、安装或拆卸专项方案、基础及附墙架设计计算书和施工图、检测报告、安装验收书、使用说明书、安装或拆卸合同、安全协议和设备租赁合同等。

人货两用施工升降机验收合格后,应悬挂验收合格标志牌、限载重量(人数)牌和安全警示标志等。

①安装作业应符合下列规定:

安装时应确保人货两用施工升降机运行通道内无障碍物。

安装作业时必须将按钮盒或操作盒移至吊笼顶部操作。当导轨架或附墙架上有人作业时,严禁开机。

导轨架安装时,应进行垂直度测量校正。当需安装导轨架加强标准节时,应确保普通标准节和加强标准节的安装部位正确,不得用普通标准节替代加强标准节。

每次加节完毕后,应对导轨架的垂直度进行校正,且应按规定及时重新设置行程限位和极限限位,经验收合格后方能运行。

附墙架形式、附着高度、垂直间距、附着点水平距离、附墙架与水平面之间的夹角、导轨架自由端高度等均应符合使用说明书的要求。

连接件和连接件之间的防松防脱件应符合使用说明书的规定,不得用其他物件代替。对有预紧力要求的连接螺栓,应使用扭力扳手或专用工具,紧固到规定的扭矩值。

②拆卸作业应符合下列规定:

拆卸前应对人货两用施工升降机的关键部位进行检查,当发现问题时,应在问题解决后方能进行拆卸作业。

拆卸附墙架时人货两用施工升降机导轨架的自由高度应始终满足使用说明书的要求。

夜间不得进行拆卸作业。

应确保与基础相连的导轨架在最底一道附墙架拆除后,仍能保持各方向的稳定。

人货两用施工升降机拆卸应连续作业。当拆卸作业不能连续完成时,应根据拆卸状态采取相应的安全措施。

③安装验收

人货两用施工升降机安装完毕,安装单位应进行自检,自检合格后报检测机构检测,检测合格后由施工总承包单位组织安装单位、使用单位和监理单位验收。在30日内报当地建设主管部门使用登记。登记标志应当置于或者附于该设备的显著位置。

安装验收书各项检查项目应数据量化、结论明确。施工总承包单位、安装单位、租赁单位、使用单位和监理单位验收人均应签字确认。

(6)使用管理

人货两用施工升降机司机必须持有特种作业上岗证书,并负责卸料平台防护门的开启与关闭。

人货两用施工升降机必须有可靠准确的楼层联络装置,启动或制动前必须鸣音示意。

每班作业前,按规定日检、试车;使用期间,安装单位或租赁单位应按使用说明书的要求对人货两用施工升降机定期进行保养。

齿轮齿条式人货两用施工升降机出厂时带对重的,若拆除对重后使用,荷载减半,并应符合使用说明书和《施工升降机》(GB/T 10054—2005)的规定。

荷载在吊笼内应均匀布置,严格控制吊笼额定载人数量不得超过9人,吊笼内的人员不得嬉戏打闹。运载物料的尺寸不应超过吊笼的界限。

吊笼上的各类安全装置应保持完好有效。经过大雨、大风、台风等恶劣天气后应对各安全装置进行全面检查,确认安全有效后方能使用。

钢丝绳式人货两用施工升降机吊笼运行时钢丝绳不得与遮掩物或其他物件发生碰触或

摩擦。

人货两用施工升降机使用期间,每 3 个月应进行 1 次 1.25 倍额定载重量的超载试验,确保制动器性能安全可靠。

工作时间内司机不得擅自离开人货两用施工升降机。当有特殊情况需离开时,应将吊笼停到最底层,关闭电源并锁好吊笼门。作业结束后应将吊笼返回最底层停放,将各控制开关拨到零位,切断电源,锁好开关箱、吊笼门和地面防护围栏门。

(7)电气与避雷

电气系统对导轨架的绝缘电阻应不小于 0.5MΩ。

各种电气安全保护装置齐全、可靠。

人货两用施工升降机金属结构和电气设备金属外壳均应接地,接地电阻不应大于 4Ω。

电缆电线在布线和安装时应注意防止机械损伤。尤其要注意吊笼上悬挂电缆的强度和气候的影响。

人货两用施工升降机防雷及接地应符合现行行业标准《施工现场临时用电安全技术规范》(JGJ 46—2016)的规定。

4.施工升降机检查评定

施工升降机检查评定应符合现行国家标准《施工升降机安全规程》(GB 10055—2007)和现行行业标准《建筑施工升降机安装、使用、拆卸安全技术规程》(JGJ 215—2016)的规定。检查评定保证项目包括:安全装置、限位装置、防护设施、附墙架、钢丝绳、滑轮与对重、安装、拆卸与验收。一般项目包括:导轨架、基础、电气安全、通信装置。

(1)保证项目的检查评定应符合的规定:

①安全装置

A.应安装超载保护装置并应灵敏可靠;

B.应安装渐进式防坠安全器并应灵敏可靠,并且只能在有效的标定期内使用;

C.对重钢丝绳应安装防松绳装置;

D.吊笼的控制装置(含便携式控制装置)应安装非自动复位型的急停开关,任何时候均可切断控制电路停止吊笼运行;

E.底架应安装吊笼和对重用的缓冲器,缓冲器应符合规范要求;

F.SC 型施工升降机应安装一对以上安全钩。

②限位装置

A.应安装非自动复位型极限开关并应灵敏可靠;

B.应安装自动复位型上、下限位开关并应灵敏可靠,上、下限位开关安装位置应符合规范要求;

C.正常工作状态下,上极限开关与上限位开关之间的越程距离为 0.15m,在吊笼碰到缓冲器前下极限开关应首先动作;

D.极限开关不应与限位开关共用一个触发元件;

E.吊笼门应安装机电连锁装置并应灵敏可靠;

F.吊笼顶窗应安装电气安全开关并应灵敏可靠。

③防护设施

A.吊笼和对重升降通道周围应安装地面防护围栏,并符合规范要求,围栏门应安装机电连锁装置并应灵敏可靠;

B.应设置地面出入通道防护棚并应符合规范要求;

C.停层平台搭设应符合规范要求;

D.各停层处应安装层门,层门应符合规范要求。

④附墙架

A.附墙架应采用配套标准产品,当附墙架不能满足施工现场要求时,应对附墙架另行设计,附墙架的设计应满足构件刚度、强度、稳定性等要求,制作应满足设计要求;

B.附墙架与建筑结构连接方式、角度应符合说明书要求;

C.附墙架间距、最高附着点以上导轨架的自由高度应符合说明书要求。

⑤钢丝绳、滑轮与对重

A.对重钢丝绳绳数不得少于2根且应相互独立;

B.钢丝绳使用应符合规范要求,未达到报废标准;

C.滑轮应安装钢丝绳防脱装置并应符合规范要求;

D.对重应符合说明书及规范要求,除对重导向轮和滑靴外还应设有防脱轨保护装置。

⑥安装、拆卸与验收

A.安装、拆卸单位应具备建设行政主管部门颁发的起重设备安装工程专业承包资质和建筑施工企业安全生产许可证;

B.安装、拆卸应制定专项方案,并经过审批,方案编制应符合说明书及规范要求;

C.安装验收资料填写应符合规范要求并经责任人签字确认;

D.施工升降机的安装拆卸工、电工、司机应具有建筑施工特种作业操作资格证书。

(2)一般项目的检查评定应符合下列规定

①导轨架

A.垂直安装的施工升降机的导轨架垂直度偏差和倾斜式或曲线式导轨架正面垂直度偏差应符合规范要求;

B.标准节腐蚀、磨损、开焊、变形应符合说明书及规范要求;

C.标准节结合面阶差不应大于0.8mm;

D.齿条结合处,沿齿高方向的阶差不应大于0.3mm,沿长度方向的齿距偏差不应大于0.6mm。

②基础

A.基础制作、验收应符合说明书及规范要求;

B.特殊基础应有制作方案及验收资料,对设置在地下室顶板、楼面或其他下部悬空结构上的施工升降机,应对基础支承结构进行承载力验算;

C.基础应设有排水设施。

③电气安全

A.施工升降机与架空线路安全距离和防护应符合《施工现场临时用电安全技术规范》

(JGJ 46—2016)规定;

B. 电缆应符合说明书及规范要求,并保证在吊笼运行中不受阻碍;

C. 电缆导向架应按说明书设置;

D. 施工升降机未在其他避雷装置保护范围内,应设置避雷装置;

E. 避雷装置设置应符合现行行业标准《施工现场临时用电安全技术规范》(JGJ 46—2016)规定。

④通信装置

A. 应安装楼层联络装置,并应灵敏可靠。

施工升降机检查评分表如表 9-20 所示。

表 9-20　施工升降机检查评分表

序号	检查项目		扣分标准	应得分数	扣减分数	实得分数
1	保证项目	安全装置	未安装起重量限制器或不灵敏,扣 10 分 未安装渐进式防坠安全器或不灵敏,扣 10 分 防坠安全器超过有效标定期限,扣 10 分 对重钢丝绳未安装防松绳装置或不灵敏,扣 6 分 未安装急停开关扣 5 分,急停开关不符合规范要求,扣 3～5 分 未安装吊笼和对重用的缓冲器,扣 5 分 未安装安全钩,扣 5 分	10		
2		限位装置	未安装极限开关或极限开关不灵敏,扣 10 分 未安装上限位开关或上限位开关不灵敏,扣 10 分 未安装下限位开关或下限位开关不灵敏,扣 8 分 极限开关与上限位开关安全越程不符合规范要求的,扣 5 分 极限限位器与上、下限位开关共用一个触发元件,扣 4 分 未安装吊笼门机电连锁装置或不灵敏,扣 8 分 未安装吊笼顶窗电气安全开关或不灵敏,扣 4 分	10		
3		防护设施	未设置防护围栏或设置不符合规范要求,扣 8～10 分 未安装防护围栏门连锁保护装置或连锁保护装置不灵敏,扣 8 分 未设置出入口防护棚或设置不符合规范要求,扣 6～10 分 停层平台搭设不符合规范要求,扣 5～8 分 未安装平台门或平台门不起作用,每一处扣 4 分;平台门不符合规范要求、未达到定型化,每处扣 2～4 分	10		
4		附着	附墙架未采用配套标准产品,扣 8～10 分 附墙架与建筑结构连接方式、角度不符合说明书要求,扣 6～10 分 附墙架间距、最高附着点以上导轨架的自由高度超过说明书要求,扣 8～10 分			

续表

序号	检查项目	扣分标准	应得分数	扣减分数	实得分数
5	保证项目 / 钢丝绳、滑轮与对重	对重钢丝绳绳数少于2根或未相对独立,扣10分 钢丝绳磨损、变形、锈蚀达到报废标准,扣6～10分 钢丝绳的规格、固定、缠绕不符合说明书及规范要求,扣5～8分 滑轮未安装钢丝绳防脱装置或不符合规范要求,扣4分 对重重量、固定、导轨不符合说明书及规范要求,扣6～10分 对重未安装防脱轨保护装置,扣5分	10		
6	安装、拆卸与验收	安装、拆卸单位无资质,扣10分 未制定安装、拆卸专项方案,扣10分;方案无审批或内容不符合规范要求,扣5～8分 未履行验收程序或验收表无责任人签字,扣5～8分 验收表填写不符合规范要求,每项扣2～4分 特种作业人员未持证上岗,扣10分	10		
		小计	60		
7	一般项目 / 导轨架	导轨架垂直度不符合规范要求,扣7～10分 标准节腐蚀、磨损、开焊、变形超过说明书及规范要求,扣7～10分 标准节结合面偏差不符合规范要求,扣4～6分 齿条结合面偏差不符合规范要求,扣4～6分	10		
8	基础	基础制作、验收不符合说明书及规范要求,扣8～10分 特殊基础未编制制作方案及验收,扣8～10分 基础未设置排水设施,扣4分	10		
9	电气安全	施工升降机与架空线路小于安全距离又未采取防护措施,扣10分 防护措施不符合要求,扣4～6分 电缆使用不符合规范要求,扣4～6分 电缆导向架未按规定设置,扣4分 防雷保护范围以外未设置避雷装置,扣10分 避雷装置不符合规范要求,扣5分	10		
10	通信装置	未安装楼层联络信号,扣10分 楼层联络信号不灵敏,扣4～6分	10		
		小计	40		
		检查项目		合计	100

三、货用施工升降机

（一）《浙江省建筑施工安全标准化管理规定》的规定

1. 一般规定

货用施工升降机制造单位必须具有特种设备制造许可证,其产品应具有特种设备制造监检证书。

安装单位应具备起重设备安装工程专业承包资质和安全生产许可证。安装拆卸人员必须持有特种作业上岗证书。

由安装单位编制货用施工升降机安装拆卸工程专项施工方案,经安装单位技术负责人批准后,报送施工总承包单位、监理单位审核。

货用施工升降机应设置标牌,且应标明产品名称和型号、主要性能参数、出厂编号、制造商名称和产品制造日期。

安装单位对货用施工升降机月检不少于2次,使用单位、租赁单位和监理单位应派员参加。

货用施工升降机工作1000h后,对机械、电气系统等进行小修;4000h后,对机械、电气系统等进行中修;8000h后,对机械、电气系统等进行大修。

出厂年限超过5年的钢丝绳式施工升降机,应进行安全评估。未经评估不得使用。

施工现场使用货用施工升降机,最大安装高度不宜超过36m。

2. 安全装置

货用施工升降机必须具有防坠安全器、起重量限制器、对重防松断绳保护装置、安全停层装置、上下限位装置、缓冲器等。

当吊笼提升钢丝绳断绳时,防坠安全器应制停带有额定起重量的吊笼,且不应造成结构破坏。自升平台应采用渐进式防坠安全器。

货用施工升降机的防坠安全器每个月应作一次检查。安全停层装置应为刚性机构,应与吊笼出料门联动。极限限位开关应为手动复位型。吊笼进、出料门应设有电气安全联锁开关。所有安全装置必须齐全灵敏可靠。

在便于司机操作的位置必须设置紧急断电开关。在紧急情况下,应能及时切断货用施工升降机的总控制电源;当总电源被切断时,工作照明不应断电。

3. 基础及导轨架

基础应进行专项设计,应有设计计算书和施工图。

基础周边应有排水设施。

导轨架与建筑结构连接应符合下列规定:

(1)货用施工升降机应设置保证导轨架稳定性和垂直度的附墙架。

(2)附墙架间距应符合使用说明书的要求,并不得大于6m。在建筑物的顶层必须设置1组,导轨架顶部的自由高度不得大于6m。

(3)附墙架与导轨架及建筑物之间应采用刚性连接,连接可靠并形成稳定结构。附墙架杆件不得连在脚手架上,杆件应可调节长(短),具体做法应进行设计并有施工图。

(4)暂时无法安装附墙架时,可采用缆风绳稳固导轨架。缆风绳设置应符合下列规定:

①每一组四根缆风绳与导轨架的连接点应在同一水平高度,且应对称设置;缆风绳与导轨架的连接处应采取防止钢丝绳受剪破坏的措施。

②缆风绳宜设置在导轨架的顶部;当中间设置缆风绳时,应采取增加导轨架刚度的措施。

③缆风绳与水平面的夹角宜在45°～60°,并应采用与缆风绳等强度的花篮螺栓与地锚连接。

④当货用施工升降机安装高度大于或等于30m时,不得使用缆风绳。

4. 楼层卸料平台及地面防护

楼层卸料平台应有设计施工图。卸料平台必须独立设置,满足稳定性要求,层高不应小于2m,两侧应有不低于1.2m的防护栏板。平台板采用4cm厚木板或防滑钢板,铺设严密。

楼层卸料平台必须设置防护门。防护门应定型化、工具化,高度不低于1.8m,防护门锁止装置应采用碰撞闭合装置,不得采用插销,并有防止外开的措施。

地面防护围栏高度不应小于1.8m,围栏门应具有电气安全开关。

进料口上方搭设防护棚。防护棚应在架体三面设置,低架宽度不应小于3m,高架不小于5m;防护棚应设置两层,上下层间距不应小于60cm,采用脚手片的,上下层应垂直铺设。

5. 吊笼

吊笼顶采用钢板网的,应在钢板网上方铺设一道防护板,其强度应能防止上部物体穿透。

吊笼进、出料门应定型化、工具化,并设有电气安全开关。

吊笼与升降机导轨架的颜色应有明显的区别。

严禁人员乘坐吊笼上下。

6. 安装、拆卸及验收

货用施工升降机安装、拆卸前应办理告知手续。

货用施工升降机安装或拆卸前应进行安全技术交底并有书面记录;安全技术交底宜在安装或拆卸日进行,并履行签字手续。

进入现场的安装拆卸作业人员应佩戴安全防护用品,高处作业人员应系安全带,穿防滑鞋。作业人员严禁酒后作业。

安装、拆卸作业应统一指挥,分工明确。严格按专项施工方案和使用说明书的要求、顺序作业。危险部位安装或拆卸时应采取可靠的防护措施。应使用对讲机等通信工具进行指挥。

当遇大雨、大雪、大雾等恶劣天气及四级以上风力时,应停止安装、拆卸作业。

验收资料中应包括货用施工升降机产权备案表、安装或拆卸告知表、安装单位资质证书和安全生产许可证、特种作业人员上岗证、安装或拆卸专项方案、基础及附墙架设计计算书和施工图、检测报告、安装验收书、使用说明书、安装或拆卸合同、安全协议和设备租赁合同等。

货用施工升降机验收合格后,应悬挂验收合格标志牌、限载重量牌和安全警示标志牌等。

(1)安装作业应符合下列规定:

安装井架式导轨架,应有可靠的作业平台;杆件等材料上、下传送,宜采用机具设备。

每次加节完毕后,应对导轨架的垂直度进行校正,且应按规定及时重新设置行程限位和极限限位,经验收合格后方能运行。

导轨架安装精度:导轨架轴心线对水平基准面的垂直度偏差不应大于导轨架高度的0.15%;吊笼导轨对接阶差不应大于1.5mm;对重导轨和防坠器导轨对接阶差不应大于0.5mm;标准节截面内,两对角线长度偏差不应大于最大边长的0.3%。

导轨架自由端高度、附墙架形式、附着高度、附墙架与水平面之间的夹角等均应符合使用说明书的要求。

连接件和连接件之间的防松防脱件应符合使用说明书的规定,不得用其他物件代替。对有预紧力要求的连接螺栓,应使用扭力扳手或专用工具,紧固到规定的扭矩值。

钢丝绳在卷筒上应整齐排列,端部应与卷筒压紧装置连接牢固。当吊笼处于最低位置时,卷筒上的钢丝绳不应少于3圈。

卷扬机卷筒与导向滑轮中心线应垂直对正,钢丝绳出绳偏角大于2°时应设置排绳装置。

架体上不得装设摇臂把杆。

(2)拆卸作业应符合下列规定:

拆除作业前,应对货用施工升降机的导轨架、附墙架等部位进行检查,确认无误后方能进行拆除作业。

拆卸附墙架时货用施工升降机导轨架的自由高度应始终满足使用说明书的要求。

拆除作业应先挂吊具、后拆除附墙架或缆风绳及地脚螺栓。拆除作业中,不得抛掷构件。

货用施工升降机拆卸应连续作业。当拆卸作业不能连续完成时,应根据拆卸状态采取相应的安全措施。

夜间不得进行施工升降机的拆卸作业。

(3)安装验收

货用施工升降机安装完毕,安装单位应进行自检,自检合格后报检测机构检测,检测合格后由施工总承包单位组织安装单位、使用单位、租赁单位和监理单位验收。在30日内报当地建设主管部门使用登记。登记标志应当置于或者附着于该设备的显著位置。

安装验收书各项检查项目应数据量化、结论明确。施工总承包单位、安装单位、租赁单位、使用单位和监理单位验收人均应签字确认。

7. 使用管理

货用施工升降机司机必须持有特种作业上岗证书。

每班作业前,按规定日检、试车;使用期间,安装单位或租赁单位应按使用说明书的要求对货用施工升降机定期进行保养。

传动系统应设常闭式制动器,其额定制动力矩应不低于作业时额定力矩的1.5倍。

钢丝绳规格应满足额定重量的要求。钢丝绳的维护、检验和报废应符合现行国家标准《起重机用钢丝绳检验和报废实用规范》(GB/T 5972—2016)的规定。

卷扬机钢丝绳在地面上运行区域应有相应的安全保护措施,不得拖地,不得与其他部位摩擦。

当钢丝绳端部固定采用绳夹时,绳夹规格应与绳径匹配,数量不应少于3个,间距不应小于绳径的6倍,绳夹夹座应安放在长绳一侧,不得正反交错设置。

卷扬机应设置防止钢丝绳脱出卷筒的保护装置。

物料应在吊笼内均匀分布,不应过度偏载。

不得装载超出吊笼空间的超长物料,不得超载运行。

当发生防坠安全器制停吊笼的情况时,应查明制停原因,排除故障,并应检查吊笼、导轨架及钢丝绳,应确认无误并重新调整防坠安全器后运行。

作业结束后,应将吊笼返回最底层停放,控制开关应扳至零位,并应切断电源,锁好开关箱。

8. 可视安全系统与操作室

货用施工升降机应安装、使用可视安全系统。导轨架外侧应有明显的楼层标志。

货用施工升降机宜采用语音对讲系统,确保司机与各楼层之间可靠联络。

货用施工升降机应搭设操作室,操作室应定型化、工具化,高度不低于 2.5m,并有安全防护和防雨的双重防护。

9. 电气与避雷

货用施工升降机的总电源应设置短路保护及漏电保护装置,电动机的主回路应设置失压及过电流保护装置。

货用施工升降机电气设备的绝缘电阻值不应小于 0.5MΩ,电气线路的绝缘电阻值不应小于 1MΩ。

货用施工升降机金属结构和电气设备金属外壳均应接地,接地电阻不应大于 4Ω。

工作照明开关应与主电源开关相互独立。当主电源被切断时,工作照明不应断电,并应有明显标志。

货用施工升降机防雷及接地应符合现行行业标准《施工现场临时用电技术规范》(JGJ 46—2016)的规定。

(二)物料提升机检查评定

物料提升机发生事故的主要原因:一是自己生产自己使用,设计不合理;二是安全装置不能满足规范规定,流于形式;三是缆风绳与建筑物连接不符合要求,使用中架体晃动大,失稳;四是提升机安装后,不经验收,给使用带来隐患。因此,检查中将架体制作、限位保险装置、架体稳定、提升钢丝绳、楼层卸料平台、吊篮及安装验收都列为保证项目,作为检查重点。

物料提升机检查评定应符合现行行业标准《龙门架及井架物料提升机安全技术规范》(JGJ 88—2010)的规定。检查评定保证项目包括:安全装置、防护设施、附墙架与缆风绳、钢丝绳、安装与验收。一般项目包括:导轨架、动力与传动、通信装置、卷扬机操作棚、避雷装置。

1. 保证项目的检查评定应符合规定

(1)安全装置

①应安装起重量限制器、防坠安全器、并应灵敏可靠;

②安全停层装置应能承受全部工作荷载;

③上限位开关灵敏可靠,安全越程不小于 3m;

④安装高度超过 30m 的物料提升机应安装渐进式防坠安全器及自动停层装置、语音影像信号装置。

(2)防护设施

①防护围栏、防护棚设置应符合规范要求;

②停层平台两侧应设置防护栏杆、挡脚板,平台脚手板应铺满、铺平;

③平台门、吊笼门应符合规范要求。

(3)附墙架与缆风绳

①附墙架结构、材质、间距应符合规范要求;

②附墙架应与建筑物结构可靠连接;

③缆风绳设置的数量、位置、角度应符合规范要求,并应与地锚可靠连接;

④安装高度 30m 的物料提升机必须使用附墙架;

⑤地锚设置应符合规范要求。

(4)钢丝绳

①钢丝绳磨损、断丝、变形、锈蚀量应在正常使用范围内;

②钢丝绳夹设置应符合规范要求;

③吊笼处于最低位置时,卷筒上钢丝绳必须保证不少于 3 圈;

④钢丝绳应设置过路保护装置。

(5)安装与验收

①安装单位应具有起重机械安装(拆卸)资质,特种作业人员应持证上岗;

②安装(拆卸)作业应制定安全专项方案;

③安装验收表填写应符合规范要求,并应由责任人签字确认。

2. 一般项目的检查评定应符合的规定

(1)导轨架

①基础的承载力、强度、几何尺寸、平整度应符合规范要求;

②导轨架垂直度偏差不应大于 0.15%,结合面阶差不应大于 1.5mm;

③井架停层平台通道处应进行结构加强。

(2)动力与传动

①卷扬机应安装牢固;卷扬机卷筒与导轨底部导向轮的距离小于 20 倍卷筒宽度时,应设置排绳器;

②钢丝绳应在卷筒上排列整齐;

③滑轮与导轨架、吊笼应采用刚性连接,并应与钢丝绳相匹配;

④卷筒、滑轮应设置防止钢丝绳脱出装置;

⑤曳引钢丝绳为 2 根以上时,应设置曳引力平衡装置。

(3)通信装置

①通信装置设置应符合规范要求;

②通信装置应具有语音和影像显示功能。

(4)卷扬机操作棚

卷扬机操作棚强度、操作空间应符合规范要求。

(5)避雷装置

①物料提升机未在其他避雷装置保护范围内,应设置避雷装置;

②避雷装置设置应符合现行行业标准《施工现场临时用电安全技术规范》(JGJ 46—2016)的有关要求。

物料提升机检查评分表如表 9-21 所示。

表 9-21　物料提升机检查评分表

序号	检查项目		扣分标准	应得分数	扣减分数	实得分数
1	保证项目	安全装置	未安装起重量限制器、防坠安全器,扣 15 分 起重量限制器、防坠安全器不灵敏,扣 15 分 安全停层装置不符合规范要求,未达到定型化,扣 10 分 未安装上限位开关,扣 15 分 上限位开关不灵敏,安全越程不符合规范要求的,扣 10 分 物料提升机安装高度超过 30m,未安装渐进式防坠安全器、自动停层、语音及影像信号装置,每项扣 5 分	15		
2		防护设施	未设置防护围栏或设置不符合规范要求,扣 5 分 未设置进料口防护棚或设置不符合规范要求,扣 5~10 分 停层平台两侧未设置防护栏杆、挡脚板,每处扣 5 分,设置不符合规范要求,每处扣 2 分 停层平台脚手板铺设不严、不牢,每处扣 2 分 未安装平台门或平台门不起作用,每处扣 5 分,平台门安装不符合规范要求,未达到定型化,每处扣 2 分 吊笼门不符合规范要求,扣 10 分	15		
3		附墙架与缆风绳	附墙架结构、材质、间距不符合规范要求,扣 10 分 附墙架未与建筑结构连接或附墙架与脚手架连接,扣 10 分 缆风绳设置数量、位置不符合规范,扣 5 分 缆风绳未使用钢丝绳或未与地锚连接,每处扣 10 分 钢丝绳直径小于 8mm、角度不符合 45°~60°要求,每处扣 4 分 安装高度 30m 的物料提升机使用缆风绳,扣 10 分 地锚设置不符合规范要求,每处扣 5 分	10		
4		钢丝绳	钢丝绳磨损、变形、锈蚀达到报废标准,扣 10 分 钢丝绳夹设置不符合规范要求,每处扣 5 分 吊笼处于最低位置,卷筒上钢丝绳少于 3 圈,扣 10 分 未设置钢丝绳过路保护或钢丝绳拖地,扣 5 分	10		
5		安装与验收	安装单位未取得相应资质或特种作业人员未持证上岗,扣 10 分 未制定安装(拆卸)安全专项方案,扣 10 分,内容不符合规范要求,扣 5 分 未履行验收程序或验收表未经责任人签字,扣 5 分 验收表填写不符合规范要求每项,扣 2 分	10		
			小计	60		

续表

序号	检查项目		扣分标准	应得分数	扣减分数	实得分数
6	一般项目	导轨架	基础设置不符合规范,扣10分 导轨架垂直度偏差大于0.15%,扣5分 导轨结合面阶差大于1.5mm,扣2分 井架停层平台通道处未进行结构加强的,扣5分	10		
7		动力与传动	卷扬机、曳引机安装不牢固,扣10分 卷筒与导轨架底部导向轮的距离小于20倍卷筒宽度,未设置排绳器,扣5分 钢丝绳在卷筒上排列不整齐,扣5分 滑轮与导轨架、吊笼未采用刚性连接,扣10分 滑轮与钢丝绳不匹配,扣10分 卷筒、滑轮未设置防止钢丝绳脱出装置,扣5分 曳引钢丝绳为2根及以上时,未设置曳引力平衡装置,扣5分	10		
8		通信装置	未按规范要求设置通信装置,扣5分 通信装置未设置语音和影像显示,扣3分	5		
9		卷扬机操作棚	卷扬机未设置操作棚的,扣10分 操作棚不符合规范要求的,扣5～10分	10		
10		避雷装置	防雷保护范围以外未设置避雷装置的,扣5分 避雷装置不符合规范要求的,扣3分	5		
小计				40		
检查项目合计				100		

四、起重吊装

(一)起重吊装作业的规范规定

《建筑施工起重吊装工程安全技术规范》(JGJ 276—2012)相关条款如下:

起重吊装作业:使用起重设备将建筑结构构件或设备提升或移动至设计指定位置和标高,并按要求安装固定的施工过程。

3.0.1 必须编制吊装作业施工组织设计,并应充分考虑施工现场的环境、道路、架空电线等情况。作业前应进行技术交底;作业中,未经技术负责人批准,不得随意更改。

3.0.2 参加起重吊装的人员应经过严格培训,取得培训合格证后,方可上岗。

3.0.3 作业前,应检查起重吊装所使用的起重机滑轮、吊索、卡环和地锚等,应确保其完好,符合安全要求。

3.0.4 起重作业人员必须穿防滑鞋、戴安全帽,高处作业应佩挂安全带,并应系挂可靠和严格遵守高挂低用。

3.0.5 吊装作业区四周应设置明显标志,严禁非操作人员入内。夜间施工必须有足够的照明。

3.0.6 起重设备通行的道路应平整坚实。

3.0.7 登高梯子的上端应予固定,高空用的吊篮和临时工作台应绑扎牢靠。吊篮和工作台的脚手板应铺平绑牢,严禁出现探头板。吊移操作平台时,平台上面严禁站人。

3.0.8 绑扎所用的吊索、卡环、绳扣等的规格应按计算确定。

3.0.9 起吊前,应对起重机钢丝绳及连接部位和索具设备进行检查。

3.0.10 高空吊装屋架、梁和斜吊法吊装柱时,应于构件两端绑扎溜绳,由操作人员控制构件的平衡和稳定。

3.0.11 构件吊装和翻身扶直时的吊点必须符合设计规定。异型构件或无设计规定时,应经计算确定,并保证使构件起吊平稳。

3.0.12 安装所使用的螺栓、钢楔(或木楔)、钢垫板、垫木和电焊条等的材质应符合设计要求的材质标准及国家现行标准的有关规定。

3.0.13 吊装大、重、新结构构件和采用新的吊装工艺时,应先进行试吊,确认无问题后,方可正式起吊。

3.0.14 大雨天、雾天、大雪天及六级以上大风天等恶劣天气应停止吊装作业。事后应及时清理冰雪并应采取防滑和防漏电措施。雨雪过后,作业前应先试吊,确认制动器灵敏可靠后方可进行作业。

3.0.15 吊起的构件应确保在起重机吊杆顶的正下方,严禁采用斜拉、斜吊,严禁起吊埋于地下或黏结在地面上的构件。

3.0.16 起重机靠近架空输电线路作业或在架空输电线路下行走时,必须与架空输电线始终保持不小于国家现行标准《施工现场临时用电安全技术规范》(JGJ 46—2016)规定的安全距离。当需要在小于规定的安全距离范围内进行作业时,必须采取严格的安全保护措施,并应经供电部门审查批准。

3.0.17 采用双机抬吊时,宜选用同类型或性能相近的起重机,负载分配应合理,单机载荷不得超过额定起重量的80%。两机应协调起吊和就位,起吊的速度应平稳缓慢。

3.0.18 严禁超载吊装和起吊重量不明的重大构件和设备。

3.0.19 起吊过程中,在起重机行走、回转、俯仰吊臂、起落吊钩等动作前,起重司机应鸣声示意。一次只宜进行一个动作,待前一动作结束后,再进行下一动作。

3.0.20 开始起吊时,应先将构件吊离地面200~300mm后停止起吊,并检查起重机的稳定性、制动装置的可靠性、构件的平衡性和绑扎的牢固性等,待确认无误后,方可继续起吊。已吊起的构件不得长久停滞在空中。

3.0.21 严禁在吊起的构件上行走或站立,不得用起重机载运人员,不得在构件上堆放或悬挂零星物件。

3.0.22 起吊时不得忽快忽慢和突然制动。回转时动作应平稳,当回转未停稳前不得做反向动作。

3.0.23 严禁在已吊起的构件下面或起重臂下旋转范围内作业或行走。

3.0.24 因故(天气、下班、停电等)对吊装中未形成空间稳定体系的部分,应采取有效的加固措施。

3.0.25 高处作业所使用的工具和零配件等,必须放在工具袋(盒)内,严防掉落,并严禁上下抛掷。

3.0.26 吊装中的焊接作业应选择合理的焊接工艺,避免发生过大的变形,冬季焊接应有焊前预热(包括焊条预热)措施,焊接时应有防风防水措施,焊后应有保温措施。

3.0.27 已安装好的结构构件,未经有关设计和技术部门批准不得用作受力支承点和在构件上随意凿洞开孔。不得在其上堆放超过设计荷载的施工荷载。

3.0.28 永久固定的连接,应经过严格检查,并确保无误后,方可拆除临时固定工具。

3.0.29 高处安装中的电、气焊作业,应严格采取安全防火措施,在作业处下面周围10m范围内不得有人。

3.0.30 对起吊物进行移动、吊升、停止、安装时的全过程应用旗语或通用手势信号进行指挥,信号不明不得起动,上下相互协调联系应采用对讲机。

4.1.5 自行式起重机的使用应符合下列规定:

1. 起重机工作时的停放位置应与沟渠、基坑保持安全距离,且作业时不得停放在斜坡上进行。

2. 作业前应将支腿全部伸出,并支垫牢固。调整支腿应在无载荷时进行,并将起重臂全部缩回转至正前或正后,方可调整。作业过程中发现支腿沉陷或其他不正常情况时,应立即放下吊物,进行调整后,方可继续作业。

3. 启动时应先将主离合器分离,待运转正常后再合上主离合器进行空载运转,确认正常后,方可开始作业。

4. 工作时起重臂的最大和最小仰角不得超过其额定值,如无相应资料时,最大仰角不得超过78°,最小仰角不得小于45°。

5. 起重机变幅应缓慢平稳,严禁猛起猛落。起重臂未停稳前,严禁变换挡位和同时进行两种动作。

6. 当起吊荷载达到或接近最大额定载荷时,严禁下落起重臂。

7. 汽车式起重机进行吊装作业时,行走驾驶室内不得有人,吊物不得超越驾驶室上方,并严禁带载行驶。

8. 伸缩式起重臂的伸缩,应符合下列规定:

(1)起重臂的伸缩,一般应于起吊前进行。当必须在起吊过程中伸缩时,则起吊荷载不得大于其额定值的50%。

(2)起重臂伸出后的上节起重臂长度不得大于下节起重臂长度,且起重臂的仰角不得小于总长度的相应规定值。

(3)在伸起重臂的同时,应相应下降吊钩,并必须满足动、定滑轮组间的最小规定距离。

9. 起重机制动器的制动鼓表面磨损达到1.5~2.0mm或制动带磨损超过原厚度50%时,应予更换。

10. 起重机的变幅指示器、力矩限制器和限位开关等安全保护装置,必须齐全完整、灵活可靠,严禁随意调整、拆除,或以限位装置代替操作机构。

11. 作业完毕或下班前,应按规定将操作杆置于空挡位置,起重臂全部缩回原位,转至顺风方向,并降至40°~60°,收紧钢丝绳,挂好吊钩或将吊钩落地,然后将各制动器和保险装置固定,关闭发动机,驾驶室加锁后,方可离开。冬季还应将水箱、水套中的水放尽。

4.1.6 塔式起重机的使用应符合国家现行标准《塔式起重机安全规程》(GB 5144—2012)、《建筑施工塔式起重机安装、使用、拆卸安全技术规程》(JGJ 196—2019)及《建筑机械使用安全技术规程》(JGJ 33—2012)中的相关规定。

4.1.7 桅杆式起重机的使用应符合下列规定:

1. 桅杆式起重机应按国家有关规范规定进行设计和制作,经严格的测试、试运转和技术鉴定合格后,方可投入使用。

2. 安装起重机的地基、基础、缆风绳和地锚等设施,必须经计算确定。缆风绳与地面的夹角应在30°~45°。缆风绳不得与供电线路接触,在靠近电线附近,应装设由绝缘材料制作的护线架。

3. 在整个吊装过程中,应派专人看守地锚。每进行一段工作后或大雨后,应对桅杆、缆风绳、索具、地锚和卷扬机等进行详细检查,发现有摆动、损坏等不正常情况时,应立即处理解决。

4. 桅杆式起重机移动时,其底座应垫以足够的承重枕木排和滚杠,并将起重臂收紧处于移动方向的前方,倾斜不得超过10°,移动时桅杆不得向后倾斜,收放缆风绳应配合一致。

5. 卷扬机的设置与使用应符合下列规定:

(1)卷扬机的基础必须平稳牢固,并设有可靠的地锚进行锚固,严格防止发生倾覆和滑动。

(2)导向滑轮严禁使用开口拉板式滑轮。滑轮到卷筒中心的距离,对于带槽卷筒应大于卷筒宽度的15倍;对于无槽卷筒应大于20倍,并确保当钢丝绳处在卷筒中间位置时,应与卷筒的轴心线垂直。

(3)钢丝绳在卷筒上应逐圈靠紧,排列整齐,严禁互相错叠、离缝和挤压。钢丝绳缠满后,不得超出卷筒两端挡板。严禁在运转中用手或脚去拉、踩钢丝绳。

(4)在制动操纵杆的行程范围内不得有障碍物。作业过程中,操作人员不得离开卷扬机,并禁止人员跨越卷扬机钢丝绳。

8.2 龙门架安装、拆除

8.2.1 基础应高出地面并做好排水措施。

8.2.2 分件安装时,应符合下列规定:

1. 用预埋螺栓将底座固定在基础上,找平找正后,把吊篮置于底板中央。

2. 安装立柱底节,并两边交错进行,以后每安装两个标准节(不大于8m)必须做临时固定,并按规定安装和固定附墙架或缆风绳。

3. 严格注意导轨的垂直度,任何方向允许偏差为10mm,并在导轨相接处不得出现折线和过大间隙。

4. 安装至预定高度后,应及时安装天梁和各项制动、限速保险装置。

8.2.3 整体安装时,应符合下列规定:

1. 整体搬起前,应对两立柱及架体做检查,如原设计不能满足吊装要求则不能起吊。

2. 吊装前应于架体顶部系好缆风绳和各种防护装置。

3. 吊点应符合原图纸规定要求,起吊过程中应注意观察立柱弯曲变形情况。

4. 起吊就位后应初步校正垂直度,并紧固底脚螺栓、缆风绳或安装固定附墙架,经检查无误后,方可摘除吊钩。

8.2.4 应按规定要求安装固定卷扬机。

8.2.5 应严格执行拆除方案,采用分节或整体拆除方法进行拆除。

(二)起重吊装检查评定

起重吊装检查评定应符合现行国家标准《起重机械安全规程》(GB 6067—2010)的规

定。检查评定保证项目包括：施工方案、起重机械、钢丝绳与地锚、作业环境、作业人员。一般项目包括：高处作业、构件码放、信号指挥、警戒监护。

1. 保证项目的检查评定应符合下列规定

（1）施工方案

①起重吊装作业应编制专项施工方案，并按规定进行审批；

②采用起重拔杆等非常规起重设备或起吊重量超过 100kN，专项方案应组织专家对方案进行论证。

（2）起重机械

①起重机械应安装荷载限制器及行程限位装置；

②荷载限制器、行程限位装置应灵敏可靠；

③吊钩应设置防止钢丝绳脱钩的保险装置；

④起重拔杆应安装荷载限制器及行程限位，并应灵敏可靠；

⑤起重拔杆组装应符合设计要求；

⑥起重拔杆组装后应进行验收，并应由负责人签字确认。

（3）钢丝绳与地锚

①钢丝绳磨损、断丝、变形、锈蚀应在正常使用范围内；

②钢丝绳索具的安全系数应符合设计要求；

③卷筒、滑轮磨损、裂纹应在正常使用的范围内；

④卷筒、滑轮应安装钢丝绳防脱装置；

⑤地锚设置应符合设计要求。

（4）作业环境

①起重机作业处地面承载能力应符合规范要求；

②起重机与架空线路安全距离应符合规范要求。

（5）作业人员

①起重吊装作业单位应具有相应资质，特种作业人员应持证上岗作业；

②作业前应按规定进行技术交底，并应有交底记录。

2. 一般项目的检查评定应符合下列规定

（1）高处作业

①应按规定设置高处作业平台；

②高处作业平台设置应符合规范要求；

③爬梯的强度、构造应符合规范要求；

④应设置安全带悬挂点。

（2）构件码放

①构件码放不应超过作业面承载能力；

②构件码放高度应在规定允许范围内；

③大型构件码放应有保证稳定的措施。

（3）指挥信号

①应按规定设置信号指挥人员；

②信号传递应清晰、准确。

（4）警戒监护

①应按规定设置作业警戒区；

②警戒区应设专人监护。

起重吊装检查评分表如表9-22所示。

表9-22　起重吊装检查评分表

序号	检查项目			扣分标准	应得分数	扣减分数	实得分数
1	保证项目	施工方案		未编制专项施工方案或专项施工方案未经审核,扣10分 采用起重拔杆或起吊重量超过100kN及以上专项方案未按规定组织专家论证,扣10分	10		
2		起重机械	起重机	未安装荷载限制装置或不灵敏,扣20分 未安装行程限位装置或不灵敏,扣20分 吊钩未设置钢丝绳防脱钩装置或不符合规范要求,扣8分	20		
			起重拔杆	未按规定安装荷载、行程限制装置每项,扣10分 起重拔杆组装不符合设计要求,扣10~20分 起重拔杆组装后未履行验收程序或验收表无责任人签字,扣10分			
3		钢丝绳与地锚		钢丝绳磨损、断丝、变形、锈蚀达到报废标准,扣10分 钢丝绳索具安全系数小于规定值,扣10分 卷筒、滑轮磨损、裂纹达到报废标准,扣10分 卷筒、滑轮未安装钢丝绳防脱装置,扣5分 地锚设置不符合设计要求,扣8分	10		
4		作业环境		起重机作业处地面承载能力不符合规定或未采用有效措施,扣10分 起重机与架空线路安全距离不符合规范要求,扣10分	10		
5		作业人员		起重吊装作业单位未取得相应资质或特种作业人员未持证上岗,扣10分 未按规定进行技术交底或技术交底未留有记录,扣5分	10		
				小计	60		
6	一般项目	高处作业		未按规定设置高处作业平台,扣10分 高处作业平台设置不符合规范要求,扣10分 未按规定设置爬梯或爬梯的强度、构造不符合规定,扣8分 未按规定设置安全带悬挂点,扣10分	10		
7		构件码放		构件码放超过作业面承载能力,扣10分 构件堆放高度超过规定要求,扣4分 大型构件码放未采取稳定措施,扣8分	10		
8		信号指挥		未设置信号指挥人员,扣10分 信号传递不清晰、不准确,扣10分	10		
9		警戒监护		未按规定设置作业警戒区,扣10分 警戒区未设专人监护,扣8分	10		
				小计	40		
				检查项目合计	100		

第六节　机械设备

建筑机械伤害是建筑行业的"五大伤害"之一,它常常给建筑施工带来巨大的人员伤亡和财产损失。由于建筑机械具有以下的使用特点,发生伤害的概率自然也就高得多:建筑机械如混凝土机械等长期露天工作,经受风吹雨打和日晒,恶劣的环境条件对机械的使用寿命、工作可靠性和安全性都有非常不利的影响;建筑机械的作业对象以砂、石、土、混凝土、砂浆及其他建筑材料为主,工作时受力复杂,载荷变化大,腐蚀大,磨损严重,如起重机钢丝绳容易磨损断裂,土方机械工作装置容易磨损破坏等;施工机械场地和操作人员的流动性都比较大,由此引起安装质量、维修质量、操作水平变化也比较大,直接影响使用的安全性。

在建筑机械化程度很高的国家,由于机械设备的原因造成的伤害已占很大比例。随着经济的发展,建筑施工已向着大型化、高层化、现代化、快速化的方向迅速发展。建筑机械的大量采用,机械化程度的日益提高,使得伤害事故数量增多,尤其是重大事故在增多。建筑机械是为建筑施工服务的,建筑机械伤害事故是在建筑施工过程中产生的。

一、建筑机械安全标准化管理一般规定

进场施工机具安装后必须经企业安全管理部门验收,合格后方可使用。做好验收记录,一机一表,验收人员履行签字手续。

操作人员应经过专业培训,持证上岗。

施工机具的操作应遵守相关的操作规程。

施工机具均应设置专用的开关箱,并应做好保护接零。严禁使用倒顺开关控制机具。

施工机具应有专人管理,无人操作时应切断电源。

二、木工机械

(一)平刨的使用应符合下列规定

1)平刨防护装置应设防护罩,刨刀设护手装置。刨厚度小于30mm或长度小于400mm的木料时,应用压板、棍推进。

2)不得使用平刨、圆盘锯合用一台电机的多功能木工机械。

(二)圆盘锯的使用应符合的规定

1)圆盘锯的锯片上方应设防护挡板,锯片和传动部位应设防护罩。

2)当锯料接近端头时,应用推棍送料。

(三)电平刨(手压刨)的安全使用要点

(1)应明确规定,除专业木工外,其他工种人员不得操作。旋转机械戴手套是最危险的,因为旋转速度快,而手套的毛边、线头很容易与旋转的机械部位绞扭在一起,连同手一起绞进去,这样的血的教训很多,因此操作此类机具是严禁戴手套操作的。

(2)应检查刨刀的安装是否符合要求,包括刀片紧固程度、刨刀的角度、刀口出台面高度等。刀片的厚度、重量应均匀一致,刀架、夹板必须平整贴紧,紧固刀片的螺钉应嵌入槽内不

少于 10mm。

(3)设备应装按钮开关,不得装扳把开关,防止误开机。闸箱距设备不大于 3m,这样便于发生故障时,迅速切断电源。

(4)使用前,应空转运行,转速正常无故障时,才可进行操作。刨料时,应双手持料;按料时应使用工具,不要用手直接按料,防止木料移动手按空发生事故。

(5)刨木料小面时,手按在木料的上半部,经过刨口时,用力要轻,防止木料歪倒时手按刨口伤手。

(6)短于 20cm 的木料不得使用机械。长度超过 2m 的木料,应由两人配合操作。

(7)刨料前要仔细检查木料,有铁钉、灰浆等物要先清除,遇木节、逆茬时,要适当减慢推进速度。

(8)需调整刨口和检查维修时,必须拉闸切断电源,待完全停止转动后进行。

(9)台面上刨花,不要用手直接擦抹,周围刨花应及时清除。

(10)多功能联合木工机具在施工现场使用是不合适的,因为平刨和圆锯作业都较频繁,易发生误操作,而且在同时进行时,操作面又较小会发生意外伤害,当使用一台机具时,另一台机具同时运转,因全用一台电机同时启动同时停止,无法起到保护作用。

（四）圆盘锯的安全使用要点

(1)设备本身应设按钮开关控制,闸箱距设备距离不大于 3m,以便在发生故障时,迅速切断电源。

(2)锯片必须平整坚固,锯齿尖锐,有适当锯路,锯片不能有连续断齿,不得使用有裂纹的锯片。

(3)安全防护装置要齐全有效:分料器的厚薄适度,位置合适,锯长料时不产生夹锯;锯盘护罩的位置应固定在锯盘上方,不得在使用中随意转动;台面应设防护挡板,防止破料时遇节疤和铁钉弹回伤人;传动部位必须设置防护罩。

(4)锯盘转动后,应待转速正常时,再进行锯木料。所锯木料的厚度,以不碰到固定锯盘的压板边缘为限。

(5)木料接近到尾端时,要由下手拉料,不要用上手直接推送,推送时使用短木板顶料,防止推空锯手。

(6)木料较长时,两人配合操作。操作中,下手必须待木料超过锯片 20cm 后,方可接料。接料后不要猛拉,应与送料配合。需要回料时,木料要完全离开锯片后再送回,操作时不能过早过快,防止木料碰锯片。

(7)截断木料和锯短料时,就用推棍,不准用手直接进料,进料速度不能过快。下手接料必须用刨钩。木料长度不足 50cm 的短料,禁止上锯。

(8)需要换锯盘和检查维修时,必须拉闸断电,待完全停止转动后,再进行工作。

(9)下料应堆放整齐,台面上以及工作范围内的木屑,应及时清除,不要用手直接擦抹台面。

三、钢筋机械

钢筋机械是用于加工钢筋和钢筋骨架等作业的机械,按作业方式可分为钢筋加工机械、钢筋强化机械、钢筋预应力机械、钢筋焊接机械。

（一）钢筋加工机械

钢筋加工机械的使用应符合规定：

（1）钢筋冷拉作业区和对焊作业区应有安全防护措施。

（2）钢筋机械的传动部位应装设防护罩。

（二）钢筋强化机械

钢筋强化机械包括钢筋冷拉机、钢筋冷拔机、钢筋轧扭机等。

钢筋冷拉机是对热轧钢筋在常温下进行强力拉伸的机械。冷拉是把钢筋拉伸到超过钢材本身的屈服点，然后放松，以使钢筋获得新的屈服点，提高钢筋强度（20%～25%）。通过冷拉不但可使钢筋被拉直、延伸，而且还可以起到除锈和检验钢材的作用。

钢筋冷拔机是在强拉力的作用下将钢筋在常温下通过一个比其直径小 0.5～1.0mm 的孔模，使钢筋在拉直力和压直力作用下被强行从孔模中拔过去，使钢筋直径缩小，而强度提高 40%～90%，塑性则相应降低，成为冷拔低碳钢丝。

钢筋轧扭机是由多台钢筋机械组成的冷轧扭生产线，能连续地将直径 6.5～10mm 的普通盘圆钢筋调直、压扁、扭转、定长、切断、落料等，完成钢筋轧扭全过程。

1. 钢筋冷拉机安全使用要点

（1）开机前，应对设备各连接部位和安全装置以及冷拉夹具、钢丝绳等进行全面检查，确认符合要求时，方可操作。

（2）冷拉钢筋运行方向的端头应设防护装置，防止在钢筋拉断或夹具失灵时钢筋弹出伤人。

（3）冷拉钢筋时，操作人员应站在冷拉线的侧向，并设联络信号，使操作人员在统一指挥下进行作业。在作业过程中，严禁横向跨越钢丝绳或冷拉线。

（4）电气设备、液压元件必须完好，导线绝缘必须良好，接头处要连接牢固，电动机和启动器的外壳必须接地。

（5）冷拉作业区应设置警示标志和围栏。

2. 钢筋冷拔机安全使用要点

（1）各卷筒底座下与地基的间隙应小于 75mm，作为两次灌浆的填充层。底座下的垫铁每组不多于三块。在各底座初步校准就位后，将各组垫铁点焊联结，垫铁的平面面积应不小于 100mm×100mm。电动机底座下与地基的间隙应不小于 50mm，作为两次灌浆填充层。

（2）拔丝机运转过程中，严禁任何人在沿线材拉拔方向站立或停留。拔丝卷筒用链条挂料时，操作人员必须离开链条甩动的区域，出现断丝应立即停车，待车停稳后方可接料。不允许在机械运转中用手取拔丝筒周围的物品。

3. 钢丝轧扭机安全使用要点

（1）在控制台上的操作人员必须注意力集中，发现钢筋乱盘或打结时，要立即停机，待处理完毕后，方可开机。

（2）运转过程中，任何人不得靠近旋转部件。机械周围不准乱堆异物，以防意外。

（三）钢筋加工机械

常用的钢筋加工机械为钢筋切断机、钢筋调直机、钢筋弯曲机、钢筋镦头机等。

钢筋切断机是把钢筋原材和已矫直的钢筋切断成所需长度的专用机械。

钢筋调直机用于将成盘的钢筋和经冷拔的低碳钢丝调直。它具有一机多用功能,能在一次操作中完成钢筋调直、输送、切断,并兼有清除表面氧化皮和污迹的作用。

钢筋弯曲机又称冷弯机,是对经过调直、切断后的钢筋,加工成构件中所需要配置的形状,如端部弯钩、梁内弓筋、起弯钢筋等。

钢筋镦头机:预应力混凝土的钢筋,为便于拉伸,需要将其两端镦粗,镦头机就是实现钢筋镦头的设备。

1. 钢筋切断机安全使用要点

(1)接送料工作台面和切刀下部保持水平,工作台的长度可根据加工材料长度确定。

(2)启动前,必须检查切刀应无裂纹,刀架螺栓紧固,防护罩牢靠,然后检查齿轮啮合间隙,调整切刀间隙。

(3)启动后先空运转,检查各转动部分及轴承运转正常,方可操作。

(4)机械未达到正常转速时不得切料,切断时必须使用切刀的中下部,握紧钢筋对准刀口迅速送入。

(5)不得剪切直径及强度超过机械铭牌规定的钢筋和烧红的钢筋。一次切断多根钢筋时,总截面面积应在规定范围内。

(6)切断短料时,靠近刀片的手和刀片的距离应保持 150mm 以上,如手握端小于 400mm 时,应用套管或夹具将钢筋短头夹住或夹牢(见图 9-25)。

(7)运转中严禁用手直接清除附近的短头和杂物,钢筋摆动周围和刀口附近操作人员不得停留。

图 9-25　切短料应用钳子送料

(8)发现故障或维修保养必须停机,切断电源后方可进行。作业后用钢筋清除刀件的杂物,切断电源,锁好箱门。

2. 钢筋调直机安全使用要点

(1)在调直块未固定、防护罩未盖好前不得送料。作业中严禁打开各部位防护罩及调整间隙。

(2)当钢筋送入后,手与曳轮必须保持一定的距离,不得接近。

(3)送料前,应将不直的料头切除,导向筒前应装一根 1m 长的钢管,钢筋必须先穿过钢管再送入调直筒前端的导孔内。

3. 钢筋弯曲机的安全使用要点

(1)芯轴、挡铁轴、转盘等应无裂纹和损伤,防护罩坚固可靠,经空运转确认正常后,方可作业。

(2)作业时,将钢筋需弯一端插入在转盘固定销的间隙内,另一端紧靠机身固定销,并用手压紧,检查机身固定销确实安放在挡住钢筋的一侧,方可开动。

(3)作业中,严禁更换轴芯、销子和变换角度以及调速等作业,也不得进行清扫和加油。

(4)严禁在弯曲钢筋的作业半径内和机身不设固定销的一侧站人。弯曲好的半成品应堆放整齐,弯钩不得朝上。

（四）钢筋预应力机械

钢筋预应力机械是在预应力混凝土结构中,用于对钢筋施加张拉力的专用设备,分为机械式、液压式和电热式三种。常用的是液压式拉伸机。液压式拉伸机由液压千斤顶、高压油泵及连接两者之间的高压油管组成。

1. 液压千斤顶安全使用要点

(1)千斤顶不允许在任何情况下超载和超过行程范围使用。

(2)在使用千斤顶张拉过程中,应使顶压油缸全部回油,在顶压过程中,张拉油缸应予持荷,以保证恒定的张拉力,待顶压锚固完成时,张拉缸再回油。

2. 高压油泵安全使用要点

(1)油泵不宜在超负荷下工作,安全阀应按额定油压调整,严禁任意调整。

(2)高压油泵运转前,应将各油路调节阀松开,然后开动油泵,待空载运转正常后,再紧闭回油阀,逐渐旋拧进油阀杆,增大荷载,并注意压力表指针是否正常。

（五）钢筋焊接机械

焊接机械类型繁多,用于钢筋焊接的主要有对焊机、点焊机和手工弧焊机。

对焊机:有 UN、UN1、UN5、UN8 等系列,钢筋对焊常用的是 UN1系列。这种对焊机专用于电阻焊接、闪光焊接低碳钢、有色金属等,按其额定功率不同,有 UN1-25、UN1-75、UN1-100 型杠杆加压式对焊机和 UN1-150 型气压自动加压式对焊机等。

点焊机:按照点焊机时间调节器的形式和加压机构的不同,可分为杠杆弹簧式、电动凸轮式和气、液压传动式三种类型。按照上、下电极臂的长度,可分为长臂式和短臂式两种形式。

弧焊机:弧焊机可分为交流弧焊机(又称焊接变压器)和直流弧焊机两大类,直流弧焊机又有旋转式直流焊机(又称焊接发电机)和弧焊整流器两种类型。

直流电焊机是用一台三相电动机带动一台结构特殊的直流发电机;硅整流式直流电焊机是利用硅整流元件将交流电变直流电;电焊机二次线空载电压为 50～80V,工作电压为30V;焊接电流为 45～320A;焊机功率为 12～30W,电源电压为 380V 和 220V。

交流电焊机是一个结构特殊的降压变压器;空载电压为 60～80V,工作电压为 30V;功率 20～30kW,二次线电流为 50～450A;电源电压为 380V 和 220V。

电焊机在接入电网时必须清楚电压相符,多台电焊机同时使用应分别接在三相电网上,并尽量使三相负载平衡。

电焊机应空载合闸启动,直流发电机式电焊机应按规定的方向旋转,带有风机的要注意风机旋转方向的正确性。

电焊机需要并联使用时,应将一次并联接入同一相位电路;二次侧也需同相相对二次侧空载电压不等的电焊机,需要调整相等后方可使用。

多台电焊机同时使用时,当需要拆除某台时,应先断电后在其一侧验电,确认无电后方可进行拆除工作。

电焊机二次侧把线、地线不仅要有良好的绝缘特性,柔性好的特点,而且导电能力要与焊接电流相匹配,宜使用 YHS 型橡胶皮护套铜芯多股软电缆,长度不大于 30m,操作时电缆不宜成盘状,否则将影响焊接电流。

所有电焊机的金属外壳,都必须采取保护接地或接零。接地、接零电阻值应不小于 4Ω。

焊接的金属设备、容器本身有接地、接零保护时,电焊机的二次绕组禁止设有接地或接零。

每台电焊机须设专用断路开关,并有与焊机相匹配的过流保护装置。一次线与电源点不宜用插销连接,其长度不得大于 5m,且须双层绝缘。

多台电焊机的接地、接零线不得串接接入接地体,每台焊机应设独立的接地、接零线,其接点应用螺丝压紧。

电焊机的一次、二次接线端应有防护罩,且一次接线端需用绝缘带包裹严密;二次接线端必须使用线卡子压接牢固。

电焊机二次侧把、地线需要接长使用时,应保证搭接面积,接点处用绝缘胶带包裹好,接点不宜超过两处;严禁使用管道、轨道及建筑物的金属结构或其他金属物体串接起来作为地线使用。

电焊机应放置在干燥和通风的地方(水冷式除外),露天使用时其下方应防潮且高于周围地面;上方应设防雨棚和防砸措施。

1. 焊接场地检查的内容

在进行焊接施工前,必须对作业场地及周边的情况进行严格的安全检查,否则禁止焊接作业。对焊接场地安全检查的内容有:

检查作业场地的设备、工具、材料等是否排列符合要求;

检查焊接场地是否有畅通的通道;

检查所有电缆线或其他管线是否按要求排列;

检查是否有足够的焊接作业面和良好的通风条件;

检查是否有良好的自然采光或局部照明;

检查焊割场地周围 10m 范围内,各类易燃、易爆物品是否清除干净;

检查焊接场地是否按要求采取了有效的安全防护措施;

检查需焊接的焊件是否安全或按要求采取了安全措施。

针对焊接切割场地检查要做到:仔细观察环境,区别不同情况,认真加强防护。

2. 焊接的安全基本要求

电焊、气焊工均为特种作业,应身体检查合格,并经专业安全技术学习、训练和考试合格,领取《特殊工种操作证》后,方能独立操作。

工作前检查焊接场地,氧气瓶与乙炔气瓶相距不小于 5m,距施焊点不小于 10m,并在 10m 以内禁止堆放其他易燃易爆物品(包括有易燃易爆气体产生的器皿管线),并备有消防器材,保证足够照明和良好通风。

工作时(包括打渣),所有工作人员必须穿好工作服,戴好防护眼镜或面罩。不准赤身操作,仰面焊接应扣紧衣领、扎紧袖口、戴好防火帽,电焊作业时不得戴潮湿手套。

在对受压容器、密闭容器、各种油桶、管道、沾有可燃气体和溶液用的工件等进行操作时,必须事先进行检查,并经过冲除掉有毒、有害、易燃、易爆物质,解除容器及管道压力,消除容器密闭状态(敞开口或旋开盖),再进行工作。

在焊接、切割密闭空心工件时,必须留有出气孔。在容器内焊接,外面必须设人监护,并有良好通风措施,照明电压采用12V以下的安全电压。禁止在已做油漆或喷涂过塑料的容器内焊接。

电焊机接地、接零及电焊工作回线均不准搭在易燃、易爆的物品上,也不准接在管道和机床设备上。工作回线应绝缘良好,机壳接地必须符合安全规定。

在有易燃、易爆物品的车间、场所或管道附近动火焊接时,必须办理"危险作业申请单"。消防和安全等部门应到现场监督,采取严密安全措施后,方可进行操作。

高处作业应系好安全带,并采取防护设施,地面应有人员监护。严禁将工作回线缠在身上。

焊件必须放置平稳、牢固才能施焊,不准在吊车吊起或叉车铲起的工件上施焊,各种机械设备的焊接,必须停车进行,作业地点应有足够的活动空间。

操作者必须注意助手的安全,助手应懂得电(气)焊的安全常识。

禁止使用未经批准的乙炔发生器进行气焊作业。

严格遵守电气焊的"十不烧"。

四、混凝土机械

(一)搅拌机的使用应符合的规定

(1)离合器、制动器应保持正常状态。钢丝绳断丝不超过标准。

(2)操作手柄应设保险装置,以防误操作。

(3)搅拌机应搭设防雨、防落物的防护棚。操作台应平整、有足够的空间。

(4)料斗保险钩应齐全有效。料斗升起不用时应挂好保险钩并使其处于受力状态。

(5)搅拌机的传动部位应设有防护罩。

(二)混凝土搅拌机的安全使用

(1)新机使用前应按使用说明书的要求,对系统和部件进行检验及必要的试运转。

(2)移动式搅拌机的停放位置必须选择平整坚实的场地,周围应有良好的排水措施。

(3)搅拌机就位后,放下支腿将机架顶起,使轮胎离地。在作业时期较长的地区使用时,应用垫木将机器架起,卸下轮胎和牵引杆,并将机器调平。

(4)料斗放到最低位置时,在料斗与地面之间应加一层缓冲垫木。

(5)接线前检查电源电压,电压升降幅度不得超过搅拌机电气设备规定的5%。

(6)作业前应先进行空载试验,观察搅拌筒内叶片旋转方向是否与箭头所示方向一致。如方向相反,则应改变电机接线。反转出料的搅拌机,应按搅拌筒正反转运转数分钟,查看有无冲击抖动现象。如有异常噪声应停机检查。

(7)搅拌筒或叶片运转正常后,进行料斗提升试验,观察离合器、制动器是否灵活可靠。

(8)检查和校正供水系统的指示水量与实际水量是否一致,如误差超过2%,应检查管路是否漏水。

(9)每次加入的混合料,不得超过搅拌机额定值的10%。为减少粘罐,加料的次序应为粗骨料→水泥→砂子,或砂子→水泥→粗骨料。

(10)料斗提升时,严禁任何人在料斗下停留或通过。如必须在料斗下检修时,应将料斗提升后,挂好保险挂钩或采取有效措施固定。

（11）作业中不得进行检修、调整和加油，并防止砂、石等物料落入机器的传动系统内。

（12）搅拌过程不宜停机，如因故必须停机，再次启动前应卸除荷载，不得带载启动。

（13）以内燃机为动力的搅拌机，在停机前先脱开离合器，停机后应合上离合器。

（14）如遇冰冻天气，停机后应将供水系统积水放尽。内燃机的冷却水也应放尽。

（15）搅拌机在场内移动或远距离运输时，应将进料斗提升到上止点，挂好保险挂钩或采取有效措施固定。

（16）固定式搅拌机安装时，主机与辅机都应用水平尺校正水平。有气动装置的，风源气压应稳定在 0.6MPa 左右。作业时不得打开检修孔、上人孔，检修时必须先把空气开关关闭，并派专人监护。

（17）混凝土搅拌机的操作工必须经过专业安全培训，考试合格，持证上岗，严禁非司机操作。

（18）进料时，严禁将头伸入料斗与机架之间查看或摸探进料情况。作业中如发生故障不能继续运转时，应立即切断电源将筒内的料清除干净，然后进行维修。运转中不准用工具伸入搅拌筒内扒料；下班后将搅拌机内外刷洗干净，将料斗升起，挂牢双保险钩，拉闸断电，锁好电闸箱；运转中严禁维修保养。维修保养搅拌机，必须拉闸断电，锁好电闸箱，挂好"有人工作　严禁合闸"牌，并派专人监护。

（三）混凝土振捣器的安全使用

1．插入式振动器安全使用要点

（1）使用前应检查各部件是否完好，各连接处是否紧固，电动机绝缘是否良好，电源电压和频率是否符合铭牌规定。检查合格后，方可接通电源进行试运转。

（2）作业时，要使振动棒自然沉入混凝土，不可用力猛往下插。一般应垂直插入，并插到下层尚未初凝层中 50～100mm，以促使上下层相互结合。

（3）振动棒各插点间距应均匀，一般间距不应超过振动棒抽出有效作用半径的 1.5 倍。

（4）振动器操作人员应掌握安全用电知识，作业时穿绝缘鞋、戴绝缘手套。

（5）工作停止移动振动器时，须立即停止电动机转动；搬动振动器时，应切断电源。

（6）电缆不得有裸露导电之处和破损老化现象。电缆线必须敷设在干燥、明亮处；不得在电缆线上堆放其他物品，以及车辆碾压，更不能用电缆线吊挂振动器等。

2．附着式振动器安全使用要点

（1）在一个模板上同时使用多台附着式振动器时，各振动器的频率应保持一致，相对面的振动器应错开安装。

（2）使用时，引出电缆线不得拉得过紧，以防断裂。作业时，必须随时注意电气设备的安全，熔断器和保护接零装置必须合格。

3．振动台安全使用要点

（1）振动台是一种强力振动成型设备，应安装在牢固的基础上，地脚螺栓应有足够强支并拧紧。同时在基础中间必须留有地下坑道，以便调整和维修。

（2）使用前要进行检查和试运转，检查机件是否完好。

（3）齿轮因承受高速重负荷，故需要有良好的润滑和冷却。齿轮箱内油面应保持在规定的水平面上,工作时温升不得超过70℃。

(四)混凝土输送泵的使用

混凝土输送泵的使用应符合下列规定:

混凝土输送泵应安放在平整、坚实的地面上,周围不得有障碍物,当放下支腿并调整后应使机身保持水平和稳定。

泵送管道的敷设应符合专项施工方案的要求,不得固定在脚手架上。

泵送管道敷设后应进行耐压试验。

作业中,应对泵送设备和管路进行观察,发现隐患及时处理。对磨损超过规定的管子、卡箍、密封圈等应及时更换。

(五)混凝土泵车的使用

混凝土泵车的使用应符合下列规定:

(1)泵车就位地点应平坦坚实,周围无障碍物,上空无高压输电线。泵车不得停放在斜坡上。

(2)泵车就位后,应支起支腿并保持机身的水平和稳定;泵车应显示停车灯。当用布料杆送料时,机身倾斜不得大于3°。

(3)泵车作业前,应检查项目:

①泵车的各项性能指标应符合要求。

②搅拌斗内无杂物,保护格网完好并盖严。

③输送管路连接牢固,密封良好。

(4)布料杆的配置、使用应符合产品说明书的要求。严禁用布料杆起吊或拖拉物件。

(5)当布料杆处于全伸状态时,不得移动车身;作业中需要移动车身时,应将上段布料杆折叠固定,移动速度不得超过10km/h。

(6)不得在地面上拖拉布料杆前端软管。严禁延长布料配管和布料杆。

(六)混凝土泵及泵车的安全使用

(1)泵送设备放置应与基坑边缘保持一定距离。

(2)水平泵送的管道敷设线路应合理,管道与管道支撑必须紧固可靠,管道接头处应密封可靠。

(3)严禁将垂直管道直接装接在泵的输出口上,应在垂直架设的前端装接长度不少于10m的水平管,水平管近泵处应装逆止阀。敷设向下倾斜的管道时,下端应装接一段水平管,其长度至少是倾斜高低差的5倍,否则应采用弯管等方法,增大阻力。如倾斜度较大,必要时,应在坡道上端装置排气活阀,以利排气。

(4)砂石粒径、水泥标号及配合比应满足泵机可泵性要求。泵送时,料斗内的物料应高于吸入口高度,防止吸入空气伤人。

(5)风力大于六级及以上时,泵车不得使用布料杆。天气炎热时应用湿麻袋、湿草包等遮盖管路。

(6)泵送设备的停车制动和锁紧制动应同时使用,轮胎应楔紧。冷却水供应正常,水箱应储满清水,料斗内应无杂物,各润滑点应润滑正常。

(7)泵送设备的各部螺栓应紧闭,管道接头应紧固密封,防护装置应齐全可靠。

(8)各部位操纵开关、调整手柄、手轮、控制杆、旋塞等均应在正确位置。液压系统应正常无泄漏。

（9）准备好清洗管、清洗用品、接球器及有关装置。作业前,必须先用按规定配制的水泥砂浆润滑管道。无关人员必须离开管道。

（10）支腿应全部伸出并支固,未支固前不得启动布料杆。布料杆升离支架后方可回转,布料杆伸出时应按顺序进行。严禁用布料杆起吊或拖拉物件。

（11）当布料杆处于全伸状态时,严禁移动车身。作业中需要移动时,应将上段布料杆折叠固定,移动速度不超过 10km/h。布料杆不得使用超过规定直径的配管,装接的软管应系防脱安全绳带。

（12）应随时监视各种仪表和指示灯,发现不正常应及时调整或处理。如出现输送管堵塞时应进行反泵使混凝土返回料斗,必要时应拆管排除堵塞。

（13）泵送工作应连续作业,必须暂停时应隔 5～10 分钟(冬季 3～5 分钟)泵送一次。若停止较长时间再泵送时,应反泵一两次,然后正泵送料。泵送时料斗内应保持一定量的混凝土,不得吸空。

（14）应保持水箱内储满清水,发现水质混浊并有较多砂粒时应及时检查处理。

（15）泵送系统受压力时不得开启任何输送管道和液压管道。液压系统的安全阀不得任意调整,蓄能器只能充入氮气。

（16）作业后,必须将料斗内和管道内的混凝土全都输出,然后对泵机、料斗、管道进行冲洗。用压缩空气冲洗管道时,管道出口端前方 10m 内不得站人,并应用金属网等收集冲出的泡沫橡胶及砂石粒。

（17）严禁用压缩空气冲洗布料杆配管。布料杆的折叠收缩应按顺序进行。

（18）将两侧活塞运转到清洗室,并涂上润滑油。

（19）各部位操纵开关、调整手柄、手轮、控制杆、旋塞等均应复位。液压系统卸荷。

五、手持式电动工具

（一）手持式电动工具分类

手持式电动工具可以分为以下三类:

Ⅰ类工具:工具在防止触电的保护方面不仅依靠基本绝缘,而且它还包含一个附加的安全预防措施。

Ⅱ类工具:工具在防止触电的保护方面不仅依靠基本绝缘,而且它还提供双重绝缘或加强绝缘的附加安全预防措施和设有保护接地或依赖安全条件的措施;

Ⅲ类工具:工具在防止触电的保护方面依靠由安全特低电压供电和工具内部不会产生比安全特低电压高的电压(见图 9-26)。

（二）手持电动工具的使用应符合下列规定

（1）在潮湿和金属构架等导电良好的场所使

图 9-26　手持式电动工具

用 I 类手持电动工具,必须穿戴绝缘用品。

(2)使用手持电动工具不得随意接长电源线和更换插头。

(三)操作手持式电动工具的注意事项

工具使用前,应经专职电工检验接线是否正确,防止零线与相线错接造成事故。

长期搁置不用或受潮的工具在使用前,应由电工测量绝缘阻值是否符合要求;工具自带的软电缆不得接长,当电源与作业场所距离较远时,应采用移动电闸箱解决;工具原有的插头不得随意拆除或更换。当原有插头损坏后,严禁不用插头而直接将电线的金属丝插入插座;发现工具外壳、手柄破裂,应停止使用,进行更换;非专职人员不得擅自拆卸和修理工具;手持式工具的旋转部件应有防护装置;作业人员应按规定穿戴绝缘防护用品(绝缘鞋、绝缘手套等);电源处必须装有漏电保护器;严禁超载使用,注意音响和温升,发现异常应立即停机检查。

(四)手持式电动工具安全操作规程

(1)一般场所选用 II 类手持式电动机具并安装额定触电动作电流不大于 15mA,额定动作时间小于 0.1 秒的漏电保护器。若采用 I 类手持式电动工具,还必须作接零保护。操作人员必须戴绝缘手套、穿绝缘靴或站在绝缘垫上。

(2)在潮湿场所或金属构架上操作时,必须选用 II 类手持式电动工具,并装设防溅的漏电保护器。严禁使用 I 类手持式电动工具。

(3)狭窄场所(锅炉、金属容器、地沟、管道内等)宜选用带隔离变压器的 III 类手持式电动工具;若选用 II 类手持式电动工具,必须装设防溅的漏电保护器。把隔离变压器或漏电保护器装设在狭窄场所外面,工作时要有人监护。

(4)手持式电动工具的负荷线必须采用耐气候型的橡皮护套铜芯电缆,并不得有接头。禁止使用塑料花线。

(5)受潮、变形、裂纹、破碎、磕边缺口或接触过油类、碱类的砂轮不得使用。受潮的砂轮片,不得自行烘干使用。砂轮与接盘软垫应安装稳妥,螺帽不得过紧。

(6)作业前必须检查:

①外壳、手柄应无裂缝、破损;

②保护接零连接应正确、牢固可靠、电缆软线及插头等完好无损、开关动作应正常,并注意开关的操作方法;

③电气保护装置良好、可靠,机械防护装置齐全。

(7)启动后空运转并检查工具运转应灵活无阻。

(8)手持砂轮机必须装有机玻璃罩,操作时加力要平衡,不得用力过猛。

(9)严禁超负荷使用,随时注意声音、升温,发现异常应立即停机检查,作业时间过长,温度升高,应停机待自然冷却后再进行作业。

(10)作业中不得用手触摸刃具、模具、砂轮,发现有磨钝、破损情况时应立即停机修理,更换后再作业。

(11)机具运转时不得撒手。

(12)使用电钻注意事项:

①钻头应顶在工件上打钻,不得空打和顶死;

②钻孔时应避开混凝土中的钢筋;

③必须垂直顶在工件上,不得在钻孔中晃动;

④使用直径在 25mm 以上的冲击电钻,作业场地周围应设护栏。在地面以上操作应有稳固的平台。

(13)使用瓷片切割机时应符合下列要求:作业时应防止杂物、泥尘混入电动机内,并应随时观察机壳温度。当机壳温度过高及产生碳刷火花时应立即停机检查处理。切割过程中用力应均匀适当,推进刀片时不得用力过猛。当发生刀片卡死时,应立即停机,慢慢退出刀片,应在重新对正后方可再切割。

(14)使用角向磨光机时应符合下列要求:砂轮应选用增强纤维树脂型,其安全线速度不得小于 80m/s。配用的电缆与插头应具有加强绝缘性能,并不得任意更换;磨削作业时,应使砂轮与工件面保持 15°～30°的倾斜位置。切削作业时,砂轮不得倾斜,并不得横向摆动。

(15)使用电剪时应符合下列要求:作业前应先根据钢板厚度调节刀头间隙量,作业时不得用力过猛。当遇刀轴往复次数急剧下降时,应立即减少推力。

(16)使用射钉枪时应符合下列要求:严禁用手掌推压钉管和将枪口对准人。击发时,应将射钉枪垂直压紧在工作面上。当两次扣动扳机,子弹均不击发时,应保持原射击位置数秒钟后,再退出射钉弹。在更换零件或断开射钉枪之前,射枪内均不得装有射钉弹。

(17)使用拉铆枪时应符合下列要求:被铆接物体上的铆钉孔应与铆钉滑配合,并不得过盈量太大。铆接时,当铆钉轴未拉断时,可重复扣动扳机,直到拉断为止。不得强行扭断或撬断。作业中,接铆头子或瓶帽若有松动,应立即拧紧

六、气瓶

用于气焊和气割的氧气瓶属于压缩气瓶,乙炔瓶属于溶解气瓶,液化石油气属于液化气瓶,应根据各类气瓶的不同特点,采取相应的安全措施。施工现场经常使用的为氧气瓶和乙炔气瓶。各种气瓶应有明显标志区别:氧气瓶涂有天蓝色漆上有黑色"氧气"字样,乙炔气瓶涂有白色漆上有红色横写"乙炔",竖写"不可近火"字样。气瓶有明显色标,以便在使用时区分,不致发生差误、事故。

(一)气瓶的使用应符合的规定

气瓶应有标准色标或明显标志。

气瓶间距应大于 5m,距明火应大于 10m。当不能满足安全距离时,应采取隔离措施。

气瓶使用和存放时均不得平放。

气瓶应分别存放,不得在强烈的阳光下曝晒。

气瓶必须装有防震圈和安全防护帽。

乙炔瓶使用中应增设回火装置。

(二)氧气瓶的安全使用

气割与气焊用的压缩纯氧是强氧化剂,矿物油、油脂或细微分散的可燃物质严禁与纯氧接触;操作时严禁用沾有油脂的工具、手套接触瓶阀、减压器;一旦被油脂类污染,应及时用二氯化烷或四氯化碳去油擦净。

环境温度不得超过 60℃,严禁受日光曝晒,与明火的距离不小于 10m;与乙炔气瓶间距应保持 5m 以上;不得靠近热源和电器设备。

应避免受到剧烈震动和冲击,严禁从高处滑下或在地面上滚动,同时禁止用起重设备的

吊索直接拴挂气瓶。

使用前应检查瓶阀、接管螺栓、减压器及胶管是否完好,发现瓶体、瓶阀有问题要及时报告,减压器与瓶阀连接的栓扣要拧紧,并不少于4～5扣,检查气密性时应用肥皂水,瓶阀开启时,不得朝向人体,且动作要缓慢。

冬季遇有瓶阀冻结或结霜,严禁用力敲击和用明火烘烤,应用温水解冻化霜。

气瓶内要始终保持正压,不得将气用尽,瓶内至少应留有0.3MPa以上的压力。

氧气瓶严禁用于通风换气,严禁用于气动工具的动力气源,严禁用于吹扫容器、设备和各种管道。

运输时,气瓶须装有瓶帽和防震圈,防止碰断瓶阀,同时易燃物品、油脂和带有油污的物品,不得与氧气瓶同车装运。

氧气瓶储存处周围10m内,禁止堆放易燃易爆物品,禁止动用明火,同一储存间严禁存放其他可燃气瓶和油脂类物品。

氧气瓶应码放整齐,直立放置时,要有护栏和支架,以防倾倒,并在醒目位置悬挂"严禁烟火""注意安全"的标志牌。

(三)乙炔气瓶的安全使用

不得靠近热源和电器设备;夏季要防止暴晒;与明火的距离一般不小于10m。

瓶阀冻结,严禁用火烘烤,必要时可用40℃以下的温水解冻。

严禁放置在通风不良及有放射性射线的场所,且不得放在橡胶等绝缘体上,使用时要固定,防止倾倒,严禁卧放。

乙炔瓶必须装设专用的减压阀、回火防止器,要开启时,操作者应站在阀口的侧后方,动作要轻缓;使用压力不得超过0.15MPa。

瓶内气体严禁用尽,必须留有不低于规定的剩余压力。

乙炔瓶储存时,一般要保持直立位置,严禁与氧气瓶、氯气瓶及易燃物品同间存放,储存间应有良好的通风、降温等措施,还要避免阳光直射,保证运输道路畅通,同时应有专人管理,并在醒目的地方设置"乙炔危险""严禁烟火"的标志。

七、机动翻斗车

机动翻斗车是一种方便灵活的水平运输机械,在建筑施工中常用于运输砂浆、混凝土熟料以及散装物料等。

(一)机动翻斗车的使用应符合的规定

(1)机动翻斗车的制动装置(包括手制动)应保证灵敏有效。

(2)不得违章行驶,料斗内不得乘人。

(二)机动翻斗车安全使用要点

(1)机动翻斗车属场内运输车辆,企业不能在没有进行任何检验的情况下,无照使用。翻斗车牌照由劳动部门统一核发。司机按有关培训考核,持证上岗。

(2)车上除司机外不得带人行驶。这种车辆一般只有驾驶员座位,如其他人乘车,无固定座位,且现场作业路面不好,行驶不安全。驾驶时以一挡起步为宜,严禁三挡起步。下坡时不得脱挡滑行。

(3)向坑槽或混凝土料斗内卸料,应保持安全距离,并设置轮胎的防护挡板,防止到槽边自动下溜或卸料时翻车。

（4）翻斗车卸料时先将车停稳，再抬起锁机构，手柄进行卸料，禁止在制动的同时进行翻斗卸料，避免造成惯性移位事故。

（5）严禁料斗内载人。

（6）内燃机运转或料斗内载荷时，严禁在车底下进行任何作业。用完后要及时冲洗，司机离车必须将内燃机熄灭，并挂挡拉紧手制动器。

八、潜水泵

潜水泵主要用于基坑、沟槽及孔桩等抽水，是施工现场应用比较广泛的一种抽水设备，因此潜水泵下水前一定要密封良好，绝缘测试电阻达到要求并应使用 YHS 型防水橡皮护套电缆，不可受力。

（一）潜水泵的使用应符合的规定

（1）潜水泵应直立于水中，水深不得小于 0.5m，四周设立坚固的防护围栏。不得在含泥沙的水中使用。

（2）潜水泵放入水中或提出水面时，应先切断电源，严禁拉拽电缆或出水管。

（3）必须做好保护接零，漏电保护器的动作电流不应大于 15mA。电缆线及密封完好，作业时 30m 以内水面不准有人进入。

（二）潜水泵安全操作要点

（1）潜水泵宜先装在坚固的篮筐里再放入水中，亦可在水中将泵的四周设立坚固的防护围网。泵应直立于水中，水深不得小于 0.5m，不得在含泥砂的水中使用。

（2）潜水泵放入水中或提出水面时，应切断电源，严禁拉拽电缆或出水管。

（3）潜水泵应装设保护接零和漏电保护装置，工作时泵周围 30m 以内水面，不得有人、畜进入。

（4）启动前应认真检查，水管结扎要牢固，放气、放水、注油等螺塞均旋紧，叶轮和进水节无杂物，电缆绝缘良好。

（5）接通电源后，应先试运转，检查并确认旋转方向正确，在水外运转时间不得超过 5min。

（6）应经常观察水位变化，叶轮中心至水面距离应在 0.5～3.0m，泵体不得陷入污泥或露出水面。电缆不得与井壁、池壁相擦。

（7）新泵或新换密封圈，在使用 50h 后，应旋开放水封口塞，检查水、油的泄漏量。当泄漏量超过 5mL 时，应进行 0.2MPa 的气压试验，查出原因，予以排除，以后应每月检查一次；当泄漏量不超过 25mL 时，可继续使用。检查后应换上规定的润滑油。

（8）经过修理的油浸式潜水泵，应先经 0.2MPa 气压试验，检查各部位无泄漏现象，然后将润滑油加入上、下壳体内。

（9）当气温降到 0℃ 以下时，在停止运转后，应从水中提出潜水泵擦干后存放室内。

（10）每周应测定一次电动机定子绕组的绝缘电阻，其值应无下降。

九、打桩机械

按照有关规定，打桩机应定期进行年检，并应取得上级主管部门核发的准用证，同时安装后要技术部门验收签发合格使用证。施工前应针对作业条件和桩机类型编写专项作业方案并经审核批准。

（一）打桩机械的使用应符合的规定

(1)打桩作业应编制专项施工方案。专项施工方案应由打桩单位编制,经施工总承包单位、监理单位审核批准后方可实施。

(2)行走路线地基承载力应符合专项施工方案的要求。

(3)打桩机械应装设超高限位装置且灵敏可靠。各传动部位应设置防护装置。

(4)打桩机作业区内应无高压线路。作业区应有明显标志或围栏,非工作人员不得进入。

（二）桩工机械安全要点

(1)打桩施工场地应按坡度不大于3‰,地耐力不小于8.5N/cm^{2}的要求进行平实,地下不得有障碍物。在基坑和围堰内打桩,应配备足够的排水设备。

(2)桩机周围应有明显标志或围栏,严禁闲人进入。作业时,操作人员应在距桩锤中心5m以外监视。

(3)安装时,应将桩锤运到桩架正前方2m以内,严禁远距离斜吊。

(4)严禁吊桩、吊锤、回转和行走同时进行。桩机在吊有桩和锤的情况下,操作人员不得离开。

(5)作业中停机时间较长时,应将桩锤落下垫好。除蒸汽打桩机在短时间内可将锤担在机架上外,其他的桩机均不得悬吊桩锤进行检修。

(6)遇有大雨、雪、雾和六级以上强风等恶劣气候,应停止作业。当风速超过七级应将桩机顺风向停置,并增加缆风绳。

(7)雷电天气无避雷装置的桩机,应停止作业。

(8)作业后应将桩机停放在坚实平整的地面上,将桩锤落下,切断电源和电路开关,停机制动后方可离开。

(9)高压线下两侧10m以内不得安装打桩机。特殊情况必须采取安全技术措施,并经企业技术负责人批准同意,方可安装。

(10)起落机架时,应设专人指挥。拆装人员应互相配合,指挥旗语和哨音准确、清楚。严禁任何人在机架底下穿行或停留。

(11)打桩作业时,严禁在桩机垂直半径范围以内和桩锤或重物底下穿行停留。

十、夯土机械

夯土机械适于夯实灰土和黄土地基、地坪以及场地平整工作,不得夯实坚硬或软硬不一的地面,更不得夯打坚石或混有砖石碎块的杂土。

夯土机械必须装设防溅型漏电保护器,其额定漏电动作电流不应大于15mA,额定漏电动作时间应小于0.1s,并做好接零保护。

夯土机械的负荷线应采用耐气候型的四芯橡皮护套铜芯软电缆,电缆线长短应不大于50m。

操作夯土机械必须戴绝缘手套、穿绝缘鞋,应有专人调整电缆,严禁电缆缠绕、扭结和被夯土机械跨越。多台夯土机械并列工作时,其间距不得小于 5m,串联工作时,不得小于 10m。

夯土机械的操作扶手必须有绝缘措施,在电动机的接线穿入手把的入口处,应套绝缘管。

作业时电缆不可张拉过紧,应保证有 3～4m 的余量,递线人应戴绝缘手套,穿绝缘鞋,依照夯实路线随时调整。作业中需移线时,应停机将电缆线移至夯机后面。

操作时,不得用力推拉或按压手柄,转弯时不得用力过猛。严禁急转弯。

夯实填实土方时,应从边缘以内 10～15cm 开始夯实 2～3 遍后,再夯实边缘。

在室内作业时,应防止夯板或偏心块打在墙壁上。

作业后,切断电源,卷好电缆,如有破损应及时修理或更换。

十一、水磨石机

操作人员必须穿胶靴,戴好绝缘手套。

电气线路,必须使用气候型的绝缘四芯软线,电气开关应使用按钮开关,并安装在磨石机的手柄上。

磨石机手柄,必须套绝缘管,线路采用接零保护,接点不得少于两处,并须安设漏电保护器(漏电动作电流不应大于 15mA,动作时间应小于 0.1s)。

工作中,发现零件脱落或不正常的声音时,必须立即切断电源,锁好开关箱,方可检修,严禁在运行中修理。

磨块必须夹紧,并应经常检查夹具,以免磨石飞出伤人。

电器线路、开关等,必须由电工安装和检修,其他人员不准随意拆接。

十二、砂轮机

砂轮机应安装在僻静安全的地方,旋转方向禁止对着通道。启动前,应先检查机械各部螺丝、砂轮夹板、砂轮防护罩、砂轮表面有无裂纹破损等,确认完整良好再启动。

工作的托架必须安装牢固,托架面要平整,托架的位置与砂轮架的间隙不得大于 3mm,夹持砂轮的法兰盘直径不得小于砂轮直径的三分之一,夹合力适中,对有平衡块的法兰盘,应在装好砂轮后,先进行平衡测试,合格后方能使用。

砂轮要保持干燥,防止受潮而降低强度。

砂轮轴头坚固螺丝的转向,应与主轴旋转方向相反,以保持坚固。砂轮起动须达到正常转速后,方准进行磨件。

严禁两人同时使用一个砂轮打磨工件。

砂轮不圆、厚度不够或者砂轮露出夹板不足 25mm 时,均应更换新砂轮。

磨工件时,不准震动砂轮或打磨露出中易发生震动的工件

砂轮只准磨钢、铁等黑色金属,不准磨软质有色金属或非金属。

砂轮禁装倒顺开关,中途停电时,应立即切断电源。

磨工件时,应使工件缓慢接近砂轮,不准用力过猛或冲击,更不准用身体顶着工件在砂轮下面或侧面磨件。

磨小工件时,不应直接用手持工件打磨,应选用合适的夹具夹稳工件进行操作。

安装砂轮片时,不准用铁锤进行敲击。如孔大于轴径,应加套筒不得有空隙,轴端需有两个以上的螺母紧固。根据旋转方向来用正、反旋转螺纹。

砂轮机转轴发生弯曲后,应立即停用,更新部件后方可继续使用。

十三、空气压缩机

(1)空压机的内燃机和电动机的使用应符合"两机"的操作规定。

(2)空压机作业前应保持清洁和干燥。贮气罐应放在通风良好处,距罐 15m 以内不得焊接和热加工作业。

(3)空压机的进排气管较长时,应加以固定,管路不得有急弯;对较长管路应设伸缩变形装置。

(4)贮气罐与输气管路每三年应作水压试验一次,试验压力应为额定压力的 150%。压力表和安全阀应每年至少校验一次

(5)作业前应重点检查:

①燃、润油料均添加充足;

②各连接部位紧固,各运动机构及各部阀门开闭灵活;

③防护装置齐全良好,贮气罐内无存水;

④电动空压机的电动机及启动器外壳接地良好,接地电阻不大于 4Ω。

(6)压机应在无载状态下启动,启动后低速空运转,检视各仪表指示值符合要求,运转正常后,逐步进入载荷运转。

(7)输气胶管应保持畅通,不得扭曲。开启送气阀前,应看输气管道是否接好,并通知现场有关人员后方可送气。在出气口前方不得有人工作或站立。

(8)作业中贮气罐内压力不得超过铭牌额定压力,安全阀、轴承及各部件应无异响或过热现象。

(9)每工作 2h,应将液化分离器、中间冷却器、后冷却器内的油水排放一次。贮气罐内油水每班应排放 1~2 次。

(10)发现下列情况之一时应立即停机检查,找出原因并排出故障后,方可继续作业:

①漏水、漏气、漏电或冷却水突然中断;

②压力表、温度表、电流表指示值超过规定;

③排气压力突然升高,排气阀、安全阀失效;

④机械有异响或电动机电刷发生强烈火花。

(11)运输中,在缺水而使气缸过热停机时,应待气缸自然降温至 600℃ 以下时,方可加水。

(12)当电动空压机运转中突然停电时,应立即切断电源等来电后重新在无载荷状态下启动。

(13)停机后,应先卸去载荷,然后分离主离合器,再停止内燃机或电动机的运转。

(14)停机后,应关闭冷却水阀门,打开放气阀,放出各级冷却器和贮气罐内的油水和存气,方可离岗。

(15)在潮湿地区及隧道中施工时,对空压机外露摩擦面应定期加注润滑油。对电动机

和电气设备应做好防潮保护工作。

十四、卷扬机

卷扬机基座应平稳牢固、周围排水畅通、地锚设置可靠,并应搭设防护棚。从卷筒中心线到第一个导向轮的距离,带槽卷筒应大于卷筒宽度的 15 倍;无槽卷筒应大于卷筒宽度的 20 倍;当钢丝绳在卷筒中间位置时,滑轮的位置应与卷筒轴线垂直,其垂直度允许偏差为 6°。

操作人员位置的设置应能看清指挥人员和拖动或起吊的物件。

钢丝绳与卷筒及起重物应连接牢固,不得与机架或地面摩擦。钢丝绳通过道路时,应设过路保护装置或设置围栏。

卷筒上的钢丝绳应排列整齐,当重叠或斜绕时,应停机重新排列,严禁在转动中用手拉脚踩钢丝绳。

十五、施工机具检查评定

施工机具检查评定应符合现行行业《施工现场机械设备检查技术规程》(JGJ 160—2016)和现行国家标准《建筑施工场界噪声限值》(GB 12523—2011)的规定。检查评定项目包括:平刨、圆盘锯、手持电动工具、钢筋机械、电焊机、搅拌机、气瓶、翻斗车、潜水泵、振捣器具、桩工机械、泵送机械、装修机械、土石方机械。施工机具的检查评定应符合下列规定:

(一)平刨

(1)安装后应验收合格后使用;

(2)应有护手安全装置;

(3)传动部位应有防护罩;

(4)保护接零和漏电保护器应符合现行行业标准《施工现场临时用电安全技术规范》(JGJ 46—2016)的要求;

(5)应有安全防护棚;

(6)无人操作时应切断电源;

(7)严禁平刨和圆盘锯合用一台电机的多功能木工机具。

(二)圆盘锯

(1)安装后应验收合格后使用;

(2)应有锯盘护罩和分料器以及防护挡板安全装置,传动部位应有防护罩;

(3)保护接零和漏电保护器应符合现行行业标准《施工现场临时用电安全技术规范》(JGJ 46—2016)的要求;

(4)应有安全防护棚;

(5)无人操作时应切断电源。

(三)手持电动工具

(1)Ⅰ类手持电动工具的保护接零和漏电保护器应符合现行行业标准《施工现场临时用电安全技术规范》(JGJ 46—2016)的要求;

(2)使用Ⅰ类手持电动工具应穿戴绝缘用品;

(3)使用手持电动工具不得随意接长电源线,不得更换插头。

（四）钢筋机械

(1)安装后应验收合格后使用;

(2)保护接零和漏电保护器应符合现行行业标准《施工现场临时用电安全技术规范》(JGJ 46—2016)的要求;

(3)钢筋加工区应有防护棚,钢筋对焊作业区还应有防止火花飞溅措施,冷拉作业区还应有防护栏;

(4)传动部位应有防护罩、限位应灵敏可靠。

（五）电焊机

(1)安装后应验收合格后使用;

(2)保护接零和漏电保护器应符合现行行业标准《施工现场临时用电安全技术规范》(JGJ 46—2016)的要求;

(3)应有二次空载降压保护器或二次侧漏电保护器;

(4)一、二次线长度应符合规范要求,一次线穿管保护应符合规范要求,二次线应采用防水橡皮护套铜芯软电缆;

(5)电源应使用自动开关;

(6)二次线接头不得超过 3 处,绝缘层不得老化;

(7)电焊机应有防雨罩、接线柱应有防护罩。

（六）搅拌机

(1)安装后应验收合格后使用;

(2)保护接零和漏电保护器应符合现行行业标准《施工现场临时用电安全技术规范》(JGJ 46—2016)的要求;

(3)离合器和制动器及钢丝绳应符合规范要求;

(4)操作手柄应安装保险装置;

(5)应有安全防护棚;

(6)上料斗应有安全挂钩;

(7)传动部位应有防护罩;

(8)限位应灵敏可靠;

(9)作业平台应平稳。

（七）气瓶

(1)严禁使用未安装减压器的氧气瓶;

(2)各种气瓶应有标准色标;

(3)气瓶间距不应小于 5m、距明火小于 10m 时应有隔离措施;

(4)乙炔瓶使用或存放时严禁平放;

(5)气瓶存放应符合规范要求;

(6)气瓶应有防震圈和防护帽。

（八）翻斗车

(1)翻斗车制动装置应灵敏;

(2)司机应持证驾车;

(3)不得行车载人或违章行车。

（九）潜水泵

(1)保护接零和漏电保护器应符合现行行业标准《施工现场临时用电安全技术规范》（JGJ 46—2016)的要求；

(2)漏电动作电流必须小于15mA、负荷线应采用专用防水橡皮电缆。

（十）振捣器具

(1)应使用移动式配电箱；

(2)电缆长度不得超过30m；

(3)操作人员应穿戴好绝缘防护用品。

（十一）桩工机械

(1)机械安装后应验收合格后使用；

(2)桩工机械应有安全保护装置；

(3)机械行走路线地耐力应符合说明书要求；

(4)施工作业应有方案；

(5)桩工机械作业严禁违反操作规程。

（十二）泵送机械

(1)机械安装后应验收合格后使用；

(2)保护接零和漏电保护器应符合现行行业标准《施工现场临时用电安全技术规范》（JGJ 46—2016)的要求；

(3)固定式砼输送泵应有良好的设备基础；

(4)移动式砼输送泵车应安装在平坦坚实的地坪上；

(5)机械周围排水应通畅,无积灰；

(6)机械产生的噪声应符合规范要求；

(7)整机应清洁,无漏油、无漏水现象。

（十三）装修机械

(1)机械安装后应验收合格后使用；

(2)保护接零和漏电保护器应符合现行行业标准《施工现场临时用电安全技术规范》（JGJ 46—2016)的要求；

(3)传动装置应齐全,工作应平稳；

(4)各零部件不得缺失、损坏；

(5)润滑装置应齐全良好；

(6)安全防护装置应齐全；

(7)限位应灵敏可靠；

(8)水磨石机磨石不得有裂纹、破损。

（十四）土石方机械

(1)机械主要工作性能应达到使用说明书中各项技术参数指标要求；

(2)技术资料应齐全；

(3)机械在靠近架空高压输电线路附近作业或停放时,与架空高压输电线路之间的距离应符合现行行业标准《施工现场临时用电安全技术规范》（JGJ 46—2016)的规定

(4)机械各总成件、零部件、附件及附属装置应齐全完整,安装应牢固;

(5)上下车扶手及踏板应完好,不应有开焊、腐蚀;

(6)传动装置啮合应良好、运转平稳,不应有异响;

(7)制动及安全装置应齐全可靠;

(8)机械各种电控元件、指示灯、警示灯及报警装置工作应有效;

(9)各类照明灯、仪表灯、喇叭等应齐全完好

(10)整机内外应清洁、不得有油污、漏水、漏油、漏气、漏电。

(11)挖掘机、压路机作业及行走范围内地耐力应符合说明书要求;

(12)土石方施工作业应有方案;

(13)土石方机械作业严禁违反操作规程。

施工机具检查评分表如表9-23所示。

表9-23　施工机具检查评分表

序号	检查项目	扣分标准	应得分数	扣减分数	实得分数
1	平刨	平刨安装后未进行验收合格手续,扣3分 未设置护手安全装置,扣3分 传动部位未设置防护罩,扣3分 未做保护接零、未设置漏电保护器,每处扣3分 未设置安全防护棚,扣3分 无人操作时未切断电源,扣3分 平刨和圆盘锯合用一台电机的多功能木工机具,平刨和圆盘锯两项,扣12分	6		
2	圆盘锯	电锯安装后未留有验收合格手续,扣3分 未设置锯盘护罩、分料器、防护挡板安全装置和传动部位未进行防护每缺一项,扣3分 未做保护接零、未设置漏电保护器,每处扣3分 未设置安全防护棚,扣3分 无人操作时未切断电源,扣3分	6		
3	手持电动工具	Ⅰ类手持电动工具未采取保护接零或漏电保护器,扣8分 使用Ⅰ类手持电动工具不按规定穿戴绝缘用品,扣4分 使用手持电动工具随意接长电源线或更换插头,扣4分	8		
4	钢筋机械	机械安装后未留有验收合格手续,扣5分 未做保护接零、未设置漏电保护器,每处扣5分 钢筋加工区无防护棚,钢筋对焊作业区未采取防止火花飞溅措施,冷拉作业区未设置防护栏,每处扣5分 传动部位未设置防护罩或限位失灵,每处扣3分	10		

序号	检查项目	扣分标准	应得分数	扣减分数	实得分数
5	电焊机	电焊机安装后未留有验收合格手续,扣3分 未做保护接零、未设置漏电保护器,每处扣3分 未设置二次空载降压保护器或二次侧漏电保护器,每处扣3分 一次线长度超过规定或不穿管保护,扣3分 二次线长度超过规定或未采用防水橡皮护套铜芯软电缆,扣3分 电源不使用自动开关,扣2分 二次线接头超过3处或绝缘层老化,每处扣3分 电焊机未设置防雨罩、接线柱未设置防护罩,每处扣3分	6		
6	搅拌机	搅拌机安装后未留有验收合格手续,扣4分 未做保护接零、未设置漏电保护器,每处扣4分 离合器、制动器、钢丝绳达不到要求,每项扣2分 操作手柄未设置保险装置,扣3分 未设置安全防护棚和作业台不安全,扣4分 上料斗未设置安全挂钩或挂钩不使用,扣3分 传动部位未设置防护罩,扣4分 限位不灵敏,扣4分 作业平台不平稳,扣3分	8		
7	气瓶	氧气瓶未安装减压器,扣5分 各种气瓶未标明标准色标,扣2分 气瓶间距小于5m、距明火小于10m又未采取隔离措施,每处扣2分 乙炔瓶使用或存放时平放,扣3分 气瓶存放不符合要求,扣3分 气瓶未设置防震圈和防护帽,每处扣2分	5		
8	翻斗车	翻斗车制动装置不灵敏,扣5分 无证司机驾车,扣5分 行车载人或违章行车,扣5分	5		
9	潜水泵	未做保护接零、未设置漏电保护器,每处扣3分 漏电动作电流大于15mA、负荷线未使用专用防水橡皮电缆,每处扣3分	6		
10	振捣器具	未使用移动式配电箱,扣4分 电缆长度超过30m,扣4分 操作人员未穿戴好绝缘防护用品,扣4分	8		
11	桩工机械	机械安装后未留有验收合格手续,扣3分 桩工机械未设置安全保护装置,扣3分 机械行走路线地耐力不符合说明书要求,扣3分 施工作业未编制方案,扣3分 桩工机械作业违反操作规程,扣3分	6		

续表

序号	检查项目	扣分标准	应得分数	扣减分数	实得分数
12	泵送机械	机械安装后未留有验收合格手续,扣4分 未做保护接零、未设置漏电保护器,每处扣4分 固定式砼输送泵未制作良好的设备基础,扣4分 移动式砼输送泵车未安装在平坦坚实的地坪上,扣4分 机械周围排水不通畅的,扣3分;积灰,扣2分 机械产生的噪声超过《建筑施工场界噪声限值》,扣3分 整机不清洁、漏油、漏水每发现一处,扣2分	8		
		检查项目合计	100		

第七节 施工用电安全

建筑施工现场临时用电工程三原则为:

(1)采用三级配电系统;

(2)采用 TN-S 接零保护系统;

(3)采用二级漏电保护系统。

具有专用保护零线的中性点直接接地的系统叫 TN-S 接零保护系统,俗称三相五线制系统,整个系统的中性导体和保护导体是分开的。三级配电即总配、分配、开关箱三级,三级配电,逐级保护,达到"一机、一闸、一漏、一箱、一锁"。二级漏电保护系统是指用电系统至少应设置总配电箱漏电保护和开关箱漏电保护二级保护,总配电箱和开关箱中二级漏电保护器的额定漏电动作电流和额定漏电动作时间应合理配合,形成分级分段保护;漏电保护器应安装在总配电箱和开关箱靠近负荷的一侧,即用电线路先经过闸刀电源开关,再到漏电保护器,不能反装。

一、一般规定

配电线路宜采用电缆敷设。逐步淘汰单根绝缘导线架空敷设方式。

配电箱、开关箱应采用由专业厂家生产的定型化产品,并应符合《低压成套开关设备和控制设备》(GB 7251.4—2017)第4部分:对建筑工地用成套设备(ACS)的特殊要求及《施工现场临时用电安全技术规范》(JGJ 46—2016)、《建筑施工安全检查标准》(JGJ 59—2011),并取得"3C"认证证书,配电箱内使用的隔离开关、漏电保护器及绝缘导线等电器元件也必须取得"3C"认证。

施工现场临时用电设备在5台及以上或设备总容量在50kW及以上者,应编制用电组织设计。临时用电组织设计及变更时,必须履行,"编制、审核、批准"程序,由电气工程技术人员组织编制,经企业的技术负责人和项目总监批准后方可实施。

施工现场临时用电必须建立安全技术档案。安全技术档案应包括下列内容:

(1)用电组织设计的全部资料;

（2）修改用电组织设计的资料；

（3）用电技术交底资料；

（4）用电工程检查验收表；

（5）电气设备的试、检验凭单和调试记录；

（6）接地电阻、绝缘电阻和漏电保护器漏电动作参数测定记录表；

（7）定期检（复）查表；

（8）电工安装、巡检、维修、拆除工作记录；

（9）临时用电工程的定期检查。定期检查时，应复查接地电阻值和绝缘电阻值；

（10）临时用电工程定期检查应按分部、分项工程进行，对安全隐患必须及时处理，并应履行复查验收手续。

二、外电防护

（1）在建工程（含脚手架具）的外侧边缘与外电架空线路之间必须保持安全操作距离。最小安全操作距离应符合表9-24规定。

表9-24　在建工程（含脚手架具）的外侧边缘与外电架空线路之间的最小安全操作距离

外电线路电压等级/kV	<1	1～10	35～110	220	330～500
最小安全操作距离/m	4.0	6.0	8.0	10	15

（2）施工现场的机动车道与外电架空线路交叉时，架空线路的最低点与路面的垂直距离应符合表9-25规定。

表9-25　施工现场的机动车道与外电架空线路交叉时最小垂直距离

外电线路电压等级/kV	<1	1～10	35
最小垂直距离/m	6.0	7.0	7.0

（3）当达不到表9-24和表9-25的规定时，必须编制外电线路防护方案，采取绝缘隔离防护措施，并应悬挂醒目的警告标志牌。架设防护设施时，必须经有关部门批准，采用线路暂时停电或其他可靠的安全技术措施，并应有电气工程技术人员和专职安全人员监护。

（4）防护设施应坚固、稳定，防护屏障应采用绝缘材料搭设，且对外电线路的隔离防护应达到IP30级（防止2.5mm的固体侵入）。

（5）当规定（见表9-26）的防护措施无法实现时，必须与有关部门协商，采取停电、迁移外电线路或改变工程位置等措施，未采取上述措施的严禁施工。

表9-26　防护设施与外电线路之间的最小安全距离

外电线路电压等级/kV	≤10	35	110	220	330	500
最小安全距离/m	1.7	2.0	2.5	4.0	5.0	6.0

（6）脚手架的上下斜道严禁搭设在有外电线路的一侧。

（7）现场临时设施规划、建筑起重机械安装位置等应避开有外电线路一侧。

三、接地与接零保护系统

（一）接地与接地装置

接地是指设备与大地作电气连接或金属性连接。电气设备的接地,通常的方法是将金属导体埋入地中,并通过导体与设备作电气连接(金属性连接)。这种埋入地中直接与地接触的金属物体称为接地体,而连接设备与接地体的金属导体称为接地线,接地体与接地线的连接组合称为接地装置。应当注意,金属燃气管道不能用作自然接地体或接地线,螺纹钢和铝板不能用作人工接地体。

（二）接地的分类

接地按其作用可分为工作接地和保护性接地及兼有工作和保护性的重复接地。

(1)保护性接地分为保护接地、防雷接地、防静电接地等。

(2)重复接地:接地装置是构成施工现场用电基本保护系统的主要组成部分之一,是施工现场用电工程的基础性安全装置。在施工现场用电工程中,电力变压器二次侧(低电压)中性点要直接接地,PE线要作重复接地,高大建筑机械和高架金属设施要作防雷接地,产生静电的设备要作防静电接地。

（三）工作接地

将变压器中性点直接接地称为工作接地,限值应小于 4Ω。有了这种接地可以稳定系统电压,防止高压侧电源直接窜入低压侧,造成低压系统的电气设备被摧毁而不能正常工作。

（四）重复接地

在上述保护接零设备漏电情况下,若零线发生断线,则断线后零线和所有保护接地设备金属外壳变成了与火线相连,它们对地电压为 220V,此时人若触及它们将十分危险,保护接零失去保护作用。为此,将电网中零线在中间和末端多处接地,此时碰壳处故障电流 I_d 将通过零线接地线和工作接地线与电源组成回路,降低设备外壳接地电压。

这种在保护零线上再作接地就叫重复接地,PE线的重复接地不应少于 3 处,应分别设置于配电系统的首端、中间、末端,每处重复接地电阻值不应大于 10Ω。

重复接地可以起到零线断线后的补充保护作用,也可以降低漏电设备的对地电压,缩短故障持续时间。

重复接地必须与 PE 线相连接,严禁与 N 线相连接,否则,N 线中的电流将会分流经大地和电源中性点工作接地处形成回路,使 PE 线对地电位升高而带电。

（五）保护接零

如图 9-27 中的三相设备,其火线 L1 同电机外壳碰壳时,电机外部带电,人与设备外壳接触就易发生触电危险。若将用电设备金属与零线 N 相连,发生碰壳漏电时,就形成火线 L1 与零线短接,强大的短路电流将烧断熔断器,切断电源,防止触电事故发生。

这种将电气设备金属外壳与电网零线的连接称为保护接零。

（六）保护零线(PE线)与工作零线(N线)

(1)专用保护零线(PE线)必须采用绿/黄双色线,不得用铝线金属裸线代替,绿/黄双色线不得作为 N 线和相线使用。

(2)PE 线与 N 线的连接关系。经过总漏电保护器 PE 线与 N 线分开,其后不得再作电气连接。

（3）PE线与N线的应用区别。PE线是保护零线，只用于连接电气设备外露可导电部分，在正常情况下无电流通过，且与大地保持等电位；N线是工作零线，作为电源线用于连接单相设备或三相四线设备，在正常情况下会有电流通过，被视为带电部分，且对地呈现电压。所以，在实用中不得混用或代用。

在配电箱和开关箱内，工作零线和保护零线应该分设接线端子板，保护零线端子板应于箱体保持电气连接，工作零线端子板必须与箱体保证绝缘，否则就变成混接了。

（七）TN系统

我国施工现场临时用电系统一般为中性点直接接地的三相四线制低压电力系统，这个系统的接地、接零保护系统有两种形式，即TT系统和TN系统，TN系统又分为TN-C系统、TN-S系统和TN-C-S系统。

TT系统：第一个字母T表示工作接地，第二个字母T表示保护接地。

TN系统：第一个字母T表示工作接地，第二个字母N表示保护接零。

TN-C：保护接零PE与工作零线N合一的系统。

TN-S：保护接零PE与工作零线N分开的系统。

TN-C-S：在同一电网内，一部分采用TN-C，另一部分采用TN-S。

1. TN-C系统

TN-C系统如图9-27（a）所示。

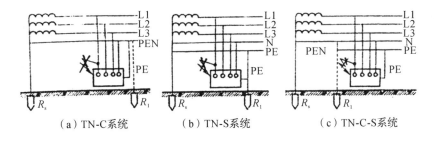

（a）TN-C系统　　（b）TN-S系统　　（c）TN-C-S系统

图9-27　TN系统

从图9-27（a）中可以看出，零线PEN在接入单相设备如照明灯时，它是灯具与电源组成电源回路的一部分，没有它灯具不能工作。根据此时它所起的作用，我们称它为工作零线。而在它与三相设备金属外壳相连时，没有它设备能照常工作，只是设备发生漏电时，将起到保护作用，此时，我们称它为保护零线。

由此可见，TN-C保护系统是工作零线与保护零线合一的系统（三相四线制）。

TN-C型式是工作零线与保护零线合一的型式，它存在以下显著缺陷：

（1）当三相负载不平衡时，零线带电。

（2）零线断线时，单相设备的工作电流会导致电气设备外壳带电。

（3）会给安装漏电保护器带来困难。

2. TN-S系统

对照TN-C型式缺陷，连接电气设备金属外壳的保护接零线同工作零线分开而单独敷设，就可有效排除TN-C型式缺陷，提高安全保护的可靠性。在图9-24（b）中，右边是具有重复接地的 TN-S 系统,即保护零线与工作零线分离的系统,俗称三相五线制。按《施工现场临时用电安全技术规范》(JGJ 46)要求,建筑施工临时用电必须采用 TN-S 系统。

3.TN-C-S 系统

有些施工现场没有自己的变电所,直接使用供电局提供的 TN-C 三相四线制供电系统供电,此电源进入施工现场后,需另接保护零线 PE,使施工现场变为 TN-S 三相五线制供电系统。就整个系统而言,其一部分采用 TN-C 系统,而另一部分采用 TN-S 系统,此系统称为 TN-C-S 系统。

将外部 TN-C 系统变为施工现场 TN-C-S 系统的接线方法为:当三相四线电源进入工地总配电箱后,将零线 N 接地,接地电阻为 10Ω,然后,再从该零线上引出两条零线,即工作零线 N 和保护零线 PE,如图 9-27(c)所示。

(八)标准化管理规定

根据《浙江省建筑施工安全标准化管理规定》在施工现场专用变压器的供电的 TN-S 接零保护系统中,电气设备的金属外壳必须与专用保护零线连接。保护零线应由工作接地线、配电室(总配电箱)电源侧零线或总漏电保护器电源侧零线处引出。如图 9-28 所示。

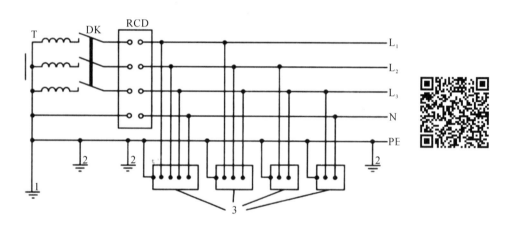

1—工作接地;2—PE 线重复接地;3—电气设备金属外壳(正常不带电的外露可
导电部分);L₁、L₂、L₃—相线;N—工作零钱;PE—保护零线;DK—总电源隔离开关;
RCD—总漏电保护器(兼有短路、过载、漏电保护功能的漏电断路器);T—变压器

图 9-28 TN-S 系统

当施工现场与外电线路共用同一供电系统时,电气设备的接地、接零保护与原系统保持一致,不得一部分设备作保护接零,另一部分设备作保护接地。采用 TN 系统做保护接零时,工作零线(N 线)必须通过总漏电保护器,保护零线(PE 线)必须由电源进线零线重复接地处或总漏电保护器电源侧零线处,引出形成局部 TN-S 接零保护系统。

TN 系统中的保护零线除必须在配电室或总配电箱处做重复接地外,还必须在配电系统的中间处和末端处做重复接地。在 TN 系统中,保护零线每一重复接地装置的接地电阻值应不大于 10Ω。在工作接地电阻允许达到 10Ω 的电力系统中,所有重复接地的等效电阻值不应大于 10Ω。

每一接地装置的接地线应采用 2 根及以上导体,在不同点与接地体做电气连接。不得采用铝导体做接地体或地下接地线。垂直接地体宜采用角钢、钢管或光面圆钢,不得采用螺纹钢材。接地可利用自然接地体,宜采用与在建工程基础接地网连接的方式,应保证其电气连接和热稳定。

PE线上严禁装设开关或熔断器。PE线上严禁通过工作电流,且严禁断线。

PE线所用材质与相线、工作零线(N线)相同时,其最小截面应符合表9.27规定。PE线的绝缘颜色为绿/黄双色线。PE线截面与相线截面的关系如表9-27所示。

表 9-27　PE 线截面与相线截面的关系

相线芯线截面 S/mm²	PE 线最小截面/mm²
$S \leqslant 16$	S
$16 < S \leqslant 35$	16
$S > 35$	$S/2$

配电箱金属箱体、施工机械、照明器具、电器装置的金属外壳及支架等不带电的外露导电部分应做保护接零,与保护零线的连接应采用铜鼻子连接。

四、配电箱、开关箱

配电系统应设置配电柜或总配电箱、分配电箱、开关箱,实行三级配电,三级保护,各级配电箱中均应安装漏电保护器。总配电箱下可设若干分配电箱;分配电箱下可设若干开关箱,如图9-29所示。总配电箱应设在靠近电源的区域,分配电箱应设在用电设备或负荷相对集中的区域。分配电箱与开关箱的距离不得超过30m。开关箱与其控制的固定式用电设备的水平距离不宜超过3m。配电箱、开关箱周围应有足够2人同时工作的空间和通道。不得堆放任何妨碍操作、维修的物品;不得有灌木、杂草。

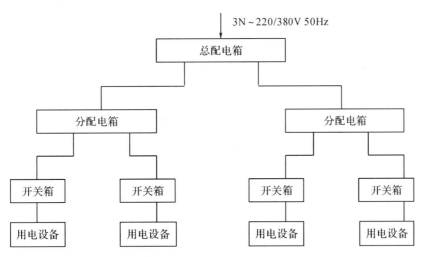

图 9-29　三级配电系统结构型式

动力配电箱与照明配电箱、动力开关箱与照明开关箱均应分别设置。

每台用电设备必须有各自专用的开关箱,严禁用同一个开关箱直接控制 2 台及 2 台以上用电设备(含插座)。

配电箱的电器安装板上必须设 N 线端子板和 PE 线端子板。N 线端子板必须与金属电器安装板绝缘;PE 线端子板必须与金属电器安装板做电气连接。进出线中的 N 线必须通过 N 线端子板连接;PE 线必须通过 PE 线端子板连接。

隔离开关应设置于电源进线端,应采用分断时具有可见分断点,并能同时断开电源所有极的隔离电器。漏电保护器应装设在配电箱、开关箱靠近负荷的一侧,且不得用于启动电气设备的操作。

配电箱、开关箱的进、出线口应设置在箱体的下底面,出线应配置固定线卡,进出线应加绝缘护套并成束卡固在箱体上,不得与箱体直接接触。移动式配电箱、开关箱的进、出线应采用橡皮护套绝缘电缆,不得有接头。配电箱、开关箱的电源进线端严禁采用插头和插座活动连接。

配电箱、开关箱应装设端正、牢固。固定式配电箱、开关箱的中心点与地面的垂直距离应为 1.4～1.6m。移动式配电箱、开关箱应装设在坚固的支架上。其中心点与地面的垂直距离宜为 0.8～1.6m。

配电箱、开关箱应编号,表明其名称、用途、维修电工姓名,箱内应有配电系统图,标明电器元件参数及分路名称。

配电箱、开关箱应进行定期检查、维修。检查、维修人员必须是建筑电工,持证上岗。检查、维修时必须按规定穿、戴绝缘鞋、手套,必须使用电工绝缘工具,并应做检查、维修工作记录。

配电箱、开关箱内的电器配置和接线严禁随意改动。熔断器的熔体更换时,严禁采用不符合原规格的熔体代替。漏电保护器每天使用前应启动漏电试验按钮试跳一次,试跳不正常时严禁继续使用。

五、现场照明

照明配电箱内应设置隔离开关、熔断器和漏电保护器。熔断器的熔断电流不得大于 15A。漏电保护器的漏电动作电流应小于 30mA,动作时间小于 0.1s。

施工现场照明器具金属外壳需要保护接零时必须使用三芯橡皮护套电缆。严禁使用双芯对绞花线、护套线和单根绝缘铜芯线。导线不得随地拖拉或缠绑在脚手架等设施构架上。

照明灯具的金属外壳和金属支架必须作保护接零。

室内 220V 灯具距地面不得低于 2.5m,室外 220V 灯具距地面不得低于 3m,配线必须采用绝缘导线或电缆线,并应做保护接零,不得采用双芯对绞花线。

在一个工作场所内,不得只装设局部照明。

下列特殊场所应使用安全特低电压照明器:

(1)隧道、人防工程、高温、有导电灰尘、比较潮湿或室内线路和灯具离地面高度低于 2.4m 等场所的照明,电源电压不应大于 36V。

(2)潮湿和易触及带电体场所的照明,电源电压不得大于 24V。

(3)特别潮湿的场所、导电良好的地面、锅炉或金属容器内的照明,电源电压不得大于 12V。

六、配电线路

电缆中必须包含全部工作芯线和用作保护零线或保护线的芯线。需要三相五线制配电的电缆线路必须采用五芯电缆。五芯电缆必须包含淡蓝、绿/黄两种颜色绝缘芯线。淡蓝色芯线必须用作 N 线;绿/黄双色芯线必须用作 PE 线,严禁混用。

电缆线路应采用埋地或架空敷设,严禁沿地面明设,并应避免机械损伤和介质腐蚀。埋地电缆路径应设方位标志。

埋地敷设宜选用铠装电缆;当选用无铠装电缆时,应能防水、防腐。架空敷设宜选用无铠装电缆。电缆直接埋地敷设的深度不应小于 0.7m,并应在电缆紧邻上、下、左、右侧均匀敷设不小于 50mm 厚的细砂,然后覆盖砖或混凝土板等硬质保护层。埋地电缆的接头应设在地面上的接线盒内,接线盒应能防水、防尘、防机械损伤,并应远离易燃、易爆、易腐蚀场所。架空电缆应沿电杆、支架或墙壁敷设,并采用绝缘子固定,绑扎线必须采用绝缘线,固定点间距应保证电缆能承受自重所带来的荷载,敷设高度应符合架空线路敷设高度的要求,但沿墙壁敷设时应最大弧垂距地不得小于 2.0m。架空电缆严禁沿脚手架、树木或其他设施敷设。

埋地电缆在穿越建筑物、构筑物、道路、易受机械损伤、介质腐蚀场所及引出地面从 2.0m 高到地下 0.2m 处,必须加设防护套管,防护套管内径不应小于电缆外径的 1.5 倍。

在建工程内的电缆线路必须采用电缆埋地引入,严禁穿越脚手架引入。电缆垂直敷设应充分利用在建工程的竖井、垂直孔洞等,并宜靠近用电负荷中心,固定点每楼层不得少于一处。电缆水平敷设宜沿墙或门口固定,最大弧垂距地不得小于 2.0m。

室内配线应根据配线类型采用瓷瓶、瓷(塑料)夹、嵌绝缘槽、穿管或钢丝敷设。潮湿场所或埋地非电缆配线必须穿管敷设,管口和管接头应密封;当采用金属管敷设时,金属管必须做等电位连接,且必须与 PE 线相连接。

七、电器装置

(1)配电箱、开关箱内的电器必须可靠、完好,严禁使用破损、不合格的电器。

(2)总配电箱和分配电箱内电器元件设置应采用以下两种方式:

①总隔离开关—总漏电保护器(具备短路、过载、漏电保护功能)—分路隔离开关。

②总隔离开关—总断路器(总熔断器)—分路隔离开关—分路漏电保护器(具备短路、过载、漏电保护功能)。

开关箱必须设置隔离开关、断路器或熔断器以及漏电保护器。当漏电保护器是具有短路、过载、漏电保护功能的漏电断路器时,可不设断路器或熔断器。容量大于 3.0kW 的动力电路应采用断路器控制,操作频繁时还应附设接触器或其他启动控制装置。

开关箱中漏电保护器的额定漏电动作电流不应大于 30mA,额定漏电动作时间不应大于 0.1s。使用于潮湿和有腐蚀介质场所的漏电保护器应采用防溅型产品,其额定漏电动作电流不应大于 15mA,额定漏电动作时间不应大于 0.1s。

分配电箱中漏电保护器的额定漏电动作电流应大于 30mA,额定漏电动作时间应大于 0.1s。总配电箱中漏电保护器的额定漏电动作电流和额定漏电动作时间应大于分配电箱的参数,但其额定漏电动作电流与额定漏电动作时间的乘积不应大于 30mA·s。

总配电箱、分配电箱和开关箱中漏电保护器的极数和线数必须与其负荷侧负荷的相数和线数一致。

八、变配电装置

配电室内配电屏的正面操作通道宽度不小于 1.5m,两侧操作通道不小于 1m,配电室顶棚的高度不小于 3m 且配电装置的上端距顶棚不小于 0.5m。配电室的建筑物和构筑物的耐火等级不低于 3 级,室内配置砂箱和可用于扑灭电气火灾的灭火器。

配电柜应装设电度表,并应装设电流、电压表。电流表与计费电度表不得共用一组电流互感器。配电柜装设电源隔离开关及短路、过载、漏电保护器。电源隔离开关分断时应有明显分断点。配电柜应编号,并应有用途标记。

配电柜或配电线路停电维修时,应挂接地线,并应悬挂"禁止合闸、有人工作"停电标志牌。停、送电必须由专人负责。

发电机组的排烟管道必须伸出室外。发电机组及其控制、配电室内必须配置可用于扑灭电气火灾的灭火器,严禁存放贮油桶。

发电机组电源必须与外电线路电源连锁,严禁并列运行。

九、施工用电检查评定

施工用电检查评定应符合现行行业标准《施工现场临时用电安全技术规范》(JGJ 46—2016)的规定。施工用电检查评定的保证项目包括:外电防护、接地与接零保护系统、配电线路、配电箱与开关箱。一般项目包括:配电室与配电装置、现场照明、用电档案。

(一)施工用电保证项目的检查评定应符合的规定

1. 外电防护

(1)外电线路与在建工程(含脚手架)、高大施工设备、场内机动车道的安全距离达不到要求时,应采取防护措施;

(2)外电架空线路正下方不得进行施工、建造临时设施或堆放材料物品。

2. 接地与接零保护系统

(1)施工现场专用变压器配电系统应采用 TN-S 接零保护方式;

(2)施工现场配电系统不得同时采用两种保护方式;

(3)保护零线的设置和安装应符合规范;

(4)工作接地和重复接地的设置和接地极的安装、测试应符合规范;

(5)施工现场的防雷措施应符合规范。

3. 配电线路

(1)线路及接头应保证机械强度和绝缘强度;

(2)线路应设短路、过载保护,导线截面应满足线路负荷电流;

(3)线路架设或埋设应符合规范。

4．配电箱与开关箱

(1)施工现场配电系统应按"三级配电,二级漏电保护"和"一机、一闸、一漏、一箱"设置;

(2)配电箱与开关箱结构设计、电器设置应符合规范;

(3)总配电箱与开关箱内应安装合格有效的漏电保护器;

(4)配电箱与开关箱内的电器应完好,电器和进、出线路安装规范;

(5)箱体应有系统接线图和分路标记,并有门、锁及防雨措施;

(6)配电箱与开关箱安装位置及周边环境应便于人员操作;

(7)分配箱、开关箱、用电设备间的距离应符合规范。

(二)施工用电一般项目的检查评定应符合的规定

1．配电室与配电装置

(1)配电室建筑耐火等级不低于3级并配备合格的消防器材;

(2)配电室、配电装置的布设应符合规范;

(3)配电装置中的仪表、电器元件设置应符合规范;

(4)备用发电机组必须与外电线路进行连锁;

(5)配电室应设置警示标志、工地供电平面图和系统图。

2．现场照明

(1)照明用电应与动力用电分设;

(2)特殊场所和手持照明灯应采用安全电压供电;

(3)照明变压器应采用双绕组安全隔离变压器;

(4)照明专用回路应安装漏电保护器;

(5)灯具金属外壳必须接保护零线;

(6)灯具与地面、易燃物之间应达到规定的安全距离;

(7)照明线路和安全电压线路的安装应符合规范。

3．用电档案

(1)施工现场应制定有针对性的专项用电组织设计;

(2)专项用电组织设计应履行审批程序,实施后应由相关部门组织验收;

(3)用电各项记录应按规定填写,记录应真实有效;

(4)用电档案资料应齐全,并设专人管理。

施工用电检查评分表如表9-28所示。

表 9-28　施工用电检查评分表

序号	检查项目		扣分标准	应得分数	扣减分数	实得分数
1	保证项目	外电防护	外电线路与在建工程(含脚手架)、高大施工设备、场内机动车道之间小于安全距离且未采取防护措施,扣 10 分 防护设施和绝缘隔离措施不符合规范,扣 5~10 分 在外电架空线路正下方施工、建造临时设施或堆放材料物品,扣 10 分	10		
2		接地与接零保护系统	施工现场专用变压器配电系统未采用 TN-S 接零保护方式,扣 20 分 配电系统未采用同一保护方式,扣 10~20 分 保护零线引出位置不符合规范,扣 10~20 分 保护零线装设开关、熔断器或与工作零线混接,扣 10~20 分 保护零线材质、规格及颜色标记不符合规范,每处扣 3 分 电气设备未接保护零线,每处扣 3 分 工作接地与重复接地的设置和安装不符合规范,扣 10~20 分 工作接地电阻大于 4Ω,重复接地电阻大于 10Ω,扣 10~20 分 施工现场防雷措施不符合规范,扣 5~10 分	20		
3		配电线路	线路老化破损,接头处理不当,扣 10 分 线路未设短路、过载保护,扣 5~10 分 线路截面不能满足负荷电流,每处扣 2 分 线路架设或埋设不符合规范,扣 5~10 分 电缆沿地面明敷,扣 10 分 使用四芯电缆外加一根线替代五芯电缆,扣 10 分 电杆、横担、支架不符合要求,每处扣 2 分	10		
4		配电箱与开关箱	配电系统未按"三级配电、二级漏电保护"设置,扣 10~20 分 用电设备违反"一机、一闸、一漏、一箱",每处扣 5 分 配电箱与开关箱结构设计、电器设置不符合规范,扣 10~20 分 总配电箱与开关箱未安装漏电保护器,每处扣 5 分 漏电保护器参数不匹配或失灵,每处扣 3 分 配电箱与开关箱内闸具损坏,每处扣 3 分 配电箱与开关箱进线和出线混乱,每处扣 3 分 配电箱与开关箱内未绘制系统接线图和分路标记,每处扣 3 分 配电箱与开关箱未设门锁、未采取防雨措施,每处扣 3 分 配电箱与开关箱安装位置不当、周围杂物多等不便操作,每处扣 3 分 分配电箱与开关箱的距离、开关箱与用电设备的距离不符合规范,每处扣 3 分	20		
		小计		60		

续表

序号	检查项目		扣分标准	应得分数	扣减分数	实得分数
5	一般项目	配电室与配电装置	配电室建筑耐火等级低于3级,扣15分 配电室未配备合格的消防器材,扣3~5分 配电室、配电装置布设不符合规范,扣5~10分 配电装置中的仪表、电器元件设置不符合规范或损坏、失效,扣5~10分 备用发电机组未与外电线路进行连锁,扣15分 配电未采取防雨雪和小动物侵入的措施,扣10分 配电室未设警示标志、工地供电平面图和系统图,扣3~5分	15		
6		现场照明	照明用电与动力用电混用,每处扣3分 特殊场所未使用36V及以下安全电压,扣15分 手持照明灯未使用36V以下电源供电,扣10分 照明变压器未使用双绕组安全隔离变压器,扣15分 照明专用回路未安装漏电保护器,每处扣3分 灯具金属外壳未接保护零线,每处扣3分 灯具与地面、易燃物之间小于安全距离,每处扣3分 照明线路接线混乱和安全电压线路接头处未使用绝缘布包扎,扣10分	15		
7		用电档案	未制定专项用电施工组织设计或设计缺乏针对性,扣5~10分 专项用电施工组织设计未履行审批程序,实施后未组织验收,扣5~10分 接地电阻、绝缘电阻和漏电保护器检测记录未填写或填写不真实,扣3分 安全技术交底、设备设施验收记录未填写或填写不真实,扣3分 定期巡视检查、隐患整改记录未填写或填写不真实,扣3分 档案资料不齐全、未设专人管理,扣5分	10		
	小计			40		
	检查项目合计			100		

注:1. 每项最多扣减分数不大于该项应得分数;
　　2. 保证项目有一项不得分或保证项目小计得分不足40分,检查评分表计零分;
　　3. 该表换算到汇总表后得分=(10×该表检查项目实得分数合计)/100。

第八节　施工消防安全

我国消防工作的方针是"以防为主,防消结合",以防为主就是要把预防火灾的工作放在首要的地位,要开展防火安全教育,提高人民群众对火灾的警惕性;健全防火组织,严密防火制度,进行防火检查,消除火灾隐患,贯彻建筑防火措施等。只有抓好消防防火,才能把可能引起火灾的因素消灭在起火之前,减少火灾事故的发生。"防消结合"就是在积极做好防火工作的同时,在思想上、组织上、物质上和技术上做好灭火战斗的准备。一旦发生火灾,就能迅速地赶赴现场,及时有效地将火灾扑灭。"防"和"消"是相辅相成的两个方面,是缺一不可的,因此,这两个方面的工作都要做好。

施工单位消防安全管理的主要内容包括:

(1)施工单位应当在施工现场建立消防安全责任制度。

(2)确定消防安全责任人,对重点消防部位和动火作业应明确区域或作业责任人。

(3)制定用火、用电、使用易燃易爆材料等各项消防安全管理制度和操作规程。

(4)设置消防通道、消防水源,配备消防设施和灭火器材。

(5)在施工现场入口处设置明显标志。

一、起火的条件

起火必须具备三个条件:

(1)存在能燃烧的物质。无论固体、液体、气体,凡能与空气中的氧或其他氧化剂起剧烈反应的物质,一般都称为可燃物质。如木材、纸张、汽油、酒精等。

(2)要有助燃物。凡能帮助和支持燃烧的物质都叫助燃物。如空气、氧气等。

(3)有能使可燃物燃烧的着火源。如明火焰、火星和电火花等。

只有上述三个条件同时具备,并相互作用才能起火。

二、动火等级的划分及其审批程序

根据建筑工程选址位置、施工周围环境、施工现场平面布置、施工工艺、施工部位不同,其动火区域分为一、二、三级。

(1)一级动火区域也称为禁火区域,凡属下列情况的均属此类:

①在生产或者储存易燃易爆物品场区,进行新建、扩建、改建工程的施工现场。

②建筑工程周围存在生产或储存易燃易爆品的场所,在防火安全距离范围内的施工部位。

③施工现场内储存易燃易爆危险物品的仓库、库区。

④施工现场木工作业处和半成品加工区。

⑤在比较密封的室内、容器内、地下室等场所,进行配制或者调和易燃易爆液体和涂刷油漆作业。

(2)二级动火区域

①在禁火区域周围动火作业区。

②登高焊接或者气割作业区。

③砖木结构临时食堂炉灶处。

(3)三级动火区域

①无易燃易爆危险物品处的动火作业。

②施工现场燃煤茶炉处。

③冬季燃煤取暖的办公室、宿舍等生活设施。

建筑工程施工现场动火证当日有效,如动火地点发生变化,则需重新办理动火审批手续。严禁实际动火地点与申请批准地点不符。

一级动火作业由项目负责人组织编制防火安全技术方案,填写动火申请表,报企业安全生产管理部门审查批准后方可动火。

二级动火作业由项目责任工程师组织拟订防火安全技术措施,填写动火申请表,报项目安全管理部门和项目负责人审查批准后,放可动火。

三级动火作业由所在班组填写动火申请表,经项目责任工程师和安全管理部门审查批准后方可动火。

动火作业没经过审批的,一律不得实施动火作业。

三、建筑施工消防安全的管理规定

根据《中华人民共和国消防法》规定,消防工作贯彻预防为主、防消结合的方针,按照政府统一领导、部门依法监管、单位全面负责、公民积极参与的原则,实行消防安全责任制,建立健全社会化的消防工作网络。任何单位和个人都有维护消防安全、保护消防设施、预防火灾、报告火警的义务。任何单位和成年人都有参加有组织的灭火工作的义务。建设工程的消防设计、施工必须符合国家工程建设消防技术标准。建设、设计、施工、工程监理等单位依法对建设工程的消防设计、施工质量负责。按照国家工程建设消防技术标准需要进行消防设计的建设工程,建设单位应当自依法取得施工许可之日起七个工作日内,将消防设计文件报公安机关消防机构备案,公安机关消防机构应当进行抽查。依法应当经公安机关消防机构进行消防设计审核的建设工程,未经依法审核或者审核不合格的,负责审批该工程施工许可的部门不得给予施工许可,建设单位、施工单位不得施工;其他建设工程取得施工许可后经依法抽查不合格的,应当停止施工。按照国家工程建设消防技术标准需要进行消防设计的建设工程竣工,依照规定进行消防验收、备案。依法应当进行消防验收的建设工程,未经消防验收或者消防验收不合格的,禁止投入使用;其他建设工程经依法抽查不合格的,应当停止使用。消防产品必须符合国家标准;没有国家标准的,必须符合行业标准。禁止生产、销售或者使用不合格的消防产品以及国家明令淘汰的消防产品。依法实行强制性产品认证的消防产品,由具有法定资质的认证机构按照国家标准、行业标准的强制性要求认证合格后,方可生产、销售、使用。实行强制性产品认证的消防产品目录,由国务院产品质量监督部门会同国务院公安部门制定并公布。新研制的尚未制定国家标准、行业标准的消防产品,应当按照国务院产品质量监督部门会同国务院公安部门规定的办法,经技术鉴定符合消防安全要求的,方可生产、销售、使用。建筑构件、建筑材料和室内装修、装饰材料的防火性能必须符合国家标准;没有国家标准的,必须符合行业标准。人员密集场所室内装修、装饰,应当按照消防技术标准的要求,使用不燃、难燃材料。电器产品、燃气用具的产品标准,应当符合消防安全的要求。电器产品、燃气用具的安装、使用及其线路、管路的设计、敷设、维护保养、检测,必须符合消防技术标准和管理规定。任何单位、个人不得损坏、挪用或者擅自拆除、停用消防设施、器材,不得埋压、圈占、遮挡消火栓或者占用防火间距,不得占用、堵塞、封闭疏散通道、安全出口、消防车通道。人员密集场所的门窗不得设置影响逃生和灭火救援的障碍物。消防产品质量认证、消防设施检测、消防安全监测等消防技术服务机构和执业人员,应当依法获得相应的资质、资格;依照法律、行政法规、国家标准、行业标准和执业准则,接受委托提供消防安全技术服务,并对服务质量负责。

根据《中华人民共和国消防条例》规定"具有火灾危险的场所禁止动用明火;确需动用明

火时,必须事先向主管部门办理审批手续,并采取严密的消防措施,切实保证安全"。《建设工程安全生产管理条例》第三十一条规定"施工单位应当在施工现场建立消防安全责任制度,确定消防安全责任人,制定用火、用电、使用易燃易爆材料等各项消防安全管理制度和操作规程,设置消防通道、消防水源,配备消防设施和灭火器材,并在施工现场入口处设置明显标志。"

四、《建设工程施工现场消防安全技术规范》的规定

2.0.3 临时消防设施:设置在建设工程施工现场,用于扑救施工现场火灾、引导施工人员安全疏散等各类消防设施,包括灭火器、临时消防给水系统、消防应急照明、疏散指示标识、临时疏散通道等。

3.1.3 施工现场出入口的设置应满足消防车通行的要求,并宜布置在不同方向,其数量不宜少于2个。当确有困难只能设置1个出入口时,应在施工现场内设置满足消防车通行的环形道路。

3.1.5 固定动火作业场应布置在可燃材料堆场及其加工场、易燃易爆危险品库房等全年最小频率风向的上风侧;宜布置在临时办公用房、宿舍、可燃材料库房、在建工程等全年最小频率风向的上风侧。

3.1.7 可燃材料堆场及其加工场、易燃易爆危险品库房不应布置在架空电力线下。

3.2.1 易燃易爆危险品库房与在建工程的防火间距不应小于15m,可燃材料堆场及其加工场、固定动火作业场与在建工程的防火间距不应小于10m,其他临时用房、临时设施与在建工程的防火间距不应小于6m。

3.3.1 施工现场内应设置临时消防车道,临时消防车道与在建工程、临时用房、可燃材料堆场及其加工场的距离,不宜小于5m,且不宜大于40m;施工现场周边道路满足消防车通行及灭火救援要求时,施工现场内可不设置临时消防车道。

5.2.1 在建工程及临时用房的下列场所应配置灭火器:

1. 易燃易爆危险品存放及使用场所;

2. 动火作业场所;

3. 可燃材料存放、加工及使用场所;

4. 厨房操作间、锅炉房、发电机房、变配电房、设备用房、办公用房、宿舍等临时用房;

5. 其他具有火灾危险的场所。

5.2.2 施工现场灭火器配置应符合下列规定:

1. 灭火器的类型应与配备场所可能发生的火灾类型相匹配;

2. 灭火器的最低配置标准应符合表9-29的规定。

表9-29 灭火器最低配置标准

项目	固体物质火灾		液体或可熔化固体物质火灾、气体火灾	
	单具灭火器最小灭火级别	单位灭火级别最大保护面积 m²/A	单具灭火器最小灭火级别	单位灭火级别最大保护面积 m²/B
易燃易爆危险品存放及使用场所	3A	50	89B	0.5

项目	固体物质火灾		液体或可熔化固体物质火灾、气体火灾	
	单具灭火器最小灭火级别	单位灭火级别最大保护面积 m²/A	单具灭火器最小灭火级别	单位灭火级别最大保护面积 m²/B
固定动火作业场	3A	50	89B	0.5
临时动火作业点	2A	50	55B	0.5
可燃材料存放、加工及使用场所	2A	75	55B	1.0
自备发电机房	2A	75	55B	1.0
变、配电房	2A	75	55B	1.0
办公用房、宿舍	1A	100	—	—

5.3.5 临时用房的临时室外消防用水量不应小于表 9-30 的规定。

表 9-30 临时用房的临时室外消防用水量

临时用房的建筑面积之和	火灾延续时间/h	消火栓用水量/(L/s)	每支水枪最小流量/(L/s)
1000m² < 面积 ≤ 5000m²	1	10	5
面积 > 5000m²		15	5

5.3.6 在建工程的临时室外消防用水量不应小于表 9-31 的规定。

表 9-31 在建工程的临时室外消防用水量

在建工程(单体)体积	火灾延续时间/h	消火栓用水量/(L/s)	每支水枪最小流量/(L/s)
10000m³ < 体积 ≤ 30000m³	1	15	5
体积 > 30000m³	2	20	5

5.3.9 在建工程的临时室内消防用水量不应小于表 9-32 的规定。

表 9-32 在建工程的临时室内消防用水量

建筑高度、在建工程(单位)体积	火灾延续时间/h	消火栓用水量/(L/s)	每支水枪最小流量/(L/a)
24m < 建筑高度 ≤ 50m 或 30000m³ < 体积 ≤ 50000m³	1	10	5
建筑高度 > 50m 或体积 > 50000m³	1	15	5

6.1.1 施工现场的消防安全管理由施工单位负责。

实行施工总承包的,由总承包单位负责。分包单位应向总承包单位负责,并应服从总承包单位的管理,同时应承担国家法律、法规规定的消防责任和义务。

6.1.7 施工人员进场前,施工现场的消防安全管理人员应向施工人员进行消防安全教育和培训。防火安全教育和培训应包括下列内容：

1．施工现场消防安全管理制度、防火技术方案、灭火及应急疏散预案的主要内容；

2．施工现场临时消防设施的性能及使用、维护方法；

3．扑灭初起火灾及自救逃生的知识和技能；

4．报火警、接警的程序和方法。

五、施工现场防火的具体要求

（一）建筑安装工程中涉及防火的特殊工种

1．焊接作业及其焊条库和烘箱房。

2．电工作业。

3．油漆涂装作业。

4．木工作业。

5．危险品（汽油、燃油、酒精、氢、氧/乙炔）保管及使用等。

（二）易燃场所现场防火一般要求

1．现场严禁吸游烟。

2．在易燃易爆区域动火，必须严格执行"动火证"、"动火工作票"制度。

3．库房的建设与管理要严格执行库房防火的有关规定。

4．严格执行易燃易爆物品的领用和现场使用管理规定。

5．现场消防器材、用品要按需配齐，经常检查，以保证紧急情况下使用的可靠性和有效性。消防器材/用具应放在明显易取处，严禁挪作他用。

6．对生产、生活临建内取暖设施的使用安全应有明确的规定。

7．及时清理施工中的一切"火种"，凡施工动火作业（包括电焊施工等），完工后必须检查周围是否存在未熄灭的明火或其他火种。

8．禁止在办公室、宿舍存放易燃易爆物品。

9．挥发性易燃材料禁止放在敞口容器内；闪点在450℃的桶装液体不得露天存放。

10．贮存易燃易爆液体和气体的保管人员禁止穿合成纤维等容易产生静电的材料制成的服装。

11．凡进入易燃易爆场所的机动车辆的排气管应装防火罩。

（三）焊接作业及其焊条库和烘箱防火要求

1．参加焊接、切割作业人员，应取得合法的特殊工种工作合格证，方可上岗。

2．焊接作业前必须认真检查周围环境，发现附近有易燃易爆物品或其他危及安全的情况时，必须及时采取相应的防护措施。

3．在带有压力的容器和管道、运行中的转动机械及带电设备上，严禁进行焊接作业。

4．不得在储存汽油、煤油、挥发性油脂等易燃易爆物的容器上焊接作业。

5．不准直接在木板、木地板上进行焊接。严禁用火焊开启装有易燃材料的包装箱。

6．焊完焊件应将火熄灭，待焊件冷却，并确认无焦味、烟气后，方能离开。

7．在管道、井下、地坑、深沟及其他狭窄地点进行焊接作业，必须事先检查其内部是否有易燃易爆物，必须在消除隐患后，才准进行焊接作业。

8．对任何受压容器不允许在其内部气压大于大气压力的情况下焊修。用电焊修理锅炉、储气筒及其管路时,必须将其内部的蒸汽、压缩空气等全部排尽。

9. 经常检查电焊机以及焊机电缆的绝缘是否良好,绝缘损坏应及时修复。

10. 电焊接地线不可乱接乱拉。

11. 必须采用电焊工艺修理盛装过液体燃料的容器时,容器首先要经过仔细刷洗和擦拭,彻底清除内部的残余燃料。清除残余燃料的方法有以下几种:

(1)对一般燃料容器,可用磷酸钠的水溶液仔细清洗,清洗时间 15～20 分钟;

(2)清洗装过不溶于碱的矿物油容器时,1 升水溶液中加 2～3g 的水玻璃或肥皂;

(3)汽油容器的清洗是用蒸汽吹刷,吹刷时间一般为 2～24g,根据容器大小决定。如不便于清洗,可在容器内装满水,敞开上口。

12. 氧、乙炔气瓶使用防火要求一般为:

(1)氧、乙炔气瓶在使用时必须保持一定的安全距离,一般不少于 8m;

(2)氧气瓶口不许沾染油脂;

(3)气瓶不得露天曝晒,乙炔气瓶应装回火装置,气瓶应直立使用;

(4)装卸气瓶时不准扔摔;

(5)氧、乙炔气瓶不能接触高温和明火;

(6)氧、乙炔气瓶使用中应保留一定的余气;

(7)乙炔气瓶阀冻结时,严禁用火烤,应用热毛巾等包裹使之慢慢溶化。

(四)现场施工用电防火要求

1. 注意电气设备的通风散热,特别是在夏天高温季节,有些电气设备(如变压器、电容器等)运行中发热较大,若散热不好导致温度过高,会起火引发火灾。

2. 防止短路。线路架设和用电设备应经常检查和维护。

3. 控制过载。不许乱拉、乱接电线,不使电线超载运行。

4. 控制电火花和电弧的产生。在易燃易爆区域,采用防爆型电器设备。

5. 电器连接部位要连接牢靠,避免接线接触不良导致温度过高引发火灾。

6. 电气作业的维护人员必须持证上岗。

7. 及时更换绝缘老化的线路。

8. 及时处理电气设备故障,防止因事故火花或过热造成火灾。

9. 现场用电取暖设备必须是专业厂家的合格产品,必须经有关部门批准方可使用,严禁私设、乱制电热设备。

10. 储存易燃易爆材料的库房的电源线敷设、电气设备的设置必须符合有关防火防爆要求。

(五)油漆涂装作业防火要求

1. 油漆涂装作业现场禁止明火。

2. 油漆涂装作业现场应清除除油漆涂料外的其他各类易燃材料。

3. 稀释剂及其他各类易挥发的有机溶剂必须加盖密封。

4. 作业场所应保持良好的通风,冬天作业时应处理好取暖与通风的关系,严禁用明火取暖。

5. 作业场所油漆涂料存放量一般不超过 2 天的使用量,不得过多存放。

6. 有交叉作业时,应保证与其他产生粉尘、明火的作业可靠隔离。

7. 现场应按规定配备相应的灭火器材。

（六）木工作业和木工间防火要求

1. 作业场所材料存放量一般保持在 2～3 天，不过多存放。

2. 现场应按规定配备相应的灭火器材。

3. 木工间与堆放场地之间应保持一定的安全距离。

4. 要及时清理作业过程中产生的刨花、木屑等余料，保持作业场所整洁。

5. 安全保卫人员应把木工间及其作业现场作为巡检的重点部位。

（七）易燃易爆危险品（汽油、燃油、酒精、氢、乙炔）保管及使用防火要求

1. 仓库应满足《仓库防火安全规则》的基本要求，同时应符合《建筑设计防火规范》要求。

2. 危险品库的门应向外开启，并应装设喷淋等防晒降温措施。

3. 甲、乙类物品和一般物品以及容易相互发生化学反应或者灭火方法不同的物品，应分库储存，并在醒目处标明储存物品的名称、性质和灭火方法。

4. 仓库内使用的各类电气设备应采用防爆型，库房必须装设避雷装置。

5. 保管、使用人员应经过必要的消防知识培训，并考试合格，获得上岗资格。

6. 易自燃或者遇水分解的物品，必须在温度较低、通风良好和空气干燥的场所储存，并安装专用仪器定时检测，严格控制湿度与温度。

7. 保管、使用人员应严格执行危险品领用和现场使用的有关规定。

8. 进入易燃易爆危险品库的车辆排气管应有防火罩。

（八）季节性防火措施

1. 夏季防火

（1）对各类易燃易爆场所和作业活动做好降温措施，如通风、喷淋、遮阴以及其他各类降温/防晒措施，避开高温时段领用易燃易爆物资。

（2）在易燃易爆场所动火作业应严格执行"动火证""动火工作票"制度。

（3）易燃易爆场所和动火作业现场应按规定配备相应的灭火器材。

（4）危险化学品储存库房应按规定做接地和避雷措施。

（5）在入夏前及夏季施工中，应加强对易燃易爆场所和动火作业的监督检查，检查重点为：易燃易爆场所和动火作业灭火器材的配备情况，消防设施的有效性、降温措施的落实情况以及人员遵章守纪情况。

（6）检查各类用电设施的负荷情况，对过负荷、超负荷情况及时处理，以防引起电气火灾。

2. 秋冬季防火

（1）在易燃易爆场所动火作业应严格执行"动火证""动火工作票"制度。

（2）易燃易爆场所和动火作业现场应按规定配备相应的灭火器材。

（3）应加强对易燃易爆场所和动火作业的监督检查。

（4）对消防器具应进行全面检查，对消防设施应做好保温防冻措施。

（5）对取暖设施应进行全面检查并加强动火管理，及时清除火源周围易燃物，严禁将碘钨灯、电炉作为宿舍和办公室的取暖设施使用。

六、防火检查及灭火方法

（一）防火检查

1．日常巡查和主要内容

施工单位应当每日对施工现场进行防火巡查，并确定巡查的人员、内容、重点部位和频次，巡查的内容应当包括：

（1）用火、用电有无违章情况。

（2）消防设施、器材和消防安全标志是否在位、完整，消防设施、器材是否处于可用状态。

（3）消防重点部位的管理制度执行情况。

（4）其他消防安全情况。

（5）防火巡查人员应当及时纠正违章行为，妥善处置火灾危险，无法当场处置的，应当立即报告；发现初起火灾应当立即报警并及时扑救。防火巡查应当填写巡查记录，巡查人员及其主管人员应当在巡查记录上签字。

2．月度消防检查

各施工单位应当每月组织一次防火专项检查，检查的内容应当包括：

（1）火灾隐患的整改情况以及防范措施的落实情况。

（2）安全疏散通道、疏散指示标志、应急照明和安全出口情况。

（3）消防车通道、消防水源情况。

（4）灭火器材配置及有效性情况。

（5）用火、用电有无违章情况。

（6）重点工种人员以及其他员工消防知识的掌握情况。

（7）消防安全重点部位的管理情况。

（8）易燃易爆危险物品和场所防火防爆措施的落实情况以及其他重要物资的防火安全情况。

（9）消防（控制室）值班情况和设施运行、记录情况。

（10）防火巡查情况。

（11）消防安全标志的设置情况和完好、有效情况。

（12）其他需要检查的内容。

防火检查应当填写检查记录，检查人员和被检查部门负责人应当在检查记录上签字。

3．灭火器材检查

对灭火器材应当建立档案资料，表明配置类型、数量、设置位置、检查维修单位（人员）、更换药剂的时间等有关情况。实行抽查和定期检查相结合的方式。

（二）灭火方法

一切灭火措施，都是为了破坏已产生的燃烧条件。根据物质燃烧的原理，灭火基本方法有以下四种。

1．冷却法

冷却法是将灭火剂直接喷射到燃烧物上，使燃烧物质的温度降低到燃点之下，停止燃烧；或者将灭火剂喷洒在火源附近的物体上，使其不受火焰辐射热的威胁，避免形成新的火点。

利用冷却法灭火,其最普通最切实可行的方法是以密集的水流、分散细小的水雾或用二氧化碳冷却降温灭火。在液态二氧化碳挥发变成气态的过程中,其体积急骤扩大,这就吸收了大量的热量,使燃烧物质的温度下降。因此,水和二氧化碳就成了有效的冷却介质和有稀释能力的物质。

2.隔离法

隔离法是将火源处或其周围的可燃物质撤离或隔开,燃烧将会因无可燃物而停止。例如,将火源附近的可燃、易燃、易爆和助燃物品搬走;关闭可燃气体、液体管道的阀门,以减少或停止可燃物质流入燃烧区域,截断燃料使火熄灭;有时也可拆除与火源相连的建筑物等而使燃烧中断。

3.窒息法

窒息法是阻止空气流入燃烧区或用不燃烧物质冲淡空气,使燃烧物质得不到足够的氧气而熄灭。如用不燃或难燃物质覆盖已燃烧区域,使之把空气及氧气隔离开来以达到灭火的目的;用潮湿的毡毯来覆盖火焰,或在火焰处抛撒大量的土或砂石,也可达到隔离氧气的目的;对容器设备内的火灾,有时可用水蒸气或惰性气体灌注入容器设备,把氧气隔离开来。

4.中断化学反应法

中断化学反应法是使灭火剂参与到燃烧反应过程中去,使燃烧过程中产生的游离基消失而形成稳定分子或低活性的游离基,从而使燃烧的化学反应中断。目前为人们所熟悉的二氟二溴甲烷、二氟一氯一溴甲烷均属这类灭火剂。

(三)常用消防器材

1.泡沫灭火器

泡沫灭火器是通过筒内酸性溶液与碱性溶液混合后发生化学反应,喷射出泡沫覆盖在燃烧物的表面上,隔绝空气,起到灭火效果。泡沫灭火器适用于扑灭油脂类、石油类产品及一般固体物质的初起火灾。它有 MP 型手提式、MPZ 型手提舟车式、MPT 型推车式三种。

2.酸碱灭火器

酸碱灭火器是利用两种药液混合后喷射出来的水溶液扑灭火焰,适用于扑救竹、木、棉、毛、草、纸等一般可燃物质的初起火灾;但不宜用于油类、忌水、忌酸物质及电气设备的火灾。目前只有 MS 型手提式一种。

3.干粉灭火器

干粉灭火器是以高压二氧化碳气体作为动力,喷射干粉的灭火工具,适用于扑救石油及其产品、可燃气体和电器设备的初起火灾。干粉灭火器有 MF 型手提式、MFT 型推车式和 MFB 型背负式三种。

4.二氧化碳灭火器

二氧化碳灭火器主要适用于扑救贵重设备、档案材料、仪器仪表、600V 以下的电器及油脂等火灾。二氧化碳灭火器有 MT 型手轮式和 MTZ 型鸭嘴式两种。

(四)火场逃生方法

(1)如果身上的衣物由于静电的作用或吸烟不慎而引起火灾时,应迅速将衣服脱下或撕下,或就地滚翻将火压灭,但注意不要滚动太快。一定不要身穿着火衣服跑动。如果有水可迅速用水浇灭,但人体被火烧伤时一定不能用水浇,以防感染。

(2)用毛巾、手帕捂鼻护嘴。因火场烟气具有温度高、毒性大、氧气少、一氧化碳多等特点,人吸入后容易引起呼吸系统烫伤或神经中枢中毒,因此在疏散过程中应采用湿毛巾或手帕捂鼻和嘴(但毛巾与手帕不要超过六层厚)。注意:不要顺风疏散,应迅速逃到上风处躲避烟火的侵害。由于着火时烟气大多聚集在上部空间,具有向上蔓延快、横向蔓延慢的特点,因此在逃生时不要直立行走,应弯腰或匍匐前进。

(3)遮盖护身。将浸湿的棉大衣、棉被、门帘子、毛毯、麻袋等遮盖在身上,确定逃生路线后,以最快的速度直接冲出火场,到达安全地点,但注意捂鼻护口,防止一氧化碳中毒。

(4)多层建筑着火逃生。如果多层楼着火,因楼梯的烟气火势特别猛烈时,可利用绳索,把其一端紧拴在牢固的采暖系统管道、门窗或其他坚固物上,再顺着绳索滑下。

(5)被迫跳楼逃生。如无条件采取上述自救办法,而时间又十分紧迫,烟火威胁严重,低层建筑可采用被迫跳楼的方法逃生。首先应向地面上抛下一些沙发垫子、编织袋等,以增加缓冲,然后手扶窗台往下滑,以缩小跳楼高度,并尽量能让双脚首先落地。

(6)火场求救方法。当发生火灾时,首先用通信工具联络,还可用敲打金属物件,夜间可打手电筒、打火机等物品的声响、光亮发出求救信号,引起救援人员的注意,为逃生争得时间。

(7)利用疏散通道逃生。在人员密集、交叉作业众多,又涉及焊接、切割作业的场所,应考虑设置一定的疏散通道。

第九节　施工现场防爆安全

一、施工中可能遇见爆炸的作业

(1)爆破作业(土石方开挖、建筑物拆除)。
(2)油漆涂装作业。
(3)氧乙炔焊接、切割作业。
(4)压力容器/压缩气瓶使用和储存。

二、防爆场所施工防护要点

(一)爆破作业安全要求

1. 爆破作业一般安全要求

(1)爆破作业前针对特定的爆破施工特点进行设计和严格的计算,并按规定办理审批手续。

(2)对参与爆破作业的施工人员进行安全技术交底,并履行签字手续。

(3)加工起爆药包时,只准在爆破现场进行,并按所需量一次制作,不得留备用品,制作好的起爆药包应有专人看管。

(4)电雷管的导通检验和选配电阻加工等工作,必须有专人在单独的房间里进行,发现异常的电雷管,不得使用。

(5)电雷管使用前,应检查其电阻(导电性),断电的不得使用。根据不同电阻值选配分组,在同一串联网路中,必须用同厂、同批、同型号的电雷管,各电雷管(角线长度为20m)之间的电阻差值,对康铜桥丝:铁脚线不大于0.3Ω;铜脚线不大于0.25Ω;对镍铬桥丝:铁脚线不大于0.8Ω;铜脚线不大于0.3Ω。

(6)在选择电爆网路形式时,除应考虑导线的规格外,还应考虑电源的电压及电容量是否够用,以免影响起爆效果。应能准确地控制起爆时间、起爆顺序和间隔时间,安全可靠地同时起爆或分段起爆群药包。

(7)为保证电雷管的准爆和操作安全,电雷管的有关参数应符合以下规定:电阻为1.0~1.5Ω;最大安全电流(输出电流)不得超过0.05A。最小准爆电流,对康铜桥丝雷管:交流电源为4A;直流电源为2.5A。对镍铬桥丝电雷管:交流电源2.5A,直流电源为1.5A。

(8)电爆网路应采用胶皮绝缘和塑料绝缘的导线,不得使用裸露线。在潮湿地面铺设电爆网路,接头必须绞合牢固,并用胶布缠绕好。接头处应用小木块支垫以离开地面。

(9)电力起爆前,应将每个电雷管的脚线连成短路,使用时方可解开,并严禁与电池放在一起或与电源线路相碰。主线的末端也应连成短路,用胶布包裹,以防误触电源,发生爆炸。

(10)对大型或重要的爆破工程,应采用复式网路。不得采用水或大地作电爆网的回路。对于复式起爆网路,各个串联支路的雷管个数和电阻值应大致相等,最大差值不能超过10%。

(11)使用电力线路作起爆电源必须有闸刀开关装置。区域线与闸刀主线的连接工作,必须在所有爆破眼孔均已装药、堵塞完毕,现场其他作业人员已退至安全地区后方准进行。

(12)起爆之前应对爆破网路进行一次检查,防止接头与地面接触,造成短路。同时应用爆破欧姆表检测电爆网路的电阻和绝缘,如与计算相差10%以上时,应查明原因,并消除故障后方可起爆。

(13)电源与雷管要分开放置,放炮箱闸刀要上锁,并有专人管理,得到放炮命令后方准起爆。

(14)起爆后,若发生拒爆,应立即将主线从电源解开,并将主线短路。如使用即发雷管时,应在短路后不少于5min,方可进入现场;如使用延期雷管时,应短路后不少于15min,方可进入现场检查。

(15)遇有暴风雨或闪电打雷时,禁止装药、安装电雷管和连接电线等操作,同时应迅速将雷管的脚线、电源线的两端分别绝缘。

(16)使用火雷管时,导火线应做燃速试验。点火应用香棒,不得使用香烟、火柴或其他明火。

2. 爆破拆除作业特殊安全要求

(1)采用定向爆破拆除工程时,必须经过爆破设计,对起爆点、引爆物、用药量和爆破程序进行严格计算。

(2)爆破材料严格按规定存放在安全库房内。

(3)要严格做好爆破材料保管、领用和使用爆破材料登记手续。

(4)经批准的拆除工程施工组织设计和安全技术措施必须认真执行。遇到工程设计和施工组织设计有变更或施工条件等有变化,必须及时相应变更或补充有针对性的安全技术措施内容,并按规定办理变更审批手续。

(5)安全技术措施中的各种安全设施、安全防护设备都应列入任务单,责任落实到班组、个人,现场安全管理人员应进行监督并实行验收制度。

(6)在车间内爆破时,应把门窗打开,对受保护的建筑物,其影响振速不得超过 50cm/s。

(7)爆破时,为保护周围建筑物及设备不被打坏,可在其周围设置厚度不小于 5cm 的坚固木板加以保护,并用铁丝捆牢,距炮眼距离不得小于 50cm。如爆破体靠近钢结构或需保留部分,必须用沙袋加以保护,其厚度不小于 50cm。

（二）油漆涂装作业防爆要求

油漆涂装作业防爆要求与防火要求基本一致。

（三）氧乙炔焊接、切割作业的防爆要求

氧乙炔焊接、切割作业的防爆要求与防火要求基本一致。

（四）压力容器/压缩气瓶使用和储存

防止压力容器爆破事故发生,主要是防止压力容器/压缩气瓶超压。

(1)根据设备特点和系统的实际情况,制定每台压力容器的操作规程。操作规程中应明确异常工况的紧急处理方法,确保在任何工况下压力容器不超压、超温运行。

(2)各种压力容器安全阀应定期进行校验和排放试验。

(3)运行中的压力容器及其安全附件（如安全阀、排污阀、监视表计、连锁、自动装置等）应处于正常工作状态。设有自动调整和保护装置的压力容器,其保护装置的退出应经负责人批准,保护装置退出后,实行远控操作并加强监视,且应限期恢复。

(4)使用中的各种气瓶严禁改变涂色,严防错装、错用,气瓶立放时应采取防止倾倒的措施;液氯钢瓶必须水平放置;放置液氯钢瓶、溶解乙炔气瓶场所的温度要符合要求。使用溶解乙炔气瓶者必须配置防止回火装置。

(5)压力容器内部有压力时,严禁进行任何修理或紧固工作。

(6)压力容器上使用的压力表,应列为计量强制检验表计,按规定周期进行强检。

(7)结合压力容器定期检验或检修,每两个检验周期至少进行一次耐压试验。

第十节　施工现场防毒安全

一、施工中可能遇见的有毒发生环境分类

（一）毒性材料分类

毒性物品是指有强烈毒性,少量进入人体内或接触皮肤,即可造成不同程度的中毒甚至死亡的物品。

(1)毒性物品按它们对身体的有害效应的类型分,可分为影响全身的毒素、窒息剂和刺激剂。在每一类中按毒物的物理形成分类,分为颗粒状物或液体。

(2)按生物作用分类:

①麻醉性毒性物品,如高浓度的苯、甲醇、乙醚等。

②腐蚀性毒性物品,如硫酸二钾酯、苯酚等。

③刺激性毒性物品,如氯气、氮的氧化物等。

④过敏性毒性物品,如对苯二胺等。

⑤神经性毒性物品,如有机铅、有机锡、有机磷等。

⑥致热源性毒性物品,如氧化锌、氧化镉、聚四氟乙烯的烟雾等。

无机毒性物品一般含有汞、铅、钡、磷、砷、硒、氰基等;有机毒性物品一般含有磷、氯、硫、硅、汞、铅等化合物。

(3)把携带微粒物质的烟雾(悬浮于空气中的物质雾化颗粒)分为四类:

①烟。一般是碳的固体颗粒,是由碳物质材料燃烧产生的,碳烟雾含有 $0.01\mu m$ 的颗粒,容易迅速凝结成长而不规则的细丝,长度为几微米。

②灰尘。固体颗粒的大小从 $0.1\mu m$ 以下一直到沙暴中的大颗粒。

③雾。液体的微小点滴,由雾化产生的或由挥发性物质在微小核上凝结而成。这些颗粒的大小常常很大,如天热产生的水雾,其大小从 $4\sim40\mu m$。

④烟雾。一般是由升华、燃烧或冷凝产生的固体颗粒。通常大小在 $0.05\sim0.5\mu m$,烟雾也可以由高温的弧光产生,如电弧焊。

(二)人体中毒症状

液体、固体和气体毒物也可通过皮肤上的伤口进入身体。如果受到高速推进,毒物可能注射入身体。高压喷漆或者压缩空气的高压射流都是例子。有一些毒性物质,如四乙铅,可通过正常无损的皮肤被身体吸收,而这是特别危险的,因为它进入身体完全是无法知觉的。

人体中毒后,会表现出以下各种不同的症状,一旦发现有此种种情况,应及时诊治:

1. 恶心、呕吐、泄泻

平常的疾病,除急性肠炎胃炎外,此等症状发生较缓,如突然发生恶心、呕吐、泄泻,即表明体内有刺激性毒物侵入。许多工业毒物,如金属性毒物,在中毒之初,就发生此种症状。

2. 脉搏异常

一般发生急性中毒后,脉搏变成快速而微弱,甚至发生虚脱。

3. 呼吸困难

有几种情况会使人感到呼吸困难:一种是腐蚀性毒物的局部作用,造成声门水肿,引起机械性呼吸障碍;一种如慢性铅中毒,引起麻痹作用而造成呼吸困难;还有一种是毒物作用到血管舒缩中枢,也会造成呼吸和心跳异常。

4. 皮肤色泽、知觉出现异常

中毒后,往往会使皮肤变成苍白或紫褐色,或发生类似风疹斑块的症状。有些毒物,如铅、砷、酒精等中毒后,会发生感觉型神经炎,造成皮肤麻木不仁,知觉失常,疼痛以及有麻痛感等。皮肤长期受卤素化合物的刺激,会发生皮疹和痤疮。

5. 动作异常

某些毒物使人体中毒后,以出现动作异常为其特征,这在判断是否中毒上也相当有价值。例如,铅中毒后会造成手臂的肌肉瘫痪。

6. 嗜睡、痉挛、有错觉或幻觉等

常常是毒物作用到大脑所发生的神经方面的症状。

7. 眼红肿、发炎等

眼红肿、发炎等往往是由刺激性、腐蚀性的毒物作用所引起的,甲醇中毒则会导致双目失明。

至于体温变化则一般并非直接因工业毒物所引起,但一些体内脏器中毒也可能引起体温变化。

（三）施工中可能遇见的有毒发生环境

1. 保温作业。

2. 油漆作业。

3. 焊接作业。

4. 使用氯气等有毒物质的化学制水等环境。

5. 进入聚集有 H_2S、CO 等有毒气体的深井/沟/坑等有毒环境作业。

二、有毒发生环境下施工防护要点

（一）保温作业施工防护

现代建筑行业已经由岩棉制品、硅酸铝制品取代石棉制品作为主要的保温材料，其通过呼吸道等侵入人体从而产生的有害影响大为减小，但使用的各类保温材料在剪裁、绑扎过程中产生的岩棉、硅酸盐粉尘也会对人体产生不利的影响，作业人员在施工过程中必须采取有效的防护措施。

（1）严格贯彻《中华人民共和国职业病防治法》和《中华人民共和国尘肺防治条例》的要求，施工企业应该加强粉尘作业的宣传教育，建立防尘设施维护制度，定期检查防尘工作。

（2）作业场所应有效通风，尽量减低作业地点的粉尘浓度。

（3）保温作业人员应佩戴防尘口罩，应扎紧衣领、衣袖。

（4）作业人员应接受就业前和定期健康检查，定期体检并建立档案，发现问题及时治疗。

（5）不在车间进食、吸烟，饭前洗手，工作后换工作服、淋浴等。

（6）合理补充营养，劳逸结合、增强体质也有利于预防尘肺病。

（二）油漆作业防护

（1）油漆作业时，应通风良好，戴好防护口罩及有关用品。

（2）患有皮肤过敏、眼结膜炎或对油漆过敏者不得从事该项作业。

（3）油漆作业应在工作中考虑适当的工间休息。

（4）室内配料及施工应通风良好且站在上风头。

（5）严禁在施工中进食和吸烟。

（6）不得将在油漆施工中或刚完工的室内作为宿舍使用。

（7）各种有毒物品应专人负责，专柜分类保管，保管人员应熟悉各种物品性能，严格保管及领用制度。

（8）油漆作业人员应按规定进行体检，发现身体不适者或经接触评定认为应脱离油漆作业者应调离原岗位。

（三）焊接作业防护

（1）焊接作业人员应穿白色工作服，戴防护面罩和其他绝缘用品。

（2）在金属容器内作业时，应有良好的通风。

（3）施工人员不得进食和吸烟，养成良好的个人卫生习惯。

（4）焊接作业人员应按规定进行体检，发现身体不适者或经接触评定认为应脱离焊接作业者应调离原岗位。

（5）发现尘肺可疑病例等异常患者，应按规定进行跟踪观察和必要的康复治疗。

（四）进入可能聚集 H_2S、CO 等有毒气体的深井/沟/坑等有毒环境作业防护

（1）进入可能聚集 H_2S、CO 等气体的环境，应进行气体确认和检测，判断其可燃程度、浓度和毒性。

（2）当深井/沟/坑内有害气体浓度达到对人体有影响时，作业前应充分通风或采取其他有效措施（如压缩空气通风）进行有害气体置换，尽量使作业环境的有害气体浓度达到可接受的水平。

（3）作业环境的有害气体浓度如无法达到人体可接受的水平，作业人员应佩戴防毒面具和呼吸器，并有专人监护。

（4）在有害气体环境作业人员发生头晕、胸闷等异常情况时，应尽快撤离作业区域。

（5）如发生人员昏迷情况，抢救人员必须佩戴防毒面具和呼吸器等防护用品，任何人不得在未采取有效防护的情况下，进入有害气体环境施救，以防发生不必要的人员伤亡，同时拨打 119、110 等紧急求援电话，寻求公共救援机构的协助。

思考题

1. 建筑业常见的"五大伤害"是什么？
2. 在基坑开挖中造成坍塌事故的主要原因是什么？
3. 基坑支护工程专项施工方案的主要内容应包括哪些？
4. 哪些基坑工程应实施监测？
5. 基坑工程现场监测的对象应包括哪些？
6. 基坑支护、土方作业安全检查评定有哪些项目？
7. 脚手架有哪些分类方法？
8. 说出下图中扣件式钢管脚手架的主要杆件名称和作用。

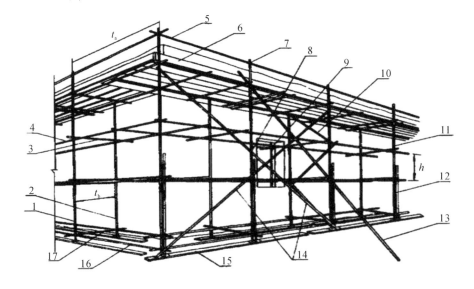

9. 扣件式钢管脚手架检查评定项目有哪些？如何评定？

10. 请选择一施工现场，对悬挑式脚手架进行检查评分。

11. 附着升降脚手架有哪些特点？

12. 请找一施工现场，对附着升降脚手架进行检查评分。

13. 认真学习高处作业吊篮安全技术规范的要求。

14. 寻找一施工现场对高处作业吊篮进行安全检查评分。

15. 何谓门式钢管脚手架？

16. 寻找一施工现场对碗扣式钢管脚手架进行检查和评价。

17. 模板工程专项施工方案应包括哪些内容？

18. 扣件式钢管模板支撑架有哪些构造要求？

19. 碗扣式钢管模板支撑架有哪些构造要求？

20. 门式钢管模板支撑架有哪些构造要求？

21. 模板支架安全检查评定如何进行？根据哪些标准？

22. 高处作业的定义是什么？

23. 高处作业是如何分级的？

24. 何谓临边高处作业？

25. 建筑工地常称的"五临边"是指什么？

26. 临边作业有哪些防护措施？

27. 什么是洞口作业？

28. 常称的"三宝""四口"指什么？

29. 洞口作业有哪些安全设施要求？

30. 何谓攀登作业？

31. 何谓悬空高处作业？

32. 模板支撑和拆卸时的悬空作业，必须遵守哪些规定？

33. 钢筋绑扎时的悬空作业，必须遵守哪些规定？

34. 卸料平台的规定有哪些？

35. 何谓交叉高处作业？

36. 说说安全平网和立网的区别和作用。

37. "三宝、四口"及临边防护如何检查评定？

38. 垂直运输机械有哪些？

39. 塔机主要由哪些机构组成？

40. 塔式起重机的主参数是什么？

41. 塔式起重机的安全装置有哪些？

42. 建筑施工升降机又称什么？

43. 施工升降机主要由哪些机构组成？

44. 施工升降机有哪些安全保护装置？

45. 请对施工现场的塔式起重机和施工升降机进行检查评分。

46. 货用施工升降机有哪些规定？

47. 起重吊装检查评定项目有哪些？

48. 建筑机械一般规定是什么？

49. 请说说施工现场有哪些机械,他们的安全使用要点是什么？

50. 建筑施工现场临时用电工程三原则是什么？

51. 施工现场临时用电安全技术档案应包括哪些内容？

52. 何谓三相五线制？

53. 何谓"三级配电,三级保护"？

54. 哪些特殊场所应使用安全特低电压照明器？

55. 施工用电检查评定的保证项目包括哪些？

56. 我国消防工作的方针是什么？

57. 起火必须具备哪三个条件？

58. 施工现场动火区域分为几级？每一级的动火如何审批？

59. 灭火基本方法有哪些？

60. 施工中可能遇见的有毒环境有哪些？

参考文献

［1］李林.建筑工程安全技术与管理［M］.2 版.北京：中国机械工业出版社，2016

［2］宣国年，徐登翰.建筑节能安全生产职业道德基本知识读本［M］.杭州：浙江大学出版社，2010

［3］全国一级建造师执业资格考试用书编写委员会.建筑工程管理与实务［M］.北京：中国建筑工业出版社，2020

［4］全国一级建造师执业资格考试用书编写委员会.建筑工程项目管理［M］.北京：中国建筑工业出版社，2020

［5］沈万岳.建筑工程安全技术与管理实务［M］.2 版.北京：北京大学出版社，2020

［6］虞良荣.安装工程项目部施工管理人员培训教材（下册）［M］.杭州：浙江省安装行业协会内部颁行，2005

［7］章钟.浙江省建设工程施工现场安全管理台账实施指南［M］.杭州：浙江省建筑业管理局，浙江省建筑业行业协会施工安全与设备管理协会.

附件 本教材参考的相关安全法律法规

1. 许可证条例及规定

(1)安全生产许可证条例(国务院第 397 号令)

2)《建筑施工企业安全生产许可证管理规定》(住建部 23 号修正)

2. 安全生产管理规范、条例及规定

(1)《实施工程建设强制性标准监督规定》(建设部第 81 号令)

(2)《建筑工程施工许可管理办法》(修正版)(建设部第 91 号令)

(3)中华人民共和国安全生产法

(4)建设工程安全生产管理条例(国务院第 393 号令)

(5)国务院关于进一步加强企业安全生产工作的通知(国发〔2010〕23 号)

(6)建筑施工企业负责人及项目负责人施工现场带班暂行办法(建质〔2011〕111 号)

(7)《建筑施工企业主要负责人、项目负责人和专职安全生产管理人员安全生产管理规定》(建设部)

(8)建筑工程安全生产监督管理工作导则(建质〔2005〕184 号)

(9)高危行业企业安全生产费用财务管理暂行办法(财企〔2006〕478 号)

(10)施工人员安全教育培训标准化问答卷示范文本(建质安函〔2006〕74 号)

(11)建筑施工企业安全生产管理机构设置及专职安全生产管理人员配备办法(建质〔2008〕91 号)

(12)建筑施工特种作业人员管理规定(建质〔2008〕75 号)

(13)危险性较大的分部分项工程安全管理规定(住建部〔2018〕37 号)

(14)特种作业人员安全技术培训考核管理规定(国家安全生产监督管理总局令第 30 号)

(15)关于贯彻落实《国务院关于进一步加强企业安全生产工作的通知》的实施意见(建质〔2010〕164 号)

(16)关于印发《关于对安全生产领域失信生产经营单位及其有关人员开展联合惩戒的合作备忘录》的通知(发改财金〔2016〕1001 号)

(17)住房和城乡建设部、应急管理部联合发布关于加强建筑施工安全事故责任企业人员处罚的意见(建质规〔2019〕9 号)

(18)房屋建筑和市政基础设施工程施工分包管理办法(住建部 2019 年修改)

(19)关于推进安全生产领域改革发展的意见(中发〔2016〕32 号)

(20)关于促进建筑业持续健康发展的意见(国办发〔2017〕19 号)

(21)大型工程技术风险控制要点(住房城乡建设部,2018 年 2 月)

(22)工程质量安全手册(试行)(住房城乡建设部,2018 年 9 月)

3．检查、评价标准

(1)中华人民共和国标准化法

(2)职业健康安全管理体系(GB/T 28001)

(3)建设工程项目管理规范(GB/T 50326)

(4)建设工程施工现场安全资料管理规程(CECS 266)

(5)建筑施工组织设计规范(GB/T 50502)

(6)施工现场临时建筑物技术规范(JGJ/T 188)

(7)施工企业安全生产评价标准(JGJ/T 77)

(8)施工企业工程建设技术标准化管理规范(JGJ/T 198)

(9)企业安全生产标准化基本规范(GB/T 33000)

(10)建筑施工企业安全生产管理规范(GB 50656)

(11)建筑施工安全检查标准(JGJ 59)

(12)建筑施工安全技术统一规范(GB 50870)

(13)市政工程施工安全检查标准(CJJ/T 275)

(14)建筑与市政工程施工现场专业人员职业标准(JGJ/T 250)

(15)安全防范工程技术标准(GB 50348)

4．基坑(基础)施工

(1)建筑施工土石方工程安全技术规范(JGJ 180)

(2)建筑桩基技术规程(JGJ 94)

(3)建筑基桩检测技术规范(JGJ 106)

(4)建筑边坡工程技术规范(GB 50330)

(5)建筑边坡工程鉴定与加固技术规范(GB 50843)

(6)既有建筑地基基础加固技术规范(JGJ 123)

(7)湿陷性黄土地区规范(GB 50025)

(8)强夯地基处理技术规程(CECS 279)

(9)组合锤法地基处理技术规程(JGJ/T 290)

(10)建筑地基处理技术规范(JGJ 79)

(11)湿陷性黄土地区建筑基坑工程安全技术规程(JGJ 167)

(12)建筑基坑支护技术规程(JGJ 120)

(13)建筑深基坑工程施工安全技术规范(JGJ 311)

(14)复合土钉墙基坑支护技术规范(GB 50739)

(15)基坑土钉支护技术规程(CECS 96)

(16)建筑基坑工程监测技术规范(GB 50497)

(17)锚杆喷射砼支护技术规范(GB 50086)

(18)高压喷射扩大头锚杆技术规程(JGJ/T 282)

(19)喷射混凝土应用技术规程(JGJ/T 372)

(20)喷射砼加固技术规程(CECS 161)

(21)岩土锚杆与喷射混凝土支护工程技术规范(GB 50086)

(22)土层锚杆设计与施工规范(CECS 22)

(23)锚杆检测与监测技术规程(JGJ/T 401)

(24)地下建筑工程逆作法技术规程(JGJ 165)

5. 模板工程

(1)建筑施工模板安全技术规范(JGJ 162)

(2)钢管满堂支架预压技术规程(JGJ/T 194)

(3)承插型盘扣式钢管支架构件(JG/T 503)

(4)建筑施工承插型盘扣钢管支架安全技术规程(JGJ 231)

(5)建筑施工临时支撑结构技术规范(JGJ 300)

(6)组装式行架模板支撑应用技术规程(JGJ/T 389)

(7)滑动模板工程技术标准(GB 50113)

(8)液压滑动模板施工安全技术规程(JGJ 65)

(9)液压爬升模板工程技术规程(JGJ 195)

(10)整体爬模安全技术规程(CECS 412)

(11)建筑工程大模板技术规程(JGJ/T 74)

(12)建设工程高大模板支撑系统施工安全监督管理导则(建质〔2009〕254号)

(13)活动模板工程技术规程(GB 50113)

(14)组合钢模板技术规范(GB 50214)

(15)建筑塑料复合模板工程技术规程(JGJ/T 352)

(16)塑料模板(JG/T 418)

(17)竹胶合板模板(JGJ/T 156)

(18)钢框组合竹胶合板模板(JG/T 428)

(19)钢框胶合板模板技术规程(JGJ 96)

(20)铝合金模板(JG/T 522)

(21)组合铝合金模板工程技术规程(JGJ 386)

(22)租赁模板脚手架维修保养技术规范(GB 50829)

(23)建筑施工模板和脚手架试验标准(JGJ/T 414)

6. 脚手架工程

(1)建筑施工脚手架安全技术统一标准(GB 51210)

(2)建筑脚手架用焊接钢管(YB/T4202)

(3)建筑施工门式钢管脚手架安全技术规范(JGJ 128)

(4)门式钢管脚手架(JG13)

(5)建筑施工碗扣式脚手架安全技术规程(JGJ 166)

(6)建筑施工扣件式钢管脚手架安全技术规范(JGJ 130)

(7)建筑施工工具式脚手架安全技术规程(JGJ 202)

(8)建筑施工竹脚手架安全技术规范(JGJ 254)

(9)建筑施工木脚手架安全技术规范(JGJ 164)

(10)液压升降整体脚手架安全技术规程(JGJ 183)

(11)附着式升降脚手架升降及同步控制系统应用技术规程(CECS 373)

7. 高处作业

(1)建筑施工高处作业安全技术规范(JGJ 80)

(2)高处作业分级(GB/T 3608)

(3)高处作业吊篮安全规则(JGJ 5027)

(4)高处作业吊篮(GB 19155)

(5)建筑外墙清洗维护技术规程(JGJ 168)

(6)高处作业吊篮安装、拆卸、使用技术规程(JB/T 11699)

(7)升降式物料平台安全技术规程(CECS 413)

(8)建筑施工用附着式升降作业安全防护平台(JG/T 546)

8. 施工用电

(1)电气安全术语(GB/T 4776)

(2)安全电压(GB/T 3805)

(3)剩余电流动作保护器的一般要求(GB 6829)

(4)剩余电流动作保护装置安装和运行(GB 13955)

(5)建设工程施工现场供用电安全规范(GB 50194)

(6)施工现场临时用电安全技术规范(JGJ 46)

9. 建筑机械

(1)综合类

①建筑机械使用安全技术规程(JGJ 33)

②施工现场机械设备检查技术规程(JGJ 160)

③手持式电动工具的安全(GB 3883)

④手持式电动工具管理、使用、检查和维修安全技术规程(GB/T 3787)

⑤起重设备安装工程施工及验收规范(GB 50278)

⑥建筑施工起重吊装工程安全技术规范(JGJ 276)

⑦建筑起重机械安全评估技术规程(JGJ 189)

⑧建筑起重机械备案登记办法(建质〔2008〕76 号)

⑨建筑起重机械安全监督管理规定(建设部第 166 号令)

⑩特种设备安全监察条例(国务院 549 号)

⑪重型结构和设备整体提升技术规范(GB 51162)

⑫市政架桥机安全使用技术规程(JGJ 266)

⑬架桥机安全规程(GB 26469)

⑭砼泵送施工技术规程(JGJ/T 10)

⑮建筑施工机械与设备钻孔设备安全规范(GB 26545)

⑯起重吊运指挥信号(GB 5082)

⑰起重机设计规范(GB/T 3811)

⑱起重机械超载保护装置(GB 12602)

⑲起重机　钢丝绳　保养、维护、安装、检验和报废(GB/T 5972)

⑳桅杆起重机(GB/T 26558)

㉑建筑设备监控系统工程技术规范(JGJ/T 334)

㉒机械设备安装工程施工及验收通用规范(GB 50231)

(2)塔式起重机

①塔式起重机(GB/T 5031)

②塔式起重机混凝土基础工程技术规程(JGJ/T 187)

③建筑塔式起重机安全监控系统应用技术规程(JGJ 332)

④建筑施工塔式起重机安装、使用、拆卸安全技术规程(JGJ 196)

⑤混凝土预制拼装塔机基础技术规程(JGJ/T 197)

⑥塔式起重机安全规程(GB 5144)

⑦大型塔式起重机混凝土基础工程技术规程(JGJ/T 301)

⑧塔式起重机安装与拆卸规则(GB/T 26471)

(3)施工升降机

①施工升降机安全规程(GB 10055)

②施工升降机(GB 10054)

③建筑施工升降机安装、使用、拆卸安全技术规程(JGJ 215)

④建筑施工升降设备设施检验标准(JGJ 305)

⑤吊笼有垂直导向的人货两用施工升降机(GB 26557)

(4)物料提升机

龙门架及井架物料提升机安全技术规范(JGJ 88)

(5)桩机机械

①柴油打桩机安全操作规程(GB 13749)

②振动沉拔桩机安全操作(GB 13750)

③打桩设备安全规范(GB/T 22361)

10. 市政管道施工与工程拆除

①城镇排水管道维护安全技术规程(CJJ6)

②建筑拆除工程安全技术规范(JGJ 147)

③城市梁桥拆除工程安全技术规范(CJJ 248)

11. 环境与卫生

①建设工程施工现场环境与卫生标准(JGJ 146)

②建筑施工现场安全与卫生标志标准(GB 2893)

③建筑工程施工现场标志设置技术规程(JGJ 348)

④建筑施工场界环境噪声排放标准(GB 12523)

⑤作业场所职业健康监督管理暂行规定(国家安全生产监督管理总局第 23 号令)

⑥绿色施工导则(建质〔2007〕223 号)

⑦建筑工程绿色施工评价标准(GB/T 50640)

⑧建筑工程施工现场监管信息系统技术标准(JGJ/T 434)

⑨中华人民共和国职业病防治法(2016 年修订 48 号主席令)

⑩环境卫生技术规范(GB 51260)

⑪建筑工程绿色施工规范(BG/T 50905)

⑫绿色建造技术导则(试行)(住房和城乡建设部,2021年3月)

12. 消防安全

①建设工程施工现场消防安全技术规范(GB 50720)

②建筑外墙外保温防火隔离带技术规程(JGJ 289)

③火灾报警控制器(GB 4717)

13. 应急预案、伤亡事故与处理

①企业伤亡事故分类(GB 6441—1986)

②工伤认定办法

③生产安全事故应急预案管理办法(国家安监总局第17号令)

④生产安全事故报告和调查处理条例(国务院第493号)

⑤工伤保险条例(2003年4月27日中华人民共和国国务院令第375号公布 根据2010年12月20日《国务院关于修改〈工伤保险条例〉的决定》修订)

⑥房屋市政工程生产安全和质量事故查处督办暂行办法(建质〔2011〕66号)

⑦关于印发《房屋市政工程生产安全重大隐患排查治理挂牌督办暂行办法》的通知(建质〔2011〕158号)

⑧房屋市政工程生产安全事故报告和查处工作规程

⑨建筑施工易发事故防治安全标准(JGJ/T 429)

⑩生产经营单位生产安全事故应急预案编制导则(GB/T 29639—2020)

14. 安全防护

①安全帽测试方法(GB/T 2812)

②安全帽(GB 2811)

③《安全色与安全标志》(GB/T 2893.5—2020)

④安全带(GB 6095)

⑤安全带测试方法(GB 6096)

⑥建筑施工作业劳动防护用品配备及使用标准(JGJ 184)

⑦用人单位劳动防护用品管理规范(安监总厅安健〔2018〕3号)

⑧企业劳动防护用品管理标准化规范(GB 11651)

⑨安全标志及其使用导则(GB 2894)